铁路科技图书出版基金资助出版

# 复杂条件下长大直径桥梁桩基计算理论与试验研究

王星华 汪 优 王 建 等 著

中国铁道出版社

2018年·北京

## 内 容 提 要

在铁路桥梁结构的建造过程中,沿线软土、软岩等不良地质条件对于桥梁桩基的设计和施工存在极大地威胁,并影响结构后期的耐久性和运营成本。从保证列车安全运营和结构安全使用的角度出发,有必要针对高速列车运动荷载下桥梁基桩承载特性及桩土共同工作机理进行深入系统的研究。本书依托京沪高速铁路和宜万铁路的建设过程,系统考察红层软岩、硬质软岩、软岩、软土等复杂地基条件,对长大直径桩基竖向承载机理、稳定性、动力特性和施工阶段控制技术展开深入研究。采用理论研究与分析、计算机数值模拟仿真分析、室内模型实验和大型现场试验相结合的方法,解决了一系列相关的关键技术难题,研究成果有针对性地解决了复杂条件下长大直径桥梁桩基计算理论、设计方法和试验观测等方面的技术问题。

本书主要面向土木工程、岩土工程、交通运输工程等专业的工程技术人员和研究人员,也可作为高等院校相关专业研究生教材。

**图书在版编目(CIP)数据**

复杂条件下长大直径桥梁桩基计算理论与试验研究/王星华等著. —北京:中国铁道出版社,2018.1
ISBN 978-7-113-23740-0

Ⅰ.①复… Ⅱ.①王… Ⅲ.①大直径桩－桩基础－计算②大直径桩－桩基础－试验 Ⅳ.①TU473.1

中国版本图书馆 CIP 数据核字(2017)第 212438 号

| | |
|---|---|
| 书　　名: | 复杂条件下长大直径桥梁桩基计算理论与试验研究 |
| 作　　者: | 王星华　汪　优　王　建　等 |

| | | | |
|---|---|---|---|
| 策　　划: | 江新锡 | | |
| 责任编辑: | 王　健 | 编辑部电话: | 010-51873065 |
| 封面设计: | 郑春鹏 | | |
| 责任校对: | 苗　丹 | | |
| 责任印制: | 高春晓 | | |

出版发行:中国铁道出版社(100054,北京市西城区右安门西街 8 号)
网　　址:http://www.tdpress.com
印　　刷:北京盛通印刷股份有限公司
版　　次:2018 年 1 月第 1 版　2018 年 1 月第 1 次印刷
开　　本:787 mm×1 092 mm　1/16　印张:24　字数:598 千
书　　号:ISBN 978-7-113-23740-0
定　　价:148.00 元

**版权所有　侵权必究**

凡购买铁道版图书,如有印制质量问题,请与本社读者服务部联系调换。电话:(010)51873174(发行部)
打击盗版举报电话:市电(010)51873659,路电(021)73659,传真(010)63549480

# 编写委员会

主　任：王星华

副主任：汪　优　王　建

委　员：印长俊　安爱军　王振宇　章　敏
　　　　廖文华　蒋孝辉

# 前 言

我国地域辽阔,各类软土、软岩等不良地层分布甚广,为跨越不良地层和特殊的地理环境,在公路和铁路建设中大跨度桥梁结构被广泛应用,如若不能很好地控制桩基的施工质量和工后沉降,将会影响施工安全和工程成本,以及之后的安全运营。在国家自然科学基金(No.51308552)、湖南省科技厅重点项目基金(No.04SK2008)、中交股份有限公司重点科技项目(No.2008-ZJKJ-02-E)与中铁一局(集团)桥梁工程有限公司科技计划等研究基金的资助下,研究团队历时近10年,从考察深厚软土地区和西部软岩地区的特殊地基条件入手,对超长、大直径桩基竖向承载机理、桩土共同工作特性和施工控制技术展开了深入研究。理论研究成果目前已在京沪高速铁路和宜万铁路工程中得到了成功的应用,取得了良好的社会和经济效益。

多年的科研生涯,一边感受着工程技术和理论发展的日新月异,一边体会到工程技术人员的求学若渴,特组织撰写本书,回顾总结多年研究成果与工程实践。本书在撰写过程中,以承载机理和计算方法为主线,结合模型试验、原位测试和数值仿真,循序渐进、深入浅出的反映了科学研究的脉络和技术路线,便于读者学习和理解,力求突出桩基工程研究和发展的最新成果,进一步推动桩基计算基本理论和施工实践的进步,以期展现土木工程发展的最新态势和成就,为桥梁工程、岩土工程和工程测试等学科的发展贡献绵薄之力。

国内外有关复杂地基条件下长大直径桩基和高桥墩桩基竖向承载机理与计算方法研究方面虽已有相关文献或图书,但比较系统的针对红层软岩、硬土软岩、软岩地区等特殊地基条件下长大直径桩基和高桥墩桩基承载机理及计算方法,既结合理论分析、数值模拟,又结合室内模型试验和大型现场试验的书籍还未见报道;同时,本书以京沪高速铁路和宜万铁路桥梁桩基设计和施工中遇到的技术问题为主要线索,其研究成果直接应用于京沪高速铁路土建六标段、沪宁城际铁路工程站前Ⅶ标段和宜万铁路渡口河特大桥建设工程的设计、施工和运维,在同类书籍中也不多见,本书内容丰富了桥梁工程、桩基工程和岩土工程的相关技术理论体系。本书的研究成果对我国复杂地基条件下长大直径桩基的设计理论及施工控制技术具有重要指导意义,极大地推动了桩基计算基本理论和施工实践的进步,促进了桥梁工程、岩土工程和工程测试等学科的发展,社会效益、经济效益和国防建设的意义巨大。

在本书撰写过程中,得到了各方面的关心和指导,赵明华教授为本书撰写提供了许多宝贵的资料和建议,使得本书的内容更为翔实,更能反映当今桩基工程领域的成就和最新进展,在此表示诚挚的谢意。同时,在撰写本书过程中,引用了诸多公开发表的文献资料,无法向作者一一致谢,这些宝贵的文献资料反映了桩基工程的发展历程、知识体系和先进水平,是本书赖以存在的基础,本书能将蕴含丰富内容的相关文献资料呈现给读者,是撰写者的荣幸。

本书梳理了作者多年来的科研过程及成果,以其指导的多名研究生的博士学位论文、硕士学位论文为基础,再次总结归纳而成。王星华教授、汪优副教授和王建教授级高工共同确定撰写大纲,王星华教授最后统稿审定。各章节分工如下:第一章由王星华教授撰写,第二章由汪优副教授、印长俊副教授、章敏博士、廖文华高工撰写,第三、四章由王星华教授、印长俊副教授撰写,第五章由王星华教授撰写,第六章由章敏博士、王振宇博士撰写,第七章由汪优副教授撰写,第八、九章由崔科宇教授级高工、王建教授级高工、汪优副教授、印长俊副教授、章敏博士、王振宇博士撰写,第十章由汪优副教授、印长俊副教授、章敏博士撰写,第十一章由王星华、章敏、汪优、王振宇编写。学生刘圆圆、方晓慧也为本书的撰写付出了辛勤劳动,在他们的帮助下才得以将多年积累的科研成果与工程资料撰写成文。

最后,本书的出版得到了铁路科技图书出版基金的资助,感谢中国铁道出版社工程编辑部有关工作人员为本书的出版所付出的辛勤劳动和努力。

当然,在本书的撰写过程中虽力求内容的准确,但鉴于笔者水平有限及各种学术观点的碰撞,错讹之处实难避免,恳请广大读者和同行共同探究、不吝赐教。

著 者

2016 年 12 月

# 目　录

1 绪　论 ·················································································· 1
 1.1 桩基础的起源 ································································· 1
 1.2 桩基础概况与分类 ··························································· 5

2 复杂条件下长大直径桥梁桩基荷载传递机理 ································ 9
 2.1 长大直径桩基基本理论与计算方法介绍 ································ 9
 2.2 红层软岩长大直径桥梁嵌岩桩荷载传递机理 ······················· 22
 2.3 硬土软岩考虑粗糙度影响的桩基荷载传递机理 ···················· 24
 2.4 软岩长大直径桥梁嵌岩桩复合桩基荷载传递机理 ················· 27
 2.5 高桥墩长大直径桩稳定性及荷载传递机理 ·························· 29
 2.6 长大直径桥梁桩基动力荷载传递机理 ································ 35

3 红层软岩长大直径桥梁嵌岩桩基计算方法 ·································· 40
 3.1 红层软岩概述 ······························································· 40
 3.2 软岩嵌岩桩竖向承载力确定方法 ······································· 43
 3.3 桩—土—岩共同作用的非线性计算 ···································· 49
 3.4 嵌岩桩极限承载力的预测 ················································ 52
 3.5 利用正交试验分析进行嵌岩桩优化设计 ····························· 52
 3.6 嵌岩桩设计优化影响因素的敏感性分析 ····························· 57
 3.7 小　结 ········································································· 58

4 硬土软岩考虑粗糙度影响的桩基计算方法 ·································· 60
 4.1 硬土软岩的强度特征 ······················································ 60
 4.2 桩端阻力传递规律 ························································· 63
 4.3 桩土界面研究 ······························································· 64
 4.4 桩的理论计算 ······························································· 68
 4.5 小　结 ········································································· 74

5 软岩长大直径桥梁嵌岩桩残余应变计算方法 ······························· 75
 5.1 软岩概述 ······································································ 75

## 5.2 残余应变的概念 ································································· 76
## 5.3 残余应变的产生机理 ······················································· 78
## 5.4 大直径嵌岩灌注桩残余应变监测结果与分析 ····················· 89
## 5.5 小　　结 ·········································································· 97

# 6 复杂条件下长大直径桥梁桩基动力计算方法 ······················· 98
## 6.1 埋置振源下非饱和土地基的动力 Green 函数解答 ············ 98
## 6.2 非饱和土半空间中单桩竖向振动特性研究 ························ 119

# 7 高桥墩桩基屈曲机理及其计算方法 ······································ 150
## 7.1 引　　言 ············································································ 150
## 7.2 高桥墩桩基屈曲的原因与类型 ············································ 150
## 7.3 高桥墩桩基屈曲分析计算方法 ············································ 156
## 7.4 高桥墩桩基屈曲的能量法解答 ············································ 162
## 7.5 基于能量法解答的影响因素分析 ········································ 167
## 7.6 小　　结 ············································································ 170

# 8 桩基模型试验 ······································································· 171
## 8.1 基桩荷载传递规律研究的试验方法 ···································· 171
## 8.2 红层嵌岩桩原型桩试验 ······················································· 175
## 8.3 群桩—土—承台模型静载试验 ············································ 188
## 8.4 带台单桩轴向循环荷载模型试验 ········································ 205

# 9 现场原位试验 ······································································· 215
## 9.1 软岩中长大直径嵌岩桩复合桩基的原型观测 ····················· 215
## 9.2 深厚软土地区桩基础沉降现场试验 ···································· 233
## 9.3 硬土软岩中长大直径桥梁桩基现场原位观测试验 ·············· 246

# 10 长大直径桥梁桩基有限元仿真分析 ··································· 266
## 10.1 长大直径钻孔灌注桩承载力仿真分析 ······························· 266
## 10.2 红层软岩中嵌岩桩工作性状有限元分析 ··························· 284
## 10.3 硬土软岩中考虑粗糙度影响的单桩和群桩 ······················· 300
## 10.4 高墩长大直径群桩基础仿真分析 ······································ 306
## 10.5 深厚软土地区群桩基础数值模拟 ······································ 331

# 11 软弱地基铁路桥涵桩基础工后沉降施工控制措施研究 ···· 344
## 11.1 概　　述 ··········································································· 344

11.2 监测区域存在的地质灾害……………………………………………………… 344
11.3 工后沉降控制的前期措施……………………………………………………… 346
11.4 工程适应性措施………………………………………………………………… 348
11.5 桩后压浆技术在沉降控制中的应用…………………………………………… 350

**参考文献**……………………………………………………………………………… 360

# 1 绪 论

## 1.1 桩基础的起源

桩基础在中国起源于距今六七千年以前的新石器时代。

中国的考古学家于1973年和1978年相继在长江下游以南浙江省东部余姚市的河姆渡村发掘了新石器时代的文化遗址,出土了占地约4万 $m^2$ 的木桩和木结构遗存。经放射性碳14测定,该遗址的浅层第二、第三文化层大约距今6 000年,深层第四文化层大约距今7000年。河姆渡遗址是太平洋西岸迄今发现的时间最早的一处文化遗址,也是环太平洋地区迄今发现的规模最大、最具有典型意义的一处文化遗址和木桩遗存,如图1-1和图1-2所示。

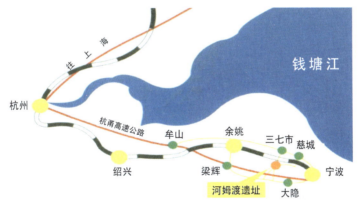

图1-1 河姆渡文化遗址位置图

图1-2 河姆渡出土木桩现场

据报道,美国肯塔基大学的考古学家曾于1981年在太平洋东南沿岸智利的蒙特维尔德附近的森林里发现了一间支承于木桩上的木屋,经放射性碳14测定,据称是距今约12 000~

14 000年前的文化遗存。它可能比中国的河姆渡遗址大约还早6 000～7 000年。但是该木屋遗存迄今未闻有任何后续报道。

中国的考古学家自1996年10月至1997年1月，又在浙江余姚市的鲻山（东距河姆渡约10 km）等地发掘了木桩遗迹，其时代与河姆渡遗址相同。

河姆渡出土文物表明，人类在新石器时代，已具备了制桩和打桩的成套工具，其中包括使今人十分惊奇的带有木柄且用榫卯结合的石斧、石凿、石槌、木槌，以及用动物骨骼制成的锐利的刀具等。

河姆渡现今海拔高程平均约3～4 m。所发掘的第四文化层位于今自然地面以下约$-3.25$～$-3.80$ m。其所出土的数百根木桩或直立，或微斜，大多高出当时地面约0.8～1 m。如图1-2所示木桩，其截面有圆形、方形和板状三种。圆桩直径约60～180 mm不等；方桩尺寸约60 mm×100 mm～150 mm×180 mm不等；板桩厚度约14～40 mm，宽度约100～500 mm不等。桩的入土深度一般为400～500 mm，承重桩的入土深度约1 m多；桩的下端均被削尖。

考古研究认为，根据这些木桩的排列规律及其附近所出现的众多的带有榫头、卯口或互相绑扎（当时已用绳绑扎）的大小梁、龙骨和地板等木构件推测，这些木桩应是3栋高架木屋的桩基础。木屋的纵长×进深大致分别是26.4 m×6.9 m，21.6 m×7.5 m和11.6 m×6.9 m。研究认为，该处古地貌应是背山面水的一片沼泽。木屋采用高架，主要是为了临空避水防潮；木屋较长，乃是氏族共居之所需。

河姆渡高架木屋的上部形态在发掘时已荡无痕迹。但据史料记载此类建筑物在古代曾流行于我国长江中下游、东南沿海、云贵高地及海南岛等地，亦流行于环太平洋沿岸的其他地区。它在中国建筑史上被称为"干阑式建筑"。这种高架木屋，先民不仅用来居住，而且也作仓储和豢养牲畜之用。经研究认为，其形成过程和典型外貌可追溯如图1-3所示。它表明，"干阑式建筑"乃起源于人类的"巢居"生活。图1-4是今人在河姆渡遗址仿建的"干阑式建筑"一角。图1-5为河姆渡遗址博物馆外景。

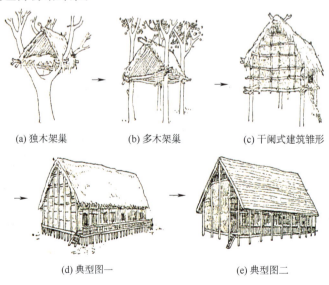

(a) 独木架巢　　(b) 多木架巢　　(c) 干阑式建筑雏形

(d) 典型图一　　　　　(e) 典型图二

图1-3 "干阑式建筑"的形成过程

图1-4 河姆渡遗址仿建的"干阑式建筑"一角　　　图1-5 河姆渡遗址博物馆外景

河姆渡第二文化层处于今自然地面以下约-1.20～-1.80 m处。此处还发掘了一口2 m×2 m的方形水井遗址。井孔四壁有紧密排列的直径约60 mm的木桩挡土,其顶端有4根水平木呈直角相交构成井圈,水平木与水平木相交处用榫卯结合,直至出土时仍未松动。考古研究认为,这是我国迄今所知最早的人工水井,如图1-6所示。

在现场还可看到该水井系处于一直径约6 m的锅底形土坑的底部,土坑周边又有木桩排列呈栅状围护。以上说明了采用桩作为挡土围护结构,至少也可以上溯至新石器时代。

中国考古学家又于2002年底在浙江杭州市西部的余杭良渚文化遗址群南侧,发现了木桩遗存。良渚文化期晚于河姆渡文化期约1 000年。由于木桩遗存具有一

图1-6 河姆渡第二文化层出土水井遗址
——用桩作为挡土结构物的起源

定的布列规律,乃于2003年予以正式发掘,揭露面积855 m²,发掘了木桩140余根,其中部分木桩往水域伸展,宽约1 m,长达10 m。木桩直径多在50～150 mm之间,最粗者达215 mm。木桩尖部皆经削劈,加工痕迹明显。称为卞家山文化遗址,如图1-7～图1-9所示。

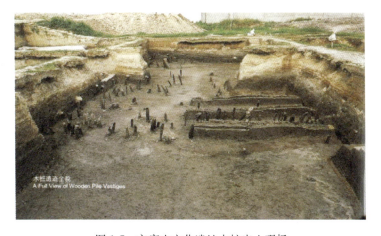

图1-7 卞家山文化遗址木桩出土现场

图 1-8　木桩与地层的关系　　　　　　　图 1-9　往水中延伸的木桩

四川成都处于长江中游,在我国历史上有"古蜀文化"的记载。1985~1986年,我国的考古学家在成都十二桥发现了商代晚期(距今约 3 000 年)的大型木结构建筑遗存,总面积达 15 000 m² 以上,其中有支承于桩的小型"干阑式建筑"的遗迹,如图 1-10~图 1-11 所示。

 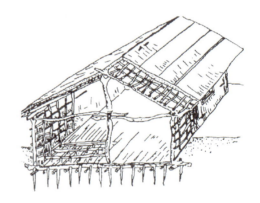

图 1-10　成都十二桥商代晚期的"干阑式建筑"遗存　　　图 1-11　成都十二桥商代"干阑式建筑"

桩基础用于桥梁,历史也极为悠久。据《水经注》记载,公元前 532 年在今山西汾水上建成的三十墩柱木柱梁桥,即为桩柱式桥墩。我国秦代的渭桥、隋朝的郑州超化寺、五代的杭州湾大海堤、南京的石头城和上海的龙华塔等,都是我国古代桩基础的应用典范。英国现存罗马时代修建的桥梁工程及河滨住宅中的木桩基础等均是桩基础在桥梁工程早期应用的成功范例。19 世纪 20 年代开始使用钢板桩修筑围堰和码头,到 20 世纪初,美国出现了各种形式的型钢,在密西西比河上的钢桥开始大量采用钢桩基础,随后在世界各地逐渐推广。20 世纪初钢筋混凝土预制构件问世后,出现了钢筋混凝土预制桩,以后又广泛采用抗裂能力高的预应力钢筋混凝土桩。1949 年,美国雷蒙德混凝土桩公司最早用离心机生产预应力钢筋混凝土管桩,并将其应用于桥梁、港口工程中。随着大型钻孔机械的发展,出现了钻孔灌注桩,20 世纪 50~60 年代,我国的铁路和公路桥梁开始大量采用钻孔灌注桩和挖孔灌注桩。目前,我国桥梁工程中最大桩径已超过 5 m,基桩入土深度已达 100 m 以上。

我国桩基础的快速发展是在 20 世纪的 50 年代,当时多采用木桩基础,虽然钢筋混凝土和钢桩也有应用,但数量较少,桩的制造工艺和施工质量均不高,如 20 世纪 30 年代建造的钱塘江大桥就曾采用木桩和钢筋混凝土桩基础。20世纪50年代以后，木桩逐渐被钢筋混凝土桩和预应力混凝土桩所代替，工程中开始普遍采用普通钢筋混凝土预制管桩和方桩基础，如武汉长江大桥、余姚江大桥、奉化江大桥、南京长江大桥及潼关黄河大桥等。由于普通钢筋混凝土管桩的抗裂能力不强，尤其在沉桩过程中，桩身防止横向裂缝的能力较差，1966年丰台桥梁厂开始研制先张法预应力离心混凝土管桩，并于1966年正式投入成批生产。

我国自1955年在武汉长江大桥和南京长江大桥先后以管桩钻桩下到基岩持力层后再浇筑混凝土。60年代初，在河南省安阳冯宿河大桥两座桥台的修建中首先成功地应用了人工冲击钻和回转钻成孔的钻孔灌注桩基础，接着在河南竹竿河和白河两座大桥扩大应用，并在国内其他一些省、市相继推广。1965年交通部在河南省南阳市召开了钻孔桩技术鉴定会，认为它是一项重大的技术革新，是在当时我国客观条件下的一种多快好省的桥梁基础施工方法，决定在全国推广。因钻孔灌注桩施工技术具有工艺简单、承载力大、适用性强等突出的优越性，很快被公路工程技术人员认同并接受，成为公路桥梁基础的首选形式。

## 1.2 桩基础概况与分类

根据《建筑桩基技术规范》(JGJ 94—2008)，桩基是由设置于岩土中的桩和与桩顶联结的承台共同组成的基础或与柱直接联结的单桩基础；复合桩基是由基桩和承台下地基土共同承担荷载的桩基础；复合基桩是单桩及其对应面积的承台下地基土组成的复合承载基桩。《公路桥涵地基与基础设计规范》(JTG D 63—2007)中定义桩基础是由桩以及联结桩顶的承台或系梁所组成的基础；它没有复合桩基的概念，只有群桩基础的概念，其定义为由两根及以上的基桩组成的桩基础。《铁路桥涵地基与基础设计规范》(TB 10093—2017)中定义桩基础是由基桩和承台板构成的基础。《港口工程桩基规范》(JTS 167-4—2012)对桩基础没有明确的定义。

桩基础作为一种常用的基础形式，具有承载力高、稳定性好、沉降量小而均匀、便于机械化施工及适用性强等特点，不仅能有效地承受竖向压力，还能承受水平荷载和上拔力，并能作为抗震地区的减震措施。所以，根据工程实践经验，在下列情况下可考虑选用桩基础方案：

(1)荷载较大，地基的上部土层软弱，持力层埋深较大，采用浅基础或人工地基在技术上、经济上不合理时；

(2)河床冲刷较大，河道不稳定或冲刷深度不易准确计算，若采用浅基础施工困难或不能保证基础安全时；

(3)当上部结构对不均匀沉降敏感或沉降量过大时；

(4)当施工水位或地下水位较高时；

(5)在地震区，需加强结构物的抗震能力时，可用桩基础穿过可液化土层，以消除或减轻震害。

### 1.2.1 按承载性质分类

桩基础按其承载性质可以分为摩擦桩、端承桩、端承摩擦桩、摩擦端承桩四种。摩擦桩是在竖向极限荷载作用下，桩顶荷载由桩侧阻力承受；端承桩是在竖向极限荷载作用下，桩顶荷载由桩端阻力承受；端承摩擦桩是在竖向极限荷载作用下，桩顶荷载主要由桩侧阻力承受，部分由桩端阻力承受;摩擦端承桩是在竖向极限荷载作用下,桩顶荷载主要由桩端阻力承受,部分由桩侧阻力承受。竖直桩是常用于承受垂直力,斜桩是为了承受较大水平力,一般用于拱桥桥台。端承桩和摩擦桩如图1-12所示。

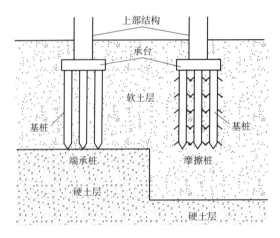

图1-12 端承桩和摩擦桩示意图

### 1.2.2 按桩径大小分类

按桩径大小分,可分为如下几种:

(1)小桩,$d \leqslant 250$ mm

由于桩径小,施工机械、施工场地、施工方法较为简单,多用于基础加固和复合桩基础(如:树根桩)。

(2)中桩,$250$ mm$<d<800$ mm

成桩方法和施工工艺繁多,工业与民用建筑物中大量使用,是目前使用最多的一类桩。

(3)大桩,$d \geqslant 800$ mm

桩径大且桩端不可扩大,单桩承载力高,近20年发展快,多用于重型建筑物、构筑物、港口码头、公路铁路桥涵等工程。

### 1.2.3 按施工方法分类

按施工方法可分为沉桩、钻孔桩、挖孔桩,其中沉桩又分为锤击沉桩法、振动沉桩法、射水沉桩法、静力压桩法、钻孔埋置桩法。

(1)沉桩

锤击沉桩法一般适用于松散、中密砂土、黏土,桩锤有坠锤、单动汽锤、双动汽锤、柴油机锤、液压锤等,可根据土质情况选用适用的桩锤;振动沉桩法一般适用于砂土,硬塑及软塑的黏土和中密及较松的碎石土;射水沉桩法适用在密实砂土、碎石土的土层中,用锤击法或振动法沉桩有困难时,可用射水法配合进行;静力压桩法在标准贯入度$N<20$的软黏土中,可用特制的液压机或机力千斤顶或卷扬机等设备沉入各种类型的桩;钻孔埋置桩法为钻孔后,将预制的钢筋混凝土圆形有底空心桩埋入,并在桩周压注水泥砂浆固结而成,适用于在黏土、砂土、碎石土中埋置大量的大直径圆桩。滑轮组压桩法及打入桩施工如图1-13、图1-14所示。

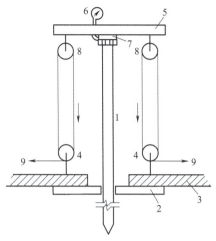

图 1-13　滑轮组压桩法示意图

1—桩身；2—锚梁；3—压桩架底梁；4—定滑轮；5—压梁；
6—压力表；7—测力计；8—动滑轮；9—接绞车钢丝绳

图 1-14　打入桩施工图片

(2) 钻孔灌注桩

适用于黏土、砂土、砾卵石、碎石、岩石等各类土层；挖孔灌注桩适用于无地下水或少量地下水，且较密实的土层或风化岩层，若空气污染物超标，必须采取通风措施。具体适用条件如下：

① 荷载较大，地基上部土层软弱，适宜的地基持力层位置较深，采用浅基础或人工地基在技术上、经济上不合理时。

② 河床冲刷较大，河道不稳定或冲刷深度不易计算正确，如采用浅基础施工困难或不能保证基础安全时。

③ 当地基计算沉降过大或结构物对不均匀沉降敏感时，采用桩基础穿过松软(高压缩)土层，将荷载传到较坚实(低压缩性)土层，减少结构物沉降并使沉降较均匀。另外桩基础还能增强结构物的抗震能力。

④ 当施工水位或地下水位较高时。

## 1.2.4　按桩身的材料分类

(1) 钢筋混凝土桩

可以预制也可以现浇。根据设计，桩的长度和截面尺寸可任意选择。

(2) 钢桩

常用的有直径 250～1 200 mm 的钢管桩和宽翼工字形钢桩。钢桩的承载力较大，起吊、运输、沉桩、接桩都较方便，但消耗钢材多，造价高。我国目前只在少数重点工程中使用。如上海宝山钢铁总厂工程中，重要的和高速运转的设备基础和柱基础使用了大量的直径 914.4 mm 和 600 mm，长 60 mm 左右的钢管桩。

(3) 木桩

目前已很少使用，只在某些加固工程或能就地取材的临时工程中使用。在地下水位以下时，木材有很好的耐久性，而在干湿交替的环境下，极易腐蚀。

(4) 砂石桩

主要用于地基加固,挤密土壤。

(5) 灰土桩

主要用于地基加固与消除湿陷性。

### 1.2.5 按承台位置的高低分类

(1) 高承台桩基础

承台底面高于地面,它的受力和变形不同于低承台桩基础。一般应用在桥梁、码头工程中。

(2) 低承台桩基础

承台底面低于地面,一般用于房屋建筑工程中。

### 1.2.6 按截面形状分类

(1) 方形截面桩

制作、运输和堆放比较方便,截面边长一般为 250～550 mm。

(2) 圆形空心桩

用离心旋转法在工厂中预制,它具有用料省、自重轻、表面积大等特点。国内铁路行业已有定型产品,其直径有 300 mm、450 mm 和 550 mm,管壁厚 80 mm,每节长度 2～12 m 不等。

### 1.2.7 按成孔方式分类

(1) 非挤土桩

钻(冲或挖)孔灌注桩及先钻孔后再打入的预制桩,因设置过程中清除孔中土体,桩周土不受排挤作用,并可能向桩孔内移动,使土的抗剪强度降低,桩侧摩阻力有所减小。常见的非挤土桩有泥浆护壁灌注桩、人工挖孔灌注桩,应用较广。

(2) 部分挤土桩

冲击成孔灌注桩、H 型钢桩、开口钢管桩和开口预应力混凝土管桩等。在桩的设置过程中对桩周土体稍有排挤作用,但土的强度荷变形性质变化不大。

(3) 挤土桩

实心的预制桩、下端封闭的管桩、木桩以及沉管灌注桩等在锤击和振动贯入过程中都要将桩位处的土体大量排挤开,使土体结构严重扰动破坏,对土的强度及变形性质影响较大。

# 2 复杂条件下长大直径桥梁桩基荷载传递机理

## 2.1 长大直径桩基基本理论与计算方法介绍

### 2.1.1 桩基础竖向承载力的设计理论

承受竖向荷载的桩基础的应用范围十分广泛,包括建筑物的桩基、桥梁桩基础、港口与海洋构筑物的桩基础。竖向承载桩基可由单根桩或多根桩构成,但在工程实际中大多数是多根桩构成的群桩,群桩桩顶与承台相连,承台将荷载传递于各基桩桩顶,形成协调承受上部荷载的承台—桩—土体系。

单桩桩顶竖向荷载由桩侧摩阻力和桩端阻力承受。以剪应力形式传递给桩周土体的荷载最终也将扩散分布于桩端持力层。持力层受桩端荷载和桩侧荷载而压缩(含部分剪切变形),桩基因此产生沉降。单桩的承载力的影响因素有:桩的几何尺寸和外形、桩周与桩端介质的性质、成桩工艺等。群桩基础的竖向承载力由三部分组成:各基桩的桩侧阻力、桩端阻力和承台竖向土阻力。由于群桩的承台—桩群—土的共同作用,群桩的承载力并不等于各单桩的承载力之和,在设计时还要考虑"群桩效应"。

#### 2.1.1.1 桩基的设计原则

根据《桩基工程手册》,当建筑场地的天然地基或经过地基处理方法加固,仍不能满足上部结构物的稳定性与沉降及沉降差异的要求时,就常常使用桩基,其中的桩就其支承荷载的性能来说可以是端承桩或者是摩擦桩。这得由上部结构的载荷情况以及地层的分布与各层的土性而定。

任何建筑物的桩基设计都必须满足两个方面的要求,其一是桩与地基土相互之间的作用是稳定的,其二是桩本身的结构强度是足够的,前者就是埋入地基中的桩,受到建筑物传来的各种荷载作用时,桩与土的相互作用是否保证桩有足够的承载力,又同时是否使桩不产生过量的沉降或桩基产生过大的沉降差以及在桩受到水平向荷载作用时对桩产生的弯矩与挠曲是否在容许范围之内,在受到上拔荷载时是否使桩不致产生过大的上拔量。

#### 2.1.1.2 桩基规范中嵌岩桩单桩竖向承载力的确定方法

由于桩基的类型很多而且因行业和地区而异,所以各个行业和某些地区对其运用成熟的桩型制定了相应的规范,高大钊(1997)对各种规范的适用桩型范围已有很好的总结,在此不再赘述。由于建筑、公路、铁路和港工的桩基规范涵盖的范围较广,所以本文选其作为研究对象进行承载力确定方法的比较。

1. 原型试验法

目前的原型试验法包括常规静载荷试验(static loading test)、O-Cell 试验(Osterberg Cell

Load Test)、自平衡静载荷试验和高应变法(high strain dynamic testing)。

(1)静载荷试验

常规静载荷试验被认为是最可靠的方法,现在各行业都有各自成熟的静载荷试验规程[《公路桥涵施工技术规范》(JTJ 041—2000)、《客货共线铁路桥涵工程施工技术规程》(Q/CR 9652—2017)、《港口工程基桩静载荷试验规程》(JTJ 255—2002)、《建筑基桩检测技术规范》(JGJ 106—2003)],具体的测试方法略有不同。静载试验由反力系统、加载系统、量测系统等组成。按提供反力的方式不同,静载试验又可分为堆载法和锚桩法,有时也采用堆载锚桩法。加载系统由千斤顶、油泵、油压表等构成。测量系统的内容较多,简单的有用地面基准梁上的百分表测量桩顶沉降,复杂的还包括测量桩身应力和桩身分段沉降,多使用钢筋应力计(或混凝土应变计)和分层沉降标。

(2)O-Cell 试验

马海龙于 2005 年在其论文中提出:"随着承载能力很高的大直径桩基的出现,传统的静载荷试验方式变得不安全不经济,为弥补它的不足,O-Cell 试验被引进并广泛使用。O-Cell 试验最早萌芽于 1969 年,由日本的中山(Nakayama)和藤关(Fujiseki)提出。1973 年他们取得了对于钻孔桩的测试专利;1978 年 Sumi 获得了对于预制桩的测试专利。在日本这种测桩法被称为'相反载荷试验'。Gibson 与 Devenny 在 1973 年用类似的技术方法测定在钻孔中混凝土与岩石的胶结应力。基于同样的思路,相似的技术也为 Cenak 等人(1988)所开发。1989 年,美国西北大学教授 Osterberg 将这一研究思路付诸实践并发扬光大,开发出了被人熟知的 Osterberg 荷载箱(O-Cell)。O-Cell 试验的原理是通过设置在桩底或桩身荷载箱的内腔施加压力,使其顶盖顶着上段桩身向上移动,从而调动桩侧土向下的阻力与桩底土向上的阻力,二者互为反力,若其中某一方面有所不足时,则另采取补充的措施提供补充反力。O-Cell 试验将桩侧土向下的摩阻力与桩底土向上的端阻力叠加,得到单桩的极限承载力。"

在国内,史佩栋(1996、1997、1998、1999)首先系统地介绍了 Osterberg 试桩法(亦称"桩底加载法"),目前已广泛应用于各种类型的桩基,特别是大直径桩基。朱利明等(2003)利用 Osterberg 法分别对某桥梁直径 1.2 m、长 69.9 m 的桩基和某直径 1.2 m、长 65 m 的桩基进行静载荷试验,得到的极限承载力约 20 MN 和 12.8 MN,试验结果与设计的极限承载力很接近;孔凡林等(2004)、黄兴怀等(2004)分别对重庆某地的三根直径 1 m 的大直径嵌岩桩和合肥某地的三根直径 1.35 m 的大直径嵌岩桩进行了桩底加载的静载荷试验研究,前者实测的最大的桩基承载力达约 14 MN,后者是 3.7 MN。

需要指出的是,在进行 O-Cell 试验时,确定荷载箱的位置是至关重要的。应力荷载箱以上的桩侧摩阻力与其下的摩阻力和桩尖反力基本相等,此时,无需进行额外的补载工作,这就是所谓的"自平衡试桩法"。所以对不同类型的桩(钻孔灌注桩、人工挖孔桩和嵌岩灌注桩等),荷载箱除了可以放置于桩身底部,还可以放置于桩身中部的若干不同位置,也可以埋设两个荷载箱进行分段测试桩的摩阻力。

(3)自平衡静载荷试验

自平衡静载荷试验最早是龚维明(1999)提出的,其原理与 O-Cell 试验相同,只是在加载方式上有些区别,也可以说是 O-Cell 试验引进中国后的名称。自平衡静载荷试验在中国发展很快,1999 年,东南大学土木工程学院与江苏省建设厅、南京市建筑质监站制定了《桩承载力自平衡测试技术规程》(DB32/T 291—1999),目前该法不仅在江苏省广泛应用,在其他地区也开始使用。该法曾应用于润扬长江公路大桥南汊桥南塔的直径 2.8 m 的大直径灌注桩的静载荷试验,试验分 15 级加载,最终加载值为 120 MN。

(4) 高应变法

高应变法能检测桩身的缺陷和判断单桩竖向抗压承载力,但取代静载荷试验还存在一定问题。

高应变法的主要功能是判定单桩竖向抗压承载力是否满足设计要求。这里所说的承载力是指在桩身强度满足桩身结构承载力的前提下,得到的桩周岩土对桩的抗力(静阻力)。所以要得到极限承载力,应使桩侧和桩端岩土阻力充分发挥作用,否则不能得到承载力的极限值,只能得到承载力检测值。与低应变法检测的快捷、廉价相比,高应变法检测桩身完整性虽然是附带性的,但由于其激励能量和检测有效深度大的优点,特别是在判定桩身水平整合型缝隙、预制桩接头等缺陷时,能够在查明这些"缺陷"是否影响竖向抗压承载力的基础上,合理判定缺陷程度。

当然,带有普查性的完整性检测,采用低应变法更为恰当。高应变检测技术是从打入式预制桩发展起来的,试打桩和打桩监控属于其特有的功能,是静载试验无法做到的。

2. 经验法

Omer,Robinson & Delpak,et al. (2003)利用 10 种桩的侧阻和端阻计算公式,对 Mercia 泥岩(Wales,UK)中 6 根大直径钻孔桩的静载荷试验结果进行了比较分析,发现这些公式对桩端阻力的预测结果缺少一致性。J. R. OMER 把这些公式分为四个基本类型:(1)不排水分析(Undrained analysis);(2)排水分析(Drained analysis);(3)混合方法(Mixed approach);(4)经验相关方法(Empirical correlation)。

目前国内各行业规范中对嵌岩桩的单桩竖向极限承载力的计算公式大致有以下三类。

(1)第一类公式

《建筑桩基技术规范》(JGJ 94—2008)中嵌岩桩的单桩竖向极限承载力标准值由桩周土总侧阻、嵌岩段总侧阻和总端阻三部分组成。根据室内试验结果确定单桩竖向极限承载力标准值的公式如下:

$$\left.\begin{array}{l}Q_{uk} = Q_{sk} + Q_{rk} + Q_{pk} \\ Q_{sk} = u \sum_{1}^{n} \zeta_{si} q_{sik} l_i \\ Q_{rk} = u \zeta_s f_{rc} h_r \\ Q_{pk} = \zeta_p f_{rc} A_p \end{array}\right\} \quad (2-1)$$

式中 $Q_{uk}$、$Q_{sk}$、$Q_{rk}$、$Q_{pk}$——分别为单桩竖向极限承载力标准值、土的总极限侧阻力、前沿段的总极限侧阻力、总极限端阻力标准值;

$u$——桩身周长;

$n$——覆盖层土的分层数;

$\zeta_{si}$——覆盖层第 $i$ 层土的侧阻力发挥系数;

$q_{sik}$——桩周第 $i$ 层土的极限侧阻力标准值;

$l_i$——桩身穿越第 $i$ 层土的厚度;

$f_{rc}$——岩石饱和单轴抗压强度标准值,对于黏土质岩取天然湿度单轴抗压强度标准值;

$A_p$——桩端面积;

$h_r$——桩身嵌岩(中等风化、微风化、新鲜基岩)深度,超过 $5d$ 时,取 $h_r =$

$5d$，$d$ 为桩嵌岩段的直径；

$\zeta_s$、$\zeta_p$——嵌岩段侧阻力和端阻力系数，与嵌岩深径比 $h_r/d$、岩石软硬程度有关，可按表 2-1 采用，表中数值适用于泥浆护壁成桩，对于干作业成桩(清底干净)，$\zeta_s$、$\zeta_p$ 应按表列数值的 1.2 倍。

表 2-1 嵌岩段侧阻系数和端阻系数

| 嵌岩深径比 $h_r/d$ | | 0 | 0.5 | 1.0 | 2.0 | 3.0 | 4.0 | 5.0 | 6.0 | 7.0 | 8.0 |
|---|---|---|---|---|---|---|---|---|---|---|---|
| 极软岩软岩 | 侧阻系数 $\zeta_s$ | 0.0 | 0.052 | 0.056 | 0.056 | 0.054 | 0.051 | 0.048 | 0.045 | 0.042 | 0.040 |
| | 端阻系数 $\zeta_p$ | 0.60 | 0.70 | 0.73 | 0.73 | 0.70 | 0.66 | 0.61 | 0.55 | 0.48 | 0.42 |
| 较硬岩坚硬岩 | 侧阻系数 $\zeta_s$ | 0.0 | 0.045 | 0.048 | 0.045 | 0.040 | | | | | |
| | 端阻系数 $\zeta_p$ | 0.45 | 0.50 | 0.50 | 0.45 | 0.40 | | | | | |

注：表中极软岩、软岩指 $f_{rk} \leqslant 15$ MPa，较硬岩、坚硬岩指 $f_{rk} > 30$ MPa，介于二者之间可内插取值。

《港口工程嵌岩桩设计与施工规程》(JTJ 285—2000)给出的是单桩竖向极限承载力设计值计算公式，其公式的组成形式与式(2-1)大致相同，只是具体参数的取值有差异。

(2) 第二类公式

《公路桥涵地基与基础设计规范》(JTG D 63—2007)对支承在基岩上或嵌入基岩内的钻(挖)孔桩、沉桩和管柱的单桩轴向受压容许承载力的计算公式如下：

$$[R_a] = c_1 A_p f_{rk} + u \sum_{i=1}^{m} c_{2i} h_i f_{rki} + \frac{1}{2} \zeta_s u \sum_{i=1}^{n} l_i q_{ik} \tag{2-2}$$

式中 $[R_a]$——单桩轴向受压承载力容许值(kN)；

$h_i$——桩嵌入各岩层深度(m)，不包括强风化层和全风化层；

$u$——各土层或各岩层部分的桩身周长(m)；

$A_p$——桩端截面面积(m²)，对于扩底桩，取扩底截面面积；

$m$——岩层的层数，不包括强风化层和全风化层；

$l_i$——各土层的厚度(m)；

$n$——土层的层数，强风化和全风化岩层按土层考虑；

$f_{rk}$——桩端岩石饱和单轴抗压强度标准值(kPa)，黏土质岩取天然湿度单轴抗压强度标准值，当 $f_{rk}$ 小于 2 MPa 时按摩擦桩计算；

$f_{rki}$——第 $i$ 层的 $f_{rk}$ 值；

$q_{ik}$——桩侧第 $i$ 层土的侧阻力标准值(kPa)，宜采用单桩摩阻力试验值；

$c_1$、$c_{2i}$——根据清孔情况、岩石破碎程度等因素而定的桩端和桩侧发挥系数，按表 2-2 采用。

表 2-2 系数 $c_1$、$c_2$ 值

| 条 件 | $c_1$ | $c_2$ |
|---|---|---|
| 良好的 | 0.6 | 0.05 |
| 一般的 | 0.5 | 0.04 |
| 较差的 | 0.4 | 0.03 |

注：1. 当 $h \leqslant 0.5$ m 时，$c_1$ 采用表列数值的 0.75 倍，$c_2 = 0$；
　　2. 对于钻孔桩，系数 $c_1$、$c_2$ 值可降低 20% 采用。桩端沉渣厚度 $t$ 应满足以下要求：$d \leqslant 1.5$ m 时，$t \leqslant 50$ mm；$d > 1.5$ m 时，$t \leqslant 100$ mm。
　　3. 对于中风化层作为持力层的情况，$c_1$、$c_2$ 应分别乘以 0.75 的折减系数。

《铁路桥涵地基和基础设计规范》(TB 10093—2017)中的相关内容与 JTG D 63—2007 一致,只是参数的取值更加谨慎。

综上所述,我们可以看到上述规范对嵌岩段承载力的表达形式都是一样的,而且为了有一定的安全储备,对嵌岩段的侧阻和端阻都采用了一定程度近似的折减处理。但是公路、铁路的嵌岩桩承载力计算公式相对建筑、港工的相应公式来说也有一些不同:(1)JTG D 63—2007 和 TB 10093—2017 认为嵌岩桩是柱桩,没有考虑嵌岩段上覆土层甚至风化岩的承载作用;(2)$\zeta_s$、$\zeta_p$ 和 $c_1$、$c_2$ 的具体意义不一样,$\zeta_s$ 考虑的是嵌岩段侧阻力的非均匀性,$\zeta_p$ 考虑的是桩端应力随嵌岩深度 $h_r$ 增加而递减,而 $c_1$、$c_2$ 的选择主要由孔中泥浆的清除情况及钻孔有无破碎等因素决定,同时,摩阻力系数 $c_2$ 要适当考虑孔壁粗糙度的影响;(3)岩石强度的取值不一样,JTG D 63—2007 和 TB 10093—2017 认为桩孔在填充混凝土后,岩石不再与水接触,所以只取天然湿度下岩石的单轴极限抗压强度,而 JGJ 94—2008 取的是饱和单轴抗压强度的标准值,对黏土质岩取天然湿度下单轴抗压强度的标准值;(4)JGJ 94—2008 是通过参数 $\zeta_{si}$ 来考虑桩端沉渣影响的,同时 $\zeta_{si}$ 还与桩的长径比($l/d$,$l$ 为桩的长度)和土性有关,而 JTG D 63—2007 和 TB 10093—2017 是通过 $c_1$、$c_2$ 的取值来表示的,显然与桩的长径比无关。

(3)第三类公式

《建筑地基基础设计规范》(GB 50007—2011)对桩端嵌入完整及较完整的硬质岩石中的竖向承载力特征值计算公式如下:

$$R_a = q_{pa} A_p \tag{2-3}$$

式中 $R_a$——单桩竖向承载力特征值;

$q_{pa}$——桩端岩石承载力特征值(桩端无沉渣时,按岩石饱和单轴抗压强度标准值或岩基载荷试验确定)。

综上所述,目前的嵌岩桩承载力计算公式考虑的问题还不完备。因为随着桩基技术的发展,很多时候嵌岩桩同时又是灌注桩和大直径桩,而各行业规范灌注桩和大直径桩不仅是分开考虑的,而且还有很大的差异,所以对于嵌岩桩还需要考虑以下情况:

(1)灌注桩桩底沉渣的影响

需要指出的是,对于灌注桩桩端沉渣影响的问题,各行业的规范实际都有考虑,只是表达的形式不一样。JGJ 94—2008 虽然在式(2-1)中体现了桩端沉渣的影响,但在其他非嵌岩桩的灌注桩的设计公式中却没有明确表达,甚至在大直径桩($d \geqslant 800$ mm)的竖向承载力计算公式中对于极限端阻力的标准值也只给出了清底干净的情况,其他情况下参照深层载荷板试验或当地经验。JTG D 63—2007 和《港口工程灌注桩设计与施工规程》(JTJ 248—2001)对于桩端沉渣的影响程度是用清孔系数 $m_0$(清孔系数或柱底支撑力折减系数)和修正系数 $\lambda$(根据桩端土的情况)来表示的。TB 10093—2017 的处理方式与前者一样,它把前者的 $m_0$ 和 $\lambda$ 用柱底支撑力折减系数 $m_0$ 综合考虑,$m_0$ 的取值要综合考虑桩的入土深度、土质的好坏、清孔情况及桩底沉淤厚度。一般来说,系数 $m_0$ 对于挖孔灌注桩取 1,对钻孔灌注桩要根据具体情况进行折减。

(2)大直径桩的尺寸效应

现行规范中,只有 JGJ 94—2008 有大直径桩单桩竖向承载力标准值的计算公式:

$$\left.\begin{array}{l}Q_{uk} = Q_{sk} + Q_{pk} \\ Q_{sk} = u\sum_{1}^{n}\psi_{si}q_{sik}l_i \\ Q_{pk} = \psi_p q_{pk} A_p\end{array}\right\} \quad (2\text{-}4)$$

式中 $q_{pk}$——桩径为 800 mm 的极限端阻力的标准值；

$\psi_{si}$、$\psi_p$——大直径桩侧阻、端阻尺寸效应系数，按表 2-3 采用。

表 2-3 系数 $\psi_{si}$、$\psi_p$ 的取值

| 土 类 别 | 黏性土、粉土 | 砂土、碎石类土 |
|---|---|---|
| $\psi_{si}$ | 1 | $(0.8/D)^{1/3}$ |
| $\psi_p$ | $(0.8/D)^{1/4}$ | $(0.8/D)^{1/3}$ |

注：表中 $D$ 为桩端直径。

桩单位极限端阻力的尺寸效应由 Meyerhof 和 Vesic 于 20 世纪 60 年代提出（刘金砺，2000）。由表 2-3 可见，在直径一致的条件下，无黏性土比黏性土的折减快。Meyerhof(1988) 还给出了砂土中极限端阻的折减系数，折减系数随着桩径的增大呈双曲线减小，砂的密实度愈大折减愈大。非黏性土中的侧阻尺寸效应是源于钻挖孔时侧壁的应力松弛，当桩径愈大和土的黏聚强度愈低，侧阻降幅愈大。

随着构筑物向高、大、重方向发展，嵌岩桩的使用越来越广泛且其直径也越来越大，但是其大直径的尺寸效应却没有得到充分的研究。比如岩石比密实的砂具有更大的黏聚力和内摩擦角，并且浸水后松弛也比较显著，尺寸效应是否也更加显著。

（3）嵌岩深度的确定

首先不同的规范对嵌岩深度的判断条件不一致，JTG D63—2007 和 TB 10093—2017 不考虑风化岩石的嵌岩深度，JGJ 94—2008 考虑中等风化岩的嵌岩深度，所以在中等风化基岩中，前者认为是柱桩时，后者却认为是嵌岩桩。上述规范中对岩石风化程度的分级大致相同，分别可见 TB 10093—2017 的附录和 GB 50021—2001。其次，JGJ 94—2008 认为嵌岩深度超过 5d 后端阻力为零，这并非对于所有性质的基岩都适用。

3. 原位测试法

根据式(2-1)、式(2-2)和式(2-3)，要确定嵌岩桩的竖向承载力需要的岩（土）的物理指标有 $q_{sik}$ 和 $f_{rc}$（或 $R_a$）。对于 $q_{sik}$ 的确定各行业的规范都有明确的分类或其他成熟的经验方法。$f_{rc}$（或 $R_a$）可通过传统的岩石室内试验得到，具体可参照《工程岩体试验方法标准》(GB/T 50266—2013)和《铁路工程岩石试验规程》(TB 10115—2014)。除了室内试验，还可以用原位测试手段推算岩石强度。

目前确定岩石强度的原位测试法主要有：动力触探试验(dynamic penetration test)、旁压试验(PMT,pressuremeter test)、平板载荷试验(plate loading test)、现场直接剪切试验和点载荷试验(point loading test)等。

动力触探试验是通过贯入一定深度所需要的锤击数（动力触探试验指标 N）来判断岩（土）的强度、地基承载力和桩基承载力学等性质，超重型圆锥动力触探可适用于软岩和极软岩。Vipulanandan & Kaulgud(2005)介绍了一种 Texas Cone Pentrometer(TCP)试验，并通

过在 Dallas(Texas,USA)的页岩中的 218 组数据得到了岩石无侧限抗压强度与 TCP 值的经验公式：

$$q_u = 7\,500\,[TCP]^{-0.4} \tag{2-5}$$

式中 $q_u$——岩石无侧限抗压强度(kPa)；

TCP——每 100 击的贯入深度(mm)。

#### 2.1.1.3 桩基规范中群桩竖向承载力的确定方法

JGJ 94—2008 中对桩数超过 3 根的非端承桩复合桩基的竖向承载力在设计时，建议考虑桩群、土、承台的相互作用效应，其复合基桩的竖向承载力设计值为：

$$R = \eta_s Q_{sk}/\gamma_s + \eta_p Q_{pk}/\gamma_p + \eta_c Q_{ck}/\gamma_c \tag{2-6}$$

当根据静载荷试验确定单桩竖向极限承载力标准值时，其复合基桩的竖向承载力设计值为：

$$R = \eta_{sp} Q_{uk}/\gamma_{sp} + \eta_c Q_{ck}/\gamma_c \tag{2-7}$$

$$Q_{ck} = q_{ck} \cdot A_c/n \tag{2-8}$$

式中 $Q_{sk}$、$Q_{pk}$——分别为单桩总极限侧阻力和总极限端阻力标准值；

$Q_{ck}$——相应于任一复合基桩的承台底地基土总极限阻力标准值；

$q_{ck}$——承台底 1/2 承台宽度深度范围(≤5 m)内地基土极限阻力标准值；

$A_c$——承台底地基土净面积；

$Q_{uk}$——单桩竖向极限承载力标准值；

$\eta_s$、$\eta_p$、$\eta_{sp}$、$\eta_c$——分别为桩侧阻群桩效应系数、桩端阻群桩效应系数、桩侧阻端阻群桩效应系数、承台底土阻力群桩效应系数；

$\gamma_s$、$\gamma_p$、$\gamma_{sp}$、$\gamma_c$——分别为桩侧阻抗力分项系数、桩端阻抗力分项系数、桩侧阻端阻抗力分项系数、承台底土阻力抗力分项系数；

$n$——复合桩基的基桩总数。

《港口工程桩基规范》(JTS 167-4—2012)认为港口工程中的群桩，一般为高桩台，桩的间距较大，一般大于 $3d$($d$ 为桩的直径或边长)，所以推荐承载力设计时采用单桩垂直极限承载力乘以群桩折减系数的方法。

JTG D63—2007 规定桩心距小于 $6d$ 的摩擦型群桩应作整体基础验算桩尖水平面处的承载力；对于柱桩和桩中距大于 $6d$ 的摩擦型群桩，用单桩静载荷试验所得的沉降量代替群桩的沉降量，但对于摩擦型群桩还要考虑试桩的短期荷载产生的沉降与使用期间荷载产生的沉降量的差别。

TB 10093—2017 规定摩擦桩应将桩群视为实体基础检算其底面处土的承载力，并认为当摩擦桩的中心距大于 $6d$ 时，桩基底面土的沉降量接近单桩的沉降量，其具体情况还与桩的长度和土的性质有关。TB 10093—2017 不考虑承台底土承受的竖向荷载，因为根据既有桩基的调查结果，说明桩间土的自重作用、地下水位的下降、含水率的改变以及受桩侧向下摩阻力的作用，致使桩间土与承台底板脱离，因此考虑承台板上的竖向荷载全部由基桩承受，以策安全。

综上所述可见各规范考虑的侧重点不同导致其规范规定的差异。JGJ 94—2008 对于群桩效应的影响因素以及群桩的沉降量计算比其他规范详细，其他规范则在这方面进行了不同程度的简化。

### 2.1.2 不同种类桩的竖向荷载传递

基桩作为桩基础的重要组成部分,其竖向荷载的传递机理直接影响其承载力和沉降的确定。基桩的竖向荷载传递性状主要受桩自身性质、桩周介质的性质、桩与桩周介质接触面的性质、桩与周围介质所受荷载状况以及相互作用(相邻桩的相互作用、承台的影响、上下部共同作用)等因素的影响。

大直径嵌岩灌注桩兼有"大直径"、"嵌岩"和"灌注"三个主要特征点,下面分别阐述大直径灌注桩和嵌岩灌注桩的研究概况。

#### 2.1.2.1 大直径灌注桩

桩按其直径或截面尺寸分,有大直径、中等直径和小直径之分,此分类常用于灌注桩。目前对大直径桩的定义主要依据是桩径,比如《建筑桩基技术规范》(JGJ 94—2008)中规定桩径大于 800 mm 的桩为大直径桩,并考虑了大直径桩的尺寸效应而对桩侧阻力和桩端阻力进行折减。而《港口工程预应力混凝土大直径管桩设计与施工规程》(JTJ 261—97)则对桩径大于 1 200 mm,入土深度大于 20 m 的管桩,桩端计算面积取全面积乘以 0.80~0.85 的折减系数。香港特别行政区则将桩径大于 600 mm 的灌注桩视为大直径灌注桩。

以往的对于大直径桩的研究难点主要在于某些情况下大直径桩的静载荷试验加载困难,往往只能得到比较平缓的荷载—沉降曲线,而不能得到桩的极限承载力,比如早期的黄强(1994)通过对 40 根置于不同持力层、具有不同桩身及扩大端直径的人工开挖大直径扩底桩的试验结果分析,提出了砂性及碎石类土中大直径扩底桩的变形计算模式;并根据变形函数,以变形量为极限承载力控制标准,给出了临界桩径承载力参数及大直径桩承载力折减系数。黄金荣等(1994)通过五根桩身内埋设测量元件的试桩资料,分析了桩的荷载传递机理与承载性状,以及施工工艺对其影响和作用。随着 O-Cell 试验的引进,极限加载条件已逐渐不是问题,如前所述的润扬长江公路大桥自平衡静载荷试验,最终加载值为 120 MN。

大直径桩也具有桩的共性,其竖向荷载也是由侧阻和端阻承受。近年来,不少学者利用常用研究手段对大直径桩进行研究。胡庆立等(2002)将小直径桩的静载荷试验参数通过理论分析和逐步调整并经过尺寸效应而应用于大直径桩的理论分析,得到了满意的结果。肖宏彬等(2002)以荷载传递函数为依据,经理论推导得到桩顶的 $P$-$S$ 曲线,并用于确定桩的承载力。石名磊等(2003)根据试桩静载荷试验及桩身应力测试结果对桩侧极限摩阻力预测的分析,研究了黏性土中大直径钻孔灌注桩(LDBPs)的桩侧极限摩阻力的预测方法和指标确定,同时还对 SPT 锤击数 $N$ 预测黏性土中 LDBPs 的桩侧摩阻力进行了统计分析,对黏土和亚黏土侧摩阻力与 $N$ 的关系提出了相应的回归公式。

随着大直径桩的广泛应用,特别是随着我国改革开放的深入,土木建设也随之迅速发展,随之出现的如上海等深厚软土地区(厚 150~400 m)超高层建筑和目前长江下游(第四纪松散覆盖层 100~300 m)大型桥梁的建设,使大直径超长桩的使用成为必然,并给桩基理论和实践提出挑战。蒋建平(2002)第一次系统地分析了大直径超长桩不同桩型(直径 0.8~6 m,桩长 50~100 m)在不同土层中(主要是黏性土和砂土)的承载机理和承载性状,为大直径超长桩的实际应用提供了理论依据。顾培英等(2004)根据苏州地区 4 根大直径桥梁钻孔灌注桩(直径 1.2~1.5 m,长度 51.5~72.5 m)桩侧摩阻力的试验结果认为:相当一部分桩侧土层未能达到极限状态;桩底沉渣直接影响桩顶沉降和极限承载力;随着长径比的加大,桩侧摩阻力发挥效率降低。钱锐等(2004)对南京河西地区3根超长(65.1 m、72.9 m、69.2 m)嵌岩钻孔灌注桩进行的静载荷试验,得到了与顾培英等(2004)类似的结论。蒋建平等(2006)以苏通大桥大型灌注桩为例,利用点面接触单元对大直径超长灌注桩进行了弹塑性有限元分析。

程晔(2005)对超长大直径钻孔灌注桩的承载性能进行了研究:研究了超长大直径钻孔灌注桩的几何尺寸、桩土的物理参数变化对其极限承载力、刚度、端阻比等承载性能的影响;针对超长大直径钻孔灌注桩桩端沉渣问题进行了桩端后注浆新工艺的研究;采用多种静载试验对苏通大桥超长大直径钻孔灌注桩进行测试研究,并与离心试验结果对比;针对桩端极限承载力、桩身自重、承载力分项系数及极限承载力沉降判断标准等问题进行规范适应性讨论,对公路桥梁规范提出了相应的建议。辛公峰(2006)对软土地基中大直径超长桩侧阻力软化进行了试验和理论研究,指出影响桩侧阻力软化的主要因素有桩周土体性状、桩土界面性状、桩的荷载水平(加载过程中桩周土体应力状态)和桩自身特性(几何特性和压缩变形特性);对超长桩,桩径对承载力影响较大;对于特定土层,存在一个最优桩长;增大桩身弹性模量有利于荷载向下传递,但也存在一个最优值;桩轴向割线刚度不是固定值,但与桩顶沉降有较好的相关性。

综上所述可见:利用O-Cell法进行桩基静载荷试验是可行的;桩端持力层对超长桩的承载性状有很大的影响;大直径桩存在有效桩长问题;对大直径短桩要尽可能清除桩端沉渣;大直径桩存在侧阻力软化,而且超长桩侧阻力对桩底沉降影响显著。

#### 2.1.2.2 嵌岩灌注桩

史佩栋等(1994)综合研究了国内外20余年来对嵌岩桩的研究所取得的进展,破除了通常认为嵌岩桩均属端承桩的传统观念。Seidel和Haberfield(1995)认为用以前的桩基设计方法设计大型的软岩和硬土中的桩基时会导致相当大的不确定性,并认为桩身刚度和嵌岩直径是主要的影响因素。O'Neill(1998)在第34届太沙基讲座上(The Thirty-Fourth Karl Terzaghi Lecture)撰文指出钻孔嵌岩桩的侧阻力依赖于以下几点:(1)岩石的黏聚力和摩擦的剪切强度;(2)钻孔的刚度;(3)岩石界面是否出现高度退化和模糊化;(4)岩石的裂缝和不连续性的影响。刘兴远等(1998)对嵌岩桩的定义、嵌岩段剪应力分布模式、最优嵌岩比、承载力和桩周岩石性质的问题进行了探讨。刘树亚等(1999)认为嵌岩桩的设计中要经济有效地获得分析所需的基础性资料,要重视试验和理论的结合,并指出嵌岩桩在时间效应和动荷载效应方面还需要进一步研究。张建新等(2003)从实际问题出发,指出了现行设计规范存在的不足,并对设计方法、设计标准、参数的取值及桩的载荷试验标准进行了深入探讨,提出按桩的承载方式进行设计,从承载力和变形双向进行控制,参数取值应符合桩的荷载传递规律。

自从嵌岩桩并非纯粹的端承桩观念被广泛认同后,有关桩的侧阻力的研究便成为热点,对于端阻力以及侧阻端阻相互关系的研究也是方兴未艾。传统的研究方法被充分利用,比如静载荷试验、荷载传递法、数值方法等;其他类型桩的研究成果也被用在嵌岩桩上进行验证,比如侧阻与端阻并非同时发挥作用,嵌岩桩桩底沉渣的影响等。下面将就几个主要的研究方向分别阐述。

(1)静载荷试验

静载荷试验是研究桩基的传统方法,它具有大家公认的可靠性。刘建刚等(1995)讨论了影响嵌固效应和端承力发挥作用的重要因素:桩身混凝土、桩周岩体的强度以及嵌岩比的大小。在这里"岩体"概念的提出用来考虑嵌岩桩的承载力,不同风化程度岩体的$P$-$S$曲线被用来比较分析。他还提出桩底沉渣的厚度会影响端阻力的发挥作用。王国民(1996)利用软质岩中2根埋设了钢筋计的钻孔灌注桩(桩径1m)的静载荷试验,分析了这种桩的荷载传递机理,证明了桩侧摩阻力随岩石强度增大,桩侧摩阻力沿桩身的分布是"上小中大下小",并认为软岩中的嵌岩深度可达到长径比为10,这已大大超过了JGJ 94—2008的规定。吕福庆等(1996)根据19个工程71根嵌岩桩静载荷试验的资料,对P-S曲线进行了分区,提出了嵌岩桩质量分类体系的概念,并认为持力层中的岩性和混凝土与岩石壁面的胶结程度对嵌固力的大小有决定性影响,可见他认为桩岩界面是胶结的。刘松玉等(1998)总结了我国东部,主要是南京地区的11个工程20根试桩的静载荷试验资料,其结论是:泥质软岩嵌岩桩主要表现为摩擦桩的性状;软岩地区嵌岩桩深度可增加至7倍桩径;嵌岩段总阻力主要是侧阻力;嵌岩桩端阻力发挥作用一般要求桩顶位移≥15 mm,人工挖孔桩所需桩顶位移较小;泥质软岩嵌岩桩的荷载传递性状与施工工艺、施工质量、荷载水平等密切相关。陈竹昌等(1998)认为嵌岩长桩的突然破坏是由嵌岩段侧阻的脆性破坏造成的。此后部分学者在不同地区和不同的地质情况下进行了一系列的静载荷试验,得到大量有用的实测数据,并且O-Cell试验也被广泛应用,为承载力高的嵌岩桩提供了有力的研究手段。蒋治和等(2002)考虑到软岩的实际三轴受力状态的强度远大于无侧限强度,建议对软岩嵌岩桩的侧阻和端阻设计值适当增大。

综上所述,嵌岩桩的承载力受桩身混凝土强度、桩周岩石强度、桩侧与岩石接触情况、桩底沉渣和桩的长径比等因素的影响。软岩的嵌岩长径比可适当增加,而且软岩还有很大的承载潜力,建议通过改进施工工艺、提高施工质量来提升其潜力。

(2)荷载传递法

除了静载荷试验,桩基的理论研究也有很大的进展。传统的荷载传递法被用来进行单桩荷载传递机理的分析,现统计见表2-4。

表2-4 嵌岩桩中荷载传递法应用方式统计

| 第一作者 | 方法 | 侧阻力函数 | 桩端函数 | 参数确定方式 |
| --- | --- | --- | --- | --- |
| 叶玲玲(1995) | 位移协调法 | 双折线荷载传递函数和实测函数 | 实测数据回归 | 拟合 |
| 徐松林(1998) | 解析法 | 线性函数 | — | — |
| Sooil Kim(1999) | 耦合方法 | 双曲线函数 | — | 拟合 |
| 邱钰(2001) | 解析法 | 双折线荷载传递函数 | 双折线荷载传递函数 | 拟合 |
| 董平(2003) | 解析法 | 基于剪胀理论推导的荷载传递函数 | Bousinesq弹性理论解 | 统计 |
| 赵明华(2004) | 位移协调法 | 双曲线函数 | 双曲线函数 | 拟合 |
| 赵明华(2004) | 解析法 | 三折线模型(考虑硬化和软化) | 三折线模型 | 拟合 |

荷载传递法具有简单灵活的特点,它适用于各种土层情况,所以适合于分层土的计算。荷载传递法在嵌岩桩中的应用与在分层土中的应用一样,只是岩石的荷载传递函数参数不同而已,其参数可以通过静载荷试验或室内试验得到剪切—位移曲线($\tau$-$s$ 曲线)拟合取得,所以荷载传递函数的选取是荷载传递法的核心。实际的荷载传递函数不仅随着土层的深度改变,而且还受到桩自身压缩、相邻桩和承台作用的影响,所以在应用这种方法时还需要耦合其他因素才能够提高计算精度。

(3)数值方法

数值方法能够对实际情况进行定性分析,并用之指导实践,可以起到节约成本的作用。目前嵌岩桩的数值研究方法主要是有限元法,它避免了荷载传递法不能精确考虑桩土共同作用的缺点,具有详细考虑桩土界面单元的参数、界面的几何形式、桩身材料和岩体的本构关系(包括三轴状态和流变状态)、桩周介质的分层和各种荷载工况的组合等优点。目前嵌岩桩应用有限元方法的统计见表 2-5。

表 2-5　嵌岩桩中有限元法应用方式统计

| 第一作者 | 模型维数 | 桩身材料的本构关系 | 岩(土)材料的本构关系 | 接触面的本构关系 |
| --- | --- | --- | --- | --- |
| 刘叔灼(1995) | 2D | — | Arai 软岩黏弹塑性模型 | Clough-Duncan 非线性模型 |
| 林育梁(2002) 韦立德(2003) | 修正荷载传递法的有限元,边界用无限元 | 线弹性或 Duncan-Zhang | 线弹性或 Duncan-Zhang | Desai 薄层单元(引进传递函数),沉渣用专用模型 |
| 陈斌(2002) | — | 线弹性 | Duncan E-B 双曲线模型(Mohr-Coulomb 破坏准则) | 实体单元模拟界面和沉渣 |
| 曾维作(2003) | — | 线弹性 | Duncan-Zhang | Goodman 单元 |
| 邱钰(2003) | 轴对称 | Drucker-Prager | Drucker-Prager | 薄型单元 |
| 姚海波(2004) | 轴对称(考虑上覆土) | 线弹性 | 线弹性 | — |
| 陈金锋(2004) | 轴对称(ANSYS) | Drucker-Prager | Drucker-Prager | 接触单元 |
| 李婉(2005) | 平面问题(ANSYS) | 线弹性 | Drucker-Prager | 接触单元 |
| 王雁然(2006) | 轴对称(ABAQUS,考虑初始应力场) | 线弹性 | 线弹性 | 沉渣用 Duncan-Zhang |

由表 2-5 可见,有限元模型中还存在如下问题:桩体和岩(土)体的本构关系大多数还是选用的线弹性或非线性弹性,而桩身材料在高荷载水平下会进入塑性状态,岩(土)本来就是塑性体,所以对材料本构关系的选择与实际情况不符;对桩侧接触面的处理很少考虑桩岩接触面的粗糙度,或只是用接触单元的参数调节来近似的模拟粗糙度的影响;另外考虑桩侧接触面由于破坏引起的滑移情况也不多见,然而侧阻力分布形式是与桩的渐近破坏密切相关的。

除了有限元法,其他的数值方法也被应用于桩的承载性状的模拟。Wei Dong Guo 和 Randolph M F(1998)用 FLAC 软件分析桩的荷载传递性状。João Batista de Paiva 和 Renata Romanelli Trondi(1999)用边界元方法(BEM)模拟了群桩基础。Comodromosa E M,Anagnostopoulosb C T 和 Georgiadisb M K(2003)用 FLAC 分析了单桩与群桩的加载试验。P. H. Southcott 和 J. C. Small(1996)用有限层法(finite layer method)分析了非均匀地基中的单桩和群桩基础,取得了令人满意的结果。

(4)模型试验

桩基的模型试验是根据力学的相似原理设计的,它具有耗费小、试验条件容易控制的优点,在研究桩的承载性状方面具有特别的意义。目前对于嵌岩桩的模型试验还较少,表 2-6 是我国嵌岩桩模型试验的统计。除了以上试验外,吴斌(2002)在虎门大桥的嵌岩桩试验中也是用模型桩取得的参数辅助分析原型桩的静载荷试验。

表 2-6  嵌岩桩中模型试验应用方式统计

| 第一作者 | 试验环境 | 模拟桩的方式 | 模拟岩石的方式 | 应力测量方式 | 加载方式 |
| --- | --- | --- | --- | --- | --- |
| 徐松林(1998) | 野外 | 桩径 5 cm,嵌岩长 $2d$、$2.9d$、$4d$ 和深 16 cm(无端阻);$E_p$=22.44 GPa,$\nu_p$=0.168 | 武汉市东郊风化砂岩岩$E_p$ = 0.400 4 GPa, $\nu_p$ = 0.214 | 桩身应变片,桩端小压力盒 | 慢速维持荷载法 |
| 李凤奇(2004) | 模型箱 | 桩径 3.5 cm,嵌岩长 10.5、14、17.5、27 cm;桩用有机玻璃棒,弹模与原型桩相似 | 岩石用砂、碳酸钙和石膏的混合物,物理性质由配比确定 | 桩身贴应变片,桩端不同位置埋压力盒 | 分级维持荷载 |
| 叶琼瑶(2004) | 三轴仪做的模型箱 | 桩用 6.25 mm,厚 0.28 mm 紫铜管(弹模 120 GPa)做芯材,环氧砂浆做桩材(强度可调),桩径 12 mm,长 36~120 mm | 直接采用泥质砂岩(弹模 2.899 GPa,泊松比 0.27)和粉砂质泥岩(弹模 0.189 GPa) | 桩身贴应变片 | 等时距加载,加围压 |
| 张建新(2004) | 模型箱 | 桩径 40 mm,厚 1 mm 的铝合金管 | 岩体用石膏、砂、水泥混合,$E_p/E_r$=5.5~7 或 0.5 | | 加载到破坏 |

(5)塑性理论方法

根据 Meyerhof(1951)确定土中桩的极限承载力的方法,Serrano 和 Olalla(2002)基于塑性理论,并利用 Hoek and Brown 非线性破坏准则和平面模型下的推导,然后通过乘以形状因子得到了三维情况下岩石中桩顶的极限承载力:

$$\sigma_{hp}=\beta(N_\beta-\zeta)s_\beta \tag{2-9}$$

$$\beta=\frac{m\sigma_c}{8} \tag{2-10}$$

$$\zeta=\frac{8s}{m^2} \tag{2-11}$$

式中  $\sigma_{hp}$——桩的极限承载力(kN/m);
　　　$\beta$——岩石的强度模量(kN/m);
　　　$N_\beta$——平面模型中桩的极限承载力的荷载因子;
　　　$\zeta$——岩石的抗拉强度系数;
　　　$s_\beta$——形状因子;
　　　$m$、$s$——Hoek and Brown 的参数,与岩石的质量指数相关;
　　　$\sigma_c$——完整岩石的无侧限抗压强度(kN/m)。

在完成上述工作后,Serrano 和 Olalla(2004)又得到了当嵌岩桩嵌岩起始点的水平向压力可忽略,并且岩石上覆荷载很小或没有时平均侧阻力的表达式:

$$\tau_{fm}=C\beta\zeta^{0.75} \tag{2-12}$$

式中  $\tau_{fm}$——平均侧阻力;
　　　$C$——侧阻力调动系数,需查表。

李镜培等(2006)利用滑移线理论并通过叠加的方法分析出桩端基岩破坏时的最危险点,然后根据 Mindlin 方法求出该点的应力,运用 Griffith 准则的 Murrell 推广导出了桩端极限承载力的公式,并与实际情况比较,结论是:当端承力起主导作用时,结果比较吻合;当侧阻力起主导作用时,数据相差很大。

(6)桩与岩石接触面状态的试验研究

目前存在两种关于嵌岩桩侧阻力影响因素的认识,一种观点认为桩的极限侧阻力($\tau_{ult}$)影

响因素为岩石的无侧限抗压强度($\sigma_c$),其表达公式为:
$$\tau_{ult} = \alpha \sigma_c^k \qquad (2\text{-}13)$$
式中　$\alpha$、$k$ 为系数,其取值目前还有争议。

另一种观点认为桩的极限侧阻力是受桩基表面法向刚度控制的(即桩身径向刚度),桩径的膨胀促使桩基表面法向应力提高,从而提高侧阻力。侧阻力的发展有两个机理,首先是粗糙的混凝土—岩石界面的黏接力起作用,即为剪切机理;其后产生滑移,出现了这种膨胀滑移机理,使得侧阻力大为增加。对于相对比较软的、易压缩的硬黏土,主要是剪切机理;而对于软岩来说,这两种机理都存在。综合来说,侧阻力的影响因素包括岩石的强度、桩岩接触面的粗糙度、岩石的模量和岩石的初始应力等。

Indraratnal 和 Haque(1997)进行了法向刚度不变(CNS,constant normal stiffness)和法向应力不变(CNL,constant normal load)两中情况下的岩石接头(joint)的直剪试验,其结果是:CNL 条件下的试验比 CNS 条件下的试验高估了岩石接头的膨胀性,低估了剪切的峰值强度;CNL 条件下得到的岩石接头剪切强度包络线是两根线,而 CNS 条件下岩石接头剪切强度包络线可是单线也可是双线,由界面突起(asperity)的角度决定;在 CNS 条件下,当岩石接头的界面填充物的厚度很小时也可显著降低接头的剪切强度,当填充物的厚度是界面突起高度的 1.6 倍时,接头的剪切强度接近填充物的剪切强度。

刘利民等(2000)总结了孔壁粗糙度对嵌岩桩承载力的影响规律,他认为一般情况下,孔壁越粗糙,嵌岩桩的承载力越大,岩石强度和节理是影响嵌岩桩粗糙度的两个主要因素。

Seidel 和 Haberfield(2002)调查了岩(石)—岩(石)接头和岩(石)—混凝土在 CNS 条件下的研究情况,总结了三角形突起的接头发生滑移和剪切破坏的判断公式,并与试验结果比较,证明其推断在接头形状是三角形时是合理的。

Gu,et al.(2003)利用大型直剪仪,研究了在 CNS 并考虑初始应力条件下,Sydney Hawkesbury 砂岩和混凝土接头(三角形突起)的剪切性状。试验过程中砂岩的磨损很大并显著影响了岩—混凝土接头的剪切性状(图 2-1~图 2-3)。其试验结果是:岩—混凝土的接头性能高度依赖于接头粗糙度,当粗糙度增加时,剪切破坏的脆性增大;法向刚度(或法向应力)越大,剪切峰值强度越高,剪切破坏的脆性越明显;相对于有规律的接头界面突起,实际的接头界面突起形状的剪切强度表现的低些且更容易变形。随后 Gu,et al.(2005)又根据试验结果,并利用质量守恒定律,归纳出了界面磨耗模型:

$$w = K_w x \qquad (2\text{-}14)$$

$$K_w = \oint(\alpha, \sigma_n, \rho) = \oint(\alpha, \sigma_{n0}, \rho) \qquad (2\text{-}15)$$

式中　$w$——磨耗量(或岩石被磨去的深度);
　　　$K_w$——磨耗率;
　　　$x$——剪切位移;
　　　$\alpha$——粗糙度函数;
　　　$\sigma_n$——法向应力(被初始法向应力 $\sigma_{n0}$ 控制);
　　　$\rho$——材料强度。

图 2-1　CNS 剪切仪

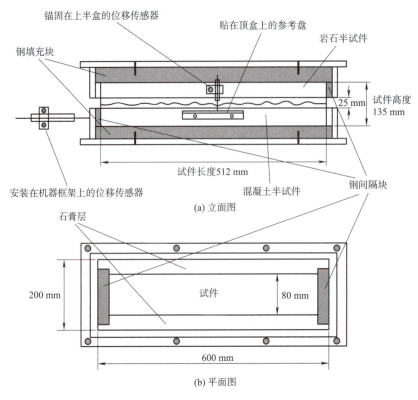

图 2-2 试样的立面图和平面图

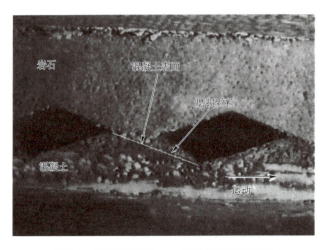

图 2-3 剪切位移 11 mm 时的直剪试验录像

## 2.2 红层软岩长大直径桥梁嵌岩桩荷载传递机理

### 2.2.1 红层软岩力学特性

湖南红层隶属于华南区,共有大小红层盆地 80 余个,大致可分为湘东南区、湘北区及湘西区,总面积达 36 467 km²,约占全省面积的 20.5%。以衡阳盆地为主体的湘东南区白垩系发育良好,广泛分布于茶陵、永兴、醴陵、攸县、株洲、湘潭、长沙、平江等地的北北东向山间盆地中,属新华夏系构造控制的一级沉降带次级沉降区。湘北地区以洞庭盆地为主体,仅在其西部桃源、常德、石门、临澧一带出露,大部分隐伏于第四系之下,为新华夏系构造一级沉降带的沉降盆地。湘西地区白垩系发育较好,以沅(陵)麻(阳)盆地为主题,呈北东向延伸,受北东向至北北东向弧形构造控制,属新华夏系构造一级沉降带的次级沉降区。

湘浏地洼盆地内广泛分布着内陆湖相沉积的白垩系—第三系砾岩、砂岩、泥质粉砂岩、粉砂质泥岩、泥岩,均为软质岩石。长期以来,地学工作者以基础性理论研究为主,偏重于地质历史的重建,注重于支配地球变化的一般规律的探究;工程技术人员则注重于研究其工程性质、岩土体的加固与改良。

### 2.2.2 基桩的荷载传递机理

桩—土(岩)体系的荷载传递机理:

桩基础由基桩和连接桩顶的承台组成,通过桩端阻力及桩侧阻力来承担竖向荷载。作为主要传力构件的基桩与土(岩)的界面主要为桩侧表面,桩底只占接触总面积的很小部分(一般低于1%),桩侧界面是影响桩向周围土体传递荷载的重要因素,甚至是主要途径。如图2-4所示,桩侧土与桩身存在黏聚力和正应力两种。黏聚力只有当桩土发生相对位移时才逐渐发挥作用。桩土间发生相对位移时,正应力产生摩擦力(土颗粒的滚动摩擦力和滑动摩擦力)。随着桩土位移的增大,摩擦力逐渐变为单一的滑动摩擦力。桩土位移进一步增大时,土颗粒间的黏聚力丧失,侧摩阻力由峰值强度降到残余强度。对于嵌岩桩,由于基岩压缩性一般很低,发挥侧摩阻力所需相对位移主要靠桩身压缩。研究表明,发挥侧阻力所需的相对位移量在3~8 mm之间,砂土较小、黏土稍大些。由于侧阻力是随着桩土相对位移的发展而逐渐发展的,故紧靠基岩部分的桩侧阻力可能因为位移关系而不能完全发挥作用。竖向荷载作用下,桩身上部先受到压缩而发生相对于土的向下位移,使桩周土在桩侧界面产生向下的摩阻力,摩阻力以剪切形式将荷载传递给桩周土体,这部分剪切荷载最终将扩散传递到桩端持力层。荷载沿桩身向下传递的过程就是不断克服摩阻力并通过它向土中扩散的过程,因而桩身轴力沿着深度逐渐减小;在桩端处,桩身轴力则与桩端土反力平衡,桩端持力层在桩底反力作用下产生压缩使桩身下沉,桩与桩间土的相对位移使摩阻力进一步发挥作用。随着桩顶荷载增加,上述过程周而复始,直到变形稳定,荷载的传递过程方才结束。

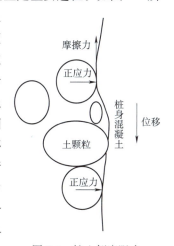

图2-4 桩土侧摩阻力

由于桩身压缩量的累积,上部桩身的位移总是大于下部,因而上部的摩阻力总先于下部发挥作用。桩侧摩阻力达到极限后一般保持不变,进而随着荷载的增加而调动下部摩阻力发挥作用,直到整个桩身的摩阻力全部达到极限,继续增加的荷载就完全由桩端持力层承担;当桩底荷载达到极限端阻力时,桩身便发生急剧下沉而发生破坏。

按荷载传递机理,根据桩侧极限阻力$Q_{su}$、桩端极限阻力$Q_{pu}$与极限荷载$Q_u$的比值可将桩划分为四大类型,见表2-7。

表 2-7　桩按荷载传递机理分类

| 桩的类型 | 摩擦桩 | 端承摩擦桩 | 摩擦端承桩 | 端承桩 |
| --- | --- | --- | --- | --- |
| $Q_{pu}/Q_u(\%)$ | 0～5 | 5～50 | 50～95 | 95～100 |
| $Q_{su}/Q_u(\%)$ | 100～95 | 95～50 | 50～5 | 5～0 |

## 2.3　硬土软岩考虑粗糙度影响的桩基荷载传递机理

### 2.3.1　硬土软岩特性

硬土软岩是一种特殊黏性岩土。它的强度研究更是一个复杂的重要课题。实践也证明硬土软岩的强度较之普通黏土要复杂得多。已有的研究表明,硬土软岩抗剪强度既具有一般黏土的共性,又有别于一般黏土的特殊性,而且表现出一种典型的"变动强度"的特性和规律。

在硬土软岩地质条件下的钻孔施工中,不能将硬土软岩作为一般的岩石看待,应充分认识到硬土软岩边坡的"变动强度"特征,加强对硬土软岩抗剪强度参数的研究,这对钻孔灌注桩侧摩阻力验算具有重要的意义。

### 2.3.2　基桩荷载传递机理

桩基的荷载传递是桩基工作性能的核心内容,从广义的意义上来说,指的是桩基在外荷载作用下桩—土体系中各个部分反应的总体表现,它包括荷载的分配、传递方式,地基土和桩身以及桩端共同承担外荷载的相互关系,构成桩—土承载力的各个分量的形成、发挥过程和分布规律。

桩—土相互作用机理相当复杂,尽管国内外许多岩土工程科学工作者和工程师曾通过桩基原位试验、模型试验、工程监测和理论分析等多种途径进行过大量试验研究,迄今为止也只是对轴向承载竖桩的荷载传递过程有了一定的认识,荷载传递分析是桩基设计计算的理论基础。桩的荷载传递理论揭示的是桩—土之间力的传递与变形协调的规律,因而它是桩的承载力机理和桩—土共同作用分析的重要理论依据。

#### 2.3.2.1　桩、土体系荷载传递的一般过程

基础的功能在于把荷载传递给地基土。作为桩基主要传力构件的基桩是一种细长的杆件,它与土的界面主要为侧表面,底面只占桩与土的接触总面积的很小部分(一般低于1%),其表明桩侧界面是桩向土传递荷载重要的,甚至是主要的途径。

当竖向荷载逐步施加于桩顶时,桩身上部受到压缩而产生相对于桩周土的向下位移,与此同时,桩身侧表面受到土向上摩阻力的作用,桩身荷载通过所发挥出来的摩阻力传递给桩周土体,致使桩身荷载和桩身压缩变形随深度递减。在桩土相对位移等于零处,桩侧摩阻力尚未开始发挥作用而等于零。在加荷的初始阶段,摩阻力与位移近似地呈直线关系。随着荷载继续增加,桩身的压缩量和位移量增大,桩身下部的摩阻力随之逐步调动起来,从而将荷载也部分传给桩端土层并使其压缩和产生桩端阻力。桩端土层的压缩导致桩土相对位移加大,桩身摩阻力进一步发挥作用,当桩侧摩阻力全部发挥出来达到极限后,位移继续增大,桩侧摩阻力便保持不变。桩侧摩阻力与位移的关系如图 2-5 所示。摩阻力达到极限时的位移与土的性质有关,在硬黏土中约为 5～6 mm,在砂性土中约为 4～10 mm。桩上部侧阻力发挥作用远比桩的下部早,而桩侧摩阻力又总是比桩端阻力更早地得到发挥。桩侧摩阻力发挥至极限后,若继续增加荷载,其荷载增量将全部由桩端阻力承担。若荷载增大至使桩端持力层大量压缩和塑性

挤出,位移将显著加大,直至桩端阻力达到极限而破坏。此时桩所承受的荷载就是桩的极限承载力。桩端持力层的压缩变形服从的压应力—竖向位移关系 $S_b = f(\sigma_b)$,如图 2-6 所示。

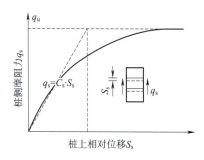

图 2-5　桩侧摩阻力与位移的近似关系

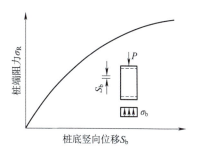

图 2-6　桩端阻力与位移的近似关系

桩侧阻力与桩端阻力的一些规律:桩的承载力主要由两部分组成,一是桩侧摩阻力,二是桩端阻力。前人对这两方面做了一些研究。在这里就对这两方面研究的一些结论进行总结。

#### 2.3.2.2　桩侧阻力的传递规律

作用在桩顶的竖向荷载通常由桩侧阻力和桩端阻力共同承受。单桩竖向承载力是桩土共同工作的结果,所以单桩工作性能研究是单桩竖向承载力分析的基础。

1. 桩侧阻力的发挥性状

竖向荷载作用下单桩桩侧阻力的受力性状是一个传统而又极具实际意义的问题,目前已有大量研究。Terzaghi(1948)曾建议用现场载荷试验来测量和分析桩侧阻力,这一建议和方法至今仍是研究桩侧阻力的重要手段之一。理论研究和试验结果表明,在竖向荷载作用下,桩身及桩底土发生压缩变形,桩及桩侧土之间将产生相对位移,从而导致桩侧土体对桩身产生摩擦阻力。该摩阻力带动桩侧土体产生位移,在桩周土体产生剪应变和剪应力。该剪应变和剪应力一环一环地向外扩散至零。沿深度方向,在桩顶荷载通过桩身逐步向下传递的过程中,由于要不断克服桩侧阻力,所以桩身轴力会不断减小。

2. 桩侧阻力—桩土相对位移关系

桩侧阻力的发挥与许多因素有关,其中最直接的便是桩土相对位移。试验表明,只要桩土出现微小的相对位移,即会产生桩侧阻力。

3. 桩侧阻力的深度效应

在某一土层中,当桩入土达到一定深度后,侧阻力便不再随深度增加而增大,即桩侧阻力的深度效应,该深度称为侧阻的临界深度。关于砂土的侧阻临界深度,目前根据模型桩试验得出了一些不尽相同的结论。而关于黏性土中桩侧阻力的深度效应,由于试验研究还少,其变化规律尚有待进一步研究。

4. 桩侧阻力的成桩效应

成桩施工工艺也是影响桩侧阻工作性能的重要因素。对于打入桩或振动沉桩,在成桩过程中对桩侧土体的挤压作用,会导致侧阻力发生变化,如对饱和黏土,由于成桩时对桩侧土体的挤压、扰动、浸润及重塑,会产生超孔隙水压力,使土体强度降低,桩侧阻力减小。随成桩后时间的增长,孔隙水压力消散及黏土的重固结和触变恢复,导致桩侧阻力产生时间效应,即桩侧阻力会显著增加。对钻孔灌注桩等非挤土桩,由于成桩时使孔壁应力松弛,导致土的强度降低,使桩侧阻力亦随之降低。

#### 2.3.2.3 桩端阻力的传递规律

1. 桩端土体的发挥形状

实测资料表明:桩侧阻力一般先于桩端阻力发挥,当桩侧阻力充分发挥时,桩端阻力尚远未发挥。要使桩端阻力能充分发挥,则需要更多的桩顶沉降量。实际上,由于桩端土除受桩尖荷载作用外,还受到桩侧阻力及桩端平面以上土体自重的作用,其分析相当复杂。桩端阻力的破坏机理与扩展式基础的破坏机理相似,有整体剪切破坏、局部剪切破坏和冲剪破坏三种形式。桩端土的破坏模式取决于桩端土层性质、桩埋深、成桩效应及加荷速率等因素。

2. 桩端阻力—桩端位移关系

要获得较大的桩端阻力,桩端位移量必须较大。Bowles(1987)指出,充分发挥桩底极限强度需要的桩端位移,打入桩约为桩底直径的10%,钻孔桩约为底部直径的30%。对桩端为土的桩,发挥桩端阻力极限值所需的桩端位移为:一般黏性土约为$0.25d$($d$为桩端直径),硬黏性土约为$0.1d$,砂类土约为$0.08d \sim 0.1d$;对嵌岩桩,当清底干净时,二者几乎呈直线关系。Randolph(1978)根据弹性力学方法推导出桩端阻力与桩端位移呈线性关系。曹汉志(1986)和陈龙珠等(1994)根据实测资料将桩端阻力—桩端位移简化为双折线模型。

3. 桩端阻力的深度效应

当桩端进入均匀土层的深度$h$小于某一深度时,其极限端阻力随深度呈线性增加;当$h$大于该深度时,极限端阻力将保持不变,该深度称为端阻力的临界深度,该现象称桩端阻力的深度效应。

试验结果表明,桩端持力层承载力越低,则端阻临界深度越小。端阻临界深度受上覆压力影响较大,且随桩径的增大而增大。此外,桩端土层的软弱下卧层对端阻将产生影响。当桩端和软弱下卧层的距离小于某一厚度时,端阻力将降低。

4. 桩端阻力的成桩效应

成桩工艺也是影响桩端阻力的因素。对非挤土桩,因桩端土体出现扰动、虚土或沉渣,使桩端土体应力松弛,从而使桩端阻力降低。对挤土桩,由于成桩过程中桩端附近土体被挤密,使桩端阻力降低。对于松散状态的土体,挤密效果较佳;反之,对较密实的土体,其挤密效果较差。

### 2.3.3 桩土界面研究

由上面分析可知,为求得比较准确的桩竖向承载力,必须要对桩土所组成的共同体系进行考虑。对于超长大直径钻孔灌注桩,摩阻力起主要作用。桩侧摩阻力是桩土之间相互作用而产生的结果,只有当桩土之间产生相对位移或有相对位移趋势时,摩阻力才能得到发挥。在进行荷载传递机理研究时,必须要了解桩土接触面的力学性状,建立合理的力学模型以及合理的力学参数。

在接触问题中,结构的材料性能与周围土层性质相差较大,在一定的受力条件下在其接触面上产生错动滑移或开裂,接触面的变形和受力比较复杂。对于这种情况,正确的分析接触面受力变形机理、剪切破坏发生的位置、接触面的应力—应变关系等,并能在计算中正确的模拟,对于数值分析是至关重要的。以本书关注的混凝土桩与土的接触为例,桩的变形很小,而土在荷载作用下有较大的压缩,受到桩的摩阻力后,便将荷载通过剪应力传递给桩。因此必须采用适当的接触面来模拟桩—土间的相对滑动。

接触面的研究主要包括两个方面:一是接触面上的本构关系,即接触面的应力—应变关系;二是接触面单元,为充分反映接触面的受力及变形特性,应采用能模拟接触面变形的特殊单元。

本书第四章从这三个方面分别进行了阐述:1)接触面单元;2)接触面本构关系;3)摩擦衰减模型。

## 2.4 软岩长大直径桥梁嵌岩桩复合桩基荷载传递机理

### 2.4.1 软岩的简介

从20世纪60年代到90年代,关于软岩还没有一个统一的概念。何满潮等在充分研究前人关于软岩概念的基础上,提出了地质软岩和工程软岩的概念。

地质软岩是指强度低、孔隙度大、胶结程度差、受构造面切割及风化影响显著或含有大量膨胀性黏土矿物的松、散、软、弱岩层,该类岩石多为泥岩、页岩、粉砂岩和泥质砂岩,是天然形成的复杂的地质介质。国际岩石力学学会将软岩定义为单轴抗压强度($\sigma_c$)在0.5~25 MPa之间的一类岩石,其分类依据是岩石的强度指标。在国内,《岩土工程勘察规范》(GB 50021—2001)将$\sigma_c$在30~15 MPa的岩石称为较软岩,15~5 MPa为软岩,小于5 MPa为极软岩。这类定义用于工程实践会产生矛盾,当地应力水平足够低时,$\sigma_c$小于25 MPa的岩石也不会产生软岩的特征;反之,当地应力水平足够高时,$\sigma_c$小于25 MPa的岩石也可以产生软岩的大变形。因此地质软岩的定义不能用于工程实践,故提出工程软岩的概念。

工程软岩是指在工程力作用下能产生显著塑性变形的工程岩体。其中工程岩体是软岩工程研究的主要对象,包含岩块结构面及其空间组合特征。工程力是指作用在工程岩体上力的总和,它可以是重力、构造残余应力、水的作用力和工程扰动力以及膨胀应力等。显著的塑性变形是指以塑性变形为主体的变形量超过工程设计允许的变形,并影响了工程的正常使用,它包含显著的弹塑性变形、黏弹塑性变形、连续性变形和非连续性变形等。

工程软岩和地质软岩的关系是,当工程荷载相对于地质软岩的强度足够小时,地质软岩不产生软岩显著塑性变形力学特征,即不作为工程软岩,只有在工程力作用下发生了显著变形的地质软岩,才作为工程软岩;在大深度,高应力作用下,部分地质硬岩也呈现出显著的变形特征,则应视其为工程软岩。

软岩之所以能够产生显著塑性变形的原因,是因为软岩中的泥质成分和结构面控制了软岩的工程力学特性。一般来说,软岩具有可塑性、膨胀性、崩解性、分散性、流变性、触变性和离子交换性。图2-7为工地现场的软岩地基。

图2-7 工地现场的软岩地基

## 2.4.2 基桩的竖向荷载传递机理研究

### 2.4.2.1 桩身侧阻力分布特征

如不考虑桩身轴力分布非单调引起的侧阻力峰值(此时会出现负峰值),当桩承受压力时,桩身的侧阻力分布仍有多个峰值。刘利民等(1998)认为当桩底侧阻力有强化效应时,桩身侧阻力分布会呈 R 形,并用 Meyerhof 的桩基破坏模式对这种现象进行了解释,但其理论不能解释桩身中段出现峰值的情况;陈斌等(2002)通过对嵌岩桩的侧阻力分布进行有限元模拟得到有多个峰值的情况;刘金砺(2005)认为当桩身嵌入硬质岩时侧阻力分布只有一个峰值,嵌入软质岩时有两个峰值(B 形),如图 2-8 所示。

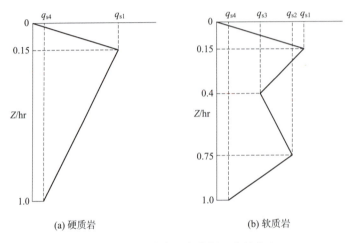

(a) 硬质岩　　　　　(b) 软质岩

图 2-8　不同硬度岩石中桩侧阻力的分布

刘金砺等(1995)通过对粉土中的非挤土群桩和软土中的挤土群桩模型试验结果分析,认为群桩在"小荷载下桩身下部侧阻力先行发挥而以贯入沉降为主,与单桩的荷载传递特性恰恰相反",也就是说其侧阻力分布是梯形的。韩煊等(2005)做了北京地区的粉土中群桩足尺试验,其结论是单桩的"侧阻力分布形式主要受桩本身刚度和桩端土性影响,可根据具体情况看作矩形或梯形分布";而"群桩的侧阻力分布形式主要由桩土承台三者相互作用的特点决定";"群桩中平均桩侧阻力相对于单桩受到削弱","桩土承台相互作用的具体表现是对上段的削弱和下段的增强";"群桩对桩端阻力有'增强作用'"。韩煊的实际结果中桩侧阻力分布是 B 形、R 形和梯形的,并且随着荷载水平的增加而变化。但是岩石的侧阻力与桩岩相对位移的函数以及岩石与桩身材料弹性模量的比值都不同于土,所以全嵌岩大直径桩的侧阻力分布应是与之有区别的。

综合上述文献的分析,笔者认为群桩侧阻力的分布是很复杂的,它受到桩周介质的材料特性和分层特征、桩与周围介质的弹性模量的比值、施工因素、桩顶所受荷载水平、相邻桩的相互作用和承台的作用等因素相关。群桩应该具有单桩的侧阻力分布特征,但其肯定会受到单桩所不具备的一些因素的影响,如何确定这些影响的方式和程度还需要进一步的研究。

### 2.4.2.2 基桩桩顶轴力和位移的关系

根据 9.1 节软岩中长大直径嵌岩桩复合桩基的原型观测试验的测试结果,可得到群桩基础中基桩桩顶轴力和位移的关系,如图 2-9 所示。

群桩基础中基桩的桩顶受力情况很复杂。各个基桩由于平面位置的不同,桩顶所受载荷情况有差异。另外大直径桩由于横截面较大,造成截面中心和四周的差异显著。由图 2-9 可见,8 号桩和 15 号桩的桩顶轴力与位移的曲线比较平缓,总体来说位移随轴力单调递增,但由于桩顶荷载的重分配而有波动;其桩顶沉降不大,所以基桩的轴向刚度很大。19 号(角桩)桩顶的轴力与位移的曲线波动较大,其桩顶现受压,再受拉,最后又受压。

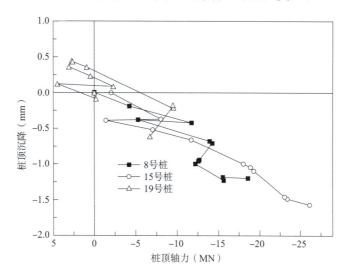

图 2-9　桩顶轴力和位移的关系曲线

通过对大直径群桩基础基桩荷载传递性状的长期监测,我们发现承台底的应力分布是随时空动态变化的,可以发现:①群桩桩顶的荷载分布复杂且随空间位置各异,随时间动态变化;②在被监测对象中,软岩地基中基桩桩顶轴力分布是中间大四周小,所以应该根据实际情况来调节群桩基础的设计;③根据软岩地基中基桩的荷载传递特性,上部荷载主要由桩的侧阻力承担,所以可认为其是端承摩擦桩;④软岩地基中基桩的桩侧阻力的分布特征复杂,其沿桩身的侧阻力曲线有多个峰值;⑤大直径嵌岩桩的轴向刚度大,承载能力高,是一种适合于高、大、重结构的基础形式。其具体的计算方法在本书的第五章中将会详细讲述。

## 2.5　高桥墩长大直径桩稳定性及荷载传递机理

高桥墩桩基的屈曲机理研究是进行高桥墩桩基屈曲稳定性分析的基础,也是建立合理设计理论的前提。国内外学者对基桩的受力特性及屈曲机理进行了深入研究,获得了大量研究成果;而受桥墩、荷载及桩周岩土材料等因素的影响,高桥墩桩基的承载机理与受力特性与常规桩基相比,尚存在诸多不同,因而常规理论的应用将受到一定的限制。

本节首先拟对高桥墩桩基屈曲稳定的影响因素与分析方法进行探讨,然后针对竖向荷载、横向荷载及其组合荷载作用下高桥墩桩基的特点,寻求常规理论用于高桥墩桩基的可行性,并基于能量法和变分原理推导相应的能量法解答,为高桥墩桩基的内力分析与屈曲稳定计算奠定基础。

### 2.5.1 高桥墩桩基屈曲的定义

高桥墩桩基因墩桩的高度或深度与墩桩身直径相比通常较大,因此其结构分析可简化为细长杆件,屈曲破坏也与杆件的屈曲类似,当受拉杆件的应力达到屈服极限或强度极限时,将引起塑性变形。长度较小的受压短柱也有类似的现象,然而细长杆件却表现出与强度失效完全不同的性质。例如一根细长的竹片受压时,开始轴线为直线,接着必然是受弯,在发生较大的弯曲变形后折断。工程中有很多受压的细长杆件与此类似,一开始压力与杆件轴线重合,当压力逐渐增加,但小于某一极限值时,只产生轴向压缩变形,杆件仍保持直线形状的平衡。此时,如有一微小横向干扰,杆就发生微弯。然而,一旦解除干扰,杆会立即恢复到原来的直线状态,这表明杆的直线状态的平衡是稳定的。当荷载增加到某一数值时,就可能出现这样的局面:微小的干扰使杆微弯后,再撤去此干扰,杆仍然保持在微弯状态而不恢复到直线位置,这就意味着除了直线形式的平衡位置外,还存在微弯状态下的平衡位置。外力和内力的平衡是随遇的叫随遇平衡或中性平衡。轴心压杆的临界荷载是指构件在直的或微弯状态下都保持平衡的荷载。当轴向荷载继续增大,微小的干扰将使杆产生急剧发展的弯曲变形,从而导致构件破坏。此时,直线状态的平衡是不稳定的。这个现象称作构件屈曲或叫丧失稳定。高桥墩桩基屈曲是指高桥墩桩基丧失结构平衡的稳定性,也称失稳。研究高桥墩桩基屈曲问题的主要内容就是确定其屈曲临界荷载。

高桥墩桩基失稳后,压力的微小增加将引起弯曲变形的显著增大,墩桩已丧失了承载能力。这是因为失稳造成的失效,可以导致整个结构的破坏;而且细长杆件失稳时,应力并不一定很高,有时甚至低于比例极限。

设高桥墩桩基的轴线为直线,压力与轴线重合。当压力达到临界值时,墩桩将由直线平衡形态转变为曲线平衡形态。临界压力是使墩(桩)身保持微小弯曲平衡的最小压力。临界压力的大小与高桥墩桩基两端的约束条件有关,根据高桥墩桩基两端嵌岩的情况,其边界条件可分为自由、铰接和嵌固三种。现讨论两端都是铰接这种最常见的情况,其他的情况可以用不同的长度系数来修正。

假设墩(桩)身任意截面的挠度为 $v$,弯矩 $M$ 的绝对值为 $Pv$,若只取压力 $P$ 的绝对值,则 $v$ 为正时,$M$ 为负,$v$ 为负时 $M$ 为正。即 $M$ 与 $v$ 的符号相反,所以:

$$M = -Pv \tag{2-16}$$

对微小的弯曲变形,挠曲线的近似微分方程为,即:

$$\frac{d^2 v}{dx^2} = \frac{M}{EI} \tag{2-17}$$

由于两端都是铰接,允许高桥墩桩基在任意纵向平面内发生弯曲变形,因而墩桩的微小弯曲变形一定发生在抗弯能力最小的纵向平面内。所以,式(2-17)中的 $I$ 应是横截面最小的惯性矩。将式(2-16)代入式(2-17)得:

$$\frac{d^2 v}{dx^2} = -\frac{Pv}{EI} \tag{2-18}$$

令

$$k^2 = \frac{P}{EI} \tag{2-19}$$

于是,式(2-19)可写为:

$$\frac{\mathrm{d}^2 v}{\mathrm{d}x^2} + k^2 v = 0 \tag{2-20}$$

以上微分的通解为:

$$v = A\sin kx + B\cos kx \tag{2-21}$$

式中 $A$、$B$ 为积分常数。杆件的边界条件是:

$$x=0 \text{ 和 } x=l \text{ 时}, v=0$$

由此求得:

$$B=0, A\sin kl=0 \tag{2-22}$$

后面的式子表明,$A$ 或者 $\sin kl$ 等于零。但因为 $B$ 已经等于零,如 $A$ 再等于零,则由式知 $v \equiv 0$,这表示高桥墩桩基轴线任意点的挠曲皆为零,它仍为直线。这就与墩桩失稳发生微小弯曲的前提相矛盾。因此必须是 $\sin kl=0$。

于是 $kl$ 是数列 $0、\pi、2\pi、3\pi、\cdots$ 的任一个数。或者写成:

$$kl = n\pi \quad (n=0,1,2,\cdots)$$

由此可得:

$$k = \frac{n\pi}{l} \tag{2-23}$$

把式(2-23)代回式(2-18),求出:

$$P = \frac{n^2 \pi^2 EI}{l^2} \tag{2-24}$$

因为 $n$ 是整数 $0,1,2,\cdots$ 中的任一个整数,故上式表明,使杆件保持为曲线平衡的压力,理论上是多值的。在这些压力中,使杆件保持微小弯曲的最小压力,才是临界压力 $P_{cr}$。如取 $n=0$,则 $P=0$。表示杆件上并无压力,只有取 $n=1$,才使压力为最小值。于是临界压力为:

$$P_{cr} = \frac{\pi^2 EI}{l^2} \tag{2-25}$$

这是两端铰接压杆的欧拉公式。按照以上讨论,当取 $n=1$ 时,$k=\frac{\pi}{l}$,再注意到 $B=0$,于是

$$v = A\sin\frac{\pi x}{l} \tag{2-26}$$

可见,$P_{cr}$ 正是高桥墩桩基直线平衡和曲线平衡的分界点。荷载在达到临界后,微小的增加将会导致挠度的大幅度增加,这样大变形,实际墩桩是不能承受的。在达到如此大的变形之前,墩(桩)身早已发生塑性变形甚至折断。因此在挠度较小的情况下,由欧拉公式确定的临界力在工程实际中具有实际意义。桩身和墩身混凝土一般均不会发生较大塑性变形,因此压杆屈曲稳定理论可较好地应用于高桥墩桩基。

对于高桥墩桩基,当其墩下桩基采用嵌岩桩和较长的摩擦桩时,桩基底端一般可以认为是固定的;在墩顶橡胶支座的约束下,墩顶的约束条件就不是完全自由的,而是铰接甚至固定,但是在施工阶段时,其墩顶是处于不受约束的自由状态。因此高桥墩桩基屈曲的约束条件与普

通压杆稳定有一些区别。

与普通压杆不同,高桥墩桩基发生屈曲变形时,高桥墩桩基除了克服桩身和墩身材料强度产生挠曲变形外,随着挠曲变形的发展,还受到桩侧土体抗力,这一抗力将阻止桩身挠曲变形的进一步发展,从而构成复杂的桩土相互作用体系。桩身挠曲变形沿桩轴变化,导致桩侧土体所发挥的横向抗力也随深度而变化。此外,墩身受到的风荷载、墩顶的汽车制动力等也对高桥墩桩基的屈曲变形产生很大的影响。这些复杂的受力情况使得高桥墩桩基屈曲与普通压杆有明显的不同,其屈曲机理更加复杂。

### 2.5.2 高桥墩桩基屈曲的分类

高桥墩桩基因平衡形式的不稳定性,从初始平衡位置转变到另一平衡位置的过程,称为高桥墩桩基的屈曲(或失稳)。高桥墩桩基稳定分析是高桥墩桩基平衡状态是否稳定的问题。处于平衡位置的高桥墩桩基,在任意微小外界扰动下,将偏离其平衡位置,当外界扰动除去后,仍能自动恢复到初始平衡位置时,则初始平衡状态是稳定的。如果不能恢复到初始平衡位置,则初始平衡状态是不稳定的。

根据工程结构失稳时平衡状态的变化特征,高桥墩桩基亦存在若干类稳定问题,其主要有以下两类。

#### 2.5.2.1 平衡分岔失稳

当作用于高桥墩桩基墩顶的荷载尚未达到某一限值时,高桥墩桩基始终保持挺直的稳定平衡状态,桩身和墩身截面都承受均匀的压应力,同时沿高桥墩桩基中轴线也只产生相应的压缩变形。然而,在高桥墩桩基的横向施加一微小扰动,高桥墩桩基将呈现微小弯曲,但一旦撤去此干扰,高桥墩桩基又将立即恢复原有直线平衡状态。若作用于墩顶的荷载达到限值,高桥墩桩基会突然发生弯曲,即所谓的屈曲,或称为丧失稳定。此时高桥墩桩基由原来挺直平衡状态转变为有微小弯曲的平衡状态,即桩身和墩身从单纯受压的平衡状态转变为弯压平衡状态。荷载到达限值点,即分岔点后,荷载—挠度曲线呈现了两个可能的平衡途径,该荷载限值称为高桥墩桩基的屈曲荷载或临界荷载。由于在同一个荷载点出现了平衡分岔现象,所以其失稳称为平衡分岔失稳,也称第一类失稳,如图 2-10 所示。平衡分岔失稳还分为稳定分岔失稳和不稳定分岔失稳两种。

#### 2.5.2.2 极值点失稳

理想状态的高桥墩桩基实际上是不存在的,初始缺陷、残余应力或施工误差等都可能使其处于偏心受压状况,故实际轴心受压高桥墩桩基与偏心受压高桥墩桩基之间,除作用力的偏心大小有所不同,其工作性能并无更多本质区别。从一开始,高桥墩桩基即处于压弯平衡状态,其横向位移随荷载的增加持续增大。当墩顶承受的荷载达到某一极限值时,高桥墩桩基稍受扰动即由于平衡的不稳定性而立即破坏,故难以绘出下降段曲线,该点称为极值点,所对应的荷载称为高桥墩桩基的稳定极限荷载,或压溃荷载。可知,具有极值点失稳的偏心受压高桥墩桩基的荷载挠度曲线只有极值点,没有出现同一荷载点处存在两种不同变形状态的分岔点,高桥墩桩基弯曲变形的性质没有改变,桩身和墩身始终处于弯压状态,故此失稳称为高桥墩桩基的极值点失稳,也称为第二类失稳,如图 2-11 所示。

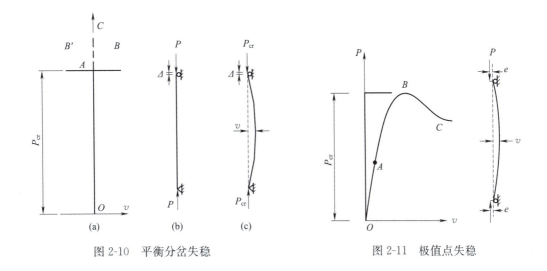

图 2-10　平衡分岔失稳　　　　　　图 2-11　极值点失稳

### 2.5.3　高桥墩桩基屈曲的判断准则

判断平衡状态是否稳定的最根本准则为:假定对处于平衡状态的体系施加一微小干扰,当干扰撤去后,如体系能恢复到原来的平衡位置,则该平衡状态是稳定的;反之,若体系偏离原来的平衡位置越来越远,则该平衡位置是不稳定的;如体系停留在新的位置不动,则该平衡状态是随遇的。

以上述最根本准则为基础,界定高桥墩桩基平衡状态是否稳定有以下三个常用的判断准则。

#### 2.5.3.1　静力准则

以小挠度理论计算为基础,分岔点处挠度 $\Delta$ 有两种解答,当 $\Delta=0$ 时,表示高桥墩桩基处于直线平衡状态;当 $\Delta\neq0$ 时,则高桥墩桩基处于压弯平衡状态。在同一荷载作用下,可能存在两种以上的平衡状态,称为平衡状态的二重性。这就是分岔失稳时临界状态的静力特征。

静力准则指出,处于平衡状态的工程结构体系或其中的构件出现平衡的二重性时,则初始平衡状态失去了稳定性。

#### 2.5.3.2　动力准则

当高桥墩桩基在荷载作用下处于平衡状态时,对其施以微小扰动,高桥墩桩基将产生自由振动。若高桥墩桩基的运动是有界的,则初始平衡位置是稳定的,否则是不稳定的;若高桥墩桩基发生自由振动时,频率趋近于零,初始平衡状态为临界状态,这时的荷载即临界荷载。

实际工程中,如果高桥墩桩基失稳时,其荷载方向发生变化,这样的体系就属于非保守体系。在非保守体系中,荷载所做的功,与其作用的路径有关。非保守体系的稳定问题常根据动力准则来进行判断。

#### 2.5.3.3　能量准则

高桥墩桩基的总势能是:

$$\Pi=U+V \tag{2-27}$$

式中　$U$——高桥墩桩基的应变能;
　　　$V$——荷载势能。

设高桥墩桩基在初始平衡位置的足够小邻域内发生某一可能位移,则结构的总势能将存在一个增量,以 $\Delta \Pi$ 表示。如果初始平衡位置是稳定的,则总势能为最小值,故 $\Delta \Pi > 0$;若初始平衡位置是不稳定的,则总势能为最大值,故 $\Delta \Pi < 0$;如果初始平衡位置是中性的,则 $\Delta \Pi = 0$,体系处于临界状态。

### 2.5.4 高桥墩桩基屈曲的影响因素

作为一个基本的自然规律,荷载有降低其位置的趋势,所以当高桥墩桩基承受墩顶竖向荷载作用时,除了继续压缩,高桥墩桩基可以通过弯曲达到降低位置的目的。在荷载较小时,高桥墩桩基缩短比较容易,但当荷载大到某一数值时,弯曲比较容易。同时,由于土体对桩的承载能力主要由两方面所控制:一是桩的竖向承载力可能导致桩侧摩阻力和桩端阻力不够而产生土体剪切破坏,桩失去稳定而破坏;另一种是桩侧土体对桩的水平抗力不足导致土体的屈曲破坏。所以对于桩周土体是软弱土层时,土体对基桩的约束力不是很大,用弯曲的办法来降低荷载位置比用缩短的办法更容易些,就产生了高桥墩桩基的屈曲。由此可知,高桥墩桩基的屈曲是一个复杂的桩土作用体系所产生的受力状态,具有其特殊性,因而会受到很多因素的影响。

#### 2.5.4.1 桩周土性质

高桥墩桩基发生屈曲破坏与普通压杆破坏的最大不同就是高桥墩桩基有桩周土体的约束,而普通压杆却没有这种约束。由于土体在受到挤压的时候会产生相应的抗力,故当高桥墩桩基出现横向变形时,土体会对土中的基桩产生水平抗力,可认为土体给桩身提供了水平方向的约束作用。高桥墩桩基在屈曲过程中,若其水平位移受到约束将阻碍屈曲破坏的发生,因此,桩周土性质与高桥墩桩基的屈曲密切相关。如果在计算高桥墩桩基屈曲极限荷载时不考虑桩侧土体抗力的发挥特性,结果会与实际情况不符。

由于桩周土体的约束会对高桥墩桩基屈曲产生巨大影响,在不同土层中桩周土体对基桩的握裹作用也是不同的,较软的土体对基桩的约束肯定弱于较硬土体对基桩发生屈曲的约束;在上层较软、下层较硬或者上层土体较硬、下层土体较软的不同情况下,高桥墩桩基发生屈曲的极限荷载应当有差别;还存在土体中有较软夹层或较硬夹层的情况,这时高桥墩桩基屈曲就更加复杂了。

同样,因为桩周土体可以给基桩提供水平方向约束,对于墩身高度较大的高桥墩桩基,其墩身周围没有土体的约束,高桥墩桩基发生屈曲的可能比墩身高度较小的桥墩桩基更大,因此必须考虑基桩的入土深度对其屈曲荷载的影响。

#### 2.5.4.2 桩(墩)身长细比

桩(墩)身长细比是一个无量纲量,是衡量桩身(或墩身)受压性能的综合指标,它包含了基桩(桥墩)的长度、截面形状、面积以及两端约束状态等因素,它的大小能够说明基桩(或桥墩)抵抗弯曲的程度,也可称为桩(墩)身柔度。所以基桩(或桥墩)的长细比亦是影响高桥墩桩基屈曲的重要因素之一,长细比越大,临界应力越小。有较大长细比时,在较小的轴向压力作用下就要失稳,相反则不易失稳。当高桥墩桩基两端约束条件一定时,基桩(或桥墩)的长度与桩(墩)径的比值是决定高桥墩桩基屈曲的关键。

#### 2.5.4.3 高桥墩桩基约束条件

高桥墩桩基在受荷过程中,会产生相应的位移和转角,如果在高桥墩桩基的两端对桩身和墩身变形进行约束,限制变形的发展,可以对高桥墩桩基屈曲的发生起到限制。经典弹性理论表明,墩顶、桩端的约束程度越强,则高桥墩桩基屈曲计算长度就越小,相应的屈曲临界荷载就越大,高桥墩桩基将越不容易出现屈曲破坏。

对于桥梁基桩,无论是嵌岩桩,还是较长的摩擦桩,一般可认为桩端是固定的,由于墩顶橡胶支座的约束,高桥墩桩基墩顶的约束条件由自由变换成为铰支甚至固定时,高桥墩桩基发生屈曲的临界荷载要比墩端自由的高桥墩桩基屈曲临界荷载要大得多。因此在分析高桥墩桩基的屈曲时,还必须注意到橡胶支座的约束对高桥墩桩基的影响。

#### 2.5.4.4 桩顶承台

工程中多采用群桩基础,特别是对于桥梁工程中的多根或多排式桩基,承台板的刚度通常较大,受荷后变形特别是竖向挠曲变形非常小,能调整各基桩的受力,如受荷小的基桩藉承台板对受力大的基桩屈曲起到阻碍作用,也就是说,承台板这种调整约束作用将增强基桩的屈曲稳定能力;另外,承台也约束了桩顶和桥墩底部的位移和转角,可以对高桥墩桩基屈曲的发生起到限制。

#### 2.5.4.5 群桩效应

采用多根或多排的群桩基础,由于基础承台板具有较大刚度,当承受荷载时,承台的变形和基桩相比是非常小的,特别是承台板的竖向变形。由于承台和基桩的变形不协调,它们之间会产生较大的相互作用力,一般的,承台对桩顶的这种作用可以对基桩的屈曲起到约束作用,从而提高基桩屈曲临界荷载值。另外,群桩中各桩的受力状况不同,受力较小的桩可通过承台板分担其他桩的荷载,从而提高基桩的屈曲荷载。工程实践中通常认为,若基桩按单桩进行屈曲分析结果安全,则该桩在桩基中也是安全的;但若按单桩分析结果不安全,则不能认为该桩在桩基中就不安全,合理而准确的分析方法应该是考虑承台的有利影响、对群桩进行屈曲稳定分析。

然而,与以往的单纯考虑桥墩或基桩的稳定性不同,高桥墩桩基的稳定性分析是将桥墩和基桩作为一个整体结构进行讨论,缺乏较系统深入的承载机理和变形特性研究,国内外尚无相关的研究报道,因此对高桥墩桩基屈曲的影响因素了解也不够全面。根据对高桥墩桩基屈曲的初步研究可知,除了上述因素的影响外,高桥墩桩基的屈曲稳定性还受到桥墩与主梁的连接形式、施工造成的结构初始缺陷、施工过程的结构体系转换等诸多不确定性因素的影响。高桥墩桩基的屈曲稳定性问题还有待进一步研究和完善。

## 2.6 长大直径桥梁桩基动力荷载传递机理

桩基在使用过程中经常承受静荷载和可能的动荷载,尤其是铁路和公路桥梁主要承受交通车辆的作用,其桩基础也会经常受到动荷载的作用,另外,在检验桩身质量、单桩静承载力的动力测试中也涉及桩的动力特性问题。因此,研究桩的动力性状具有重要的现实意义。桩的轴向振动理论是各种动力试桩方法的理论基础,对动力作用下桩基础的设计也具有重要的意义。几十年来,很多学者围绕此课题展开了广泛的研究,并得出许多重要的结论。本节在考虑了桩侧土分层和桩端土的弹性支承和阻尼作用基础上,进一步考虑了桩的材料阻尼系数对振动的影响。利用拉普拉斯变换和阻抗函数的传递性,以及相邻桩土层分界面两侧桩身位移和截面力连续性条件,求出了桩顶阻抗函数的解析解,然后利用卷积定理和傅立叶逆变换求出半正弦荷载激励作用下桩顶速度响应的半解析解,最后分析了土性参数和桩的材料阻尼对基桩桩顶速度频域响应的影响。

## 2.6.1 单桩纵向动力响应计算模型

(1)基本假定

单桩的计算模型如图 2-12 所示。桩身的主要参数有弹性模量 $E$、密度 $\rho$、截面积 $A$、长度 $l$ 和材料阻尼系数 $c_p$。桩侧土的主要特征参数有桩侧弹性系数 $k_i$ 和阻尼系数 $c_i$,桩端弹性系数 $k_b$ 和阻尼系数 $c_b$。基本假定如下:

①桩为有限长等截面均质杆,考虑桩身材料阻尼系数的影响;②桩处于分层均质土中,每层土对桩的作用简化为分布式文克尔线性弹簧 $k_i$ 和阻尼系数 $c_i$ 并联耦合方式,同一层土中动力参数相同,土层总数为 $n$,自下而上编号为 $1,2,\cdots,n$,土层厚度为 $h_1,h_2,\cdots,h_n$,桩底土对桩的作用简化为线性弹簧 $k_b$ 和阻尼系数 $c_b$ 耦合方式;③纵向振动时,桩与土之间仅发生线性变形;④桩长尺寸远大于桩径尺寸;⑤桩土纵向振动时,桩周土水平和径向位移可忽略。

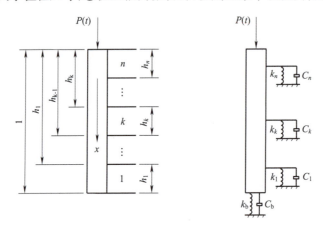

图 2-12 桩的计算模型示意图

(2)动力模型

动力荷载作用下,基桩的动力响应取决于土的动力特性、桩的受力机理和桩土之间相互作用。而土的动力特性在桩基的动力分析中极其重要,如何确定土的动力特性参数(动刚度和动阻尼)是土动力学的一个重要课题,许多学者对此进行了长期的研究,并取得了很多成果。Winkler 模型法是现有计算桩土动力相互作用的最简单有效的工程设计方法之一,它用分布在桩体周围独立的弹簧和阻尼器来模拟由于桩的运动而产生的土的动反力。尽管此模型只能近似模拟桩土相互作用,但是其物理概念清楚,计算量小,并且给出的解答与精确解非常接近,因此易于被工程界所接受。

Novak 根据弹性动力学理论推导了桩侧土的刚度系数和阻尼系数表达式,Rausche(1984)在 Novak 等研究的基础上给出了更为简洁方便的表达式:

$$k_s = 2.75 G_s \quad c_s = 2\pi r_0 \sqrt{\rho_s G_s} \qquad (2\text{-}28)$$

式中 $k_s$、$c_s$——分别是桩侧土的刚度系数和阻尼系数;

$G_s$——土的剪切模量;

$r_0$——桩的半径；

$\rho_s$——土的密度。

Lysmer 和 Richart(1996)根据弹性半空间理论推导出桩端土的刚度系数和阻尼系数表达式：

$$k_b = \frac{4G_s r_0}{1-v_s} \quad c_b = \frac{3.4 r_0^2}{1-v_s}\sqrt{\rho_s G_s} \tag{2-29}$$

式中 $k_b$、$c_b$——桩端土的刚度系数和阻尼系数；

$v_s$——土的泊松比。

取出第 $i$ 层土中一个长度为 $dx$ 的桩身微单元体，作动力平衡分析得到基本方程如下：

$$\rho A \frac{\partial^2 u_i(x,t)}{\partial t^2} + c_p \frac{\partial u_i(x,t)}{\partial t} + c_i \frac{\partial u_i(x,t)}{\partial t} + k_i u_i(x,t) - EA \frac{\partial^2 u_i(x,t)}{\partial x^2} = 0$$

$$(i=1,2,L,n) \tag{2-30}$$

式中，$u(x,t)$ 表示桩身质点位移，令 $A_i = \frac{c_p + c_i}{\rho A}$，$B_i = \frac{k_i}{\rho A}$，$c = \sqrt{\frac{E}{\rho}}$，则式(2-30)可简化为：

$$\frac{\partial^2 u_i(x,t)}{\partial t^2} + A_i \frac{\partial u_i(x,t)}{\partial t} + B_i u_i(x,t) - c^2 \frac{\partial^2 u_i(x,t)}{\partial x^2} = 0 \quad (i=1,2,L,n) \tag{2-31}$$

桩的边界条件为：

桩顶处：

$$c_p \frac{\partial u_n(0,t)}{\partial t} + EA \frac{\partial u_n(0,t)}{\partial x} = -P(t) \tag{2-32}$$

桩端处：

$$\frac{\partial u_1(l,t)}{\partial x} + \frac{c_p}{EA} \frac{\partial u_1(l,t)}{\partial t} + \frac{c_b}{EA} \frac{\partial u_1(l,t)}{\partial t} + \frac{k_b}{EA} u_1(l,t) = 0 \tag{2-33}$$

### 2.6.2 单桩动力响应计算

首先介绍拉普拉斯变换定义：

$$U(x,s) = L[u(x,t)] = \int_0^\infty u(x,t) e^{-st} dt \tag{2-34}$$

式中 $s$——复参数，$F(s) = L[f(t)]$。

若以第一层土中桩单元为研究对象，并假定第二层土对第 1 段桩上截面的作用力为 $f_1(t)$，则第 1 段桩上截面处的边界条件为：

$$c_p \frac{\partial u_1(H_1,t)}{\partial t} + EA \frac{\partial u_1(H_1,t)}{\partial x} = -f_1(t) \tag{2-35}$$

桩的初始条件为：

$$u_1(x,0) = 0 \quad \frac{\partial u_1(x,0)}{\partial t} = 0 \tag{2-36}$$

对振动方程式、边界条件式并根据方程式进行拉普拉斯变换，得：

$$c^2 \frac{d^2 U_1(x,s)}{dx^2} = (s^2 + A_1 s + B_1) U_1(x,s) \tag{2-37}$$

$$sc_p U_1(H_1,s) + EA \frac{dU_1(H_1,s)}{dx} = -F_1(s) \tag{2-38}$$

$$\frac{dU_1(l,s)}{dx} + \left(s \frac{c_b + c_p}{EA} + \frac{k_b}{EA}\right) U_1(l,s) = 0 \tag{2-39}$$

令 $\lambda_1^2 = -(s^2 + A_1 s + B_1)/c^2$，则式(2-39)可简化为：

$$\frac{d^2 U_1(x,s)}{dx^2} = -\lambda_1^2 U_1(x,s)$$

解的形式为：
$$U_1 = N_1 \cos(\lambda_1 x) + M_1 \sin(\lambda_1 x) \tag{2-40}$$

这样就可以得到第一层土桩单元上截面处位移阻抗函数为：

$$Z_1(s) = \frac{F_1(s)}{U_1(x,s)}\bigg|_{x=H_1} = -[EA\lambda_1 \tan(\lambda_1 h_1 - \beta_1) + sc_p] \tag{2-41}$$

式中 $\beta_1 = \arctan\left(\dfrac{s(c_b + c_p) + k_b}{EA\lambda_1}\right)$。

然后再取第二层土中的桩单元为研究对象，根据相邻桩土层分界面两侧的桩身位移和截面力连续性条件，可得到第2段桩单元下截面处的边界条件，见式(2-42)。

$$EA\frac{\partial u_i(H_i,t)}{\partial x} + c_p \frac{\partial u_i(H_i,t)}{\partial t} = EA\frac{\partial u_{i+1}(H_i,t)}{\partial x} + c_p \frac{\partial u_{i+1}(H_i,t)}{\partial t} \quad (i=1,2,L,n)$$
$$\tag{2-42}$$

$$u_i(H_i,t) = u_{i+1}(H_i,t) \quad (i=1,2,L,n) \tag{2-43}$$

初始条件：
$$u_i(x,0) = 0 \quad \frac{\partial u_i(x,0)}{\partial t} = 0 \quad (i=1,2,L,n) \tag{2-44}$$

$$c_p \frac{\partial u_2(H_1,t)}{\partial t} + EA \frac{\partial u_2(H_1,t)}{\partial x} = -f_1(t) \tag{2-45}$$

并假定第3段桩对第2段桩上截面处的作用力为 $f_2(t)$，则得到第2段桩上截面处的边界条件：

$$c_p \frac{\partial u_2(H_2,t)}{\partial x} + EA \frac{\partial u_2(H_2,t)}{\partial x} = -f_2(t) \tag{2-46}$$

根据拉普拉斯变换方程，对基本方程和边界条件进行拉普拉斯变换。

$$\begin{cases} c^2 \dfrac{d^2 U_2(x,s)}{dx^2} = (s^2 + A_2 s + B_2) U_2(x,s) \\ sc_p U_2(H_2,s) + EA \dfrac{dU_2(H_2,s)}{dx} = -F_2(s) \\ sc_p U_2(H_1,s) + EA \dfrac{dU_2(H_1,s)}{dx} = -Z_1(s) U_2(H_1,s) \end{cases} \tag{2-47}$$

令 $\lambda_2^2 = -(s^2 + A_2 s + B_2)/c^2$，根据上式可求出第2段桩单元上截面 $x=H_2$ 处位移阻抗函数为：

$$Z_2(s) = \frac{F_2(s)}{U_2(x,s)}\bigg|_{x=H_2} = -[EA\lambda_2 \tan(\lambda_2 h_2 - \beta_2) + sc_p] \tag{2-48}$$

式中 $\beta_2 = \arctan\left(\dfrac{Z_1(s) + sc_p}{EA\lambda_2}\right)$。

根据位移阻抗的传递性，依次递推可求得 $x=0$ 处土层桩段的位移阻抗函数：

$$Z_n(s) = \frac{P(s)}{U_n(x,s)}\bigg|_{x=0} = -[EA\lambda_n \tan(\lambda_n h_n - \beta_n) + sc_p] \tag{2-49}$$

式中 $\lambda_n^2 = -(s^2 + A_n s + B_n)/c^2$；

$P(s) = L[p(t)]$；

$\beta_n = \arctan\left(\dfrac{Z_{n-1}(s) + sc_p}{EA\lambda_n}\right)$。

根据桩顶位移阻抗函数式,可得到桩顶位移响应函数:

$$D(s)=\frac{1}{Z_n(s)}=-\frac{1}{EA\lambda_n\tan(\lambda_n h_n-\beta_n)+sc_p} \quad (2\text{-}50)$$

相应的桩顶速度响应函数是:

$$V(s)=\frac{s}{Z_n(s)}=-\frac{s}{EA\lambda_n\tan(\lambda_n h_n-\beta_n)+sc_p} \quad (2\text{-}51)$$

设 $s=i\omega(i^2=-1,\omega$ 为角频率),由上式可得到速度频率响应:

$$H_v(i\omega)=-\frac{i\omega}{EA\lambda_n\tan(\lambda_n h_n-\beta_n)+i\omega c_p} \quad (2\text{-}52)$$

根据傅立叶变换的性质,由式(2-45)可求得单位脉冲激励的速度响应:

$$h(t)=IFT[H(i\omega)]=\frac{1}{2\pi}\int_{-\infty}^{\infty}H(i\omega)e^{i\omega t}d\omega \quad (2\text{-}53)$$

由卷积定理,桩顶在任意激励 $f(t)$[$F(i\omega)$ 为 $f(t)$ 的傅立叶变换],桩顶速度响应为:

$$v(t)=f(t)\cdot h(t)=IFT[F(i\omega)\cdot H(i\omega)] \quad (2\text{-}54)$$

(1)稳态正弦激振时桩顶动力响应

当在桩顶施加正弦激励 $f(t)=Q_{\max}\sin(\theta t),t\in(0,+\infty)$,根据拉普拉斯变换,则:

$$F(s)=L[f(t)]=\int_0^{+\infty}Q_{\max}\sin(\theta t)e^{-st}dt \quad (2\text{-}55)$$

式中　$Q_{\max}$——加载的幅值;

　　　$\theta$——激振力角频率。

利用分部积分,可得:

$$F(s)=Q_{\max}\frac{\theta}{s^2+\theta^2} \quad (2\text{-}56)$$

所以:

$$F(i\omega)=Q_{\max}\frac{\theta}{\theta^2-\omega^2} \quad (2\text{-}57)$$

由式(2-50)可求得正弦激励作用下桩顶速度响应:

$$V(t)=IFT\left[-\frac{i\omega}{EA\lambda_n\tan(\lambda_n h_n-\beta_n)+i\omega c_p}\frac{\theta}{\theta^2-\omega^2}Q_{\max}\right] \quad (2\text{-}58)$$

(2)半正弦脉冲激励时桩顶动力响应

当桩顶输入半正弦脉冲激励 $f(t)=Q_{\max}\sin\left(\frac{\pi}{T}t\right),t\in(0,T)$,$T$ 为脉冲宽度。

$$F(s)=L[f(t)]=\int_0^{+\infty}Q_{\max}\sin\left(\frac{\pi}{T}t\right)e^{-st}dt \quad (2\text{-}59)$$

式中　$Q_{\max}$——加载的幅值。

所以,$F(i\omega)=Q_{\max}\dfrac{\pi T}{\pi^2-T^2\omega^2}(1+e^{-i\omega T})$。 \quad (2-60)

由式(2-53)可求得半正弦脉冲激励作用下桩顶速度响应:

$$V(t)=IFT\left[-\frac{i\omega}{EA\lambda_n\tan(\lambda_n h_n-\beta_n)+i\omega c_p}\cdot Q_{\max}\frac{\pi T}{\pi^2-T^2\omega^2}(1+e^{-i\omega T})\right] \quad (2\text{-}61)$$

任意土层中桩顶速度的频域和时域动力响应,可根据上面公式推导的过程,用 Matlab 编程计算。

# 3 红层软岩长大直径桥梁嵌岩桩基计算方法

## 3.1 红层软岩概述

红层是地壳演化到一定历史阶段的产物,遍布于世界各地,从时代上讲,自寒武纪到现代各个时期均有出露,国内外学者对此进行过深入的研究。关于红层的界定,曾昭璇等认为"红层是从中生代,特别是从侏罗纪到早第三纪的陆相红色岩系,是丹霞地貌发育的物质基础"。至于其形成时代,考虑到在中生代以前和晚第三纪也有红层堆积,故没有在定义中予以限制。红层界定依据如下:①偏红色调;②陆相沉积环境;③碎屑沉积。

红层在我国分布非常广泛,与建设工程的关系十分密切:红层地区在雨季经常发生滑坡、坍塌;红层坡体开挖常诱发塌滑事故;矿产开采时,可能产生折帮、崩解和膨胀失稳;红层地区水库坝址会碰到稳定、渗流问题;场地勘察时,按《建筑地基基础设计规范》(GB 50007—2011)确定的承载力往往偏低;用作填筑材料时,红层中黏土矿物对环境水分变化极为敏感而影响其路用性能。许多专家、学者在各自领域对不同地区、不同时代红层的形成环境、成岩机理及其工程性质评价、利用及处治等诸方面进行了研究,这些成果不仅对工程设计、施工具有指导作用,在岩土工程学科上亦具理论意义。

### 3.1.1 红层分类

在工程应用上,红层归属于软岩。对于软岩的定义,国内外学者一直存在争议,引发的定义多达数十种,概括起来有:描述性定义、指标性定义、工程性定义。

(1)描述性定义:相对于坚硬岩层而言的,泛指松散、软弱的岩层。郑雨天、王梦恕教授等认为软岩是软弱、破碎、松散、膨胀、流变、强风化蚀变及高应力岩体的总称。

(2)指标化定义:国际岩石力学学会(ISRM)(1990、1993)定义为单轴抗压强度在 $0.5 \sim 25$ MPa 的一类岩石;G. Russo(1994)定义为单轴抗压强度小于 17 MPa 的岩石;也有将 $\sigma_c/\gamma h < 2$ 的岩石称为软岩($\sigma_c$ 为单轴抗压强度,$\gamma$ 为岩石容重,$h$ 为深度)。按岩石强度分类的标准见表 3-1。

表 3-1 国内岩石坚硬程度的划分(MPa)

| 名称 | 硬质岩石 | | 软质岩石 | | |
| --- | --- | --- | --- | --- | --- |
| | 坚硬岩 | 较硬岩 | 较软岩 | 软岩 | 极软岩 |
| 岩土工程勘察规范<br>(GB 50021—2001) | $f_{rc} > 60$ | $30 < f_{rc} \leqslant 60$ | $15 < f_{rc} \leqslant 30$ | $5 < f_{rc} \leqslant 15$ | $f_{rc} \leqslant 5$ |

续上表

| 名　称 | 硬质岩石 | | 软质岩石 | | |
|---|---|---|---|---|---|
| | 坚硬岩 | 较硬岩 | 较软岩 | 软岩 | 极软岩 |
| 工程岩体分级标准<br>(GB/T 50218—2014) | $f_{rc}>60$ | $30<f_{rc}\leqslant 60$ | $15<f_{rc}\leqslant 30$ | $5<f_{rc}\leqslant 15$ | $f_{rc}\leqslant 5$ |
| 建筑地基基础设计规范<br>(GB 50007—2011) | $f_{rc}>60$ | $30<f_{rc}\leqslant 60$ | $15<f_{rc}\leqslant 30$ | $5<f_{rc}\leqslant 15$ | $f_{rc}\leqslant 5$ |
| 公路桥涵地基基础设计规范<br>(JTG D63—2007) | $f_{rc}>60$ | $30<f_{rc}\leqslant 60$ | $15<f_{rc}\leqslant 30$ | $5<f_{rc}\leqslant 15$ | $f_{rc}\leqslant 5$ |

注：$f_{rc}$为岩石饱和单轴抗压强度。

(3)工程定义：工程上的松软岩层指"难支护的围岩"或"多次支护，需要重复翻修的围岩"。一般地，将松动圈厚度大于1.5 m的围岩称为软岩。

在上述定义基础上，何满潮教授将软岩概化为地质软岩与工程软岩两大类。地质软岩指具有松散、破碎、软弱及风化膨胀性一类岩层的总称；工程软岩指在工程力作用下能产生显著塑性变形的工程岩体。工程软岩与地质软岩之间存在如下关系：当工程荷载相对于地质软岩（如泥页岩）的强度足够小时，地质软岩不产生软岩显著塑性变形的特征，即不作为工程软岩。只有在工程力作用下发生了显著变形的地质软岩才作为工程软岩。在高深度高压力下，部分地质硬岩（如泥质胶结砂岩）也可能产生显著变形特征，也应视为工程软岩。

从成因上看，软岩包括原生软岩、风化软岩、构造软岩。

(1)原生软岩：主要指沉积岩。是由松散沉积物在温度不高和压力不大的条件下形成的，是地壳表面分布最广的一种层状岩石。根据其成生时代和黏土矿物特征可将原生软岩分为古生代软岩、中生代软岩、新生代软岩三类。

(2)风化软岩是由岩石长期受物理、化学等自然因素的作用（风化作用），导致岩体疏松以至松散，物理力学性质恶化而形成的一类岩石。按风化程度分为新鲜岩、微风化岩、中（弱）风化岩、强风化岩及全风化岩。

(3)构造软岩是由构造应力作用形成的软岩，包括断裂带中的糜棱岩、侵入岩接触变质形成的软岩、褶皱作用形成的层间错动带等。

根据岩性特性，红层可分为三个岩类：

(1)黏土岩类：包括黏土岩、泥岩、泥灰岩、泥质页岩，局部夹细砂岩及透镜状的砂砾岩、砾岩。该类岩石结构密实，孔隙率低，是较好的隔水层。

(2)砂岩类：包括泥质粉砂岩、粉砂岩、砂岩、细砂岩。该类岩石有的为泥质、铁质、硅质胶结，有的钙质胶结或在岩石中含有碳酸盐（方解石）、硫酸盐、石膏或其他卤化物晶体。

(3)砾石类：该类岩石多为底砾岩，其砾石成分多为下伏地层的岩石，以厚层至巨厚层状产出，不显层理或具不清晰的巨厚水平层理，砾石分选性差。

## 3.1.2　水岩作用

冯启言等(1994)利用扫描电镜、X-衍射、压汞试验，液压司服机及力学强度试验，对兖州、徐州地区侏罗系和第三系红层的含水量、力学强度、膨胀与崩解等特征及其对建井与开采的影响进行了深入研究。周翠英(2003)等以华南地区"红层"中的粉砂质泥岩和泥质粉砂岩为研究对象,研究了水溶液 pH 值及阴、阳离子浓度在不同饱水时间后的动态变化规律,并设计了若干软岩饱水软化试验,探讨了不同类型软岩在不同饱水状态和饱水时间后微观结构的基本特征,揭示了不同类型软岩微观结构的动态变化规律,为软岩饱水后力学性质的变化规律和软化机制研究奠定了微观学基础,并对泥质软岩膨胀与水的物理化学作用及力学作用关系进行了探讨。

### 3.1.3 物理力学性质的相关性

红层软岩的一些重要物理力学性质指标间存在较好的相关性。谢蒙、易海强采用回归分析,分析了红层岩石超声波成果与其他物理力学参数间的关系,揭示了白垩纪红层岩石物理力学参数间的规律性和统计性质。徐红梅、侯龙清、罗嗣海建立了抚州市区红层饱和重度与饱和单轴抗压强度、饱和单轴抗压强度与割性模量、三轴抗压强度与围压间的相关方程。对湘浏地洼盆地白垩纪红层软岩单轴天然抗压强度 $R_0$ 与天然密度 $\rho_0$、弹性模量,旁压特征参数 $P_f$、$E_m$,弹性纵波速度 $v_P$ 之间的相关性进行了较为系统的研究。

### 3.1.4 红层的岩基强度

强度和变形问题是岩土研究中的两大焦点。按岩石抗压强度计算承载力的方法已为众多学者质疑。边智华等(2001)通过原位试验对某特大桥桥基及锚碇工程的力学性质进行研究,节省投资上千万元。左权(1994)等分析了红层风化物特性与母岩的关系。何满潮(2002)等从沉积动力学和沉积环境两方面探讨了沉积特征对软岩特性的影响。郭志分析了软岩力学特性与赋存环境(含水量、地应力、温度)和时间的关系,提出了软岩强度取值原则。易念平(2002)等研究了南宁泥质岩的承载力及地基性质确定的试验界线划分问题。王林、龙冈文夫(2003)对东京地下 50 m、无风化扰动试样,约 200 万年前的沉积泥岩进行了各向异性特性研究,发现没有产生较大的变形及强度各向异性。

### 3.1.5 变形特性与数值模拟

红层抗压强度较低,作为建筑物地基及工程围岩时,具有明显的流变特性,常造成支护的失稳和破坏。林育梁(2002)着重研究了软岩变形流动形式及其对软岩支护的影响。朱定华、陈国兴(2002)发现南京红层的长期强度约为单轴抗压强度的 63%~70%,符合 Burgers 本构模型,得出了 4 种典型的模型参数依存性。许宏发(1997)根据单轴压缩蠕变试验,讨论了软岩强度和弹性模量的时间效应问题,提出了长弹模和长期损伤变量的概念。陈沅江(2003)等认为软岩在低应力水平下表现为弹性和黏弹性;在较高的应力水平下表现为弹性、塑性和黏弹性;在高应力水平下表现为弹性、塑性、黏弹性和黏塑性;提出了两种非线性元件——蠕变体和裂隙塑性体,并将它们和描述衰减蠕变特性的开尔文体及描述瞬弹性的虎克体相结合,得到了一种新的复合流变力学模型;并利用连续介质不可逆热力学的基本原理,推导了软岩的内时流变本构方程,有效地描述了软岩蠕变过程中衰减蠕变、稳定蠕变和加速蠕变三个阶段的力学特性。廖红建(1998)等基于实验研究,分别对正常固结和超固结软岩试样的应力—应变关系(特别是应变软化特性)进行了数值模拟,验证了软岩的应变软化特性与时间依存性的关系。

长期以来,在软岩嵌岩灌注桩的认识和设计中存在这样一些误区:
(1)不论桩的长径比、覆盖层厚度与性质、嵌岩深度如何变化,一律视嵌岩桩为端承桩;

(2)不适当地增大嵌岩深度,将桩一律嵌入新鲜基岩或微风化基岩;

(3)在岩石强度高于混凝土强度条件下仍采用扩底,等等。

众所周知,正常状态下,由于荷载一定,侧阻力和端阻力之间存在此消彼长关系,侧阻和端阻的发挥均需一定的位移。《建筑桩基技术规范》(JGJ 94—2008)提出的考虑桩侧阻力的嵌岩桩承载力计算方法,尚不能合理解释嵌岩桩侧阻力的作用机制和嵌岩桩承载性状。通常,侧阻的充分发挥所需位移较小,故能较好发挥,而端阻的发挥则需大位移,但上部结构对变形的要求又必须制约桩端位移量,实践中很难使两者都充分发挥,从而存在侧阻与端阻的合理分担比,并涉及合理嵌岩深度问题。从嵌岩桩设计过程看,不仅要保证桩身强度和桩基强度以满足承载力要求,而且要考虑荷载作用下桩顶位移以保证其刚度条件。

## 3.2 软岩嵌岩桩竖向承载力确定方法

### 3.2.1 国外嵌岩桩设计方法

1. Rosenberg 和 Journeaux 方法

Rosenberg 和 Journeaux(1976)根据试验结果发现:①即使很差的岩石,桩岩握裹强度也很大;②桩岩界面初始破裂发生后,$P$-$S$ 曲线表现为塑性硬化或屈服,很少出现软化现象;③可以将桩岩握裹强度与岩石饱和单轴抗压强度建立关系;④极限端阻远大于一般设计中的容许端阻,即设计太保守。

该设计方法将桩岩界面极限侧阻作设计值,剩下荷载由端阻承担,整个嵌岩桩抵抗破坏的安全系数等于极限端阻值与实际端阻值的比值。适用于具有一定粗糙度、清孔较好的桩,即要保证侧阻—位移曲线为工作强化或屈服型。对于软岩或清孔状况较差的情况,该方法会超过桩的实际承载能力。

2. Fells 和 Turner 方法

Fell 和 Turner(1979)采用弹性有限元分析,给出的嵌岩桩端阻分担比 $Q_b/Q$-$L/D$ 的分布图如图 3-1 所示,并给出了两种设计方法。

(1)假设岩石的端阻及桩岩交界面的侧阻全部发挥,根据桩径 $D$,求出桩端承担的反力值 $Q_b$;用总设计荷载减去 $Q_b$ 得到侧阻承担的荷载 $Q_s$,求出嵌岩深度 $L=Q_s/(\pi D \tau_d)$。

(2)先假设桩侧阻力能承担全部设计荷载,求出最大嵌岩深度$(L/D)_{max}$,再在图 3-1 中将点$[(L/D)_{max},0]$

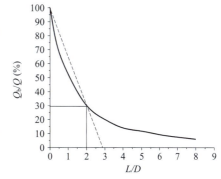

图 3-1 $Q_b/Q$-$L/D$ 关系图

与点$[0,100\%]$连接,与 $Q_b/Q$-$L/D$ 曲线的交点所对应的 $Q_b/Q$ 为所求的端阻分担荷载比。再根据 $Q_b$ 计算出桩端岩体应力 $q_b$,若 $q_b$ 小于地基容许承载力,则设计完毕。

根据弹性有限元的分析结果,上述两种方法都可以查到相应的位移值。方法(1)想让端阻和侧阻都充分发挥,这在弹性状态下是不可能的。若端阻充分发挥,侧阻必然进入塑性状态,从而导致端阻不可能是设计值,桩的沉降也无法预测。方法(2)对嵌岩桩具有启发性,其关键在于如何获得桩岩界面平均侧阻临界值。

弹性方法简明适用,在某些情况下反映了工程设计的主要问题,但遇到桩岩界面出现滑动等复杂问题时显得力不从心。同时,引用上述弹性方法时,须注意桩岩界面胶结良好、外荷载下界面无滑动变形等暗含条件。

3. Williams 等人方法

Williams、Johnston 和 Donald(1980)基于 Pells 等人提出的弹性理论法,针对澳大利亚墨尔本泥岩,提出的考虑端、侧阻非线性作用的设计方法如下:

(1)进行侧阻嵌岩桩和端阻嵌岩桩试验,得到 $P_s$-$S$ 与 $P_b$-$S$ 曲线;

(2)根据设计沉降值 $S_d$,岩体模量 $E_m$、桩径 $D$,按弹性理论求出理论弹性设计荷载 $Q_e = S_d E_m D/I_d$;

(3)根据弹性理论,求出侧阻和端阻在 $P=Q_e$ 时的各自分量 $Q_s$、$Q_b$;

(4)根据 $P_s$-$S$ 与 $P_b$-$S$ 曲线和 $Q_s$、$Q_b$ 值,在位移不变情况下释放弹性荷载,得到新的 $Q_s$ 与 $Q_b$。若 $Q_s$ 与 $Q_b$ 之和与设计值 $Q$ 相近,则设计完毕,否则重新设计;

(5)检查总的安全系数是否满足。

该方法对非线性桩的考虑通过实测端阻、侧阻曲线实现,有条件进行该项试验时,值得借鉴。其缺陷是可能要多次试算方能成功,采用单一安全系数法。

4. Rowe 和 Armitage 方法

Rowe & Armitage(1987)沿用了 Williams 方法的设计原则,不同之处是采用了分项安全系数:

(1)根据实验结果或经验关系,确定极限侧阻 $\tau_{lim}$、设计值 $\tau_d$ 及岩体容许抗压强度 $q_a$;

(2)根据容许沉降值,求出无量纲位移值 $I_d$;

(3)假定桩岩界面的剪切本构关系为理想弹塑性,通过弹塑性有限元算出端阻分担荷载比、$L/D$ 与 $I$ 之间的关系曲线($Q_b/Q$-$L/D$-$I$);

(4)根据设计 $I_d$ 值和平衡方程 $Q_b + Q_s = Q$,利用 $Q_b/Q$-$L/D$-$I$ 曲线,确定设计的 $L/D$ 和 $Q_b/Q$ 值;

(5)若 $Q_b$ 使端阻力小于容许应力 $q_a$,则设计完毕,否则重新设计。

该方法概念明确,条理清晰,只要有限元能算出较大范围 $E_p/E_r$ 情况下的 $Q_b/Q$-$L/D$-$I$ 图,就可以推广应用。其缺陷在于:①用岩体剪切模量代替桩岩界面剪切模量;②适合于清底有绝对保证的嵌岩桩,否则沉降和容许承载力的安全系数会降低,端阻、侧阻分担外荷载的比例将不同于计算得出的 $Q_b/Q$-$L/D$-$I$ 图中的情况。

### 3.2.2 国内确定嵌岩桩竖向承载力的常用方法

嵌岩桩竖向承载力的确定,除静载试验、自平衡测试及旁压试验等原位试验手段外,还有按桩身材料强度确定、按静力学方法计算及规范公式法。

1. 按桩身材料强度确定

将桩视为轴心受压杆件,根据桩材按《混凝土结构设计规范》(GB 50010—2010)计算。钢筋混凝土单桩轴向承载力设计值 $R$ 按式(3-1)计算。

$$R = \varphi(\psi_c f_c A_p + f'_y A_g) \tag{3-1}$$

式中 $\varphi$——混凝土构件稳定系数,对低承台桩基,考虑土的侧向约束可取 $\varphi=0$;但穿过很厚软黏土层和可液化土层的端承桩或高承台桩,其值应小于 1.0;

$f_c$——混凝土轴心抗压强度设计值(kPa);
$A_p$——桩的横截面面积($m^2$);
$f'_y$——纵向钢筋抗压强度设计值(kPa);
$A_g$——纵向钢筋的横截面面积($m^2$);
$\psi_c$——施工工艺系数,对混凝土预制桩取 $\psi_c=1.0$,挖孔桩取 $\psi_c=0.9$,其他各类桩取 $\psi_c=0.8$。

2. 按静力法计算

根据土工参数,采用静力分析方法估算单桩极限承载力 $Q_u$:

$$Q_u = q_{pk}A_p + U\sum_{i=0}^{n} q_{sik}l_i - W \tag{3-2}$$

式中 $q_{sik}$、$q_{pk}$——分别为端阻和侧阻极限值;
$l_i$——分层土厚度;
$W$——桩自重。

对桩侧阻力一般采用库仑强度理论分析得到,桩端阻力用承载力理论分析。

3. 按规范公式计算

(1)《建筑桩基技术规范》(JGJ 94—2008)

嵌岩桩竖向极限承载力标准值,由桩周土总极限侧阻力 $Q_{sk}$、嵌岩段总极限侧阻 $Q_{rk}$ 和总极限端阻力 $Q_{pk}$ 三部分组成(图3-2),按下式计算:

$$Q_{uk} = Q_{sk} + Q_{rk} + Q_{pk} \tag{3-3}$$
$$Q_{sk} = u\sum \xi_{si} q_{sik} l_i \tag{3-4}$$
$$Q_{rk} = u\xi_s f_{rk} h_r \tag{3-5}$$
$$Q_{pk} = \xi_p f_{rc} A_p \tag{3-6}$$

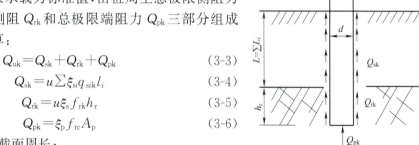

图 3-2 嵌岩桩承载力

式中 $u$——桩身横截面周长;
$\xi_{si}$——覆盖层第 $i$ 层土的侧阻力发挥系数;
$q_{sik}$——桩周第 $i$ 层土的极限侧阻力标准值;
$f_{rc}$——岩石饱和单轴抗压强度标准值(对于黏土质岩石取天然湿度单轴抗压强度标准值);
$h_r$——桩身嵌岩深度,超过 $5d$ 时取 $h_r=5d$;当岩层表面倾斜时,以坡下方的嵌岩深度为准;
$\xi_s$、$\xi_p$——嵌岩段侧阻力和端阻力修正系数,与嵌岩深径比 $h_r/d$ 有关,按表3-2查取。

表 3-2 嵌岩段侧阻、端阻修正系数

| 嵌岩深径比 $h_r/d$ | 0.0 | 0.5 | 1 | 2 | 3 | 4 | ≥5 |
|---|---|---|---|---|---|---|---|
| 侧阻修正系数 $\xi_s$ | 0.000 | 0.025 | 0.055 | 0.070 | 0.065 | 0.062 | 0.050 |
| 侧阻修正系数 $\xi_p$ | 0.500 | 0.500 | 0.400 | 0.300 | 0.200 | 0.100 | 0.000 |

(2)《铁路桥涵地基和基础设计规范》(TB 10093—2017)和《公路桥涵与基础设计规范》(JTG D63—2007)

支承在基岩上或嵌入基岩内的钻(挖)孔桩、沉管和管柱的单桩轴向受压允许承载力 $[P]$,

可按下式计算：

$$[P]=(c_1 A+c_2 u h)R_a \tag{3-7}$$

式中　$h$——自新鲜基岩面（平均高程）算起的嵌入深度(m)；

　　　$u$——嵌入基岩部分桩截面周长(m)；

　　　$R_a$——岩石天然单轴抗压强度(kPa)；

　　　$A$——桩端面积($m^2$)；

　$c_1$、$c_2$——根据岩石破碎程度、清孔情况等因素而定的系数，见表3-3。

上式经变换后为：

$$[P]=A \cdot R_a(c_1+4c_2 h_r/d) \tag{3-8}$$

表3-3　系数 $c_1$、$c_2$ 值

| 清底情况 | $c_1$ | | $c_2$ | |
|---|---|---|---|---|
| | 铁规 | 路规 | 铁规 | 路规 |
| 良好 | 0.50 | 0.60 | 0.04 | 0.05 |
| 一般 | 0.40 | 0.50 | 0.03 | 0.04 |
| 较差 | 0.30 | 0.40 | 0.02 | 0.03 |

（3）《建筑地基基础设计规范》(GB 50007—2011)及《高层建筑岩土工程勘察规程》(JGJ 72—2004)

GB 50007—2011规定，当桩端为完整及较完整的硬质岩石时，考虑到硬质岩石强度超过桩身混凝土强度，设计以桩身强度控制，不必再计入侧阻、嵌岩段侧阻等不定因素，单桩竖向承载力特征值 $R_a$ 按下式估算：

$$R_a=q_{pa}A_p \tag{3-9}$$

对嵌入破碎岩和软质岩石中的桩，单桩承载力特征值计算式如下：

$$R_a=q_{pa}A_p+u_p\sum q_{sia}l_i \tag{3-10}$$

式中　$q_{sia}$、$q_{pa}$——分别为桩侧阻力和桩端阻力特征值，由当地载荷试验结果统计获得；

　　　$A_p$——桩端截面积($m^2$)；

　　　$u_p$——桩身周长；

　　　$l_i$——第 $i$ 层岩土的厚度。

JGJ 72—2004考虑了岩石风化程度、单轴极限抗压强度及岩体完整程度，单桩竖向极限承载力 $Q_u$ 按下式计算：

$$Q_u=u_s\sum_{i=1}^{n}q_{sis}l_i+u_r\sum_{i=1}^{n}q_{sir}h_{ri}+q_{pr}A_p \tag{3-11}$$

式中　$u_s$、$u_r$——桩身在土层、岩层中的周长；

　　$q_{sis}$、$q_{sir}$——第 $i$ 层土、岩的极限侧阻力；

　　　$q_{pr}$——岩石极限端阻力；

　　　$h_{ri}$——桩身全断面嵌入第 $i$ 层中风化、微风化岩层内的长度；

　　$q_{pr}$、$q_{sir}$——应根据载荷试验确定。无条件试验时，按表3-4经地区经验后确定。

表 3-4　嵌岩灌注桩岩石极限侧阻力、极限端阻力

| 风化程度 | 岩石饱和单轴极限抗压强度 $f_{rk}$（MPa） | 完整程度 | 岩石极限侧阻力 $q_{sir}$（kPa） | 岩石极限端阻力 $q_{pr}$（kPa） |
| --- | --- | --- | --- | --- |
| 中等风化 | $5 < f_{rk} \leq 15$（软岩） | 破碎 | 300～800 | 3 000～9 000 |
| | $15 < f_{rk} \leq 30$（较软岩） | 较破碎 | 800～1 200 | 9 000～18 000 |
| 微风化～未风化 | $30 < f_{rk} \leq 60$（较硬岩） | 较完整 | 1 200～2 000 | 18 000～36 000 |
| | $60 < f_{rk} \leq 90$（硬岩） | 完整 | 2 000～2 800 | 36 000～50 000 |

注：1. 表中极限侧阻力和极限端阻力适用于孔底残渣厚度为 50～100 mm 的钻孔、冲孔灌注桩；对于残渣厚度小于 50 mm 的钻孔、冲孔灌注桩和无残渣挖孔桩，其极限端阻力可按表中数值乘以 1.1～1.2 取值；
2. 对于扩底桩，扩大头斜面及斜面以上直桩部分 1.0～2.0 m 不计侧阻力（扩底直径大者取大值，反之取小值）；
3. 风化程度愈弱、抗压强度愈高、完整程度愈好、嵌入深度愈大，其侧阻力、端阻力可取较高值，反之取较低值；
4. 采用天然湿试样进行，不经饱和处理。

### 3.2.3　现行规范存在的问题及红层嵌岩桩的建议公式

**1. 现行规范存在的问题**

我国现行规范均将桩基承载力看作侧阻与端阻的简单叠加，这与桩基的荷载传递特征相冲突。归纳起来，上述各公式存在以下不足：

(1) 规范 JGJ 94—2008 将 $Q_{rk}$ 和 $Q_{pk}$ 通过 $\xi_s$、$\xi_b$ 与 $f_{rc}$ 建立关系，考虑了嵌岩深度的影响，采用分项系数计算设计值 $Q_a$；TB 10093—2017、JTG D63—2007 规范忽略了覆盖土层（包括风化层）的参与，对覆盖土层较厚者将造成嵌岩深度偏大，且侧阻随嵌岩深度增加而稳定增加；规范 GB 50007—2011、JGJ 72—2004 公式采用单一安全系数，其嵌岩段侧阻力随深度无止境增加显然与实际不符。

(2) 未充分考虑桩身与岩体接触方式的差异

桩与岩体存在三种接触方式：一是混凝土与岩石紧密结合成一体，二是施工产生的泥皮起隔离作用，使桩岩呈"活塞式"接触；三是介于上述两种之间的情况，部分隔离、部分结合。对第一种情形，桩的受力相当于竖向力作用于半无限体上，没有侧阻力的概念，可用弹性力学来求解基桩极限承载力。因此，从桩—岩接触方式来分析两者之间力的作用，其计算公式仅适合第二种和第三种接触方式。

(3) 未充分体现桩—岩界面作用特征

嵌岩段侧阻由桩—岩之间的相对位移引起，二者之间是剪切力传递，与之对应的应是抗剪强度。用单轴抗压强度 $f_{rc}$ 表示二者之间的剪切传递，概念上欠妥切。香港工务局岩土工程处（1996）颁布的《桩基设计与施工》规定，嵌岩桩端阻分担比 $F_b/F_t$（％）随基岩弹模 $E_r$ 减小而增大（图 3-3），侧阻力与岩石单轴抗压强度成双对数线性关系（图 3-4）。这种规定更符合嵌岩段荷载传递机理，比 JGJ 94—2008 规范统一规定 $h_r/d \geq 5$ 时取端阻力为零更趋合理。

(4) 未考虑工程岩体的实际应力状态

竖向荷载力作用下，桩端岩体处于三向应力状态。众所周知，岩石强度与所处应力状态有关，一般地，单轴抗压强度＜双轴抗压强度＜三轴抗压强度，单轴强度与三轴强度存在下述关系：

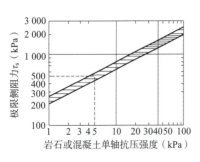

图 3-3 嵌岩桩的荷载传递

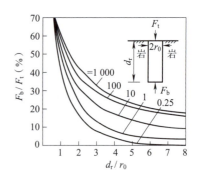

图 3-4 嵌岩段极限侧阻与岩石强度关系

$$f_{rk}''' = f_{rk} + \frac{1+\sin\varphi}{1-\sin\varphi}\sigma_0 \quad (3\text{-}12)$$

式中　$f_{rk}'''$——岩石三轴抗压强度；

　　　$\varphi$——岩石内摩擦角；

　　　$\sigma_0$——试验时施加的围压。

严格地讲，端阻力计算式应该采用岩石三轴抗压强度比较科学合理。

(5) 未考虑侧阻与端阻的发挥特性

嵌岩桩的原体试验表明，嵌岩桩的端、侧阻极限值难以同时充分发挥，公式中的 $Q_{pk}$ 只能理解为当侧阻 $Q_{sk}$、$Q_{rk}$ 达到极限时，端阻的相应发挥值。在计算桩身嵌岩深度时忽略强风化岩较高的握裹力，往往造成设计过分保守。采用单一安全系数模糊了侧阻和端阻的发挥程度。此外，JGJ 94—2008 假定嵌岩深度超过 $5d$ 时端阻为零，也不合理。

2. 红层嵌岩桩的建议公式

假定嵌岩段的临界深度取 $h_r = 5d$，上述各式均取设计值，将嵌岩段的侧阻与端阻作为整体考虑，经变换，可得嵌岩段承载力计算公式如下：

$$Q_a = \psi_{sp} \cdot f_{rc} \cdot A_p \quad (3\text{-}13)$$

式中　$\psi_{sp}$——嵌岩段总阻力修正系数，见表 3-5。

该结果是根据工程经验、原位测试结果综合分析所得，近似于将岩石天然单轴抗压强度乘以了一个 1.21~1.52 的发挥系数，将按 JGJ 94—2008 计算承载力扩大了 1.98~2.40 倍。

**表 3-5　泥质粉砂岩嵌岩段总阻力修正系数 $\psi_{sp}$ 建议值**

| $h_r/d$ | 0 | 0.5 | 1 | 2 | 3 | 4 | ≥5 |
|---|---|---|---|---|---|---|---|
| 中等风化 | 0.727 | 0.848 | 0.967 | 1.212 | 1.454 | 1.697 | 1.939 |
| 微风化 | 0.606 | 0.703 | 0.800 | 0.994 | 1.188 | 1.382 | 1.576 |

例：某高层住宅，高 23 层，地下室 2 层。第四系覆盖层厚 12~14 m，基岩为白垩系泥质粉砂岩，岩石天然单轴抗压强度 2.80~4.80 MPa，平均 4.10 MPa。采用人工挖孔灌注柱，桩长 10~12 m。根据规范 JGJ 94—2008 按岩石单轴抗压强度设计十分困难。旁压试验净临塑压力为 3.85~8.95 MPa，平均 5.12 MPa，按式(3-13)设计，嵌岩段总阻力特征值采用 4 500 kPa，嵌岩深径比 1.8~2.2 不等。本工程已竣工使用 2 年，沉降记录仅 6.3 mm。

## 3.3 桩—土—岩共同作用的非线性计算

### 3.3.1 桩—土—岩共同作用的力学模型

Seed 和 Reese 于 1957 年首次提出桩身荷载传递函数的双曲线模型,即桩侧摩阻力或端阻力与桩身沉降呈双曲线关系(图 3-5),其数学表达式为:

$$\tau(z) = \frac{s}{a+bs} \tag{3-14}$$

式中 $s$——桩土相对位移;

$a$、$b$——待定系数,其物理意义分别为 $1/\tau_{\lim}$ 和 $\tan\theta_0$(曲线原点处的切线斜率)。

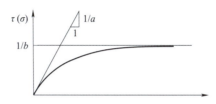

图 3-5 桩侧摩阻力与桩身位移关系

将式(3-14)变化,可得:

$$\frac{s}{\tau(z)} = a + bs \tag{3-15}$$

通过实测数据可获取 $\tau$-$s$ 曲线,由线性回归分析确定双曲线模型中的参数 $a$、$b$。

### 3.3.2 双曲线模型参数 $a$、$b$ 的取值

(1)桩土侧界面

刘金砺(1996)对极限侧阻的取值进行过总结。根据各表达式所用系数的不同可归纳为 $\alpha$、$\lambda$、$\beta$ 法。$\alpha$、$\lambda$ 法一般用于计算黏性土中的桩,$\beta$ 法适用于黏性土和无黏性土中的桩。

$\alpha$ 法的表达式为:

$$\tau_u = \alpha C_u \tag{3-16}$$

式中 $\alpha$——黏结力系数;

$C_u$——桩侧土层平均不排水剪切强度。

对于桩土界面土的 $\alpha$ 值,根据 Randolph 和 Wroth(1978)等人的研究,可表示为:

$$\alpha = \frac{R_0 \ln(R/R_0)}{G_0} \tag{3-17}$$

式中 $G_0$——土在小应变情况下的剪切模量;

$R_0$——桩身横截面半径;

$R$——桩侧剪应力可以忽略的径向长度。

Baguelin 和 Frank(1979)建议 $\ln(R/R_0) = 3 \sim 5$。

根据试验研究,$\tau_{ult}$ 值略大于桩土界面处的极限摩阻力 $f_u$。二者间的关系为 $f_u = R_f \tau_{ult}$,其中 $R_f$ 为破坏比,一般取 0.75~0.95。

(2) 桩岩界面

桩岩界面的侧剪阻宜通过试验确定。无试验时,亦可通过经验类比或相关关系获取。目前国内外学者常用的方法是将桩岩界面极限平均侧阻与岩石单轴抗压强度建立关系,其代表性公式为 $\tau_u = \eta f_{rc}^{0.5}$。

对于桩岩底界面的荷载传递参数,国内外诸多学者研究认为,桩端岩石的极限承载力与岩石无侧限抗压强度可表示为 $q_u = \beta f_{rc}$,其中 $\beta$ 为统计参数,根据现场试验确定的极限端阻和岩石无侧限抗压强度统计分析获取。Poulos 和 Davis(1974)提出了如下计算方法:

$$\frac{1}{a} = \frac{\sigma}{w} = \frac{4E_R n}{\pi(1-v_R^2)d} \tag{3-18}$$

式中　$n$——和桩的嵌岩长度与桩端直径之比($h_r/d$)有关的系数;

$E_R$ 和 $v_R$——分别表示岩石的弹性模量和泊松比;

$d$——桩身直径。

### 3.3.3 荷载传递微分方程的建立及求解

在桩顶荷载作用下,桩—土共同作用模型中取桩身任一微段,由静力平衡条件可得到:

$$\frac{dQ(z)}{dz} = -u_p \tau_z \tag{3-19}$$

微元体产生的弹性压缩量为:

$$ds = -\frac{Q(z)}{EA}dz \tag{3-20}$$

由

$$\frac{dQ}{dz} = \frac{dQ}{ds}\frac{ds}{dz} \tag{3-21}$$

得出:

$$\frac{dQ}{ds} = \frac{u_p EA}{Q}\tau \tag{3-22}$$

将荷载传递双曲线模型关系式(3-14)代入式(3-22)得:

$$QdQ = u_p EA \frac{s}{a+bs}ds \tag{3-23}$$

式(3-23)即为桩身荷载传递微分方程。对式(3-23)积分,并考虑初始条件 $Q=0,s=0$ 有:

$$Q = \sqrt{2u_p EA \left[\frac{s}{b} - \frac{a}{b^2}\ln\left(1+\frac{b}{a}s\right)\right]} \tag{3-24a}$$

令 $\alpha^2 = 2u_p EA$ 得:

$$Q = \frac{\alpha}{b}\sqrt{bs - a\ln\left(1+\frac{b}{a}s\right)} \tag{3-24b}$$

式(3-24a)和式(3-24b)中,$\alpha$ 是与桩身材料和横截面尺寸有关的常数,$a$ 和 $b$ 是土性参数,可由试验资料计算得到。

求解微分方程(3-22)时仅考虑其初始条件、未引入边界条件,故式(3-23)表示的荷载—沉降关系仅为桩身任意位置处由于荷载引起的弹性压缩量与引起该弹性压缩量所需的桩身轴力之间的关系,未包括桩身刚性位移对桩身轴力的影响。一般地,桩的刚性位移可认为是桩端土层压缩引起的沉降量。故桩身沉降等于桩身弹性压缩位移 $s_e(z)$ 与桩身刚性位移 $s_b$ 之和:

$$s(z) = s_e(z) + s_b \tag{3-25}$$

根据荷载传递函数双曲线模型,在桩端有:

$$q_b = \frac{s_b}{a_b + b_b s_b} \tag{3-26}$$

式中　$\sigma_b$——桩端阻力;
　　　$s_b$——桩端沉降量;
　　　$a_b, b_b$——桩端土的荷载传递函数参数。

由式(3-26)可得出桩端总反力为:

$$Q_b = A q_b = \frac{A \cdot s_b}{a_b + b_b s_b} \tag{3-27}$$

将作用于桩顶的荷载记为$Q_0$,桩顶沉降量为$s_0$,桩端产生沉降量$s_b$时,桩身摩阻力及轴力分布如图3-6所示。图中$\tau_0$和$\tau_b$可表示成:

$$\tau_0 = \frac{s_0}{a_0 + b_0 s_0}; \quad \tau_b = \frac{s_b}{a_b + b_b s_b} \tag{3-28}$$

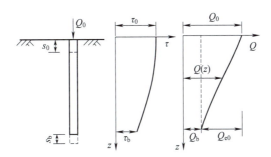

图 3-6　桩身摩阻力及轴力分布

桩身任意截面处有:

$$Q(z) = Q_b + Q_e(z) \tag{3-29}$$

式中　$Q_b$——使桩端产生沉降$s_b$所需的轴向力;
　　　$Q_e$——使桩身产生弹性压缩量$s_e$所需的轴向力,即式(3-23)所表示的轴力。

将式(3-23)、式(3-28)代入式(3-29)得:

$$Q(z) = \frac{A \cdot s_b}{a_b + b_b s_b} + \frac{a}{b_s} \sqrt{b_s s_e(z) - a_s \ln\left[1 + \frac{b_s}{a_s} \cdot s_e(z)\right]} \tag{3-30}$$

式中　$s_e(z)$——$z$深度以下部分桩所产生的弹性压缩量;
　　　$a_s, b_s$——与桩侧土的性质有关的荷载传递函数参数。

在桩顶则有:$z=0, s_e(0)=s_{e0}$。此处$s_{e0}$为整个桩身所产生的总弹性压缩量。于是有:

$$Q_0 = \frac{A \cdot s_b}{a_b + b_b s_b} + \frac{a}{b_s} \sqrt{b_s s_{e0} - a_s \ln\left(1 + \frac{b_s}{a_s} \cdot s_{e0}\right)} \tag{3-31}$$

上式即为桩顶荷载与沉降的关系式。若给定不同的$s_b$(或$s_{e0}$)则可求出不同的$s_{e0}$(或$s_b$),就能求出不同的$s_0$和$Q_0$,从而可以得到桩的荷载—沉降关系曲线$Q_0$-$s_0$曲线,即通常所说的P-S曲线。对于桩侧土为多层土的情形不难得到:

$$Q_0 = \frac{A \cdot s_b}{a_b + b_b s_b} + a \sum_{i=1}^{n} \frac{1}{b_{si}} \sqrt{b_{si} s_{ei} - a_{si} \ln\left(1 + \frac{b_{si}}{a_{si}} \cdot s_{ei}\right)} \tag{3-32}$$

式中　$a_{si}、b_{si}$——与桩侧第$i$层土的性质有关的荷载传递函数参数;

$n$——桩深范围内的土层数。

上述计算过程可以十分方便地编成程序,用计算机来完成计算并绘出 $Q_0$-$s_0$ 关系曲线。

## 3.4 嵌岩桩极限承载力的预测

竖向静力载荷试验是确定单桩竖向承载力最可靠方法,为充分挖掘基桩承载能力,一般要求试桩加载到相当多的荷载级数甚至破坏。对于大直径桩,特别是嵌岩桩,一般很难达到试桩的极限或破坏荷载,确定的承载力并非真正意义上的极限承载力,势必造成使用上的浪费。因此,利用初始加载阶段的实测数据,应用数学手段来预估其极限承载力既具工程意义亦具经济价值。

由于试桩 $Q$-$S$ 曲线中已包含大量基桩极限承载力信息,通过对曲线分析处理,应用适当方法进行外推估算能比较准确地得到单桩极限承载力。国内外学者对此进行了大量理论分析和试验研究,提出了不少外推方法。使用较多的有波兰法、曲率法/斜率倒数法、指数曲线法、灰色理论法等。

根据本书 8.2 节红层嵌岩桩厚型桩试验的测试结果可见(表 3-6),本书中 4 根原型桩的 $Q$-$S$ 曲线均呈缓变型、未见明显陡降点,在最大加载条件下的总位移均未达到规范要求的(0.03~0.06)$D$($D$ 为桩身直径,对大直径桩取小值、对小直径桩桩取大值),可知单桩极限承载力大于其最大加载值。现采用不同方法对其极限承载力进行估算,极限沉降量取 $s$=0.03$D$,即 $s$=30 mm。

表 3-6 原型试验桩极限承载力预测结果对比表

| 桩号 | 静载试验 | | 极限承载力预测结果 | | | |
| --- | --- | --- | --- | --- | --- | --- |
| | 最大加载(kN) | 最大沉降(mm) | 斜率法 | 指数曲线法 | 灰色理论法 | 平均值 |
| $A_1$ | 15 000 | 10.20 | 23 076.9 | 16 886.4 | 20 334.7 | 20 099.3 |
| $A_2$ | 15 000 | 10.00 | 23 076.9 | 16 801.8 | 20 085.1 | 19 987.9 |
| $B_1$ | 18 000 | 17.20 | 23 076.9 | 17 248.3 | 20 828.3 | 20 384.5 |
| $B_2$ | 15 000 | 18.33 | 16 666.7 | 19 566.0 | 16 538.3 | 17 590.3 |

由表 3-5 可知,预测法是在一定的假设条件下,根据已知的试验数据外推求得的试桩极限承载力。当试验结果距极限状态不远时可较好地求得桩的极限承载力,各种方法具有良好的一致性。当试验状态与极限状态相去甚远时,因各方法的假定条件不同,其结果的离散性较大。

## 3.5 利用正交试验分析进行嵌岩桩优化设计

### 3.5.1 嵌岩桩优化设计

嵌岩桩的设计参数主要包括桩径、桩长、桩体材料强度、嵌岩深度、嵌岩段岩石强度、扩底尺寸等,设计效果包括三个方面:单桩承载力、桩基沉降是否满足设计要求及工程造价是否最优。设计时一般采用试算法,在不同的桩长、桩径、嵌岩深度、岩石强度等参数组合中可获得不同的嵌岩桩承载力及沉降。在满足设计要求的各种组合中，最经济的组合就是设计的最佳方案。选择及确定设计方案的过程就是嵌岩桩设计的优化过程。

### 3.5.2 影响嵌岩桩设计的主要因素

**(1)嵌岩深度**

嵌岩深度应根据地质条件、荷载大小及施工工艺确定。规范 GB 50007—2011 要求桩端进入破碎岩石或软质岩的桩按一般桩计算桩端进入持力层深度，对硬质岩体的嵌岩桩周边嵌入完整和较完整(未风化、微风化、中等风化)岩石的最小深度不宜小于 0.5 m。规范 JGJ 94—2008 引入了桩侧修正系数 $\xi_s$ 和桩端修正系数 $\xi_p$，引入 $\xi_s$ 表示桩端嵌入基岩一定深度，荷载先通过侧阻力传递到嵌岩段侧壁，在侧壁产生一定剪切变形后，部分荷载才能传递到桩底。

实测资料表明，侧阻力分布呈对数螺旋曲线，大致在嵌岩深度为 $1d$ 处，嵌固力出现最大值，然后随着嵌岩深度增加而减小，在 $5d$ 左右处已无嵌固力(图 3-7)；由端阻力随嵌岩深度的变化图(图 3-8)可见，嵌岩深度为 0 时，荷载由桩端基岩承担，当嵌岩深度为 $5d$ 时，荷载将全部为嵌固段侧阻力平衡。然而，软岩地区的嵌岩桩荷载传递研究表明，软岩嵌岩桩在嵌岩 $7d$ 时，端阻力仍有发挥。可见，软岩嵌岩桩设计时，如何综合考虑桩端阻力与嵌岩深度的关系，关系到充分利用基岩的承载能力，减小施工难度，降低施工成本等问题。

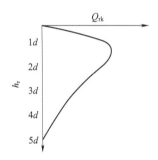

图 3-7　嵌岩深度与嵌岩段侧阻力关系

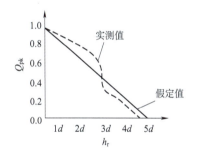

图 3-8　嵌岩深度与端阻力关系

**(2)桩端扩底**

扩底的目的是通过扩大桩端面积来提高承载力，通常有两种扩底方式(图 3-9)：扩底部分无竖直嵌岩段时[图 3-9(a)]，桩底扩大后形如锥体，扩底段桩—岩接触面为斜面，在桩端右边尖角处产生应力集中，不利于嵌岩桩的受力，同时，只要桩底产生很小的沉降，接触面就会相互脱离，该部分嵌岩侧阻力不复存在，甚至还会影响斜面以上直桩 $1\sim2$ m 部分。由此以来，虽然桩底面积扩大了，桩端阻力有所增加，但嵌阻力却减少了。扩底部分有竖直嵌岩段时[图 3-9(b)]，因扩底段下部竖直嵌岩段提供侧阻力制约，限制了桩—岩接触斜面的相互脱离，在桩端不会产生应力集中，其受力性能明显高于前者。

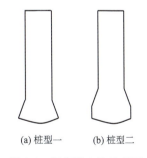

(a)桩型一　(b)桩型二

图 3-9　桩底扩大头示意图

肖宏彬等(2002)通过工程实例分析发现嵌岩深度一定条件下，若保持桩端沉降不变，扩底后嵌岩段总阻力反而减小。扩孔长度越大，这一现象越明显，同时增加了凿岩工作量和混凝土用量，得不偿失。

陈金锋(2004)等采用 ANSYS 软件对两种桩型嵌入不同质量岩石的受力情况模拟发现,桩型二的极限承载力比桩型一极限承载力提高 15% 以上,并随岩体质量的提高而提高,当 $c>0.15$ MPa 时,二者相差 40% 左右;桩型二嵌入岩体的平均塑性应变较桩型一大,说明该桩型不仅能提高嵌岩桩的承载力还能改善其传递性能。

(3)软弱下卧层

受地质历史、地理环境及构造活动影响,红层风化程度不均匀,经常遇到中～微风化层夹强风化甚至全风化的情况。通常方法是使桩基穿过软弱下卧层并保证桩端平面下的完整持力层不小于 $3d$,这样势必增加施工难度和建设成本。最优设计方案应在满足桩身强度及地基对承载力和变形要求前提下,充分调动和发挥桩周土侧阻力、嵌岩段侧阻力及端阻力的贡献。陈爱菊等(2004)按承载力和变形双控设计原则对某 32 层建筑进行了设计,经对桩进行扩大头处理,扩大后的桩端直径为 3.2 m,扩底段高 1.5 m,测得该桩位在装修前和竣工使用时的沉降值分别为 14.6 mm、11.50 mm,与计算结果吻合,节约基础投资近 150 万元。

### 3.5.3 设计参数正交试验法的计算与分析

正交试验设计法是一种科学地安排和分析多因素多水平试验的方法,它利用正交表来安排试验,利用正交表固有的特点,对试验结果采用方差分析法进行计算和分析,从而确定哪些因素是主要的,哪些因素是次要的,并能在所考察的因素中选出一个较好的水平组合,使试验指标达到最优。

在本次正交试验中,假定地基土结构相同、各层地基土是均质同相的,以弱化地基土对试验结果的影响,并假定桩体材料及配比相同,嵌岩段岩石强度相同。仅考虑桩径、嵌岩深度及扩底直径对单桩承载力及成本的影响。

某高层建筑为框剪结构,单柱荷载 24 000 kN,对差异沉降敏感。地下室埋深-8.5 m。场地第四系地层自上而下依次为人工填土、冲积粉质黏土、含砾粉质黏土、残积粉质黏土,厚度不大于 15 m。下伏基岩为白垩系(K)泥质粉砂岩。各岩土层厚度、层顶标高及物理力学指标见表 3-7。地层结构如图 3-10 所示。

表 3-7 岩土层力学强度指标

| 岩土名称 | $f_{ak}$ | $\gamma$ | $E_s$ | $\varphi_k$ | $C_k$ | $q_{sia}$ | $q_{pa}$ | $R_0$ |
| --- | --- | --- | --- | --- | --- | --- | --- | --- |
| | kPa | kN/m | MPa | 度 | kPa | kPa | kPa | MPa |
| 人工填土① | 100 | 18.0 | | 10 | 8 | 10 | | |
| 粉质黏土② | 280 | 19.5 | 9.0 | 20 | 45 | 40 | | |
| 含砾黏土③ | 320 | 19.5 | 10.0 | 30 | 30 | 50 | | |
| 粉质黏土④ | 240 | 18.5 | 8.0 | 18 | 35 | 45 | | |
| 强风化⑤、⑥₁ | 400 | 20.0 | 120 | 32 | 200 | 100 | 1 800 | 0.5～1.1 |
| 中风化⑥ | 1 500 | 21.0 | 450 | 37 | 450 | 200 | 4 000 | 3.2～4.7 |

就该拟建场地地层条件及设计要求,运用正交试验法对嵌岩桩的主要设计参数及效果的显著性影响水平进行计算和分析。试验时,将桩径、嵌岩深度、扩底直径视为各自独立的因素,不考虑其交互影响,扩底段高度统一采用 1.0 m。各拟定因素及各水平详细情况见表 3-8。

# 红层软岩长大直径桥梁嵌岩桩基计算方法

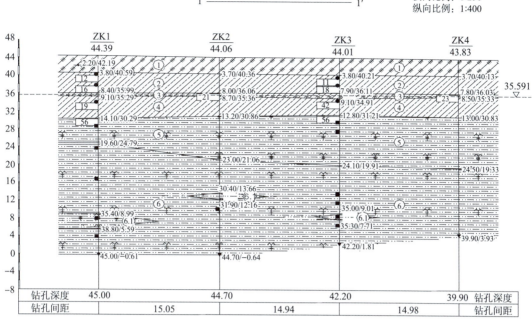

图 3-10 工程地质剖面图

表 3-8 各拟定因素及各水平详细情况

| 水平 \ 因素 | 桩径($\phi$) A | 嵌岩深度($L$) B | 扩底直径($D$) C |
|---|---|---|---|
| 1 | 1.5 | 3.0 | 2.0 |
| 2 | 1.8 | 3.6 | 2.3 |
| 3 | 2.0 | 4.2 | 2.5 |

依据上述分析及假定,选用$LQ(3^4)$正交表对嵌岩桩的各主要设计参数的不同组合计算其承载力、沉降量及混凝土工程量(涉及工程造价),计算结果见表 3-9,计算结果的方差分析见表 3-10。

表 3-9 正交试验结果记录表

| 列号 试验号 | A ($\phi$) | B ($L$) | C ($D$) | 4 | $y_i$承载力 (MPa) | 变形量 (mm) | $y_i$混凝土方量 (m³) |
|---|---|---|---|---|---|---|---|
| ① | 1 | 1 | 1 | 1 | 20.01 | 7.89 | 31.21 |
| ② | 1 | 2 | 2 | 2 | 24.63 | 10.06 | 32.73 |
| ③ | 1 | 3 | 3 | 3 | 28.21 | 11.91 | 33.79 |
| ④ | 2 | 1 | 2 | 3 | 25.55 | 6.99 | 44.77 |
| ⑤ | 2 | 2 | 3 | 1 | 30.87 | 8.75 | 46.32 |
| ⑥ | 2 | 3 | 1 | 2 | 22.86 | 6.70 | 47.45 |
| ⑦ | 3 | 1 | 3 | 2 | 29.56 | 6.56 | 55.17 |
| ⑧ | 3 | 2 | 1 | 3 | 24.51 | 5.63 | 56.20 |
| ⑨ | 3 | 3 | 2 | 1 | 28.06 | 6.66 | 58.58 |

续上表

| 试验号 \ 列号 | | A ($\phi$) | B (L) | C (D) | 4 | $y_i$ 承载力 (MPa) | 变形量 (mm) | $y_i$ 混凝土方量 (m³) |
|---|---|---|---|---|---|---|---|---|
| 承载力分析 | T | $T_1$=72.85<br>$T_2$=79.28<br>$T_3$=82.13 | $T_1$=75.12<br>$T_2$=80.01<br>$T_3$=79.13 | $T_1$=67.38<br>$T_2$=78.24<br>$T_3$=88.64 | $T_1$=78.94<br>$T_2$=77.05<br>$T_3$=78.27 | T=234.26<br>CT=6 097.5 | | |
| | S | 15.06 | 4.53 | 75.34 | 0.61 | ST=95.54 | | |
| 沉降量分析 | T | $T_1$=29.86<br>$T_2$=22.44<br>$T_3$=18.85 | $T_1$=21.44<br>$T_2$=24.44<br>$T_3$=25.13 | $T_1$=20.22<br>$T_2$=23.71<br>$T_3$=27.22 | $T_1$=23.30<br>$T_2$=23.32<br>$T_3$=24.53 | T=71.15<br>CT=562.48 | | |
| | S | 21.02 | 2.57 | 16.33 | 0.33 | ST=40.25 | | |
| 混凝土用量分析 | T | $T_1$=97.73<br>$T_2$=138.54<br>$T_3$=169.95 | $T_1$=131.15<br>$T_2$=135.25<br>$T_3$=139.82 | $T_1$=134.86<br>$T_2$=136.08<br>$T_3$=135.28 | $T_1$=136.11<br>$T_2$=135.35<br>$T_3$=134.76 | T=406.22<br>CT=18 334.96 | | |
| | S | 874.20 | 12.54 | 0.77 | 0.31 | ST=887.82 | | |

注:ST 为总主离差平方和,即 $ST=\sum_{i=1}^{n}y_i^2-CT$;$CT=\frac{1}{n}\left[\sum_{i=1}^{n}y_i\right]^2$。

**表 3-10  试验结果的方差分析**

| 类型 | 来源 | S | f | V | F | 分析结果 |
|---|---|---|---|---|---|---|
| 承载力 | A($\phi$) | 15.06 | 2 | 7.53 | 24.29 | 显著 |
| | B(L) | 4.53 | 2 | 2.27 | 7.32 | 不显著 |
| | C(D) | 75.34 | 2 | 37.67 | 121.52 | 极显著 |
| | e | 0.61 | 2 | 0.31 | | |
| | T | 95.54 | 8 | | | |
| 沉降量 | A($\phi$) | 21.02 | 2 | 10.51 | 63.70 | 显著 |
| | B(L) | 2.57 | 2 | 1.285 | 7.79 | 不显著 |
| | C(D) | 16.33 | 2 | 8.165 | 49.48 | 显著 |
| | e | 0.33 | 2 | 0.165 | | |
| | T | 40.25 | 8 | | | |
| 混凝土方量 | A($\phi$) | 874.20 | 2 | 437.10 | 2 731.88 | 极显著 |
| | B(L) | 12.54 | 2 | 6.27 | 39.19 | 显著 |
| | C(D) | 0.77 | 2 | 0.39 | 2.44 | 不显著 |
| | e | 0.31 | 2 | 0.16 | | |
| | T | 887.82 | 8 | | | |

注:S—离差平方和;f—自由度;$V=S_i/f_i$;$F=S_j/S_e$。

在方差分析中,对于给定的显著性水平 $\alpha$ 通常取 0.01、0.05 和 0.1。根据 F 分布表可查到相应自由度的临界值 $F_{0.01}$、$F_{0.05}$ 和 $F_{0.1}$。当计算出的 F 值大于 $F_{0.01}$ 时,认为该因素的影响极显著;当 $F_{0.05}<F<F_{0.01}$ 时,认为该因素的影响显著;当 $F_{0.1}<F<F_{0.05}$ 时,认为该因素的影响微弱;当 $F\leqslant F_{0.1}$ 时,认为该因素的影响不显著。在本正交试验中的方差分析中,各列的自由度均为 2。因此,$F_{0.01}(2,2)=99$,$F_{0.05}(2,2)=19$,$F_{0.1}(2,2)=9.9$。

根据表 3-9 中的 $F$ 值可知,因素 C(扩底直径)对嵌岩桩的承载力影响极显著,因素 A (桩径)对承载力影响显著,因素 B(嵌岩深度)对承载力影响不显著;因素 A(桩径)和因素 C (扩底直径)对嵌岩桩的沉降量影响显著,因素 B(嵌岩深度)对沉降影响不显著;桩径对嵌岩桩的经济指标影响极显著,嵌岩深度对混凝凝土方量影响显著,扩底直径对混凝土方量影响不显著。

通过对人工挖孔嵌岩桩主要设计参数正交试验法计算分析可知,当采用 $\phi 1\,500\,mm$ 直径时,在满足设计要求的 3 个方案中,嵌岩深度 3.60 m,扩底直径 2.30 m 的设计方案为最优方案。当然在具体设计时,尚须考虑局部夹层影响及相邻桩底标高的高差限制要求。

## 3.6 嵌岩桩设计优化影响因素的敏感性分析

### 3.6.1 分析目的

敏感性分析是通过研究项目主要不确定性因素发生变化时,项目经济效果指标发生的相应变化,找出项目的敏感因素,确认其敏感程度,并分析该因素达到临界值时项目的承受能力。依据每次考虑的变动因素目的不同,敏感性分析又分为单因素分析和多因素分析。本文采用单因素分析法,其目的是:

(1)确定不确定因素在什么范围内变化时,方案的经济效果最好,在什么范围内最差,以便对不确定性因素进行控制;

(2)区分敏感性大的方案和敏感性小的方案,以便选取敏感性小的方案,即风险小的方案;

(3)找出敏感性强的因素,以提高经济分析的可靠性。

### 3.6.2 分析步骤

(1)选取需要分析的不确定因素。这些因素主要有桩长、桩径、嵌岩深径比,桩底尺寸、桩端持力层等。

(2)确定进行敏感性分析的技术经济指标。对桩基工程而言,衡量项目经济效果的主要指标有承载力、沉降量及成本。

(3)计算因不确定因素变动引起的评价指标的变动值。一般就各选定的不确定因素,设若干级变动幅度(通常用变化率表示)。

(4)计算敏感系数并对敏感因素进行排序。所谓敏感因素指该不确定性因素的数值有较小的变动时就能使评价指标出现显著改变的因素。敏感度系数 $\beta$ 的计算公式为:

$$\beta = \frac{\Delta A}{\Delta F} \tag{3-33}$$

式中 $\Delta A$——不确定因素 $F$ 发生 $\Delta F$ 变化率时,评价指标 $A$ 的相应变化率(%);

$\Delta F$——不确定因素 $F$ 的变化率(%)。

(5)计算变动因素的临界点。临界点是指允许不确定因素向不利方向变化的极限值。超过极限,则评价指标将失去意义。如桩的长径比改变了桩的受力性状或嵌岩深度超过规范要求值。

### 3.6.3 工程应用

以图 3-10 中钻孔 ZK2 为例,按式(3-33)计算:设计桩长 17.5 m,单桩承载力特征值 $Q_a=24$ MN(不考虑桩端扩底),分别计算桩长、桩径、桩端岩石强度对单桩承载力特征值的影响(表3-11)。当岩土条件一定时,桩径、嵌岩段强度及嵌岩深度对承载力影响的敏感度分别为0.365,0.165,0.04。即改变桩径对嵌岩桩的承载力影响最大,嵌岩段的岩石强度次之,嵌岩深度对承载力的影响甚微。

表3-11 因素变化对嵌岩桩承载力的影响(MN)

| 不确定因素 \ 变化率 | -10% | -5% | 基本方案 | 5% | 10% | β |
|---|---|---|---|---|---|---|
| 桩径 | 20.47 | 22.21 | 24.00 | 25.86 | 27.79 | 0.366 |
| 嵌岩强度 | 22.35 | 23.38 | 24.00 | 24.83 | 25.66 | 0.166 |
| 嵌岩深度 | 23.61 | 23.81 | 24.00 | 24.21 | 24.41 | 0.04 |

同样,假定单桩承载力特征值保持 $Q_a=24$ MN 不变,不考虑桩端扩底,考虑其他不确定因素变化对基础成本影响的敏感性,基础成本指标采用混凝土量来衡量。由表 3-12 可知,嵌岩段岩石强度及桩径对桩基成本影响最大,当岩石强度一定条件下,增加嵌岩深度对桩身混凝土用量敏感性较小,仅 0.08。

表3-12 因素变化对桩身混凝土用量的影响(m)

| 不确定因素 \ 变化率 | -10% | -5% | 基本方案 | 5% | 10% | β |
|---|---|---|---|---|---|---|
| 桩径 | 116.54 | 113.35 | 109.9 | 106.10 | 102.10 | 0.722 |
| 嵌岩强度 | 119.08 | 114.23 | 109.9 | 105.93 | 102.34 | 0.837 |
| 嵌岩深度 | 109.07 | 109.44 | 109.9 | 110.27 | 110.69 | 0.081 |

由上述分析不难看出,在岩土条件一定情况下,为优化设计,不宜增加嵌岩深度,一般采用增加桩径来达到目的。

## 3.7 小 结

(1)本章简要介绍了 Rosenberg & Journeaux(1976)、Pells & Turner(1979)、Williams、Rowe & Armitage(1987)等人提出的嵌岩桩设计方法。对国内常用方法进行了归纳、对比,对其中所存在的问题进行了讨论、分析,给出了适合本地红层的、考虑嵌岩段嵌固力的设计公式。

(2)以荷载传递函数为基础,考虑桩—土—岩共同作用,建立了基于双曲线模型的嵌岩桩荷载—沉降关系,利用侧阻和端阻荷载传递函数对其进行检验,计算结果与实测结果吻合较好,为红层嵌岩桩的设计提供了理论依据。

(3)正交试验分析表明:对覆盖层较薄的红层嵌岩桩,桩端及桩身直径对嵌岩桩承载力影响显著,嵌岩深度对承载力影响不显著;桩径对经济指标影响极显著,嵌岩深度对经济指标影响显著,扩底直径对经济指标影响不显著。因此,可采用扩底来获得较高的承载力和较小的混凝土用量。

（4）桩长、桩径、嵌岩段岩石强度等因素对红层嵌岩桩承载力和基础成本的敏感性分析结果表明：岩土条件一定时，改变桩径对嵌岩桩承载力影响最大、岩石强度次之，增加嵌岩深度对承载力影响甚微，可通过适当增加桩径来获得满意的承载力。

（5）通过对嵌岩桩设计的主要影响因素分析，发现桩侧阻力和端阻力的发展存在异步性，设计时应优先考虑侧阻力的充分作用，在满足最小嵌岩深度条件下，根据承载力要求来确定桩端持力层及嵌入持力层深度；桩端扩大后，同一荷载作用下桩端的压缩沉降有所减小而不利于侧阻和端阻的发挥，即在允许的桩顶沉降前提下，桩侧阻和端阻力远没达到极限，而端阻力的充分发挥总滞后于侧阻力，通过扩大桩底面积来促进端阻力的发挥值得商榷。

# 4 硬土软岩考虑粗糙度影响的桩基计算方法

硬土软岩是一种特殊黏性岩土,它的强度研究更是一个复杂的重要课题,实践也证明硬土软岩的强度较之普通黏土要复杂得多。已有的研究表明,硬土软岩抗剪强度既具有一般黏土的共性,又有别于一般黏土的特殊性,而且表现出一种典型的"变动强度"的特性和规律。

在硬土软岩地质条件下的钻孔施工中,不能将硬土软岩作为一般的岩石看待,应充分认识到硬土软岩边坡的"变动强度"特征,加强对硬土软岩抗剪强度参数的研究,这对钻孔灌注桩侧摩阻力验算具有重要的意义。

## 4.1 硬土软岩的强度特征

对于硬土软岩来说,它是多裂隙结构的土体,而且在多数情况下,裂隙的分布具有随机性。同时富含亲水性黏土矿物,遇水软化,导致强度大幅度衰减。因此,它的强度具有峰值强度极高,残余强度极低的性质。硬土软岩地质条件下钻孔桩变形破坏的演化,实际上也是硬土软岩在自然因素和人为因素的综合作用下,其抗剪强度随时间降低的过程。不同地区硬土软岩的抗剪强度值变化很大,同一地区硬土软岩的抗剪强度值相差也很悬殊,这种现象一方面是因为组成各地硬土软岩的物质成分和结构不同;另一方面与硬土软岩的湿度状态、外部压力、环境条件等有密切关系。

### 4.1.1 土块强度、结构面强度与土体强度

由单一土层组成的硬土软岩地层或若干土层组成的硬土软岩地层,实际上是若干层面与裂隙面及其充填物所包含的土棱块单元体联结而形成。土棱块单元体之间的联结力视裂隙的闭和与张开状态,以及裂隙间充填物的性质与含水量等情况而定。显然,将硬土软岩体视为均质体的假设与实际是不相符的。

膨胀岩土中的裂隙除主要分布于与空气接触的岩土体表面外,也广泛分布于岩土体内部。表面裂隙是岩土体超固结应力释放和湿胀干缩的结果,岩土体内部裂隙是岩土体的应力集中区中,裂隙面的强度最低,因而在外力作用下首先出现破坏,随着裂隙扩大形成新的应力集中区,继续受力产生连续破坏,将裂隙连接贯通,直到土体产生完全破坏。因此对于裂隙发育的硬土软岩体,其抵抗破坏的能力,实际上是与阻止裂隙扩大的能力紧密相关的。

从这一观点出发,廖世文(1979)提出采用土棱块强度、结构面强度和土体强度的理想单元体,来描述具有孔隙裂隙介质不连续膨胀土体的抗剪强度特性。

土棱块强度，系指单元结构体的强度。在土体中属于裂隙结构面所控制的理想单元体，一般采用不含可见裂隙的天然原状土试样，以室内直剪快剪测试强度来表示，可以用来描述土体原始结构的高峰强度。

结构面强度，一般由裂隙面或层面的形状、坡度、光滑程度、充填物性质以及含水条件等决定，影响因素十分复杂。因此，结构面强度变化范围较大，具有十分典型的变动强度特点。由于结构面是地基土体中的主要应力集中区，在这里土的抗剪强度最低，如果一些短小裂隙发展形成长大的贯通裂隙，或者土层间夹有低强度的软弱夹层，或硬土软岩与其他土体相接触等等，所有这些结构面构成了硬土软岩边地层的多层结构体系。于是在复杂的界面效应下，导致结构面抗剪强度进一步降低，常常成为硬土软岩地层产生滑动破坏的重要原因之一。目前，对结构面强度的研究，大多数包括裂隙面强度、滑动面强度以及层间接触面强度等。

土体强度，是指包括土棱块强度与结构面强度在内的土体综合抗剪强度，但是土体强度并不是土棱块强度与结构面强度的简单叠加，而是土棱块与结构面内在联系的综合反映。显然，土体强度低于土棱块强度，高于结构面强度，介于两者之间。

根据对硬土软岩稳定性的理论研究和实验观测，土体强度主要受结构面的影响。由均一土层组成的地层，稳定性一般较好，包含有各种结构面的复合土体组成的地层，则容易产生变形破坏，这是土体不同强度的表现，因此，土体强度也是一种变动强度，它除了与土棱块和结构面组合有关外，还与地层的深度和钻孔直径以及环境条件有关。

目前，在实际生产中，一般采用现场原位大面积剪切试验，以求得土体强度，或采用实际发生的滑动面反算抗剪强度，以求得土体强度。

### 4.1.2　强度衰减

大直径钻孔灌注桩在钻进过程中，孔壁多少都会有变形，有时会在钻进后一段时间发生。膨胀岩土地层钻进后的初期变形十分普遍，而且从边钻边塌开始，频繁变形，不断推延，持续很长时间是边坡土体强度衰减的最明显表现。所以，长期以来，工程界存在着一种膨胀岩土体强度随时间而衰减的观点。

在工程中，新钻出的硬土软岩土体，在天然含水量时的原始状态，其抗剪强度是高的，可以看成是峰值强度。随时间的推移产生强度衰减的机理，实际上是岩土体被扰动后，由于原来的超固结特性使土体产生卸载膨胀，使原始结构遭受破坏，原有的微小裂隙张开扩大，新的胀缩裂隙与风化裂隙又不断产生，土中应力集中现象愈来愈发展，甚至形成局部破坏区，土体强度显著降低。此外，在土—水体系中，随着土中水分的增加，膨胀发生，固体颗粒被推开，土颗粒周围的结合水膜厚度增大，颗粒与颗粒之间由固体接触变为水膜接触，此时抗剪强度显著减少。

膨胀岩土在自然气候因素下，随着时间的推移，由于昼夜温差、季节温差与干湿循环、多年气候的变化等，岩土体长期产生往复胀缩变形，使强度降低。显然，这种强度衰减是相对于高峰强度的新钻进土体强度而言的。

膨胀岩土抗剪强度具有如下的衰减规律：

（1）膨胀岩土的抗剪强度均随含水量增加而降低，天然含水量状态（一般低于塑限）时峰值强度极高，干湿循环后土的结构破坏，含水量增加，抗剪强度随之衰减。即含水量增加，土体积膨胀，抗剪强度最后接近于一常数值——残余强度。

(2)由于物质组成、胀缩性等的不同,抗剪强度也表现出各自的敏感性差异。亲水性愈强,胀缩性愈大,抗剪强度衰减愈快;反之,则愈慢。

### 4.1.3 残余强度

残余强度的概念,是指试样在一定垂直有效应力作用下,进行排水剪切试验时,当抗剪强度超时峰值强度($\tau_f$)以后,抗剪强度将随剪切位移的增加而逐渐降低,最后达到某一稳定值,这一稳定强度即称残余抗剪强度($\tau_r$),或简称残余强度。

一般非膨胀性黏土的残余强度仅比峰值强度略小,而超固结膨胀性黏土的残余强度,则远远低于峰值强度,两者相差较大。这是由于超固结黏土在达到残余强度时,除了剪切面上颗粒的定向排列导致吸附电位的增加,引起水分的转移而使剪切面上的含水量增加外,剪胀现象导致颗粒间的距离增大,以及暂时出现的负孔隙水压力,使水分向剪切方向转移,也大大降低了抗剪强度。

已有的研究表明,残余强度与黏土原始强度无关,也与起始含水量和密度没有关系,而是只取决于黏土颗粒的形态、大小、含量和矿物成分等因素。由于硬土软岩常含有较多蒙脱石与伊利石等亲水性黏土矿物成分,黏土颗粒不仅含量高,且多为细小鳞片状、板状等扁平颗粒形态。在剪切过程中,一方面剪切面上扁平黏土颗粒(主要是聚集体)容易随剪切方向产生高度定向排列;另一方面剪切面上黏土产生膨胀,使颗粒之间距离增大,而且裂隙张开与吸附电位增加都将引起水分转移,使剪切面上的含水量增加,而导致强度降至充分软化程度。所以,一般非膨胀性黏土的残余强度仅比峰值强度略小,而超固结膨胀性黏土的残余强度,则远远低于峰值强度,两者相差较大。残余强度值虽然与含水量没有明显关系,但从峰值强度衰减到残余强度的速度与岩土体的含水量、密度有关。岩土体含水量增大后,使得剪切面上的含水量也增多,致使强度很快降低到残余强度,而密度减小时,岩土体的孔隙相对增大,吸水性增强,同样使得土体强度降低很快。所以含水量和密度影响着岩土体强度的衰减速度。

通过以上对膨胀岩土强度研究,归纳起来可以得到硬土软岩的强度特征:

(1)硬土软岩抗剪强度与一般黏土抗剪强度有显著区别,这是硬土软岩的土质和土体结构的综合表现。

(2)硬土软岩的抗剪强度是一种"变动效应",呈显著的衰减特征,其强度特性主要取决于它的土质特性、土体结构及其起始湿度和密度状态,以及环境条件。

(3)硬土软岩属于多裂隙土,抗剪强度可分为:土棱块强度、结构面强度和土体强度。土棱块强度一般以实验室测试强度近似表示,用作设计强度偏高;结构面强度以测试裂隙面、滑坡面和层面等强度表示,选作设计偏于安全;土体强度则是土棱块强度和结构面强度的综合反映,比较符合实际。

(4)硬土软岩的强度特性,普遍表现出峰值强度极高,残余强度极低的特点。

(5)裂隙和层间软弱土体是控制强度的主要因素。在一定条件下,对裂隙进行数理统计分析,得出裂隙产状变化规律、裂隙密度、充填物性质,判断可能的破坏面。

(6)地下水位变化幅值区和水位以下,由于干湿效应和经受浸水饱和作用,土体体积将产生很大变化,强度衰减快。因此,水位变幅段上、下必须分别采用不同的强度指标。

(7)地下水的作用,一方面使土体软化,另一方面是地下水的升降变化直接加速土体的湿胀、干缩循环,两者都会降低土体强度,特别是孔隙水压力的变化是一个非常重要的因素,应予重视。

(8) 具有显著流变特性的硬土软岩,土体强度随时间而逐渐衰减,并趋向于某一稳定值。因此,取值要考虑长期强度。

(9) 强度值的选取,是建立在具有代表地质条件的试验资料的基础上,在选择数据时,要符合客观地质的实际情况。

应该强调的是,采用残余强度等于给予硬土软岩或层间软弱面一定的强度储备,但并不意味着保守,而是工程实践和试验研究赋予人们对硬土软岩力学属性认识的深化。

在国内外,对于大直径桩的承载力研究比较多,但由于岩土体本身的性质千差万别,因而桩土界面本构关系的选取也不尽相同。本章结合硬土软岩区桩基自平衡试验的一些规律,提出了超长大直径桩竖向承载力的理论计算公式,并给出了比较实用的计算方法。特别是本章结合硬土软岩的特性,提出在计算硬土软岩区桩基竖向承载力时采用桩土接触界面的摩擦强度衰减模型。

## 4.2　桩端阻力传递规律

桩的承载力主要由两部分组成:一是桩侧摩阻力,二是桩端阻力。对于这两方面的研究,第二章已有详细介绍,故此处就不再一一赘述。

1. 桩端土体的发挥形状

实测资料表明:桩侧阻力一般先于桩端阻力发挥,当桩侧阻力充分发挥时,桩端阻力尚远未发挥。要使桩端阻力能充分发挥,则需要更多的桩顶沉降量。实际上,由于桩端土除受桩尖荷载作用外,还受到桩侧阻力及桩端平面以上土体自重的作用,其分析相当复杂。桩端阻力的破坏机理与扩展式基础的破坏机理相似,有整体剪切破坏、局部剪切破坏和冲剪破坏三种形式。桩端土的破坏模式取决于桩端土层性质、桩埋深、成桩效应及加荷速率等因素。

2. 桩端阻力—桩端位移关系

要获得较大的桩端阻力,桩端位移量必须较大。Bowles(1987)指出,充分发挥桩底极限强度需要的桩端位移,对打入桩约为桩底直径的10%,钻孔桩约为底部直径的30%。对桩端为土的桩,发挥桩端阻力极限值所需的桩端位移为:一般黏性土约为$0.25d$($d$为桩端直径),硬黏性土约为$0.1d$,砂类土约为$0.08d\sim0.1d$;对嵌岩桩,当清底干净时,二者几乎呈直线关系。Randolph(1978)根据弹性力学方法推导出桩端阻力与桩端位移呈线性关系。曹汉志(1986)和陈龙珠等(1994)根据实测资料将桩端阻力—桩端位移简化为双折线模型。

3. 桩端阻力的深度效应

当桩端进入均匀土层的深度$h$小于某一深度时,其极限端阻力随深度呈线性增加;当$h$大于该深度时,极限端阻力将保持不变,该深度称为端阻力的临界深度,该现象称桩端阻力的深度效应。

试验结果表明,桩端持力层承载力越低,则端阻临界深度越小。端阻临界深度受上覆压力影响较大,且随桩径的增大而增大。此外,桩端土层的软弱下卧层对端阻将产生影响。当桩端和软弱下卧层的距离小于某一厚度时,端阻力将降低。

4. 桩端阻力的成桩效应

成桩工艺也是影响桩端阻力的因素。对非挤土桩,因桩端土体出现扰动、虚土或沉渣,使桩端土体应力松弛,从而使桩端阻力降低。对挤土桩,由于成桩过程中桩端附近土体被挤密,使桩端阻力降低。对于松散状态的土体,挤密效果较佳;反之,对较密实的土体,其挤密效果较差。

## 4.3 桩土界面研究

由上面分析可知,为求得比较准确的桩竖向承载力,必须要对桩土所组成的共同体系进行考虑。对于超长大直径钻孔灌注桩,摩阻力起主要作用。桩侧摩阻力是桩土之间相互作用而产生的结果,只有当桩土之间产生相对位移或有相对位移趋势时,摩阻力才能得到发挥。在进行荷载传递机理研究时,必须要了解桩土接触面的力学性状,建立合理的力学模型以及选择合理的力学参数。

在接触问题中,结构的材料性能与周围土层性质相差较大,在一定的受力条件下在其接触面上产生错动滑移或开裂,接触面的变形和受力比较复杂。对于这种情况,正确的分析接触面受力变形机理、剪切破坏发生的位置、接触面的应力—应变关系等,并能在计算中正确的模拟,对于数值分析是至关重要的。以本文关注的混凝土桩与土的接触为例,桩的变形很小,而土在荷载作用下有较大的压缩,受到桩的摩阻力后,便将荷载通过剪应力传递给桩。因此必须采用适当的接触面来模拟桩—土间的相对滑动。

接触面的研究主要包括两个方面:一是接触面上的本构关系,即接触面的应力—应变关系;二是接触面单元,为充分反映接触面的受力及变形特性,应采用能模拟接触面变形的特殊单元。以下就从这两个方面分别进行阐述。

### 4.3.1 接触面单元

1. 两节点单元

Ngo 和 Scordelis(1967)提出了两节点链接单元来模拟接触面问题,即在接触面的同一位置的两侧,土体和结构材料(如混凝土)之中,各设置一结点,这两个结点组成一个单元,该单元由两片沿法向和切向的弹簧组成,其劲度系数分别为 $k_n$、$k_s$。当接触面拉开时,对 $k_n$、$k_s$ 取很小的值,以反映接触面两侧的结点力很小或无力的联系;若接触面没有开裂,$k_n$ 取很大的值,以反映法向相对位移很小。若剪应力达到抗剪强度,取 $k_s$ 很小,否则取很大的值。

这种单元力学模型简单,极易于有限元的实施,能粗略反映接触面上错动变形的产生,但该单元的劲度系数 $k_n$、$k_s$ 均是任意取值,没有什么理论或试验的依据,因此,它所得到的应力和位移也非常粗糙,只能表示接触面上应力和位移的发展趋势。目前两节点单元很少有人使用。

2. Goodman 单元

Goodman(1986)对岩石节理裂隙的特性进行研究的过程当中提出了四节点无厚度接触面单元,目前被广泛使用。它假定接触面上的法向应力、剪应力与法向相对位移、切向相对位移之间无交叉影响,则应力与相对位移的关系式为:

$$\begin{Bmatrix} \tau \\ \sigma_n \end{Bmatrix} = \begin{bmatrix} k_s & 0 \\ 0 & k_n \end{bmatrix} \begin{Bmatrix} w_s \\ w_n \end{Bmatrix} \tag{4-1}$$

式中　$w_s$、$w_n$——接触面切向和法向相对位移;

$k_n$、$k_s$——劲度系数,其中切向劲度系数 $k_s$ 可由直剪试验确定(按双曲线模型拟合),法向劲度系数 $k_n$ 在接触面拉开时,取很小的值,否则取很大的值。

Goodman 单元能较好地反映接触面切向应力和变形的发展,能考虑接触面变形的非线性特性。其切向劲度系数 $k_s$ 可以通过常规直剪试验简便地得到,参数易于确定,并在一定的程度上能反映接触面的剪切特性。因此长期以来,一直得到广泛的应用。但是 Goodman 单元也具有较大的缺点:由于单元无厚度,在受压时会使两侧的普通单元相互嵌入。为了避免这种情况发生,法向劲度系数需要取得很大,受拉时,法向劲度系数又要取很小的值,因此法向应力和位移的计算不准确。

3. 薄层单元(Desai 单元)

Desai(1984)认为两种材料接触面存在一个涂抹区,其力学性质与周围实体单元不同,而剪应力传递和剪切带的形成均发生在接触面附近这一薄层土体中,因而提出了薄层单元的概念,用于土与结构物接触面及岩石节理的分析计算,可以模拟黏结、滑动、张开和闭合等各种接触状态。假设接触单元厚度为 $t$,长度为 $B$,应力—应变关系可表示为:

$$\begin{Bmatrix} \sigma_n \\ \tau \end{Bmatrix} = \begin{bmatrix} tk_{nn} & tk_{ns} \\ tk_{sn} & tk_{ss} \end{bmatrix} \begin{Bmatrix} \varepsilon_s \\ \gamma \end{Bmatrix} \tag{4-2}$$

式中 $k_{nn}$——法向劲度系数;

$k_{ss}$——切向劲度系数;

$k_{ns}$、$k_{sn}$——切向和法向之间的耦合劲度系数。

Desai 还认为单元厚度与有限元网格尺寸有关,并提出了材料相互嵌入的判断准则和调整方法。薄层单元能较好地模拟接触面剪切带的性质,避免了两侧单元的相互嵌入,法向劲度系数可通过试验确定,因而也避免了任意取值带来的误差,但如何正确选用单元厚度还需要进一步研究。

4. 殷宗泽等改进的薄层单元

土与结构接触面上的剪切错动未必恰恰沿着两种材料的界面,也可能发生在土内。这时,把与结构接触和附近一定范围内的土体联系在一起,用一种有厚度的单元来模拟,使得界面的假设更合理。殷宗泽等通过试验研究否定了接触面上剪应力与相对错动位移间的双曲线渐变关系,提出了界面的刚—塑性本构模型。

殷宗泽(1994)等认为,对薄层接触面单元来说,变形可以分为两部分:一是土体的基本变形,用 $\{\varepsilon\}^r$ 表示,不管接触面处是否发生滑动都是存在的,它与其他土体单元的变形一样;另一部分是破坏变形,包括滑动破坏和拉裂破坏,以 $\{\varepsilon^f\}$ 表示。只有当剪应力达到抗剪强度,产生了顺接触面的滑动破坏,或接触面上法向应力为拉应力,发生拉裂破坏时,才产生破坏变形。总变形为两者的叠加。

5. 接触摩擦单元

Katona 在 1983 年提出一种不用刚度系数的简单摩擦两节点单元,该单元能模拟两物体间的滑动摩擦、张开或闭合过程,避免了对刚度系数测试的困难和不准确性。

但 Katona 单元采用的是常接触能力的二节点单元,因而很难适应接触面复杂的情况。同时,由于选取节点接触力作为基本未知量,接触应力是由接触平均得到的,这不仅降低了计算接触应力的精度,而且这种简单的求应力的方法很难推广到三维问题。

接触问题是一种高度非线性行为,在利用有限元软件进行计算分析时,需要较大的计算资源,为了进行实用有效的计算,理解问题的特性和建立合理的模型是很重要的。

接触问题存在两个较大的难点:其一,在求解问题之前,接触区域是不知道的,表面之间是接触或分开是未知的,突然变化的,这些都随载荷、材料、边界条件和其他因素而定;其二,大多的接触问题需要计算摩擦,有几种摩擦模型可供挑选,它们都是非线性的,摩擦使问题的收敛性变得困难。

### 4.3.2 接触面本构关系

1. 双曲线模型

Clough(1971)根据直剪试验结果,认为 $\tau$-$\omega_s$ 关系呈双曲线,初始剪切劲度与正应力大小有关,即:

$$\tau = \frac{\omega_s}{a+b\omega_s} \tag{4-3}$$

式中 $\tau$——接触面上的剪应力;

$\omega_s$——相对位移;

$a$——参数,剪切劲度的倒数,$a=\frac{1}{k_{st}}$;

$b$——参数,$b=\frac{1}{\tau_u}$,$\tau_u$ 为 $\omega_s \to \infty$ 时的剪应力。

2. 陈慧远弹塑性模型

陈慧远 1985 年提出接触面上剪应力与剪切位移可简化成如下的弹塑性曲线关系:

$$\begin{cases} \tau = K_s \omega_s & \tau < f\delta_n \\ \omega_s \geq \tau/K_s & \tau \geq f\delta_n \end{cases} \tag{4-4}$$

3. 钱家欢接触面黏弹塑性模型

钱家欢(1990)认为接触面相对位移与应力间的关系既非弹性,亦非塑性,而是黏弹塑性。他认为接触面单位长度上的相对位移为:

$$S = S_e + S_{up} \tag{4-5}$$

式中 $S_e$——弹性分量;

$S_{up}$——黏塑性部分单位长度相对位移。

接触面单位长度相对位移与应力、时间的关系式为:

$$S = \frac{\tau}{D} + \frac{(\tau-\tau_y)}{H'}(1-e^{-\eta t}) \tag{4-6}$$

式中 $H'$——变形硬化参数;

$\tau_y$——初始屈服应力;

$\eta$——黏滞系数。

式中所有参数都可通过接触面剪切流变试验得到。

4. 殷宗泽刚塑性模型

殷宗泽(1994)根据土与混凝土接触面直剪试验结果,认为接触面的破坏是一个由边缘向内部逐渐发展的过程,试验测得的 $\tau$-$\omega$ 关系只反映接触面的平均力学特性。他提出了接触面错动变形的刚塑性模型,当 $\tau < \tau_f$ 时,无相对位移;$\tau = \tau_f$ 时,位移无限发展。他认为接触面附

近的土体变形可以分为两部分：一是与滑动破坏不相关联的土体基本变形$\{\varepsilon'\}$，不管滑动发生与否都是存在的，它与其他土体变形的单元一样；二是破坏变形$\{\varepsilon''\}$，包括滑动破坏和拉裂破坏。因此，接触面上的总变形为：

$$\{\Delta\varepsilon\} = \{\Delta\varepsilon'\} + \{\Delta\varepsilon''\} = \begin{bmatrix} \dfrac{(1-\mu_s)(1+\mu_s)}{E_s} & & \text{对称} \\ -\dfrac{\mu_s(1+\mu_s)}{E_s} & \dfrac{(1-\mu_s)(1+\mu_s)}{E_s} + \dfrac{1}{E'} & \\ 0 & 0 & \dfrac{1}{G_s} + \dfrac{1}{G'} \end{bmatrix} \quad (4-7)$$

式中 $E_s$、$\mu_s$、$G_s$——分别为土体的弹性模量、泊松比和剪切模量。

对于接触面受压情况，$E'$可取一个很大的值，或直接令$\dfrac{1}{E'}=0$；若接触面受拉，被拉裂，可令$E'$为一很小的数值，如5 kPa。$G'$的取值也相似，当应力水平$S<0.99$时，令$\dfrac{1}{G'}=0$，当应力水平$S\geqslant 0.99$（即$\tau\geqslant 0.99\tau_f$）时，可令$G'=5.0$ kPa。

殷宗泽所提出的刚塑性模型较好地反映了接触面的变形机理，更为突出的是没有额外引入任何参数，因而简单实用，具有一定的推广价值。

5. 鲍伏波模型

鲍伏波（1999）在一系列接触面单剪试验的基础上，提出了一种接触面模型，该模型能考虑接触面切向和法向的耦合作用。对于平面问题，接触面上的应力—应变关系为：

$$\{d\varepsilon\} = \begin{Bmatrix} d\gamma \\ d\varepsilon_n \end{Bmatrix} = \begin{bmatrix} \dfrac{1}{G_t} & 0 \\ \dfrac{s}{G_t} & \dfrac{1}{E_{nt}} \end{bmatrix} \begin{Bmatrix} d\tau \\ d\sigma_n \end{Bmatrix} \quad (4-8)$$

式中 $G_t$——接触面切向剪切模量；

$E_{nt}$——接触面法向压缩模量；

$s$——参数，体现接触面切向对法向的耦合影响，表达式为：

$$s = [\gamma_0\alpha - \gamma(1+\alpha)]\gamma^{\alpha-1} \quad (4-9)$$

其中 $\gamma$——剪切应变，

$\gamma_0$、$\alpha$——参数。

### 4.3.3 摩擦衰减模型

从硬土软岩的工程地质情况来看，印尼苏拉马都大桥（SURAMADU）所处桥位地质岩土体具有典型的硬土软岩性质，而硬土软岩最基本的特性就是强度衰减性能。由以往的室内试验可以看出，对于该工程岩土体来说，在施工过程进行钻孔会导致多次对桩周土体剪切而强度衰减，可以得出，桩土侧摩阻力与桩侧位移之间的关系可以分为三种类型：1）后期软化型，此由该工程中特殊的地质条件引起，是该工程考虑的重点，考虑到最终的破坏情况，衰减终值作为侧摩阻力的极限值；2）非软化非硬化型，前期为一斜线段，后期为一常数，在印尼泗水—马度拉地区多数土层为此类型；3）后期硬化型（双折线型），即前期与后期斜率不一样，后期出现斜率非常小的情况。

在第十章的仿真计算中，笔者考虑到该工程中的实际情况，将这三种类型简化为以下两种方式,即非软化非硬化型和后期软化型。对后期软化型采用衰减终值作为侧摩阻力极限值,后期硬化型采用拐点值作为侧摩阻力极限值。

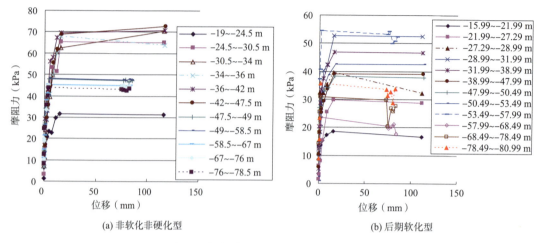

(a) 非软化非硬化型　　(b) 后期软化型

图 4-1　桩侧摩阻力与桩侧位移关系曲线

考虑到,在实际工程中多次钻孔下出现的软化现象,在计算模型中,提出摩擦系数衰减概念,即考虑在滑动情况下其摩擦系数小于静止状态下摩擦系数以解决工程中出现的硬土软岩的强度衰减,利用衰减后终值作为计算时侧摩阻力的限值,在本书第十章的仿真计算中采用如下模型考虑动静摩擦系数的变化:

$$\mu = MU \times [1 + (FACT - 1)\exp(-DC \times V_{\text{ref}})] \tag{4-10}$$

式中　$\mu$——摩擦系数;

$MU$——动摩擦系数;

$FACT$——静动摩擦系数比;

$DC$——衰减系数,为时间或长度的函数,而且,时间是某一静态均值,当 $DC$ 为零时,在滑动时 $\mu = MU$,在黏合时 $\mu = FACT \times MU$,由程序计算的滑动率(slip rate)。

根据已有的研究成果及现场试验结果可知,摩擦系数依赖于接触面的相对位移,一般来说,静摩擦高于动摩擦系数。

图 4-2 曲线为摩擦系数衰减曲线,当定义的 $FACT$ 大于 1 时,而不定义衰减系数摩擦系数在接触达到滑动由静态变为动态时将产生突变,这将引起不收敛。因此,应在定义 $FACT$ 时同时定义 $DC$。

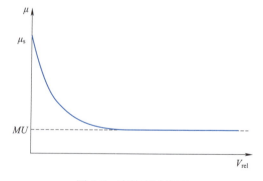

图 4-2　摩擦衰减模型

## 4.4　桩的理论计算

### 4.4.1　根据桩土位移协调关系确定桩侧阻摩力与桩承载力

许多室内试验以及现场观测资料表明,在轴向荷载作用下,桩体周围土体的竖向位移 $w_s$

$(z,r)$ 是距离地面的深度 $z$ 和到桩轴线的径向距离 $r$ 的函数,并且随着 $r$ 的增大呈对数规律递减(Cooke,1974;Cooke et al,1979;Frank,1975)。因而可设:

$$w_s(z,r)=f(z)\ln(r_m/r) \tag{4-11}$$

式中　$f(z)$——深度 $z$ 的函数;

$r_m$——桩对周围土体的最大影响半径,当 $r \geqslant r_m$ 时,$w_s(z,r)=0$。

Cooke 通过试验认为 $r_m > 20r_0$ 后,土的剪切变形已很小可以略去不计,可将桩的影响半径定为 $20r_0$,此处 $r_0$ 为桩的半径。计算机仿真分析结果及理论分析结果表明:在离桩轴 $nr_0$($r_0$ 为桩的直径,$n=16\sim30$,$n$ 随桩顶竖向荷载水平及桩周土性而变)处剪应变减小到零,也即 $r_m$ 取值区间在 $16\sim30$ 倍 $r_0$。

考虑桩周表面($r=r_0$)处土体位移与桩的位移协调,$s(z)$ 为桩的轴向位移函数。得到:

$$w_s(z,r_0)=s(z) \tag{4-12}$$

由式(4-11)和式(4-12)可以得到:

$$f(z)=\frac{s(z)}{\ln(r_m/r_0)} \tag{4-13}$$

将式(4-13)代入式(4-12)得到:

$$w_s(z,r)=s(z)\frac{\ln(r_m/r)}{\ln(r_m/r_0)} \tag{4-14}$$

对于埋置于土中的钢筋混凝土桩体,在轴向荷载作用下,会产生轴向压缩变形和径向的膨胀变形。与轴向压缩变形相比,径向膨胀变形非常小。为了简化分析,在计算中略去径向位移地影响,根据弹性理论,则土体中任意一点的剪应力可以表达为:

$$\frac{\tau_s(z,r)}{G_s}=-\left(\frac{\partial w_s(z,r)}{\partial r}+\frac{\partial u_s(z,r)}{\partial z}\right)=-\frac{\partial w_s(z,r)}{\partial r} \tag{4-15}$$

将式(4-14)代入式(4-15)得到:

$$\tau_s(z,r)=\frac{G_s}{\ln(r_m/r_0)}\frac{s(z)}{r} \tag{4-16}$$

上式中令 $r=r_0$,此时 $\tau_s(z,r_0)=q(z)$[$q(z)$ 为桩侧摩阻力],由此可得桩侧摩阻力 $q(z)$ 与桩体轴向位移 $s(z)$ 的关系:

$$q(z)=\frac{G_s}{\xi r_0}s(z) \tag{4-17}$$

式中　$\xi=\ln(r_m/r_0)$。

此公式的推导在侧摩阻力没有达到极限的情况下适用,当侧摩阻力达到极限值时,此关系式就不再适用。

根据桩体单元的受力分析(图 4-3),轴向力 $P(z)$ 和桩侧摩阻力 $q(z)$ 之间的关系为:

$$\frac{\partial P(z)}{\partial z}=-2\pi r_0 q(z) \tag{4-18}$$

而桩的轴向力 $P(z)$ 与轴向位移 $s(z)$ 之间有下列关系:

$$\frac{\partial s(z)}{\partial z}=-\frac{P(z)}{E_p A_p} \tag{4-19}$$

式中　$A_p=\pi r_0^2$,为桩的截面面积。

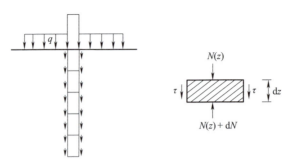

图 4-3  土体沉降与桩顶荷载作用下桩—土分析模型

联立式(4-18)和式(4-19),并将式(4-17)代入可以得到:

$$\frac{\partial^2 s(z)}{\partial z^2} = \mu^2 s(z) \quad (4-20)$$

式中  $\mu^2 = \dfrac{2}{\xi \lambda_p r_0^2}$;

$\lambda_p = E_p / G_s$;

$G_s = \dfrac{E_s}{2(1+\nu)}\left(1 - \dfrac{2\nu^2}{1-\nu}\right)$。

式(4-20)的解为:

$$s(z) = C_1 e^{\mu z} + C_2 e^{-\mu z} \quad (4-21)$$

(1) 桩的竖向承载力的理论解

这是微分方程的基本解。在式(4-17)中,$C_1$ 和 $C_2$ 为积分常数,可以根据下述边界条件确定:

$$\begin{cases} \dfrac{\partial s(z)}{\partial z}\bigg|_{z=0} = -\dfrac{P}{E_p A_p} \\ s(L) = s_{pb} \end{cases} \quad (4-22)$$

式中  $s_{pb}$——桩端竖向位移。

对于该工程的大直径钻孔灌注桩而言,从自平衡试验中可以得出,其桩端承载力占总的竖向承载力的 20%～30% 左右,因此不可忽略其桩端的影响。设桩端阻力为 $P_b$,根据 Boussinesq 理论可以求出桩端土体的竖向位移:

$$s_{pb} = \frac{P_b(1-\nu)}{4 r_0 G_s} \eta = n_b P_b \quad (4-23)$$

式中  $n_b = \dfrac{\eta(1-\nu)}{4 r_0 G_s}$;

$\eta$——考虑上覆土层对于桩端位移影响的桩端位移影响系数。一般取 $\eta = 0.85 - 1.0$;

$\nu$——土的泊松比。

据此可以解出此微分方程:

$$s(z) = n_b P_b \frac{\operatorname{ch}(\alpha\theta) + n^{-1}\operatorname{sh}(\alpha\theta)}{\operatorname{ch}\alpha + n\operatorname{sh}\alpha} \quad (4-24)$$

$$P(z) = P_b \frac{\operatorname{ch}(\alpha\theta) + n^{-1}\operatorname{sh}(\alpha\theta)}{\operatorname{ch}\alpha + n\operatorname{sh}\alpha} \quad (4-25)$$

式中　$\lambda_p = E_p/G_s$；

$\mu^2 = \dfrac{2}{\xi \lambda_p r_0^2}$；

$\alpha = \mu L$；

$n_b = \dfrac{\eta(1-\nu)}{4 r_0 G_s}$；

$\theta = 1 - z/L$。

根据式(4-21)则可得下式：

$$q_s(z) = \sqrt{\dfrac{2 G_s E_p}{\xi}} P_b \dfrac{\mathrm{ch}(\alpha\theta) + n^{-1}\mathrm{sh}(\alpha\theta)}{\mathrm{ch}\alpha + \mathrm{sh}\alpha} \tag{4-26}$$

(2) 桩的竖向承载力的数值解

假定将桩土分为 $n$ 段，第 $i$ 段顶部位移为 $S_{ei}$，端部位移为 $S_{bi}$，$P_{ei}$ 为顶部荷载，而 $P_{bi}$ 则为其端部荷载；则根据公式(4-19)、公式(4-20)可以得出如下式：

$$\begin{Bmatrix} S_{ei} \\ P_{ei} \end{Bmatrix} = [T(z_{i0})] \begin{Bmatrix} C_{1i} \\ C_{2i} \end{Bmatrix} \tag{4-27}$$

$$\begin{Bmatrix} S_{bi} \\ P_{bi} \end{Bmatrix} = [T(z_{ib})] \begin{Bmatrix} C_{1i} \\ C_{2i} \end{Bmatrix} \tag{4-28}$$

联合以上二式，得出：

$$\begin{Bmatrix} S_{ei} \\ P_{ei} \end{Bmatrix} = [T_i] \begin{Bmatrix} S_{bi} \\ P_{bi} \end{Bmatrix} \tag{4-29}$$

式中　$[T_i]$——传递矩阵，$[T_i] = [T_{ei}][T_{bi}]^{-1}$，$[T_i] = \begin{Bmatrix} \mathrm{e}^{\mu z} & \mathrm{e}^{-\mu z} \\ -AE_p\mu\mathrm{e}^{\mu z} & AE_p\mu\mathrm{e}^{-\mu z} \end{Bmatrix}$。

如果为单一土层，利用这一结论，则可以试取不同的桩端沉降值 $S_b$，根据式(4-27)算出 $P_b$，进而利用式(4-29)算出桩顶沉降与桩顶荷载值 $S_e$、$P_e$，从而得出桩顶荷载与位移的曲线图以确定桩的竖向承载力。

当桩穿越不同的土层时，根据桩侧土的位移协调条件，并利用桩轴力的连续性，可以得出：

$$\begin{cases} S_{bi-1} = S_{ei} \\ P_{bi-1} = P_{ei} \end{cases} \tag{4-30}$$

将此公式代入到式(4-30)，则得到如下公式：

$$\begin{Bmatrix} S_{e1} \\ P_{e1} \end{Bmatrix} = [T] \begin{Bmatrix} S_{bn} \\ P_{bn} \end{Bmatrix} \tag{4-31}$$

式中　$[T] = \sum\limits_{i=1}^{n} T_i$。

给定桩端位移 $S_b$，根据桩侧摩阻力和桩端阻力与桩身沉降基本呈双曲线关系，假定其关系如下：

$$\tau = \dfrac{S}{a + bS} \tag{4-32}$$

则可求出 $P_b$：

$$P_b = A\sigma = \dfrac{AS_b}{a + bS_b} \tag{4-33}$$

则可利用所得的式(4-31)求出桩顶荷载与桩顶位移,取不同的 $S_b$,则可得出不同的桩顶荷载与桩顶位移的 $P$-$S$ 图,从而可以利用其求出桩的竖向承载力。

(3)桩侧摩阻力充分发挥条件

而桩身受竖向荷载向下位移时由于桩土间的摩阻力带动桩周土位移,相应地,在桩周环形土体中产生剪应变和剪应力。计算机仿真分析结果及理论分析结果表明:在离桩轴 $nr_0$($r_0$ 为桩的直径,$n=16\sim30$,$n$ 随桩顶竖向荷载水平及桩周土性而变)处剪应变减小到零。离桩中心任一点 $r$ 处的剪应变(图 4-4)为:

$$\gamma = \frac{\mathrm{d}Wr}{\mathrm{d}r} = \frac{\Delta Wr}{\delta r} = \frac{\tau_r}{G} \tag{4-34}$$

式中　$G$——土的剪切模量,$G = E_0/2(1+\mu_s)$;

$E_0$——土的变形模量;

$\mu_s$——土的泊松比。

相应的剪应力,可根据半径为 $r$ 的单位高度圆环上的剪应力总和与相应的桩侧阻力 $q_s$ 总和相等的条件求得:

剪应力为:

$$\tau_r = \frac{d}{2r}q_s \tag{4-35}$$

根据变形协调关系,将桩侧剪切变形区($r=nd$)内各圆环的竖向剪切变形加起来就等于该截面桩的沉降 $W$,如图 4-5 所示。将式(4-35)$\tau_r$ 代入式(4-34)并积分,

$$\int_{\frac{d}{2}}^{nd} \mathrm{d}Wr = \int_{\frac{d}{2}}^{nd} \frac{\tau_r}{G}\mathrm{d}r$$

得:

$$W = \frac{1+\mu_s}{E_0} q_s d \ln(2n) \tag{4-36}$$

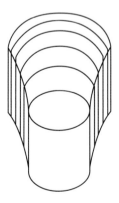

图 4-4　桩侧土变形示意

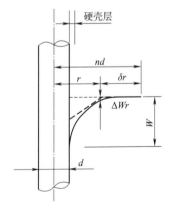

图 4-5　桩侧土的剪应变、剪应力

设达到桩极限侧阻力 $q_{su}$ 所对应的沉降为 $W_u$,则

$$W_u = \frac{1+\mu_s}{E_0} q_{su} d \ln(2n) \tag{4-37}$$

由式(4-37)可见,发挥桩的极限侧阻所需位移 $W_u$ 与桩径成正比增大。

### 4.4.2 利用试验所得参数确定竖向承载力

由现场试验结果可以看出,桩端阻力和桩侧摩阻力与桩身沉降基本呈双曲线关系,假定其关系如下:

$$\tau = \frac{S}{a+bS} \tag{4-38}$$

式中　$S$——桩身沉降;

$a$、$b$——桩荷载函数传递参数,可由现场试验确定。

根据桩—土相互作用模型,将式(4-38)带入式(4-18),令 $u=2\pi r$ 为周长,则得:

$$PdP = uEA\frac{S}{a+bS}dz \tag{4-39}$$

对上式进行积分,则得到:

$$P = \sqrt{2uEA\left[\frac{S}{b} - \frac{a}{b^2}\ln\left(1+\frac{b}{a}S\right)\right]} \tag{4-40}$$

令 $\beta = \sqrt{2uEA}$,则有:

$$P = \frac{\beta}{b}\sqrt{bS - a\ln\left(1+\frac{b}{a}S\right)} \tag{4-41}$$

设桩任意截面处的荷载为 $P(z)$,由桩的静力平衡条件分析可知,它由桩侧摩阻力与桩端阻力 $P_b$ 组成,桩端阻力 $P_b$ 由下式确定:

$$P_b = A\sigma_b = \frac{AS_b}{a_b + b_b S_b} \tag{4-42}$$

则可得出 $P(z)$ 计算式:

$$P(z) = \frac{AS_b}{a_b + b_b S_b} + \frac{\beta}{b}\sqrt{bS(z) - a\ln\left(1+\frac{b}{a}S(z)\right)} \tag{4-43}$$

对于上式,当 $z=0$ 时,$S(0)=S_{e0}$,$S_{e0}$ 为整个桩身所产生的总弹性压缩量,而此时的 $P(0)=P_0$ 即为桩顶所加荷载。因此有下式:

$$P_0 = \frac{AS_b}{a_b + b_b S_b} + \frac{\beta}{b}\sqrt{bS_{e0} - a\ln\left(1+\frac{b}{a}S_{e0}\right)} \tag{4-44}$$

上式即为桩的 $P$-$S$ 关系式。

对于桩而言,桩顶的总沉降变形量为桩身弹性压缩变形量 $S_{e0}$ 和桩端地基土的沉降变形量 $S_b$ 之和。

$$S_0 = S_{e0} + S_b \tag{4-45}$$

对于给定不同的 $S_b$、$S_{e0}$,便可求得不同的 $S_0$ 和 $P_0$,从而求得桩的 $P$-$S$ 曲线,进一步可求得桩的极限荷载。

当桩穿越不同的土层时,则可得到其荷载与沉降关系的表达式为:

$$P_0 = \frac{AS_b}{a_b + b_b S_b} + \beta\sum_{i=1}^{n}\frac{1}{b_{si}}\sqrt{b_{si}S_{ei} - a_{si}\ln\left(1+\frac{b_{si}}{a_{si}}S_{ei}\right)} \tag{4-46}$$

式中　$a_{si}$、$b_{si}$——桩侧第 $i$ 层土性质有关的荷载传递函数参数。

## 4.5 小　　结

本章对单桩竖向承载力的一些理论及计算进行总结与分析,得出以下结论:

(1)对基桩荷载传递机理进行总结分析,总结桩荷载传递分析方法其优劣,得出分析桩承载力分析必须对桩土相互作用进行分析。

(2)对桩侧摩阻力与桩端阻力的一些规律进行分析总结,得出其发挥作用的一般规律。

(3)对已有的桩基承载力计算规范进行分析总结,得出现有规范之不足,现有桩基计算没有考虑桩土之间的相互作用,以承载力为标准计算;考虑国内外多个研究成果,应以沉降控制桩基承载力。

(4)对桩土界面进行详细总结研究,从试验中提出桩土界面计算模型可简化为非软化非硬化模型与后期软化型(硬土软岩强度衰减情况)。

(5)根据工程实际情况,提出解决硬土软岩强度衰减利用动静摩擦系数衰减模型进行模拟,并根据工程实际提出侧摩阻力限值解决方案。

(6)根据桩土位移协调关系,推导出桩土荷载传递机理微分方程的理论解;另外从现场试验结论出发,推导出依据现场试验确定参数的桩极限承载力。

# 5 软岩长大直径桥梁嵌岩桩残余应变计算方法

## 5.1 软岩概述

从 20 世纪 60 年代到 90 年代,关于软岩还没有一个统一的概念。何满潮等在充分研究前人关于软岩概念的基础上,提出了地质软岩和工程软岩的概念。

地质软岩是指强度低、孔隙度大、胶结程度差、受构造面切割及风化影响显著或含有大量膨胀性黏土矿物的松、散、软、弱岩层,该类岩石多为泥岩、页岩、粉砂岩和泥质矿岩,是天然形成的复杂的地质介质。国际岩石力学学会将软岩定义为单轴抗压强度($\sigma_c$)在 0.5~25 MPa 之间的一类岩石,其分类依据是岩石的强度指标。在国内,《岩土工程勘察规范》(GB 50021—2001)将 $\sigma_c$ 在 30~15 MPa 的岩石称为较软岩,15~5 MPa 为软岩,小于 5 MPa 为极软岩。这类定义用于工程实践会产生矛盾,因为当地应力水平足够低时,$\sigma_c$ 小于 25 MPa 的岩石也不会产生软岩的特征;反之,当地应力水平足够高时,$\sigma_c$ 小于 25 MPa 的岩石也可以产生软岩的大变形。地质软岩的定义不能用于工程实践,故提出工程软岩的概念。

工程软岩是指在工程力作用下能产生显著塑性变形的工程岩体。其中工程岩体是软岩工程研究的主要对象,包含岩块结构面及其空间组合特征。工程力是指作用在工程岩体上力的总和,它可以是重力、构造残余应力、水的作用力和工程扰动力以及膨胀应力等。显著的塑性变形是指以塑性变形为主体的变形量超过工程设计允许的变形,并影响了工程的正常使用,它包含显著的弹塑性变形、黏弹塑性变形、连续性变形和非连续性变形等。

工程软岩和地质软岩的关系是,当工程荷载相对于地质软岩的强度足够小时,地质软岩不产生软岩显著塑性变形力学特征,即不作为工程软岩,只有在工程力作用下发生了显著变形的地质软岩,才作为工程软岩;在大深度,高应力作用下,部分地质硬岩也呈现出显著的变形特征,也应视其为工程软岩。

软岩之所以能够产生显著塑性变形的原因,是因为软岩中的泥质成分和结构面控制了软岩的工程力学特性。一般来说,软岩具有可塑性、膨胀性、崩解性、分散性、流变性、触变性和离子交换性。

人们通常认为桩的静载荷试验前桩身是没有应力的,实际上桩由于桩周土受施工扰动后重固结和其他与时间有关的环境因素(如灌注桩的养护)的影响,使桩身储备了一定的残余应力。既然桩身存在残余应力,那么桩身的轴力和侧阻力分布曲线要被修正,也就是说我们通常处理桩的静载荷试验结果的方式面临着改变。

## 5.2 残余应变的概念

桩的残余应力是指桩顶加载前桩身就已经存在的应力。残余应力对于打入桩和钻孔桩不是一个新概念,早期有 Nordlund(1963)、Hunter 和 Davisson(1969)、Hanna 和 Tan(1973)、Holloway et al.(1978)、Briaud(1984)等学者对残余荷载进行过讨论,桩身残余荷载的客观存在也已被试验证实。残余应力可以通过在桩身埋设传感器直接测量,或通过 O-Cell 试验和桩基高应变测试中的 CAPWAP 法分析得到。残余应力的一般表现如图 5-1 所示,图中残余荷载分布曲线(Residual)拐点以上的桩身受负摩阻力,以下的桩身受正摩阻力。如果残余应力(或残余荷载)被忽略,那么在桩身受负摩阻力的部分,侧阻力将被高估;在桩身受正摩阻力的部分,侧阻力将被低估;桩端阻力也将被低估。影响桩的残余应力的因素很多,目前的研究水平认为残余应力主要受桩身刚度和桩周土强度的影响,总的来说,对桩身残余应力相关课题还有待深入研究。

其实,像玻璃在制作过程会产生残余应力一样,混凝土在凝结硬化时也会产生残余应力,只不过到目前为止,混凝土的残余应力还无法直接测量,只有通过测量混凝土的应变值来间接的反映。目前对于桩身在混凝土养护期间产生的残余应变的研究极少,Kister et al.(2006)通过埋设在一根钻孔灌注桩(桩径 1.5 m,桩长 46 m)桩身纵向钢筋上的布拉格光栅传感器(Bragg grating sensors)(图 5-2)对桩身浇筑、养护和承受工作荷载的过程中钢筋的应变和温度变化进行了监测,得到了很多有价值的成果:由于护壁泥浆的温度低于混凝土浇筑初期的温度,所以桩身温度先是下降,而后随着混凝土淹没传感器的高度升高(图 5-3);混凝土浇筑过程中,随着混凝土淹没传感器,桩身钢筋的应变由受压变为受拉,其原因是钢筋温度受混凝土水化热的影响(图 5-4~图 5-6);混凝土养护过程中,桩身钢筋应变逐渐由受拉转向受压,当养护至 28 d 时,桩身钢筋全部受压应变,混凝土养护过程中桩身应变分布如图 5-7 所示。

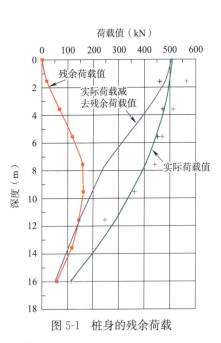

图 5-1 桩身的残余荷载

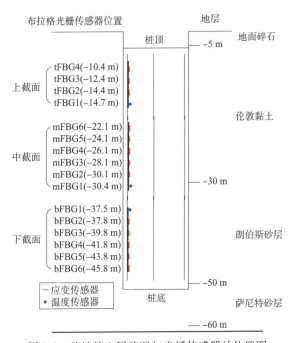

图 5-2 基桩的土层状况与光纤传感器的位置图

# 软岩长大直径桥梁嵌岩桩残余应变计算方法

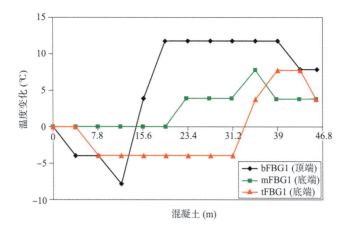

图 5-3　混凝土浇筑过程中基桩温度变化

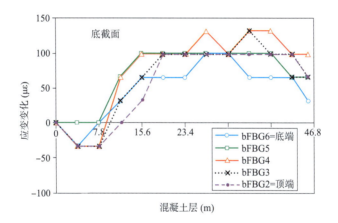

图 5-4　混凝土浇筑过程中下端钢筋笼的应变变化

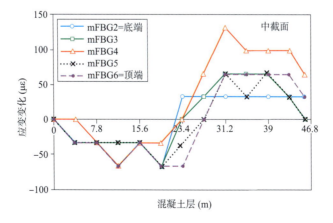

图 5-5　混凝土浇筑过程中中端钢筋笼的应变变化

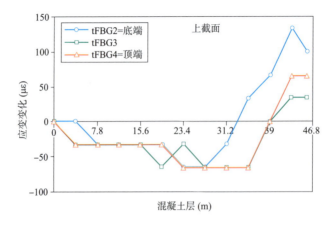

图 5-6　混凝土浇筑过程中上端钢筋笼的应变变化

Kister et al. 的分析结果中都是以应变为研究对象的,因为在混凝土的强度达到之前,其弹性模量是不断增大的,所以无法计算其应力大小。另外,桩身早期的应变也不是主要因为力作用的结果,更多的是由桩身混凝土的升(降)温和收缩等原因引起的。例如在图 5-7 中第 28 d 桩身全部受压,假设钢筋与混凝土没有分离,桩端的混凝土的应变为 150 $\mu\varepsilon$,若设混凝土的弹性模量为 30 GPa,并且认为应变全部为在这个模量下的弹性变形,则其应力为 4.5 MPa,而桩身由于其自重(直径 1.5 m,长 46 m,密度 2 500 kg/m³,不计侧阻)在桩端产生的应力为 1.15 MPa。对于传感器测试的钢筋应变,钢筋产生收缩应变并不是只受重力的结果,很有可能是由于钢筋周围的混凝土收缩使钢筋产生压应力,这也说明某一位置钢筋的应变并不能反映该处的混凝土的应变。

## 5.3　残余应变的产生机理

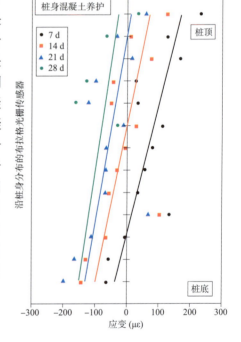

图 5-7　混凝土养护过程中桩身应变分布

桩身由于长径比较大,可以近似看作一个一维的构件,所以我们可以只研究桩身一个方向上的应变状态,并假设各种因素引起的应变可叠加。桩身在浇筑后(甚至浇筑过程中)的残余应变 $\varepsilon_R$ 是由收缩应变 $\varepsilon_S$、温度应变 $\varepsilon_T$、自重应变 $\varepsilon_G$ 和蠕变变形 $\varepsilon_C$ 组成的。$\varepsilon_S$ 只与混凝土的龄期 $t$ 有关;$\varepsilon_T$ 只与温度的增量有关,但温度增量与混凝土的龄期 $t$ 和温度边界条件有关,桩顶的空气流动可带走热量,桩身四周和底端虽没有空气流动,但有地下水流和热传导可以带走热量,而由于桩身不同深度距桩顶距离不同且桩周的热传导系数也不同,所以温度的变化也与桩深 $z$ 有关。$\varepsilon_G$ 和 $\varepsilon_C$ 都与混凝土的龄期 $t$ 和桩深 $z$ 有关,所以 $\varepsilon_R$ 的表达式为:

$$\varepsilon_R(z,t) = \varepsilon_S(t) + \varepsilon_T(z,t) + \varepsilon_G(z,t) + \varepsilon_C(z,t) \tag{5-1}$$

式中,$\varepsilon_S$ 都是拉应变;$\varepsilon_G$ 都是压应变;$\varepsilon_C$ 的方向与受荷载的方向一致;$\varepsilon_T$ 的情况最复杂,它的

方向由温度分布以及决定温度分布的边界条件和初始条件而定。

### 5.3.1 混凝土的收缩变形

#### 5.3.1.1 混凝土的收缩分类

王铁梦(1997)认为混凝土的收缩可分为:自身收缩、塑性收缩、碳化收缩和干缩(失水收缩)。

自身收缩是混凝土硬化过程中由于化学作用引起的收缩,是化学结合水与水泥的化合结果,也称为硬化收缩,这种收缩与外界湿度变化无关,且自身收缩可正可负。

塑性收缩是混凝土浇筑后 4~15 h 左右,水泥土水化反应中由于分子链的形成,出现泌水和水分急剧蒸发引起的失水收缩,是在初凝过程中发生的收缩,也称为凝缩,凝缩时骨料与胶合料之间也产生不均匀的沉缩变形。塑性收缩的量级很大,可达 1% 左右,容易产生裂缝。由于沉缩的作用,这些裂缝往往沿钢筋分布。水灰比过大,水泥用量大,外掺剂保水性差,粗骨料少,用水量大,振捣不良,环境温高,表面失水大等都能导致塑性收缩表面开裂。

碳化收缩是大气中的二氧化碳与水泥的化合物发生化学反应引起的收缩变形。

干缩是水泥石在干燥和水湿的环境中产生的干缩和湿胀现象,最大的收缩发生在第一次干燥之后,收缩和膨胀变形是部分可逆的。影响混凝土干缩的因素有水泥标号、水泥用量、标准磨细度、骨料种类、水灰比、水泥含量、混凝土振动捣实情况、试件截面暴露条件、结构养护方法、配筋数量、经历时间等。

Barcelo et al. (2005)认为严格的混凝土的自身收缩变形(autogenous shrinkage of concrete)是指在恒温恒湿条件下混凝土的自身收缩,它伴随着水泥的水化反应而开始。从工程的观点出发,自身收缩可分为两个部分:诱发阶段的自身塑性收缩(autogenous plastic shrinkage)和凝固后的自干燥收缩(self-desiccation shrinkage)。他认为混凝土的自身收缩是水化反应和水的物理反应耦合的结果。

#### 5.3.1.2 混凝土任意时间收缩的计算公式

王铁梦(1997)给出了素混凝土(包括低配筋率钢筋混凝土)的收缩公式为:

$$\varepsilon_y(t) = \varepsilon_y^0 \cdot M_1 \cdot M_2 \cdot \cdots \cdot M_n (1 - e^{-bt}) \tag{5-2}$$

式中 $\varepsilon_y(t)$——任意时间的收缩;

$t$——混凝土的龄期(d);

$b$——经验系数,一般取 0.01,养护较差时取 0.03;

$\varepsilon_y^0$——标准状态下的极限收缩,$3.24 \times 10^{-4}$;

$M_1, M_2, \cdots, M_n$——考虑各种非标准条件的修正系数。

Lee et al. (2006)利用对试验结果的分析提出含有颗粒状的炉渣(granulated blast-furnace slag)混凝土的收缩公式为:

$$\varepsilon_{as}(t) = \gamma \cdot \varepsilon_{28}(w/cm) \cdot \beta(t) \tag{5-3}$$

$$\varepsilon_{28} = 2\,080 \cdot \exp[-7.4(w/cm)] \tag{5-4}$$

$$\beta(t) = \exp\left\{a\left[1 - \left(\frac{28 - t_{1\,500}}{t - t_{1\,500}}\right)^b\right]\right\} \tag{5-5}$$

式中 $\varepsilon_{as}(t)$——自身收缩应变($\times 10^{-6}$);

$\varepsilon_{28}$——28 d 的自身收缩应变($\times 10^{-6}$);

$\gamma$——炉渣(BFS, blast-furnace slag)的影响系数;

$t_{1\,500}$——超声波脉冲速度(UPV, ultrasonic pulse velocity)达到 1 500 m/s 时的时间(d);

$a$、$b$——依赖于 BFS 置换水平不变量;

$t$——混凝土的龄期(d);

$w/cm$——水灰比。

$\varepsilon_s(t)$ 的表达式可取式(5-2)$\varepsilon_y(t)$的表达式,即:

$$\varepsilon_s(t)=\varepsilon_y^0 \cdot M_1 \cdot M_2 \cdot \cdots \cdot M_n(1-e^{-bt}) \tag{5-6}$$

实际上桩身浇筑需要一段时间,即两次浇筑的间隔时间不要超过混凝土的初凝时间,如果浇筑过程中出现中断(断桩),桩身不同深度的混凝土的龄期会有差异,在这里不考虑这种情况。本文采用文献中修正参数的取法,得到了桩身混凝土的相关修正参数见表5-1。

表 5-1 桩身混凝土的修正参数

| 修正项目名称 | 修正项目内容 | 修正项目参数名称 | 修正项目参数取值 |
| --- | --- | --- | --- |
| 水泥品种 | 普通水泥 | $M_1$ | 1.00 |
| 水泥细度 | — | $M_2$ | — |
| 骨料 | 石灰岩 | $M_3$ | 1.00 |
| 水灰比 | 0.525 | $M_4$ | 1.26 |
| 水泥浆量 | 22% | $M_5$ | 1.08 |
| 初期养护时间 | 90 d | $M_6$ | 0.93 |
| 使用环境的湿度 | 100% | $M_7$ | — |
| 构件尺寸 | — | $M_8$ | — |
| 操作方法 | 机械振捣 | $M_9$ | 1.00 |
| 配筋率 | 0.01 | $M_{10}$ | 0.972 |

则根据式(5-2)得到:

$$\varepsilon_s(t)=3.24\times10^{-4}\times M_1\times M_2\times\cdots\times M_9(1-e^{-0.01t})$$
$$=3.99\times10^{-4}(1-e^{-0.01t}) \tag{5-7}$$

#### 5.3.1.3 钢筋对混凝土收缩应力的影响

根据实践经验,在混凝土结构中适当的配置构造钢筋,无论对于温度应力或收缩应力,都能提高结构的抗裂性。从直观上讲,混凝土收缩,钢筋不收缩,因而必然产生收缩应力。阿鲁久涅扬(H. X. Арутдонян,1952)研究了混凝土蠕变及瞬时弹性模量变化时,中心受拉构件(一维)的收缩应力状态,其基本假设为:材料作为各向同性匀质体;蠕变变形与应力之间具有线性关系;假设蠕变变形中存在叠加定律。在忽略钢筋的蠕变条件下,钢筋和混凝土的收缩应力分别为:

收缩作用(对称配筋)引起的钢筋应力:

$$\sigma_{ay}^*(t)=-\frac{\varepsilon_y(t)E_a}{1+\mu n(t)}+\mu E_a\int_{\tau_1}^t \sigma_{ay}(\tau)\frac{\partial}{\partial t}\left[\frac{1}{E(\tau)}+C(t,\tau)\right]\frac{d\tau}{1+\mu n(t)} \tag{5-8}$$

混凝土应力:

$$\sigma_{by}^*(t)=\frac{\mu\varepsilon_y(t)E_a}{1+\mu n(t)}+\mu E_a\int_{\tau_1}^t \sigma_{by}(\tau)\frac{\partial}{\partial t}\left[\frac{1}{E(\tau)}+C(t,\tau)\right]\frac{d\tau}{1+\mu n(t)} \tag{5-9}$$

式中 $\sigma_{ay}^*(t)$、$\sigma_{by}^*(t)$——混凝土龄期为 $t$ 并考虑混凝土蠕变时，钢筋和混凝土各自的应力；

$\varepsilon_y(t)$——同式(5-1)；

$E_a$——钢筋的弹性模量；

$\mu$——配筋率；

$n(t)$——混凝土龄期为 $t$ 时钢筋模量与混凝土模量之比，等于 $E_a/E(t)$；

$\sigma_{ay}(\tau)$、$\sigma_{by}(\tau)$——混凝土龄期为 $\tau$ 并考虑混凝土蠕变时，钢筋和混凝土各自的应力；

$E(\tau)$——混凝土龄期为 $\tau$ 时，混凝土的弹性模量；

$C(t,\tau)$——单位应力下龄期为 $\tau$ 混凝土在 $t$ 时刻的蠕变度；

$t$、$\tau$、$\tau_1$——混凝土的龄期。

在式(5-8)和式(5-9)的右侧，第一项为弹性应力，第二项为蠕变应力。

需要指出的是，在式(5-8)和式(5-9)中的 $E(\tau)$ 在瞬时荷载下并不完全具备弹性性质，所以弹性模量亦称为"瞬时变形模量"，不过，当荷载作用极短促时，非弹性变形并不显著，材料基本上呈弹性性质。混凝土弹性模量随龄期的变化规律有两种表示方法：双曲函数和指数函数表示法。严格地说，混凝土的受压弹模和受拉弹模是不同的，后者一般低于前者。考虑到既要接近试验结果，又应便于计算，采用指数函数表示法并且拉压作用相同，其公式为：

$$E(\tau)=E_0(1-C_2 e^{-C_1\tau}) \tag{5-10}$$

式中 $E_0$——成龄期的弹性模量，可根据混凝土强度等级按规范取值；

$C_1$、$C_2$——经验系数，$C_1=0.09$，$C_2=1$。

在一般情况下，混凝土蠕变度变化规律可表示成：

$$C(t,\tau)=\varphi(\tau)[1-e^{-\theta(t-\tau)}] \tag{5-11}$$

$$\varphi(\tau)=C_0+\frac{A_1}{\tau} \tag{5-12}$$

式中 $C_0$、$A_1$、$\theta$——参数，通过与试验数据拟合得到。

### 5.3.2 混凝土的温度变形

$$\varepsilon_T(z,t)=C_3[T(z,t)-T(z,0)] \tag{5-13}$$

式中 $C_3$——混凝土的线性膨胀系数(1/℃)，一般取 $1\times10^{-5}$ 1/℃；

$T(t,z)$——混凝土的温度随时空的分布函数。

考虑对流项和热源项的一维杆(长为 $L$)温度随时空的分布函数遵循如下非稳态热传导方程：

$$\frac{\partial T}{\partial t}=\alpha\frac{\partial^2 T}{\partial z^2}-\beta\frac{\partial T}{\partial z}+\gamma(T-T_c)+g(z,t) \quad 0<z<L, t>0 \tag{5-14a}$$

边界条件：

$$-k_1\frac{\partial T}{\partial z}+h_1 T=f_1(t) \quad z=0, t>0 \tag{5-14b}$$

$$-k_2\frac{\partial T}{\partial z}+h_2 T=f_2(t) \quad z=L, t>0 \tag{5-14c}$$

初始条件：

$$T(z,t)=F(z) \quad t=0, 0\leqslant z\leqslant L \tag{5-14d}$$

式中 $\alpha$、$\beta$、$\gamma$——常数；

$\beta\dfrac{\partial T}{\partial z}$——对流扩散;

$\gamma(T-T_c)$——从周围环境吸热或放热的热量,其数值正比于边界温度与当地温度的差,$T_c$ 为环境温度,当 $T<T_c$ 时杆从周围介质吸热,反之放热;

$g(z,t)$——材料内部的热源产生的温度随时间的变化,在这里热源只有混凝土的水化热;

$k_1$、$k_2$、$h_1$、$h_2$——系数;

$f_1(t)$、$f_2(t)$——杆端温度变化函数;

$F(z)$——初始温度分布函数。

公式(5-14)必须经过变换简化成方便形式来求解,因此定义一个新的因变量 $W(z,t)$,令:

$$T(z,t)=W(z,t)\exp\left[\dfrac{\beta}{2\alpha}z-\left(\dfrac{\beta^2}{4\alpha}-\gamma\right)t\right] \quad (5\text{-}15)$$

经过上述变换后,式(5-14a)简化为:

$$\dfrac{\partial W}{\partial t}=\alpha\dfrac{\partial^2 W}{\partial z^2}+(g-\gamma T_c)\exp\left\{-\left[\dfrac{\beta}{2\alpha}z-\left(\dfrac{\beta}{4\alpha}-\gamma\right)t\right]\right\} \quad (5\text{-}16\text{a})$$

边界条件和初始条件也应作同样的变换,变换后的公式为:

边界条件:

$$-k_1\dfrac{\partial W}{\partial z}+\left(h_1-\dfrac{k_1\beta}{2\alpha}\right)W=f_1(t)\exp\left\{-\left[\dfrac{\beta}{2\alpha}z-\left(\dfrac{\beta^2}{4\alpha}-\gamma\right)t\right]\right\} \quad (5\text{-}16\text{b})$$

$$k_2\dfrac{\partial W}{\partial z}+\left(h_2+\dfrac{k_2\beta}{2\alpha}\right)W=f_2(t)\exp\left\{-\left[\dfrac{\beta}{2\alpha}z-\left(\dfrac{\beta^2}{4\alpha}-\gamma\right)t\right]\right\} \quad (5\text{-}16\text{c})$$

初始条件:

$$W(z,t)=F(z)\exp\left(-\dfrac{\beta}{2\alpha}z\right) \quad (5\text{-}16\text{d})$$

因为对流扩散的问题比较复杂,在此不予考虑,则 $\beta=0$。桩周土体(包括桩端)和桩顶的温度可认为是恒定不变,并不考虑桩周边界面向周围介质传热,所以 $k_1=k_2=0$,$h_1=h_2=1$;$f_1(t)=T_t$,$f_2(t)=T_e$,即桩两端的温度为常数。公式(5-16a)变为:

$$\dfrac{1}{\alpha}\dfrac{\partial W}{\partial t}=\dfrac{\partial^2 W}{\partial z^2}+\dfrac{1}{\alpha}J(z,t) \quad (5\text{-}17\text{a})$$

边界条件:

$$W\big|_{z=0}=v_1(t) \quad (5\text{-}17\text{b})$$

$$W\big|_{z=L}=v_2(t) \quad (5\text{-}17\text{c})$$

初始条件:

$$W(z,t)\big|_{t=0}=F(z) \quad (5\text{-}17\text{d})$$

其中:

$$J(z,t)=(g(z,t)-\gamma T_c)\exp(-\gamma t) \quad (5\text{-}18)$$

$$v_1(t)=f_1(t)\exp(-\gamma t) \quad (5\text{-}19)$$

$$v_2(t)=f_2(t)\exp(-\gamma t) \quad (5\text{-}20)$$

式中 $\alpha$——热扩散系数($m^2/s$),混凝土为 $0.043\,2\,m^2/d$;

$\gamma$——系数,反映桩周热扩散速度的系数(1/d);

$g(z,t)$——混凝土的水化热产生的温度场随时间的增量;

$F(z)$——桩身初始温度场。

$$g(t)=\frac{MHm}{c\rho}\exp(-mt) \tag{5-21}$$

式中 $g(t)$——混凝土浇筑后某一时间 $t$ 的绝热温升值速度(℃/d);

$M$——1 m³ 混凝土的水泥用量(kg/m³),取 338.7 kg/m³;

$H$——1 kg 水泥的水化热量(J/kg),按表 5-2 取 335×1 000 J/kg;

$c$——混凝土的比热[J/(kg·℃)],取 0.96×10³ J/(kg·℃);

$\rho$——混凝土的密度(kg/m³),取 2 450 kg/m³;

$m$——与水泥品种,浇捣时温度有关的水化热速度系数(1/d),按表 5-2 取 0.42。

表 5-2 水泥水化热量及水化速度系数

| 水泥种类 | 水泥最终发热量 $H$<br>(×1 000 J/kg) | 水化速度系数 $m$<br>(1/d) |
|---|---|---|
| 普通 525 水泥 | 356 | 0.43 |
| 普通 425 水泥 | 335 | 0.42 |
| 普通 325 水泥 | 293 | 0.41 |
| 火山灰 325 水泥 | 251 | 0.23 |
| 矿渣 325 水泥 | 271 | 0.26 |

式(5-18)中的 $g(z,t)$ 在此只与时间有关,即将公式[5-17(a)]按积分变换法求解得到:

$$W(z,t)=\sum_{n=1}^{\infty}\frac{X(\lambda_n,z)}{N(\lambda_n)}e^{-a\lambda_n^2 t}\left[\bar{F}(\lambda_n)+\int_0^t e^{a\lambda_n^2\eta}A(\lambda_n,\eta)d\eta\right] \tag{5-22}$$

其中:

$$A(\lambda_n,\eta)=\frac{\alpha}{K}\bar{J}(\lambda_n,\eta)+\alpha\left[\frac{dX(\lambda_n,z)}{dz}\bigg|_{z=0}v_1(\eta)-\frac{dX(\lambda_n z)}{dz}\bigg|_{z=L}v_2(\eta)\right] \tag{5-23}$$

$$\bar{F}(\lambda_n)=\int_0^L X(\lambda_n,\xi)F(\xi)d\xi \tag{5-24}$$

$$\bar{J}(\lambda_n,\eta)=\int_0^L X(\lambda_n,\xi)J(\xi,\eta)d\xi \tag{5-25}$$

$$N(\lambda_n)=\int_0^L[X(\lambda_n,\xi)]^2 d\xi \tag{5-26}$$

又有:

$$X(\lambda_n,z)=\sin(\lambda_n,z) \tag{5-27}$$

$$N(\lambda_n)=\frac{L}{2} \tag{5-28}$$

$$\lambda_n=\frac{n\pi}{L},(n=1,2,3,\cdots,\infty) \tag{5-29}$$

根据式(5-15),有:

$$T(z,t)=W(z,t)\exp(-\gamma t) \tag{5-30}$$

将式(5-30)和式(5-14d)代入式(5-13)得:

$$\varepsilon_T(z,t)=C_3\left\{\exp(-\gamma t)\sum_{n=1}^{\infty}\frac{X(\lambda_n,z)}{N(\lambda_n)}e^{-a\lambda_n^2 t}\left[\bar{F}(\lambda_n)+\int_0^t e^{a\lambda_n^2\eta}A(\lambda_n,\eta)d\eta\right]-F(z)\right\} \tag{5-31}$$

需要指出的是，解答式(5-31)只有在 $0<z<L$ 时才有意义，在杆的两端温度总是为零。

### 5.3.3 混凝土的自重变形

假设混凝土在硬化过程中密度不变，弹性模量 $E_p(t)$[见式(5-10)，$E_p(t)$ 为该公式中的 $E(t)$]随龄期变化，桩侧阻力可以承担部分重力，所以桩身某截面的混凝土应变为此处应力 $\sigma(z)$ 除以弹性模量 $E_p(t)$，即：

$$\varepsilon_G(z,t) = \frac{\sigma(z)}{E_p(t)} \tag{5-32}$$

式中 $\sigma(z)$ 可由桩身荷载传递原理确定。

如图5-8所示，考虑桩身自重状态下 $(Q_0=0)$ 的任一深度 $z$ 桩身截面的荷载 $Q(z)$ 为：

$$Q(z) = G(z) - U\int_0^z q_s(z)\mathrm{d}z \tag{5-33}$$

$$G(z) = A\gamma_c z \tag{5-34}$$

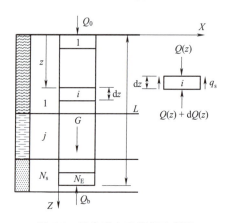

图 5-8 桩身受自重荷载示意图

$N_s$—桩身划分单元数；$N_E$—土层数

竖向位移为：

$$S(z) = S_0 - \frac{1}{E_p A}\int_0^z Q(z)\mathrm{d}z \tag{5-35}$$

由考虑自重情况下微分段 $\mathrm{d}z$ 的竖向静力平衡可求得为：

$$Q(z) + A\gamma_c \mathrm{d}z = Q(z) + \mathrm{d}Q(z) + Uq_s(z)\mathrm{d}z \tag{5-36}$$

所以：

$$q_s(z) = \frac{A\gamma_c}{U} - \frac{1}{U}\frac{\mathrm{d}Q(z)}{\mathrm{d}z} \tag{5-37}$$

微分段 $\mathrm{d}z$ 的压缩量为：

$$\mathrm{d}S(z) = -\frac{(Q(z)+A\gamma_c \mathrm{d}z)}{E_p A}\mathrm{d}z = -\frac{(Q(z)\mathrm{d}z + A\gamma_c \mathrm{d}^2 z)}{E_p A} \tag{5-38}$$

因为 $A\gamma_c \mathrm{d}^2 z$ 为高阶无穷小，所以略去，因此，

$$Q(z) = -E_p A\frac{\mathrm{d}S(z)}{\mathrm{d}z} \tag{5-39}$$

将式(5-39)代入式(5-37)得：

$$q_s(z)=\frac{E_p A}{U}\frac{d^2 S(z)}{dz^2}+\frac{A\gamma_c}{U} \tag{5-40}$$

式中 $G(z)$——桩的自重沿桩身分布函数；

$U$——桩的周长(m)；

$z$——桩的深度(m)；

$q_s(z)$——侧阻力沿桩身分布函数；

$A$——桩的横截面面积($m^2$)；

$\gamma_c$——混凝土的重度($N/m^3$)；

$E_p$——混凝土的弹性模量(Pa)。

假设只考虑混凝土自重情况下桩侧荷载传递函数为线性函数，即

$$q_s(z)=C_s S(z) \tag{5-41}$$

将式(5-41)代入式(5-40)得：

$$\frac{d^2 S(z)}{dz^2}-\xi^2 S(z)+\frac{\gamma_c}{E_p}=0 \tag{5-42}$$

式中 $C_s$——土的单位位移桩侧阻力(Pa/m)；

$\xi=\sqrt{\dfrac{UC_s}{E_p A}}$。

式(5-42)的微分方程解为：

$$S(z)=C_1 e^{\xi z}+C_2 e^{-\xi z}+\eta \tag{5-43}$$

式中 $\eta=\dfrac{A\gamma_c}{C_s U}$；

$C_1$、$C_2$——待定系数，由桩的边界条件确定，桩的边界条件为：

$$\left.\begin{array}{l}Q(z)|_{z=0}=0 \\ Q(z)|_{z=L}=k_b A S_b\end{array}\right\} \tag{5-44}$$

式中 $k_b$——地基反力系数($N/m^3$)；

$L$——桩长(m)；

$S_b$——桩端沉降(m)，即 $S(L)$。

将式(5-44)代入式(5-39)并解方程组得到：

$$C_1=C_2=-\frac{e^{L\xi}k_b\eta}{k_b(1+e^{2L\xi})-E_p\xi(1-e^{2L\xi})} \tag{5-45}$$

由式(5-39)得：

$$Q(z)=-E_p A\xi(C_1 e^{\xi z}-C_2 e^{-\xi z}) \tag{5-46}$$

所以

$$\sigma(z)=\frac{Q(z)}{A}=-E_p\xi(C_1 e^{\xi z}-C_2 e^{-\xi z}) \tag{5-47}$$

若考虑 $E_p$ 随时间 $t$ 的变化得到：

$$\varepsilon_G(z,t)=\frac{\sigma(z,t)}{E_p(t)}=-\xi(t)(C_1 e^{\xi(t)z}-C_2 e^{-\xi(t)z}) \tag{5-48}$$

式中

$$\xi(t)=\sqrt{\frac{UC_s}{E_p(t)A}} \tag{5-49}$$

在以上的推导中,都是默认 $Q(z)$ 受压为正,所以 $\varepsilon_G(z)$ 也以受压应变为正。

### 5.3.4 混凝土的蠕变变形

对于混凝土的蠕变变形要考虑两种情况:蠕变对自重应变状态的影响;蠕变对变形引起的应力状态的影响。

#### 5.3.4.1 蠕变对自重应变状态的影响

定理 1:如果物体的应力状态是由外力所引起,并且单向应力状态的蠕变度与纯切状态下的蠕变度成比例,比例系数为常量,则所研究物体的应力组恒与相应的弹性—瞬时问题的应力组相符。

以上定理是阿鲁久涅扬(H. X. Арутдонян,1952)给出的,也就是说蠕变不影响物体的空间应力状态,只影响变形的大小。则在一维状态下考虑物体的弹性模量随时间而变时的应变由以下公式给出。

当应力不随时间变化时:

$$\varepsilon_x(t,\tau_1)=\sigma_x(\tau_1)\delta(t,\tau_1)=\frac{\sigma_x(\tau_1)}{E(\tau_1)/[1+\psi(t,\tau_1)]}=\frac{\sigma_x(\tau_1)}{E_s(t,\tau_1)} \tag{5-50}$$

$$\psi(t,\tau)=C(t,\tau)E(\tau) \tag{5-51}$$

$$\delta(t,\tau)=\frac{1}{E(\tau)}+C(t,\tau) \tag{5-52}$$

当应力随时间变化时:

$$\varepsilon_x(t)=\frac{\sigma_x(t)}{E(t)}-\int_{\tau_1}^{t}\sigma_x(\tau)\frac{\partial}{\partial\tau}\delta(t,\tau)\mathrm{d}\tau \tag{5-53}$$

式中  $\varepsilon_x(t)$——龄期为 $t$ 的混凝土的应变;

$\sigma_x(\tau)$——龄期为 $\tau$ 的混凝土的应力,这应力在以后保持为常数;

$E_s(t,\tau)$——总变形模量;

$\sigma_x(t)$——龄期为 $t$ 的混凝土的应力;

$\delta(t,\tau)$——对龄期 $\tau$ 的混凝土加单位强度的载荷,在时间 $t$ 时其全部相对变形(弹性瞬时变形+蠕变变形);

$C(t,\tau)$——见式(5-11)。

#### 5.3.4.2 蠕变对变形引起的应力状态的影响

定理 2:如果物体内的应力状态是由与其变形变化有关的因素所引起的,例如温度的作用、支座的沉陷、收缩等,则该物体内考虑蠕变及随时间而变的瞬时弹性模量时的应力可用同物体相应的弹性瞬时问题的应力确定。

以上定理也是阿鲁久涅扬(H. X. Арутдонян,1952)给出的。具体到混凝土的变形应力主要有温度应力和收缩应力。温度应力分为稳态(温度场不随时间而变)和非稳态(温度场随时间而变)。如果由变形引起的应变分量不满足连续方程,物体就要发生应力,蠕变对变形没有影响,只会产生应力松弛,也就是由变形引起的应力会逐渐衰减。

#### 5.3.4.3 蠕变变形对灌注桩轴向变形的影响

式(5-50)和式(5-53)都是一维构件的推导结果,而像灌注桩这种构件由于受到侧面约束,所以应变分布公式推导时应该考虑侧阻力的作用。灌注桩的蠕变是受到侧阻力约束的,而且侧阻力是与桩土相对位移相关的,所以蠕变越大,引起的侧阻力越大,进而影响桩身轴力的分布。在公式(5-38)的基础上,并联合公式(5-53),考虑蠕变变形的桩身变形公式为:

$$
\begin{aligned}
dS(z,t) &= -\varepsilon(z,t)dz \\
&= -\left(\frac{\sigma(z,t)}{E(t)} - \int_{\tau_1}^{t} \sigma(z,\tau) \frac{\partial}{\partial \tau} \sigma(t,\tau) d\tau\right)dz \\
&= -\left(\frac{Q(z,t)}{E(t)A} - \int_{\tau_1}^{t} \frac{Q(z,\tau)}{A} \frac{\partial}{\partial \tau} \delta(t,\tau) d\tau\right)dz
\end{aligned}
\tag{5-54}
$$

所以

$$
\frac{d^2 S(z,t)}{dz^2} = -\left[\frac{1}{E(t)A} \frac{\partial Q(z,t)}{\partial z} - \frac{\partial}{\partial z}\left(\int_{\tau_1}^{t} \frac{Q(z,\tau)}{A} \frac{\partial}{\partial \tau} \delta(t,\tau) d\tau\right)\right] \tag{5-55}
$$

$$
\frac{\partial Q(z,t)}{\partial z} = E(t)A\left[-\frac{d^2 S(z,t)}{dz^2} + \frac{\partial}{\partial z}\left(\int_{\tau_1}^{t} \frac{Q(z,\tau)}{A} \frac{\partial}{\partial \tau} \delta(t,\tau) d\tau\right)\right] \tag{5-56}
$$

$$
\begin{aligned}
q_s(z) &= \frac{A\gamma_c}{U} - \frac{1}{U}\frac{\partial Q(z)}{\partial z} \\
&= \frac{A\gamma_c}{U} - \frac{E(t)A}{U}\left[-\frac{d^2 S(z,t)}{dz^2} + \frac{\partial}{\partial z}\left(\int_{\tau_1}^{t} \frac{Q(z,\tau)}{A} \frac{\partial}{\partial \tau} \delta(t,\tau) d\tau\right)\right]
\end{aligned}
\tag{5-57}
$$

在式(5-55)~式(5-57)中,求导部分积分无法积出,所以暂时不考虑桩侧阻力对蠕变影响。

### 5.3.5 灌注桩的残余应力的确定

综上所述,灌注桩的残余应变由自重变形、温度变形和收缩变形组成。自重变形要考虑蠕变变形的影响,由于混凝土的轴力是随时间变化的,则由式(5-48)和式(5-53)得:

$$
\varepsilon_{GC}(z,t) = \frac{\sigma(z,t)}{E_p(t)} - \int_{\tau_1}^{t} \sigma(z,\tau) \frac{\partial}{\partial \tau} \delta(t,\tau) d\tau \tag{5-58}
$$

温度变形和收缩变形不需考虑蠕变变形的影响,表达式(5-1)要变换形式,由式(5-7)、式(5-13)、式(5-31)、式(5-58)得:

$$
\begin{aligned}
\varepsilon_R(z,t) &= \varepsilon_S(t) + \varepsilon_T(z,t) + \varepsilon_{GC}(z,t) \\
&= 3.99 \times 10^{-4}(1-e^{-0.01t}) + \\
&\quad C_3\left[\exp(-\gamma t)\sum_{n=1}^{\infty} \frac{X(\lambda_n,z)}{N(\lambda_n)} e^{-\alpha\lambda_n^2 t}\left[\bar{F}(\lambda_n) + \int_0^t e^{\alpha\lambda_n^2\eta} A(\lambda_n,\eta)d\eta\right] - F(z)\right] + \\
&\quad \frac{\sigma(z,t)}{E_p(t)} - \int_{\tau_1}^{t} \sigma(z,\tau) \frac{\partial}{\partial \tau} \delta(t,\tau) d\tau
\end{aligned}
\tag{5-59}
$$

### 5.3.6 算　例

假设有一根长 $L=32$ m,直径 $D=2.5$ m 的灌注桩,在这里,大多数参数值都采用以上公式给出的参数值,以下给出剩下的参数值:$E_0=33$ GPa、$C_0=4.82\times10^{-13}$、$A_1=0.9\times10^{-13}$、$\theta=0.026$、$\gamma=0.02$ $d^{-1}$、$f_1(t)=T_t=15$ ℃、$f_2(t)=T_e=14$ ℃、$F(z)=14$ ℃、$k_b=3\times10^9$ N/m³、$C_s=30\times10^6$ Pa/m。需要指出的是 $C_0$、$A_1$、$\theta$ 是按照相关文献给出的;$\gamma$ 没有实测数据,是按照试算给出的;不同龄期混凝土的 $C_s$ 值还没有研究成果,实际上它应该是随时间变化的,这里参照相关文献中的抗压静载荷试验结果给出。

图 5-9 给出的是自重下桩身的应变,龄期为 0.5~28 d,可见越往桩底应变越大,特别是在龄期比较小时,随着龄期的增长,桩底应变渐渐变小并接近桩顶的应变。需要指出的是,在式(5-41)中 $C_S$ 是不随时间变化的,这与实际情况不一致并对早期桩身应变分布影响较大。图 5-10 是龄期分别为 1 d、7 d、28 d 和 100 d 自重应变沿桩身的分布图,可见由自重引起的应变随龄期增大渐渐变小。

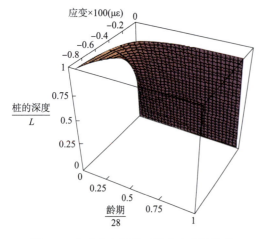

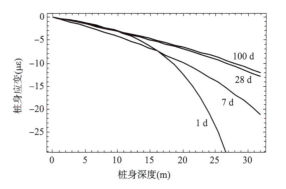

图 5-9 自重应力作用下桩身应变随桩的深度和时间的变化

图 5-10 自重应力作用下不同龄期桩身应变分布的变化

图 5-11 是自重应变 $\varepsilon_G$ 和收缩应变 $\varepsilon_S$ 的和 $\varepsilon_{GS}$($\varepsilon_{GS} = \varepsilon_G + \varepsilon_S$)沿桩身的分布曲线,在这里没有考虑蠕变。由图 5-11 可见,在较早龄期(1 d)时,由于桩身下部的自重压应变比收缩产生的拉应变大,所以桩身上部受拉应变,下部受压应变;当龄期为 7 d 时,整个桩身都受拉应变,且拉应变值自上而下逐渐减小;随着龄期的增长,桩身的拉应变值越来越大。

由于边界条件和初始条件的复杂性,由温度引起的应变分布式(5-31)中的级数求和部分很难收敛,并且在桩端的解无意义,所以只能通

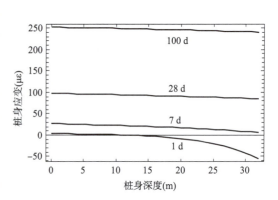

图 5-11 不同龄期 $\varepsilon_{GS}$ 沿桩身的分布曲线

过数求和得到温度沿桩身的大致分布(图 5-12)。如图 5-12 所示,龄期为 1 d 时,桩身温度分布较平均(约 35 ℃);当龄期约为 7 d 时,桩身温度升高到最大值,同时桩端温度逐渐下降;第 28 d 的温度分布与第 7 d 相差不大,但已开始整体下降,桩端附近的温度开始低于第 1 d 的温度;到第 100 d,桩身温度比第 28 d 显著下降,但桩身中段温度还是高于第 1 d 的温度,桩端附近的温度已远低于第 1 d 的温度。总的来说桩端附近的温度变化较大。需要指出的是,桩身温度分布受 $\gamma$ 的影响显著,当 $\gamma$ 增大后(图 5-13),各个龄期的桩身温度都显著下降,第 28 d 和第 100 d 桩身中段的温度相差不大。在这里,$\gamma$ 反应的是热量沿桩身散失的速度,其大小不仅沿桩身是变化的,随时间的变化也是根据具体情况而定的,所以实际的温度分布曲线并不是光滑的。

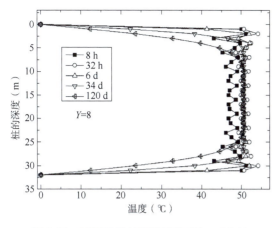
图 5-12　不同龄期桩身温度分布($\gamma=8d^{-1}$)

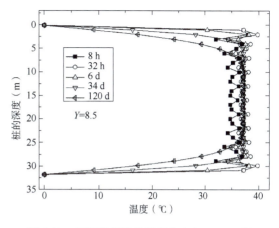
图 5-13　不同龄期桩身温度分布($\gamma=8.5d^{-1}$)

用图 5-12 或图 5-13 的结果以及式(5-13)计算桩身的应变分布是不现实的,其原因有:热膨胀系数随混凝土的龄期增长不是一个定值;随着桩周的边界条件的变化,桩身所受的约束也在变化,不同龄期桩身的温度应力不一样;不同深度的桩周环境的不一致会显著影响温度沿桩身的分布;桩身实际是个三维实体,桩的一维模型没有考虑其温度分布沿桩径方向的分布。

总的来说,灌注桩桩身应变分布是一个收缩、热和力耦合作用的结果,本书中只能分别对其进行分析。收缩和力的耦合作用本书得到了较好的结果。由于温度作用引起应变机理复杂,本书进行了初步探讨,在这方面还有待深入的研究。在今后的工作中,还应该分析桩身中钢筋对残余应变的影响,Kister et al.(2006)只对钢筋的应变进行了研究,笔者也对混凝土的应变进行监测(将在下文阐述),虽然对同一桩身横截面的钢筋和混凝土的应变可利用式(5-8)和式(5-9)进行初步分析,但将其用于桩这样具有侧向约束的结构还不完全合适。

## 5.4　大直径嵌岩灌注桩残余应变监测结果与分析

### 5.4.1　大直径嵌岩灌注桩残余应变监测过程简介

所有四根被监测桩(为第 9.1 节软岩中长大直径嵌岩桩复合桩基的原型观测试验中监测的 4 号墩 12 号桩和 5 号墩 8、15、19 号桩)都是采用人工挖孔方式成孔,桩孔上部有 6 m 左右的混凝土护壁;钢筋笼在现场预置,分段吊装,在孔口焊接。待钢筋笼吊装完成后,马上安装应变计于指定位置,然后浇筑混凝土。计划的监测时间是在成桩后的预定时间,但监测活动因各种原因被中断而不得不延后,一是浇筑时间一般是晚上(可减少混凝土的水化热),浇筑时间至少需 12 h,而且,由于灌桩技术不过关,施工过程经常因堵管而中断;二是在监测过程中,工地一直处于雨季,造成河水暴涨,淹没 5 号墩的基坑,基坑曾被反复浸泡,大雨时往往无法读取数据;三是各桩的施工进度不一,数据线经常被弃渣填埋,甚至损坏,再加上要与施工过程协调,所以不得不中断监测。即使这样,所得的数据还是有研究价值的。

一般来说,浇筑混凝土都在成孔完成后,但是 5-8 号桩刚验孔后就开始下雨,使得桩孔全部被水浸泡 7 d 之久,并且浇筑过程中在浇筑约 7 m 时出现堵管断桩。5-15 号桩在浇筑过程中也出现堵管断桩。4-12 号桩采用串筒干封的浇筑方式,5-8、5-15 和 5-19 号桩都是采用水下浇筑混凝土的方式。

应变的计算起点是在应变计安装到钢筋笼上后,浇筑混凝土前测量的,终止时间在承台浇筑前。应变值以受拉应变为正,受压应变为负。其中 5-19 号桩的数据相对来说最完整,将作为主要分析对象。5-15 号桩位于基坑中心位置,数据线经常被填埋或损坏,而且在浇筑桩身混凝土前发现应变读数仪测温度有问题,因此应变和温度数据都不全,所以只取 5-15 号桩 A 轴的数据分析。

### 5.4.2 大直径嵌岩灌注桩残余应变的监测结果

#### 5.4.2.1 残余应变随时间变化过程的监测结果

这里主要分析 5-19 号桩的监测结果,原因已在前面述及,其他桩的结果将用来做参照。5-19 号桩的监测时间是桩身浇筑前和浇筑后的 8 h、32 h、6 d、34 d、49 d、95 d 和 120 d。如图 5-14 所示,其桩身各截面的平均应变随时间的变化是有规律可循的:(1)浇筑后 8 h 左右,桩身 15 m 以上的应变变化不大,先受拉而后受压再受拉;15 m 以下桩身全部受压,而且从 15 m 到 27.5 m 的桩身压应变呈近似线性增大趋势,27.5 m 以下到桩底又线性减小到零应变。(2)浇筑后 32 h 左右,2.5 m 以上的桩身应变显著受压(也可能只是桩顶);2.5 m 到 25 m 的桩身压应变比 8 h 显著增大,且其分布类似 8 h 的分布曲线向左平移;2.5 m 到 30 m 的桩身压应变呈近似线性增大趋势,30 m 以下到桩底又减小到零应变。(3)浇筑后 6 d 左右,桩身 15 m 以上的应变相对 8 h 时变化显著,特别是从桩顶到 5 m 段应变由受拉向受压线性过渡,5 m 到 15 m 段的桩身或受拉或为零,起伏不定;15 m 以下桩身应变分布趋势与 8 h 时一样,但波动显著,且大体上受压应力且略微增大。(4)浇筑后 34 d 左右,桩身应变全部变为拉应变,桩顶到 2.5 m 的拉应变变化不大,2.5 m 到 5 m 拉应变减小,5 m 到 12.5 m 拉应变增大,12.5 m 到 20 m 拉应变减小,20 m 到 22.5 m 拉应变增大,22.5 m 到 27.5 m 拉应变减小,27.5 m 到桩底拉应变增大(期间略有起伏),总之,桩身拉应变分布是波动,但桩顶和桩底的拉应变较大,12.5 m 处拉应变最大。(5)浇筑后 49 d、95 d 和 120 d 左右的桩身拉应变大小和分布相对浇筑后 34 d 左右的基本没有变化,只是随着时间递增,桩身拉应变略微增大。

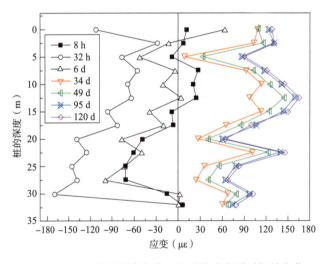

图 5-14  5-19 号桩桩身各截面的平均应变随时间的变化

图 5-15、图 5-16 和图 5-17 分别为 4-12 号桩、5-8 号桩和 5-15 号桩(A 轴)桩身各截面的平

均应变随时间的变化,虽然它们在 1 d 到 30 d 之间的数据没有,但是与图 5-14 比较,这三根桩的应变分布还是有以下共同点:(1)从浇筑后的时间算起(以下同),5-19 号桩 8 h 和 6 d,4-12 号桩和 5-8 号桩 1 d 以及 5-15 号桩 2 h 和 6 d 的桩身应变分布曲线形状大致相同,都在桩身上部有应变波动,下部压应变逐渐增大,至桩底又减小到零或受拉应变。(2)5-19 号桩 34 d,4-12 号桩 43 d,5-8 号桩 51 d 和 5-15 号桩 11 d 以后都只受沿桩身波动分布的拉应变,且桩身大多数截面平均拉应变的值都不同程度地增大,最大平均拉应变的值大致在 $165 \sim 216~\mu\varepsilon$ 之间。(3)5-19 号桩和 5-15 号桩桩身拉应变沿时间变化的趋势相似,其桩身都是先自下而上受压应变,随后所受压应变逐渐增大,然后所受压应变又逐渐减小到初始状态,最后桩身都受拉应变;4-12 号桩和 5-8 号桩桩身拉应变沿时间变化的趋势相似,虽然缺少 24 h 以内的数据,但是可推断出其总体趋势应该和前者一样。(4)各桩的拉应变沿桩身的分布都有波动,特别是在桩身全部受拉应变后,但随着时间增长,这种波动的形状基本没有改变。

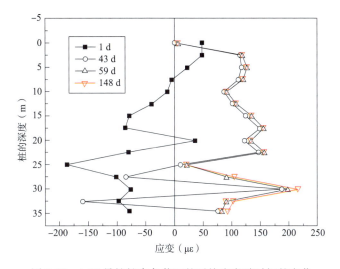

图 5-15　4-12 号桩桩身各截面的平均应变随时间的变化

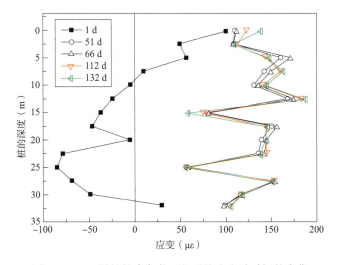

图 5-16　5-8 号桩桩身各截面的平均应变随时间的变化

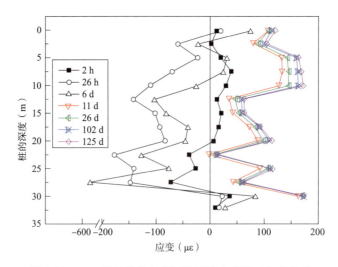

图 5-17  5-15 号桩桩身各截面的平均应变随时间的变化

#### 5.4.2.2 残余应变随空间分布的监测结果

残余应变随空间的分布可以从两个角度来阐述,一是残余应变沿桩身的分布,二是同一横截面残余应变的分布。

(1)残余应变沿桩身的分布

混凝土浇筑完成后的短期内,虽然其残余应变的分布趋势较明显,但是这种分布趋势还是波动的。随着混凝土龄期的增长,桩身残余应变的大小趋于稳定,其波动的分布形式也稳定下来(图 5-14～图 5-17)。表 5-3 是 4-12 号、5-8 号、5-15 号和 5-19 号桩分别在龄期为 148 d、132 d、125 d 和 120 d 的桩身应变分布特征参数的比较。由表 5-3 可见:5-8 号桩的平均应变最大,5-19 号桩的平均应变最小;4-12 号桩的标准差和方差都最大,5-19 号桩的标准差和方差都最小。

表 5-3  桩身应变分布特征参数的比较

| 桩号 | 平均值($\mu\varepsilon$) | 标准差($\mu\varepsilon$) | 方差($\mu\varepsilon^2$) | 施工方式 |
| --- | --- | --- | --- | --- |
| 4-12 | 112.769 | 50.754 99 | 2 576.068 77 | 干封,未浸水 |
| 5-8 | 129.211 17 | 37.042 28 | 1 372.130 24 | 水封,浸水 |
| 5-15 | 118.441 48 | 43.517 32 | 1 893.757 47 | 水封,未浸水 |
| 5-19 | 110.606 84 | 33.833 44 | 1 144.701 51 | 水封,浸水 |

(2)同一横截面残余应变的分布

图 5-18～图 5-20 中分别是 4-12 号、5-8 号和 5-19 号桩同一横截面残余应变方差沿桩身的分布。由图 5-18～图 5-20 可见:4-12 号桩的早期(43 d 以内)的方差在桩身的 10～34.5 m 段变化较大,在后期方差变化较小,桩顶的情况正好相反,总的来说同一横截面应变分布的方差较大;5-8 号桩方差分布随时间的变化没有明显的规律;5-19 号桩方差分布与 4-12 号桩类似,但其方差波动的测点数目明显减少,值得注意的是其方差波动最大点发生在 32 h。

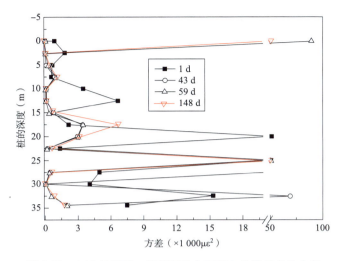

图 5-18　4-12 号桩同一横截面残余应变方差沿桩身的分布

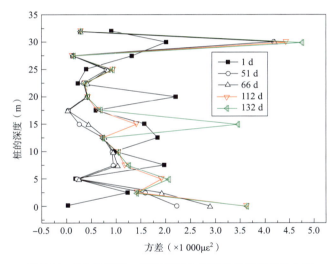

图 5-19　5-8 号桩同一横截面残余应变方差沿桩身的分布

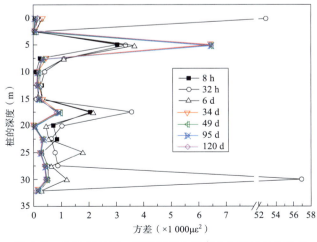

图 5-20　5-19 号桩同一横截面残余应变方差沿桩身的分布

### 5.4.2.3 桩身温度分布的监测结果

图 5-21～图 5-24 分别为 4-12 号、5-8 号、5-15 号和 5-19 号桩桩身温度分布随时间的变化。各桩桩身温度总的趋势都是先增大后减小最后稳定,温度沿桩身的分布形状都是先有很大波动然后随着时间的增长而趋于大致相等。当混凝土的龄期小于约 6 d 时,水泥的水化反应使混凝土的温度增长,同时桩身会向桩周和两头散失热量,所以各个桩两头的温度都小于中间温度,5-8 号桩第 1 d 和 5-19 号桩 8 h 的温度分布最符合这种特征。当然,由于桩身各个位置散失热量的速度不一样,所以温度分布曲线并非沿桩身对称且有波动。随着混凝土的龄期增长,其水化热逐渐散尽,桩身温度分布趋于稳定并接近地温,桩身各处的温度也大致相等。

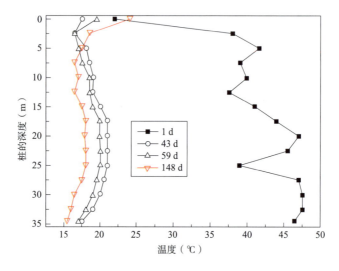

图 5-21　4-12 号桩桩身温度随时间的变化

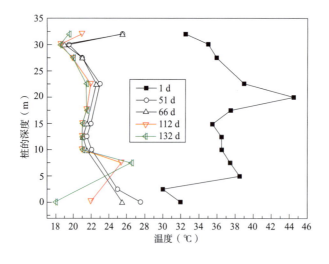

图 5-22　5-8 号桩桩身温度随时间的变化

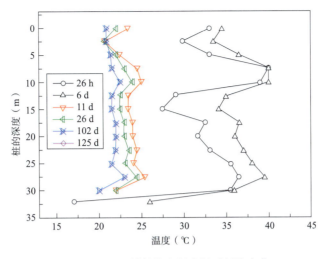

图 5-23　5-15 号桩桩身温度随时间的变化

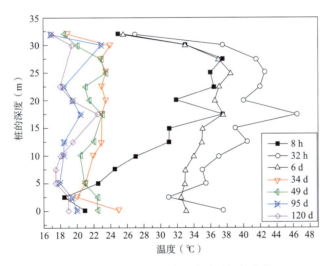

图 5-24　5-19 号桩桩身温度随时间的变化

### 5.4.3　大直径嵌岩灌注桩残余应变分析

关于灌注桩残余应变的机理已经在本书 5.3 节进行了阐述并给出了算例,其算例中桩的几何参数和物理参数都是取自被监测桩。由于灌注桩残余应变的研究成果极少,所以有些参数[如 $\gamma$ 随时间和空间的变化、热膨胀系数 $C_3$ 随时间的变化、$C_s$ 随混凝土弹性模量 $E_p(t)$ 的变化]无法直接取得,只能通过假设和试算进行初步分析。比较图 5-11 和图 5-14 发现虽然他们的残余应变分布大致的趋势相同,但还是有以下区别:(1)图 5-14 中的应变分布随混凝土的龄期增长从受压变到受拉变并趋向稳定值,而图 5-11 中的拉应变随着龄期增长还在增加;(2)图 5-14 中第 1 d 的压应变小于同一时间和深度图 5-11 中的压应变;(3)图 5-14 中的压应变的最大值并不像图 5-11 一样发生在浇筑开始时,而是在浇筑一段时间后(约 32 h);(4)图 5-11 中拉应变的分布非常平滑,这不同于图 5-14 中的分布。

上述前两个区别的原因可以通过试算解决。通过试算发现混凝土后期的温度基本不变(图 5-21～图 5-24)且自重应变急剧减小(图 5-10),所以拉应变主要由收缩引起,所以只要调大式(5-7)中指数部分的参数就可以使拉应变趋于稳定。混凝土在早期的压应变主要由自重引起,其桩侧阻力参数 $C_s$ 会影响桩身轴力的分布,进而影响各截面压应变的大小,如果假设 $C_s$ 随 $E_p(t)$ 变化满足线性公式:

$$C_s = \frac{E_p(t)}{E_0} C_{s0} \tag{5-60}$$

式中　$C_{s0}$——混凝土弹性模量最大时的 $C_s$ 值。

令式(5-2)中的系数 $b=0.1$,并利用如图 5-11 的 $\varepsilon_{GS}$ 表达式可得到桩身残余应变分布如图 5-25 所示。比较图 5-25 和图 5-14 可见,虽然总的应变分布趋势比较接近,认为混凝土的干缩能持续一年多,C25 混凝土的极限值约 150 $\mu\varepsilon$,这与本书的监测结果相符,但图 5-25 拉应变的最大值相对偏大,这可以通过调节收缩应变的参数解决。

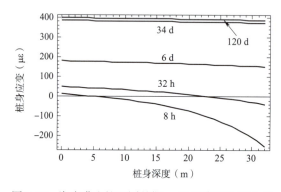

图 5-25　嵌岩灌注桩不同龄期 $\varepsilon_{GS}$ 沿桩身的分布曲线

要解释上述第三个区别,综合分析图 5-14 和图 5-24 发现 5-19 号桩压应变最大时也是桩身温度最高时,并且 32 h 的应变分布曲线非常近似于 8 h 时的曲线向左平移的结果,所以可以假设当混凝土的温度升高时受到自身和外界的约束而在整个桩身产生压应变,当然这种压应变的增量是沿桩身变化的,具体分布形式还有待深入研究。需要指出的是不同龄期混凝土的热膨胀系数 $C_3$ 的值相对于应变计的热膨胀系数 $C_y$ 的变化会导致应变计受力状态的变化,当 $C_3 < C_y$ 时,温度上升应变计受压,反之受拉;当 $C_3 > C_y$ 时,温度上升应变计受拉,反之受压;当 $C_3 = C_y$ 时,温度上升和下降应变计的读数不变。根据实测数据可见混凝土的 $C_3$ 小于 $C_y$ 并随龄期增长而增大,最终接近于 $C_y$。

上述第四个区别的原因很复杂,可归纳为:(1)$\gamma$ 随时间和空间的变化和孔壁粗糙度的变化。由于地基中的地下水丰富,且不同深度的地下水分布不一样,导致 $\gamma$ 沿桩身的变化很大,从而使温度分布波动,应变分布也随之波动。(2)成孔施工方法采用爆破加人工清渣,造成孔壁形状的不均匀性以及不同深度和同一横截面不同平面位置桩的孔壁粗糙度不同,使得桩身不同位置的约束不一样,产生的应变分布离散性较大。(3)桩身混凝土的浇筑持续约 13 h,而且对水封技术的掌握不成熟,浇筑过程不连续,造成沿桩身混凝土并非同时凝固,由于不同时刻、不同位置、不同相态的混凝土在凝固过程中相互制约,形成天然的应变差异。(4)钢筋笼在吊装和分段焊接过程中已不同程度变形,造成应变计的受力方向并非绝对竖直,并且浇筑混凝土时也对其方向有影响。(5)桩身在收缩过程中表面受拉应力,某些地方已出现裂缝,如果裂缝位置在应变计的中间则使应变显著增大,如果裂缝位置在应变计的两端,则使应变显著减小。(6)桩周软岩的风化程度随深度增加而降低以及侧压力系数的变化都会对侧阻力产生不同程度的影响。(7)灌注方式以及桩孔被水浸泡的情况不一样,桩身应变分布波动的强弱不一样,由表 5-3 可见,水封的桩孔或被水浸泡过的桩孔的标准差和方差都小于干封的桩孔或未浸水的桩孔,并且 5-8 号桩由于水的长期浸泡使得岩石软化,孔壁的切向强度降低且容易松弛,进而导致对混凝土收缩应变的约束弱化,所以其最终平均拉应变值大于其他桩。

### 5.4.4 残余应变状态对嵌岩灌注桩的影响

(1)各桩桩身某些测点的拉应变超过了混凝土的极限拉应变($150~\mu\varepsilon$),可以判定桩身混凝土会产生局部开裂,并导致钢筋的腐蚀。

(2)实际监测的结果显示桩端混凝土会产生收缩,Tang(1995)也监测得到类似结果,这将会增加桩端位移。

(3)桩身拉应变分布的不均性将会对加载后桩身侧阻力分布产生影响,这在后面的章节将会述及。

(4)桩身的横向收缩使桩岩间的法向应力减小,因此导致桩侧阻力减小,桩身的轴力增大。

## 5.5 小　　结

嵌岩灌注桩的残余应变是由桩的收缩、自重、蠕变、温度耦合作用的结果,在桩身混凝土的龄期较早时,各种因素都参与作用。首先是桩身的自重和升温膨胀产生压应变,随后由于混凝土的收缩和温度下降使桩身渐渐部分受拉应变。然后随着混凝土龄期的增长,桩侧阻力得到强化,自重产生的压应变减小,拉应变增大使得整个桩身逐渐全部受拉并趋于稳定。自重引起的蠕变有增大趋势,由于蠕变不会导致力的变化,且受侧阻力的约束,所以不会对桩身的受力状态产生影响。

在残余应变形成的过程中,由于桩身各部分向外界散热的不均导致温度分布的不均及施工方式导致的孔壁不均匀,影响残余应变发展和分布。所以要注意桩基周围的水文地质条件,选择合理的施工方式并控制好施工质量。

# 6 复杂条件下长大直径桥梁桩基动力计算方法

## 6.1 埋置振源下非饱和土地基的动力 Green 函数解答

埋置振源下多孔介质中 Lamb 问题的 Green 函数解答是研究结构和土体内部动力相互作用的基础,对分析基础振动、爆破开挖和建筑物抗震等具有重要的学术价值。Lamb 于 1904 年首先研究了弹性介质中表面源所激发的波动响应问题,即动力 Boussinesq 问题。之后 Chao 和 Park 对这类问题加以扩展,深入分析了埋入源问题的 Lamb 解答。自 Biot 提出饱和多孔介质的动力方程后,关于两相介质半空间中波的传播与扩散受到了广泛关注,在诸如埋置线源和流源、点源和面源的谐和振动或瞬态响应等方面取得一系列的成果。其中 Chen 等从 Biot 动力固结方程出发,考虑水土惯性耦合效应并假定土颗粒和孔隙流体均可压缩,通过 Fourier 级数展开和 Hankel 积分变换,获得了任意埋置力源作用下饱和土位移与应力的积分形式解。总的说来,上述研究都是在假定土体为理想弹性体或饱和多孔介质的基础上得到的,而自然界的土体大多是由固、液、气三相组成的复杂集合体,按非饱和多孔介质来研究其动力行为显然更具普遍意义。

迄今为止,关于非饱和土动力模型的描述,主要有以下几大理论体系:等效流体模型、Biot 型三相介质理论和混合物理论。

等效流体模型假定水和气为单一的均匀混合流体,通过修正流体模量来考虑饱和度的影响,只有高饱和度的气封闭状态下才近似成立,本质上仍属于双相介质模型,但由于其沿用了 Biot 理论框架,是目前应用较多的一种模型。

基于唯象理论,Biot 型三相介质理论假定润湿相(水)和非润湿相(空气)在孔隙中能自由流动,不同流体之间存在明显界面和毛细压力现象。Santos 等人利用补偿虚功原理和 Lagrangian 变分原理,Tuncay 和 Corapcioglu 则采用体积平均技术,分别建立了两种不混溶流体饱和多孔介质的波动方程;Carcione 等人利用时间分解积分算法解决了 Santos 差分方程的刚性问题;李保忠和徐明江基于连续介质力学理论,先后建立了在形式上完全一致的全频域内非饱和多孔介质的波动方程,两者方程均能精确退化到经典的饱和土 Biot 波动方程,并系统研究了非饱和多孔介质中弹性波的传播、反射和透射以及表面荷载下半空间的稳态和瞬态动力响应。

混合物理论假设混合物中各组分在空间上存在相对运动和相互作用,适合于描述多孔介质各种内在耦合过程以及可能的物质转换(如相变和化学反应),近年来,受到了越来越多学者的重视。Wei 考虑到各相之间微观界面上的压力不连续性,提出一个所谓交界面上的动态相容条件,Hanyga 则通过引入一个交界面上的熵不等式,分别推导了非饱和土的动力控制方程。Lo 等在 Eulerian 框架下,考虑惯性耦合和黏滞牵引力作用,同时引入流体的线性增量和孔隙度封闭条件,建立了一套耦合的偏微分波动方程。并在此基础上,探讨了 Rayleigh 波在透水边界下非饱和孔隙介质中的传播与衰减行为,证明了三个独立 Rayleigh 波模式的存在及其对应的相速度与衰减系数。关于 Biot 三相介质理论和混合物理论的进一步介绍以及两者间差异,可参见 Lu 和 Hanyga 做的文献综述。相比于 Biot 三相介质理论,混合物理论引入了熵等热力学概念,同时方程中涉及了组分的状态变量和相互作用项,许多参数不能直接通过试验测定,不便于实际应用。

以上研究主要集中在非饱和土波动方程的建立和弹性波的传播特性上,而对于埋置力源下非饱和土地基的动力响应,目前还鲜见研究。本章在徐明江非饱和土波动方程的基础上,考虑气—水间毛细压力作用以及剪切模量随饱和度的变化,利用 Fourier 级数展开和 Hankel 变换,直接对波动方程进行求解,获得了土体骨架位移及应力分量在变换域内的解;然后由边值条件,结合数值逆变换,得到了任意埋置力源作用下非饱和土在频域内的动力 Green 函数;最后通过算例,数值分析了饱和度、荷载埋置深度、激振频率和土体渗透系数对半空间位移和应力的影响。

## 6.1.1 控制方程

徐明江(2011)基于连续介质力学,考虑固体颗粒、不同孔隙流体的压缩性及各相物质间的黏性、惯性耦合效应,并采用 van Genuchten(V-G)模型和 Mualem 模型描述土体的土—水特征关系和水力通导特性,得到了非饱和土的动力控制方程。该理论是 Biot 孔隙介质理论的一种扩展,在推导过程中对非饱和土层做了如下假定:

(1)固体土骨架为理想的均质弹性多孔连续介质,土体具有统计各向同性;
(2)孔隙中液体与气体之间互不混溶,存在分界面,但不存在质量交换和相对位移;
(3)土体中孔隙分布均匀且相互连通,流体相是连续的,且在孔隙中的流动遵从 Darcy 定律;
(4)荷载激振频率低于特征频率,流体相对于土体骨架的运动属层流流动;
(5)忽略重力影响,不考虑能量损失引起的温度变化;
(6)忽略毛细管压力滞后效应以及各相之间的化学作用。

波动方程的向量表达式为:

$$\mu \nabla^2 \boldsymbol{u} + (\lambda_c + \mu)\nabla(\nabla \cdot \boldsymbol{u}) + M\nabla(\nabla \cdot \boldsymbol{v}) + N\nabla(\nabla \cdot \boldsymbol{w}) = \rho\ddot{\boldsymbol{u}} + \rho_f\ddot{\boldsymbol{v}} + \rho_a\ddot{\boldsymbol{w}} \quad (6\text{-}1\text{a})$$

$$D_1\nabla(\nabla \cdot \boldsymbol{u}) + D_2\nabla(\nabla \cdot \boldsymbol{v}) + D_3\nabla(\nabla \cdot \boldsymbol{w}) = \rho_f\ddot{\boldsymbol{u}} + \vartheta_f\ddot{\boldsymbol{v}} + b_f\dot{\boldsymbol{v}} \quad (6\text{-}1\text{b})$$

$$D_4\nabla(\nabla \cdot \boldsymbol{u}) + D_5\nabla(\nabla \cdot \boldsymbol{v}) + D_6\nabla(\nabla \cdot \boldsymbol{w}) = \rho_a\ddot{\boldsymbol{u}} + \vartheta_a\ddot{\boldsymbol{w}} + b_a\dot{\boldsymbol{w}} \quad (6\text{-}1\text{c})$$

式中 $\boldsymbol{v} = nS_r(\boldsymbol{V} - \boldsymbol{u})$; $\boldsymbol{w} = n(1-S_r)(\boldsymbol{W} - \boldsymbol{u})$; $\lambda_c = \lambda + a\gamma D_1 + a(1-\gamma)D_4$; $M = a\gamma D_2 + a(1-\gamma)D_5$; $N = a\gamma D_3 + a(1-\gamma)D_6$;

$$D_1 = \frac{aA_{22}}{A_{11}A_{22} - A_{12}A_{21}}; \quad D_2 = \frac{1}{nS_r}\frac{A_{22}A_{13} - A_{12}A_{23}}{A_{11}A_{22} - A_{12}A_{21}}; \quad D_3 = \frac{1}{n(1-S_r)}\frac{A_{22}A_{14} - A_{12}A_{24}}{A_{11}A_{22} - A_{12}A_{21}};$$

$$D_4 = -\frac{aA_{21}}{A_{11}A_{22} - A_{12}A_{21}}; \quad D_5 = \frac{1}{nS_r}\frac{A_{11}A_{23} - A_{21}A_{13}}{A_{11}A_{22} - A_{12}A_{21}}; \quad D_6 = \frac{1}{n(1-S_r)}\frac{A_{11}A_{24} - A_{21}A_{14}}{A_{11}A_{22} - A_{12}A_{21}};$$

$$\vartheta_f = \frac{\rho_f}{nS_r}; \quad \vartheta_a = \frac{\rho_a}{n(1-S_r)}; \quad b_f = \frac{\eta_f}{k_{rf}\kappa}; \quad b_a = \frac{\eta_a}{k_{ra}\kappa};$$

$$\rho=(1-n)\rho_s+nS_r\rho_f+n(1-S_r)\rho_a;$$

其中 $A_{11}=\dfrac{a\gamma-nS_r}{K_s}+\dfrac{nS_r}{K_f}$, $A_{12}=\dfrac{a(1-\gamma)-n(1-S_r)}{K_s}+\dfrac{n(1-S_r)}{K_a}$, $A_{13}=nS_r$, $A_{14}=n(1-S_r)$,

$$A_{21}=A_s-\dfrac{S_r(1-S_r)}{K_f}, A_{22}=\dfrac{S_r(1-S_r)}{K_a}-A_s,$$

$$A_{23}=-A_{24}=-S_r(1-S_r), A_s=-\chi md(1-S_{w0})(S_e)^{\frac{m+1}{m}}\left[(S_e)^{-\frac{1}{m}}-1\right]^{\frac{d-1}{d}},$$

$$a=1-\dfrac{K_b}{K_s}, K_b=\lambda+\dfrac{2}{3}\mu, S_e=\dfrac{S_r-S_{w0}}{1-S_{w0}}。$$

式中,$u$、$v$ 和 $w$ 分别表示为固相位移矢量,水和气体相对于土骨架的位移矢量;点号表示对时间的偏导;$\rho_s$、$\rho_f$、$\rho_a$ 和 $\rho$ 分别表示为土颗粒密度、流体密度、气体密度和土体总密度;$S_r$ 和 $S_{w0}$ 为流体饱和度和束缚饱和度;$\gamma$ 为有效应力系数,取决于土体饱和度、土体结构、干湿循环特性以及应力变化,Bolzon 建议可近似取 $\gamma=S_r$;$n$ 为土体孔隙率;$\lambda$ 和 $\mu$ 为土骨架的 Lame 常数;$\eta_f$ 和 $\eta_a$ 分别为流体和空气的黏滞系数;$k_{rf}$ 和 $k_{ra}$ 分别为流体和空气的相对渗透系数;$\kappa$ 为土的固有渗透系数($m^2$);$K_s$、$K_f$、$K_a$ 及 $K_b$ 分别是土颗粒、流体、空气及土骨架的体积压缩模量;参数 $A_s$ 中 $\chi$,$m$ 和 $d$ 分别为拟合参数。以上各变量下标中,符号 s、f 和 a 分别代表非饱和土体的固液气三相。

上述控制方程与 Lu 等人和 Conte 等人推导的波动方程在形式上完全一致,只是各项系数的取值存在差异。同时需要指出的是,上述控制方程忽略了湿润相(水)和非湿润项(空气)之间的惯性耦合和黏性耦合效应,Santos 给出了更加全面的三相介质波动理论。

对于稳态简谐振动,所有位移及应力分量均作角频率 $\omega$ 的简谐变化,可去掉公共的时间项 $e^{i\omega t}$,则柱坐标系下非饱和土体的三维波动控制方程为:

$$\mu\left(\nabla^2 u_r-\dfrac{u_r}{r^2}-\dfrac{2}{r^2}\dfrac{\partial u_\theta}{\partial\theta}\right)+(\lambda_c+\mu)\dfrac{\partial e}{\partial r}+M\dfrac{\partial\varepsilon}{\partial r}+N\dfrac{\partial\xi}{\partial r}$$
$$=-\rho\omega^2 u_r-\rho_f\omega^2 v_r-\rho_a\omega^2 w_r \tag{6-2a}$$

$$\mu\left(\nabla^2 u_\theta-\dfrac{u_\theta}{r^2}+\dfrac{2}{r^2}\dfrac{\partial u_r}{\partial\theta}\right)+(\lambda_c+\mu)\dfrac{\partial e}{r\partial\theta}+M\dfrac{\partial\varepsilon}{r\partial\theta}+N\dfrac{\partial\xi}{r\partial\theta}$$
$$=-\rho\omega^2 u_\theta-\rho_f\omega^2 v_\theta-\rho_a\omega^2 w_\theta \tag{6-2b}$$

$$\mu\nabla^2 u_z+(\lambda_c+\mu)\dfrac{\partial e}{\partial z}+M\dfrac{\partial\varepsilon}{\partial z}+N\dfrac{\partial\xi}{\partial z}=-\rho\omega^2 u_z-\rho_f\omega^2 v_z-\rho_a\omega^2 w_z \tag{6-2c}$$

$$D_1\dfrac{\partial e}{\partial r}+D_2\dfrac{\partial\varepsilon}{\partial r}+D_3\dfrac{\partial\xi}{\partial r}=-\rho_f\omega^2 u_r-\theta_f\omega^2 v_r+ib_f\omega v_r \tag{6-2d}$$

$$D_1\dfrac{\partial e}{r\partial\theta}+D_2\dfrac{\partial\varepsilon}{r\partial\theta}+D_3\dfrac{\partial\xi}{r\partial\theta}=-\rho_f\omega^2 u_\theta-\theta_f\omega^2 v_\theta+ib_f\omega v_\theta \tag{6-2e}$$

$$D_1\dfrac{\partial e}{\partial z}+D_2\dfrac{\partial\varepsilon}{\partial z}+D_3\dfrac{\partial\xi}{\partial z}=-\rho_f\omega^2 u_z-\theta_f\omega^2 v_z+ib_f\omega v_z \tag{6-2f}$$

$$D_3\dfrac{\partial e}{\partial r}+D_4\dfrac{\partial\varepsilon}{\partial r}+D_5\dfrac{\partial\xi}{\partial r}=-\rho_a\omega^2 u_r-\theta_a\omega^2 w_r+ib_a\omega w_r \tag{6-2g}$$

$$D_4\dfrac{\partial e}{r\partial\theta}+D_5\dfrac{\partial\varepsilon}{r\partial\theta}+D_6\dfrac{\partial\xi}{r\partial\theta}=-\rho_a\omega^2 u_\theta-\theta_a\omega^2 w_\theta+ib_a\omega w_\theta \tag{6-2h}$$

$$D_4\dfrac{\partial e}{\partial z}+D_5\dfrac{\partial\varepsilon}{\partial z}+D_6\dfrac{\partial\xi}{\partial z}=-\rho_a\omega^2 u_z-\theta_a\omega^2 w_z+ib_a\omega w_z \tag{6-2i}$$

式中　$\omega$——圆频率；

　　　$u_r$、$u_\theta$ 和 $u_z$——分别为土骨架的径向、切向和竖向的位移分量；

　　　$v_r$、$v_\theta$ 和 $v_z$——分别为孔隙水的相对径向、切向和竖向位移分量；

　　　$w_r$、$w_\theta$ 和 $w_z$——分别为气体的相对径向、切向和竖向位移分量；

　　　$e$、$\varepsilon$ 和 $\xi$——分别为土骨架的体积应变，孔隙水及空气相对于土骨架的体积应变，具体表达式如下：

$$\nabla^2=\frac{\partial^2}{\partial r^2}+\frac{1}{r}\frac{\partial}{\partial r}+\frac{1}{r^2}\frac{\partial^2}{\partial \theta^2}+\frac{\partial^2}{\partial z^2}; e=\frac{\partial u_r}{\partial r}+\frac{u_r}{r}+\frac{\partial u_\theta}{r\partial \theta}+\frac{\partial u_z}{\partial z}; \varepsilon=\frac{\partial v_r}{\partial r}+\frac{v_r}{r}+\frac{\partial v_\theta}{r\partial \theta}+\frac{\partial v_z}{\partial z};$$

$$\xi=\frac{\partial w_r}{\partial r}+\frac{w_r}{r}+\frac{\partial w_\theta}{r\partial \theta}+\frac{\partial w_z}{\partial z}。$$

应力—应变本构方程可为：

$$\sigma_z=\lambda e+2\mu\frac{\partial u_z}{\partial z} \tag{6-3a}$$

$$\tau_{zr}=\mu\left(\frac{\partial u_r}{\partial z}+\frac{\partial u_z}{\partial r}\right) \tag{6-3b}$$

$$\tau_{z\theta}=\mu\left(\frac{\partial u_\theta}{\partial z}+\frac{\partial u_z}{r\partial \theta}\right) \tag{6-3c}$$

$$p_f=-D_1 e-D_2\varepsilon-D_3\xi \tag{6-3d}$$

$$p_a=-D_4 e-D_5\varepsilon-D_6\xi \tag{6-3e}$$

式中　$\sigma_z$、$\tau_{zr}$ 和 $\tau_{z\theta}$——分别为土骨架竖向有效应力和剪切应力；

　　　$p_f$、$p_a$——分别为孔隙流体及空气压力。

### 6.1.2　控制方程的求解

对方程(6-2)和方程(6-3)中的相关变量沿切向 $\theta$ 进行 $m$ 阶 Fourier 展开，可得：

$$(u_r,u_z,v_r,v_z,w_r,w_z,e,\varepsilon,\xi)=\sum_{m=0}^{\infty}(u_{rm},u_{zm},v_{rm},v_{zm},w_{rm},w_{zm},e_m,\varepsilon_m,\xi_m)\cos m\theta$$

$$(\sigma_z,\tau_{zr},p_f,p_a)=\sum_{m=0}^{\infty}(\sigma_{zm},\tau_{zrm},p_{fm},p_{am})\cos m\theta \tag{6-4}$$

$$(u_\theta,v_\theta,w_\theta,\tau_{z\theta})=\sum_{m=0}^{\infty}(u_{\theta m},v_{\theta m},w_{\theta m},\tau_{z\theta m})\sin m\theta$$

式中　$e_m=\frac{\partial u_{rm}}{\partial r}+\frac{u_{rm}}{r}+\frac{m}{r}u_{\theta m}+\frac{\partial u_{zm}}{\partial z}$；$\varepsilon_m=\frac{\partial v_{rm}}{\partial r}+\frac{v_{rm}}{r}+\frac{m}{r}v_{\theta m}+\frac{\partial v_{zm}}{\partial z}$；

　　　$\xi_m=\frac{\partial w_{rm}}{\partial r}+\frac{w_{rm}}{r}+\frac{m}{r}w_{\theta m}+\frac{\partial w_{zm}}{\partial z}$。

值得指出的是，当 $m=0$ 时，上述非轴对称问题可退化到轴对称情况，且当半空间作用沿 $x$ 轴方向并关于 $x$ 轴对称的水平荷载时，以上各量的 Fourier 展开仅有 $m=1$ 这一项。

为方便后续的讨论，引入无量纲参数及无量纲变量：

$$\bar{\lambda}=\frac{\lambda}{\mu};\bar{\lambda}_c=\frac{\lambda_c}{\mu};\bar{M}=\frac{M}{\mu};\bar{N}=\frac{N}{\mu};\bar{D}_i=\frac{D_i}{\mu},i=1\sim 6;$$

$$\bar{r}=\frac{r}{R};\bar{z}=\frac{z}{R};\bar{p}_f=\frac{p_f}{\mu};\bar{p}_a=\frac{p_a}{\mu};\bar{\sigma}_{zi}=\frac{\sigma_{zi}}{\mu};\bar{u}_i=\frac{u_i}{R},\bar{v}_i=\frac{v_i}{R},\bar{w}_i=\frac{w_i}{R},i=r,\theta,z;$$

$$\bar{\rho}_\mathrm{f}=\frac{\rho_\mathrm{f}}{\rho};\bar{\rho}_\mathrm{a}=\frac{\rho_\mathrm{a}}{\rho};\bar{\theta}_\mathrm{f}=\frac{\theta_\mathrm{f}}{\rho};\bar{\theta}_\mathrm{a}=\frac{\theta_\mathrm{a}}{\rho};\bar{b}_\mathrm{f}=\frac{b_\mathrm{f}R}{\sqrt{\rho\mu}};\bar{b}_\mathrm{a}=\frac{b_\mathrm{a}R}{\sqrt{\rho\mu}};\bar{\delta}=R\omega\sqrt{\frac{\rho}{\mu}}。$$

式中　　$\bar{\delta}$——无量纲激振频率；

$R$——荷载作用范围的半径；

上标"－"——无量纲化。

第 $m$ 项分量亦按上述无量纲化进行相应的处理。

将式(6-4)代入式(6-2)和式(6-3)，若只考虑其中任意第 $m$ 项，可化简为：

$$\left(\nabla_\mathrm{m}^2-\frac{1}{\bar{r}^2}\right)\bar{u}_{\mathrm{r}m}-\frac{2m}{\bar{r}^2}\bar{u}_{\theta m}+(\bar{\lambda}_\mathrm{c}+1)\frac{\partial e_m}{\partial \bar{r}}+\bar{M}\frac{\partial \varepsilon_m}{\partial \bar{r}}+\bar{N}\frac{\partial \xi_m}{\partial \bar{r}} \tag{6-5a}$$
$$=-\bar{\delta}^2 \bar{u}_{\mathrm{r}m}-\bar{\rho}_\mathrm{f}\bar{\delta}^2 \bar{v}_{\mathrm{r}m}-\bar{\rho}_\mathrm{a}\bar{\delta}^2 \bar{w}_{\mathrm{r}m}$$

$$\left(\nabla_\mathrm{m}^2-\frac{1}{\bar{r}^2}\right)\bar{u}_{\theta m}-\frac{2m}{\bar{r}^2}\bar{u}_{\mathrm{r}m}-(\bar{\lambda}_\mathrm{c}+1)\frac{me_m}{\bar{r}}-\bar{M}\frac{m\varepsilon_m}{\bar{r}}-\bar{N}\frac{m\xi_m}{\bar{r}} \tag{6-5b}$$
$$=-\bar{\delta}^2 u_{\theta m}-\bar{\rho}_\mathrm{f}\bar{\delta}^2 \bar{v}_{\theta m}-\bar{\rho}_\mathrm{a}\bar{\delta}^2 \bar{w}_{\theta m}$$

$$\nabla_\mathrm{m}^2 \bar{u}_{\mathrm{z}m}+(\bar{\lambda}_\mathrm{c}+1)\frac{\partial e_m}{\partial \bar{z}}+\bar{M}\frac{\partial \varepsilon_m}{\partial \bar{z}}+\bar{N}\frac{\partial \xi_m}{\partial \bar{z}}=-\bar{\delta}^2 \bar{u}_{\mathrm{z}m}-\bar{\rho}_\mathrm{f}\bar{\delta}^2 \bar{v}_{\mathrm{z}m}-\bar{\rho}_\mathrm{a}\bar{\delta}^2 \bar{w}_{\mathrm{z}m} \tag{6-5c}$$

$$\bar{D}_1 \frac{\partial e_m}{\partial \bar{r}}+\bar{D}_2 \frac{\partial \varepsilon_m}{\partial \bar{r}}+\bar{D}_3 \frac{\partial \xi_m}{\partial \bar{r}}=-\bar{\rho}_\mathrm{f}\bar{\delta}^2 \bar{u}_{\mathrm{r}m}-\bar{\theta}_\mathrm{f}\bar{\delta}^2 \bar{v}_{\mathrm{r}m}+i\bar{b}_\mathrm{f}\bar{\delta}\bar{v}_{\mathrm{r}m} \tag{6-5d}$$

$$-\bar{D}_1 \frac{me_m}{\bar{r}}-\bar{D}_2 \frac{m\varepsilon_m}{\bar{r}}-\bar{D}_3 \frac{m\xi_m}{\bar{r}}=-\bar{\rho}_\mathrm{f}\bar{\delta}^2 \bar{u}_{\theta m}-\bar{\theta}_\mathrm{f}\bar{\delta}^2 \bar{v}_{\theta m}+i\bar{b}_\mathrm{f}\bar{\delta}\bar{v}_{\theta m} \tag{6-5e}$$

$$\bar{D}_1 \frac{\partial e_m}{\partial \bar{z}}+\bar{D}_2 \frac{\partial \varepsilon_m}{\partial \bar{z}}+\bar{D}_3 \frac{\partial \xi_m}{\partial \bar{z}}=-\bar{\rho}_\mathrm{f}\bar{\delta}^2 \bar{u}_{\mathrm{z}m}-\bar{\theta}_\mathrm{f}\bar{\delta}^2 \bar{v}_{\mathrm{z}m}+i\bar{b}_\mathrm{f}\bar{\delta}\bar{v}_{\mathrm{z}m} \tag{6-5f}$$

$$\bar{D}_3 \frac{\partial e_m}{\partial \bar{r}}+\bar{D}_4 \frac{\partial \varepsilon_m}{\partial \bar{r}}+\bar{D}_5 \frac{\partial \xi_m}{\partial \bar{r}}=-\bar{\rho}_\mathrm{a}\bar{\delta}^2 \bar{u}_{\mathrm{r}m}-\bar{\theta}_\mathrm{a}\bar{\delta}^2 \bar{w}_{\mathrm{r}m}+i\bar{b}_\mathrm{a}\bar{\delta}\bar{w}_{\mathrm{r}m} \tag{6-5g}$$

$$-\bar{D}_4 \frac{me_m}{\bar{r}}-\bar{D}_5 \frac{m\varepsilon_m}{\bar{r}}-\bar{D}_6 \frac{m\xi_m}{\bar{r}}=-\bar{\rho}_\mathrm{a}\bar{\delta}^2 \bar{u}_{\theta m}-\bar{\theta}_\mathrm{a}\bar{\delta}^2 \bar{w}_{\theta m}+i\bar{b}_\mathrm{a}\bar{\delta}\bar{w}_{\theta m} \tag{6-5h}$$

$$\bar{D}_4 \frac{\partial e_m}{\partial \bar{z}}+\bar{D}_5 \frac{\partial \varepsilon_m}{\partial \bar{z}}+\bar{D}_6 \frac{\partial \xi_m}{\partial \bar{z}}=-\bar{\rho}_\mathrm{a}\bar{\delta}^2 \bar{u}_{\mathrm{z}m}-\bar{\theta}_\mathrm{a}\bar{\delta}^2 \bar{w}_{\mathrm{z}m}+i\bar{b}_\mathrm{a}\bar{\delta}\bar{w}_{\mathrm{z}m} \tag{6-5i}$$

$$\bar{\sigma}_{\mathrm{z}m}=\bar{\lambda}e_m+2\frac{\partial \bar{u}_{\mathrm{z}m}}{\partial \bar{z}} \tag{6-6a}$$

$$\bar{\tau}_{\mathrm{z}\mathrm{r}m}=\frac{\partial \bar{u}_{\mathrm{r}m}}{\partial \bar{z}}+\frac{\partial \bar{u}_{\mathrm{z}m}}{\partial \bar{r}} \tag{6-6b}$$

$$\bar{\tau}_{\mathrm{z}\theta m}=\frac{\partial \bar{u}_{\theta m}}{\partial \bar{z}}-\frac{m\bar{u}_{\mathrm{z}m}}{\bar{r}} \tag{6-6c}$$

$$\bar{p}_{\mathrm{f}m}=-\bar{D}_1 e_m-\bar{D}_2 \varepsilon_m-\bar{D}_3 \xi_m \tag{6-6d}$$

$$\bar{p}_{\mathrm{a}m}=-\bar{D}_4 e_m-\bar{D}_5 \varepsilon_m-\bar{D}_6 \xi_m \tag{6-6e}$$

式中　$\nabla_\mathrm{m}^2=\frac{\partial^2}{\partial \bar{r}^2}+\frac{1}{\bar{r}}\frac{\partial}{\partial \bar{r}}-\frac{m^2}{\bar{r}^2}+\frac{\partial^2}{\partial \bar{z}^2}$。

对方程(6-5)中各式进行如下运算：$(\partial/\partial \bar{r})$Eq. (6-5a)$+(1/\bar{r})$Eq. (6-5a)$+(m/\bar{r})$Eq. (6-5b)$+(\partial/\partial \bar{z})$Eq. (6-5c)，$(\partial/\partial \bar{r})$Eq. (6-5d)$+(1/\bar{r})$Eq. (6-5d)$+(m/\bar{r})$Eq. (6-5e)$+(\partial/\partial \bar{z})$Eq. (6-5f)和$(\partial/\partial \bar{r})$Eq. (6-5g)$+(1/\bar{r})$Eq. (6-5g)$+(m/\bar{r})$Eq. (6-5h)$+(\partial/\partial \bar{z})$Eq. (6-5i)，可得：

$$(\bar{\lambda}_c+2)\nabla_m^2 e_m + \overline{M}\nabla_m^2\varepsilon_m + \overline{N}\nabla_m^2\xi_m = -\bar{\delta}^2 e_m - \bar{\rho}_f\bar{\delta}^2\varepsilon_m - \bar{\rho}_a\bar{\delta}^2\xi_m \quad (6\text{-}7\text{a})$$

$$\overline{D}_1\nabla_m^2 e_m + \overline{D}_2\nabla_m^2\varepsilon_m + \overline{D}_3\nabla_m^2\xi_m = -\bar{\rho}_f\bar{\delta}^2 e_m + (i\bar{b}_f\bar{\delta} - \bar{\theta}_f\bar{\delta}^2)\varepsilon_m \quad (6\text{-}7\text{b})$$

$$\overline{D}_4\nabla_m^2 e_m + \overline{D}_5\nabla_m^2\varepsilon_m + \overline{D}_6\nabla_m^2\xi_m = -\bar{\rho}_a\bar{\delta}^2 e_m + (i\bar{b}_a\bar{\delta} - \bar{\theta}_a\bar{\delta}^2)\xi_m \quad (6\text{-}7\text{c})$$

引入 $v$ 阶 Hankel 变换：

$$\tilde{f}^v(k,z) = H^v[f(r,z);k] = \int_0^\infty f(r,z)J_v(kr)r\,dr \quad (6\text{-}8\text{a})$$

及相应的逆变换：

$$f(r,z) = \int_0^\infty \tilde{f}^v(k,z)J_v(kr)k\,dk \quad (6\text{-}8\text{b})$$

式中　$k$——Hankel 变换系数；

　　　$J_v$——第一类 $v$ 阶 Bessel 函数；

符号"~"——表示进行 Hankel 变换。

对方程(6-7)中的三式进行 $m$ 阶 Hankel 变换，可得：

$$\begin{cases} \left[(\bar{\lambda}_c+2)\dfrac{d^2}{d\bar{z}^2} + \bar{\delta}^2 - (\bar{\lambda}_c+2)k^2\right]\tilde{e}_m^m + \left(\overline{M}\dfrac{d^2}{d\bar{z}^2} + \bar{\rho}_f\bar{\delta}^2 - \overline{M}k^2\right)\tilde{\varepsilon}_m^m + \left(\overline{N}\dfrac{d^2}{d\bar{z}^2} + \bar{\rho}_a\bar{\delta}^2 - \overline{N}k^2\right)\tilde{\xi}_m^m = 0 \\ \left(\overline{D}_1\dfrac{d^2}{d\bar{z}^2} + \bar{\rho}_f\bar{\delta}^2 - \overline{D}_1 k^2\right)\tilde{e}_m^m + \left[\overline{D}_2\dfrac{d^2}{d\bar{z}^2} - (i\bar{b}_f\bar{\delta} - \bar{\theta}_f\bar{\delta}^2) - \overline{D}_2 k^2\right]\tilde{\varepsilon}_m^m + \left(\overline{D}_3\dfrac{d^2}{d\bar{z}^2} - \overline{D}_3 k^2\right)\tilde{\xi}_m^m = 0 \\ \left(\overline{D}_4\dfrac{d^2}{d\bar{z}^2} + \bar{\rho}_a\bar{\delta}^2 - \overline{D}_4 k^2\right)\tilde{e}_m^m + \left(\overline{D}_5\dfrac{d^2}{d\bar{z}^2} - \overline{D}_5 k^2\right)\tilde{\varepsilon}_m^m + \left[\overline{D}_6\dfrac{d^2}{d\bar{z}^2} - (i\bar{b}_a\bar{\delta} - \bar{\theta}_a\bar{\delta}^2) - \overline{D}_6 k^2\right]\tilde{\xi}_m^m = 0 \end{cases} \quad (6\text{-}9)$$

设方程组(6-9)的解为：

$$[\tilde{e}_m^m, \tilde{\varepsilon}_m^m, \tilde{\xi}_m^m]^T = [C^e, C^\varepsilon, C^\xi]^T \exp(\lambda\bar{z}) \quad (6\text{-}10)$$

将式(6-10)代入式(6-9)得到如下线性方程组：

$$\begin{bmatrix} (\bar{\lambda}_c+2)(\lambda^2-k^2)+\bar{\delta}^2 & \overline{M}(\lambda^2-k^2)+\bar{\rho}_f\bar{\delta}^2 & \overline{N}(\lambda^2-k^2)+\bar{\rho}_a\bar{\delta}^2 \\ \overline{D}_1(\lambda^2-k^2)+\bar{\rho}_f\bar{\delta}^2 & \overline{D}_2(\lambda^2-k^2)-(i\bar{b}_f\bar{\delta}-\bar{\theta}_f\bar{\delta}^2) & \overline{D}_3(\lambda^2-k^2) \\ \overline{D}_4(\lambda^2-k^2)+\bar{\rho}_a\bar{\delta}^2 & \overline{D}_5(\lambda^2-k^2) & \overline{D}_6(\lambda^2-k^2)-(i\bar{b}_a\bar{\delta}-\bar{\theta}_a\bar{\delta}^2) \end{bmatrix} \begin{pmatrix} C^e \\ C^\varepsilon \\ C^\xi \end{pmatrix} = 0$$

$$(6\text{-}11)$$

要使得上式方程有非零解，必须使系数矩阵行列式为 0，则有：

$$A_1 r^3 + A_2 r^2 + A_3 r + A_4 = 0 \quad (6\text{-}12)$$

式中　$r = \lambda^2 - k^2$，上述方程的根为 $\pm\lambda_n$，且 $\lambda_n = \sqrt{r_n + k^2}$　($\text{Re}[\lambda_n] \geq 0, n=1,2,3$)；

$A_1 = (\overline{D}_2\overline{D}_6 - \overline{D}_3\overline{D}_5)b_1 + (\overline{D}_3\overline{D}_4 - \overline{D}_1\overline{D}_6)\overline{M} + (\overline{D}_1\overline{D}_5 - \overline{D}_2\overline{D}_4)\overline{N}$；

$A_2 = \bar{\delta}^2(\overline{D}_2\overline{D}_6 - \overline{D}_3\overline{D}_5) + \bar{\rho}_f\bar{\delta}^2(\overline{D}_3\overline{D}_4 - \overline{D}_1\overline{D}_6 + \overline{D}_5\overline{N} - \overline{D}_6\overline{M}) +$

$\quad\quad \bar{\rho}_a\bar{\delta}^2(\overline{D}_1\overline{D}_5 - \overline{D}_2\overline{D}_4 + \overline{D}_3\overline{M} - \overline{D}_2\overline{N}) + (\overline{D}_4\overline{N} - \overline{D}_6 b_1)b_2 + (\overline{D}_1\overline{M} - \overline{D}_2 b_1)b_3$；

$A_3 = \bar{\rho}_f\bar{\rho}_a\bar{\delta}^4(\overline{D}_3 + \overline{D}_5) - \bar{\rho}_f^2\bar{\delta}^4\overline{D}_6 - \bar{\rho}_a^2\bar{\delta}^4\overline{D}_2 + \bar{\rho}_f\bar{\delta}^2(\overline{D}_1 + \overline{M})b_3 +$

$\quad\quad \bar{\rho}_a\bar{\delta}^2(\overline{D}_4 + \overline{N})b_2 - \bar{\delta}^2(\overline{D}_2 b_3 + \overline{D}_6 b_2) + b_1 b_2 b_3$；

$A_4 = \bar{\rho}_f^2\bar{\delta}^4 b_3 + \bar{\rho}_a^2\bar{\delta}^4 b_2 + \bar{\delta}^2 b_2 b_3$；

其中　$b_1 = \bar{\lambda}_c + 2$，$b_2 = i\bar{b}_f\bar{\delta} - \bar{\theta}_f\bar{\delta}^2$，$b_3 = i\bar{b}_a\bar{\delta} - \bar{\theta}_a\bar{\delta}^2$。

于是可得到常微分方程组(6-9)的解为：

$$\tilde{e}_{\mathrm{m}}^{m} = \sum_{n=1}^{3}[B_n \exp(\lambda_n \bar{z}) + C_n \exp(-\lambda_n \bar{z})] \tag{6-13a}$$

$$\tilde{\varepsilon}_{\mathrm{m}}^{m} = \sum_{n=1}^{3} d_{\varepsilon n}[B_n \exp(\lambda_n \bar{z}) + C_n \exp(-\lambda_n \bar{z})] \tag{6-13b}$$

$$\tilde{\xi}_{\mathrm{m}}^{m} = \sum_{n=1}^{3} d_{\xi n}[B_n \exp(\lambda_n \bar{z}) + C_n \exp(-\lambda_n \bar{z})] \tag{6-13c}$$

式中 $d_{\varepsilon n} = \dfrac{(\overline{D}_3 \overline{D}_4 - \overline{D}_1 \overline{D}_6) r_n^2 + (\overline{D}_1 b_3 + \bar{\rho}_a \bar{\delta}^2 \overline{D}_3 - \bar{\rho}_f \bar{\delta}^2 \overline{D}_6) r_n + \bar{\rho}_f \bar{\delta}^2 b_3}{(\overline{D}_2 \overline{D}_6 - \overline{D}_3 \overline{D}_5) r_n^2 - (\overline{D}_2 b_3 + \overline{D}_6 b_2) r_n + b_2 b_3}$

$d_{\xi n} = \dfrac{(\overline{D}_1 \overline{D}_5 - \overline{D}_2 \overline{D}_4) r_n^2 + (\overline{D}_4 b_2 - \bar{\rho}_a \bar{\delta}^2 \overline{D}_2 + \bar{\rho}_f \bar{\delta}^2 \overline{D}_5) r_n + \bar{\rho}_a \bar{\delta}^2 b_2}{(\overline{D}_2 \overline{D}_6 - \overline{D}_3 \overline{D}_5) r_n^2 - (\overline{D}_2 b_3 + \overline{D}_6 b_2) r_n + b_2 b_3}$

$B_n$、$C_n$——关于 $k$ 和 $z$ 的任意函数。

将式(6-13)代入式(6-5c)、式(6-5f)和式(6-5i)，可得：

$$\tilde{u}_{\mathrm{zm}}^{m} = B_0 \exp(\lambda_0 \bar{z}) - C_0 \exp(-\lambda_0 \bar{z}) + \sum_{n=1}^{3} S_n \lambda_n [B_n \exp(\lambda_n \bar{z}) - C_n \exp(-\lambda_n \bar{z})] \tag{6-14a}$$

$$\tilde{v}_{\mathrm{zm}}^{m} = \dfrac{\bar{\rho}_f \bar{\delta}^2}{b_2}[B_0 \exp(\lambda_0 \bar{z}) - C_0 \exp(-\lambda_0 \bar{z})] + \sum_{n=1}^{3} S_n d_{\varepsilon n} \lambda_n [B_n \exp(\lambda_n \bar{z}) - C_n \exp(-\lambda_n \bar{z})] \tag{6-14b}$$

$$\tilde{w}_{\mathrm{zm}}^{m} = \dfrac{\bar{\rho}_a \bar{\delta}^2}{b_3}[B_0 \exp(\lambda_0 \bar{z}) - C_0 \exp(-\lambda_0 \bar{z})] + \sum_{n=1}^{3} S_n d_{\xi n} \lambda_n [B_n \exp(\lambda_n \bar{z}) - C_n \exp(-\lambda_n \bar{z})] \tag{6-14c}$$

式中 $\lambda_0 = \sqrt{k^2 - j^2}$；$S_n = \dfrac{d_{un}}{\lambda_n^2 - \lambda_0^2} = \dfrac{1}{r_n}$；

其中 $j^2 = \bar{\delta}^2 + \dfrac{\bar{\rho}_f^2 \bar{\delta}^4}{b_2} + \dfrac{\bar{\rho}_a^2 \bar{\delta}^4}{b_3}$，$d_{un} = -\delta_{1n} - \dfrac{\bar{\rho}_f \bar{\delta}^2}{b_2}\delta_{2n} - \dfrac{\bar{\rho}_a \bar{\delta}^2}{b_3}\delta_{3n} = 1 + \dfrac{j^2}{r_n}$，

$\delta_{1n} = \bar{\lambda}_c + 1 + \overline{M} d_{\varepsilon n} + \overline{N} d_{\xi n} = -1 - \dfrac{\bar{\delta}^2 + \bar{\rho}_f \bar{\delta}^2 d_{\varepsilon n} + \bar{\rho}_a \bar{\delta}^2 d_{\xi n}}{r_n}$，

$\delta_{2n} = \overline{D}_1 + \overline{D}_2 d_{\varepsilon n} + \overline{D}_3 d_{\xi n} = \dfrac{b_2 d_{\varepsilon n} - \bar{\rho}_f \bar{\delta}^2}{r_n}$，

$\delta_{3n} = \overline{D}_4 + \overline{D}_5 d_{\varepsilon n} + \overline{D}_6 d_{\xi n} = \dfrac{b_3 d_{\xi n} - \bar{\rho}_a \bar{\delta}^2}{r_n}$。

将式(6-5a)+式(6-5b)、式(6-5d)+式(6-5e)和式(6-5g)+式(6-5h)，并进行 $m+1$ 阶 Hankel 变换，可得：

$$\dfrac{\mathrm{d}^2}{\mathrm{d}\bar{z}^2}[H^{m+1}(\bar{u}_{rm} + \bar{u}_{\theta m})] + (\bar{\delta}^2 - k^2)[H^{m+1}(\bar{u}_{rm} + \bar{u}_{\theta m})] =$$
$$(\bar{\lambda}_c + 1)k \bar{e}_{\mathrm{m}}^{m} + \overline{M} k \bar{\varepsilon}_{\mathrm{m}}^{m} + \overline{N} k \bar{\xi}_{\mathrm{m}}^{m} - \bar{\rho}_f \bar{\delta}^2[H^{m+1}(\bar{v}_{rm} + \bar{v}_{\theta m})] - \bar{\rho}_a \bar{\delta}^2[H^{m+1}(\bar{w}_{rm} + \bar{w}_{\theta m})] \tag{6-15a}$$

$$H^{m+1}(\bar{v}_{rm} + \bar{v}_{\theta m}) = \dfrac{1}{b_2}\{\bar{\rho}_f \bar{\delta}^2[H^{m+1}(\bar{u}_{rm} + \bar{u}_{\theta m})] - \overline{D}_1 k \bar{e}_{\mathrm{m}}^{m} - \overline{D}_2 k \bar{\varepsilon}_{\mathrm{m}}^{m} - \overline{D}_3 k \bar{\xi}_{\mathrm{m}}^{m}\} \tag{6-15b}$$

$$H^{m+1}(\bar{w}_{rm} + \bar{w}_{\theta m}) = \dfrac{1}{b_3}\{\bar{\rho}_a \bar{\delta}^2[H^{m+1}(\bar{u}_{rm} + \bar{u}_{\theta m})] - \overline{D}_4 k \bar{e}_{\mathrm{m}}^{m} - \overline{D}_5 k \bar{\varepsilon}_{\mathrm{m}}^{m} - \overline{D}_6 k \bar{\xi}_{\mathrm{m}}^{m}\} \tag{6-15c}$$

同理,将式(6-5a)—式(6-5b)、式(6-5d)—式(6-5e)和式(6-5g)—式(6-5h),并进行 $m-1$ 阶 Hankel 变换,可得:

$$\frac{\mathrm{d}^2}{\mathrm{d}\bar{z}^2}[H^{m-1}(\bar{u}_{rm}-\bar{u}_{\theta m})]+(\bar{\delta}^2-k^2)[H^{m+1}(\bar{u}_{rm}-\bar{u}_{\theta m})]=$$
$$-\bar{\rho}_f\bar{\delta}^2[H^{m-1}(\bar{v}_{rm}-\bar{v}_{\theta m})]-\bar{\rho}_a\bar{\delta}^2[H^{m-1}(\bar{w}_{rm}-\bar{w}_{\theta m})]-(\bar{\lambda}_c+1)k\,\bar{e}_m^m-\overline{M}k\,\bar{\varepsilon}_m^m-\overline{N}k\,\bar{\xi}_m^m$$
(6-16a)

$$H^{m-1}(\bar{v}_{rm}-\bar{v}_{\theta m})=\frac{1}{b_2}\{\bar{\rho}_f\bar{\delta}^2[H^{m-1}(\bar{u}_{rm}-\bar{u}_{\theta m})]+\overline{D}_1k\,\bar{e}_m^m+\overline{D}_2k\,\bar{\varepsilon}_m^m+\overline{D}_3k\,\tilde{\xi}_m^m\} \quad (6\text{-}16\text{b})$$

$$H^{m-1}(\bar{w}_{rm}-\bar{w}_{\theta m})=\frac{1}{b_3}\{\bar{\rho}_a\bar{\delta}^2[H^{m-1}(\bar{u}_{rm}-\bar{u}_{\theta m})]+\overline{D}_4k\,\bar{e}_m^m+\overline{D}_5k\,\bar{\varepsilon}_m^m+\overline{D}_6k\,\tilde{\xi}_m^m\} \quad (6\text{-}16\text{c})$$

根据式(6-15)和式(6-16),可得:

$$H^{m+1}(\bar{u}_{rm}+\bar{u}_{\theta m})=T_0\exp(\lambda_0\bar{z})+R_0\exp(-\lambda_0\bar{z})-$$
$$k\sum_{n=1}^{3}S_n[B_n\exp(\lambda_n\bar{z})+C_n\exp(-\lambda_n\bar{z})] \quad (6\text{-}17\text{a})$$

$$H^{m+1}(\bar{v}_{rm}+\bar{v}_{\theta m})=\frac{\bar{\rho}_f\bar{\delta}^2}{b_2}[T_0\exp(\lambda_0\bar{z})+R_0\exp(-\lambda_0\bar{z})]-$$
$$k\sum_{n=1}^{3}S_n d_{\varepsilon n}[B_n\exp(\lambda_n\bar{z})+C_n\exp(-\lambda_n\bar{z})] \quad (6\text{-}17\text{b})$$

$$H^{m+1}(\bar{w}_{rm}+\bar{w}_{\theta m})=\frac{\bar{\rho}_a\bar{\delta}^2}{b_3}[T_0\exp(\lambda_0\bar{z})+R_0\exp(-\lambda_0\bar{z})]-$$
$$k\sum_{n=1}^{3}S_n d_{\xi n}[B_n\exp(\lambda_n\bar{z})+C_n\exp(-\lambda_n\bar{z})] \quad (6\text{-}17\text{c})$$

$$H^{m-1}(\bar{u}_{rm}-\bar{u}_{\theta m})=\frac{2\lambda_0}{k}[B_0\exp(\lambda_0\bar{z})+C_0\exp(-\lambda_0\bar{z})]+$$
$$[T_0\exp(\lambda_0\bar{z})+R_0\exp(-\lambda_0\bar{z})]+$$
$$k\sum_{n=1}^{3}S_n[B_n\exp(\lambda_n\bar{z})+C_n\exp(-\lambda_n\bar{z})] \quad (6\text{-}18\text{a})$$

$$H^{m-1}(\bar{v}_{rm}-\bar{v}_{\theta m})=\frac{\bar{\rho}_f\bar{\delta}^2}{b_2}[T_1\exp(\lambda_0\bar{z})+R_1\exp(-\lambda_0\bar{z})]+$$
$$k\sum_{n=1}^{3}S_n d_{\varepsilon n}[B_n\exp(\lambda_n\bar{z})+C_n\exp(-\lambda_n\bar{z})] \quad (6\text{-}18\text{b})$$

$$H^{m-1}(\bar{w}_{rm}-\bar{w}_{\theta m})=\frac{\bar{\rho}_a\bar{\delta}^2}{b_3}[T_1\exp(\lambda_0\bar{z})+R_1\exp(-\lambda_0\bar{z})]+$$
$$k\sum_{n=1}^{3}S_n d_{\xi n}[B_n\exp(\lambda_n\bar{z})+C_n\exp(-\lambda_n\bar{z})] \quad (6\text{-}18\text{c})$$

对 $e_m$ 进行 $m$ 阶 Hankel 变换,可得:

$$\bar{e}_m^m=\frac{\mathrm{d}\bar{\tilde{u}}_{zm}^m}{\mathrm{d}\bar{z}}+\frac{k}{2}[H^{m+1}(\bar{u}_{rm}+\bar{u}_{\theta m})-H^{m-1}(\bar{u}_{rm}-\bar{u}_{\theta m})] \quad (6\text{-}19)$$

将式(6-17a)和式(6-18a)代入上式,可得:

$$T_1 = \frac{2\lambda_0 B_0}{k} + T_0 \tag{6-20a}$$

$$R_1 = \frac{2\lambda_0 C_0}{k} + R_0 \tag{6-20b}$$

根据式(6-13a)~式(6-14a)、式(6-17a)和式(6-18a)，由式(6-6)可得土骨架、孔隙水和气体的应力表达式为：

$$\tilde{\sigma}_{zm}^m = 2\lambda_0 [B_0 \exp(\lambda_0 \bar{z}) + C_0 \exp(-\lambda_0 \bar{z})] + \sum_{n=1}^{3} a_n [B_n \exp(\lambda_n \bar{z}) + C_n \exp(-\lambda_n \bar{z})] \tag{6-21a}$$

$$\begin{aligned} H^{m+1}(\bar{\tau}_{zrm} + \bar{\tau}_{z\theta m}) &= \frac{\mathrm{d}}{\mathrm{d}\bar{z}}[H^{m+1}(\bar{u}_{rm} + \bar{u}_{\theta m})] - k\tilde{u}_{zm}^m \\ &= \lambda_0 [T_0 \exp(\lambda_0 \bar{z}) - R_0 \exp(-\lambda_0 \bar{z})] - \\ &\quad k[B_0 \exp(\lambda_0 \bar{z}) - C_0 \exp(-\lambda_0 \bar{z})] - \\ &\quad 2k\sum_{n=1}^{3} S_n \lambda_n [B_n \exp(\lambda_n \bar{z}) - C_n \exp(-\lambda_n \bar{z})] \end{aligned} \tag{6-21b}$$

$$\begin{aligned} H^{m-1}(\bar{\tau}_{zrm} - \bar{\tau}_{z\theta m}) &= \frac{\mathrm{d}}{\mathrm{d}\bar{z}}[H^{m-1}(\bar{u}_{rm} - \bar{u}_{\theta m})] + k\tilde{u}_{zm}^m \\ &= \lambda_0 [T_0 \exp(\lambda_0 \bar{z}) - R_0 \exp(-\lambda_0 \bar{z})] + \\ &\quad \left(\frac{2\lambda_0^2}{k} + k\right)[B_0 \exp(\lambda_0 \bar{z}) - C_0 \exp(-\lambda_0 \bar{z})] + \\ &\quad 2k\sum_{n=1}^{3} S_n \lambda_n [B_n \exp(\lambda_n \bar{z}) - C_n \exp(-\lambda_n \bar{z})] \end{aligned} \tag{6-21c}$$

$$\bar{p}_{fm}^m = -\sum_{n=1}^{3} \delta_{2n}[B_n \exp(\lambda_n \bar{z}) + C_n \exp(-\lambda_n \bar{z})] \tag{6-21d}$$

$$\bar{p}_{am}^m = -\sum_{n=1}^{3} \delta_{3n}[B_n \exp(\lambda_n \bar{z}) + C_n \exp(-\lambda_n \bar{z})] \tag{6-21e}$$

式中 $a_n = \bar{\lambda} + 2S_n \lambda_n^2$。

上式即为非饱和土的位移及应力分量在 Hankel 变换域上的 Fourier 级数解，待定系数 $B_n$、$C_n$($n=0,1,2,3$)及 $T_n$、$R_n$($n=0,1$)可由边界条件及连续性条件来确定。

### 6.1.3 边界条件及解答

考虑图 6-1 所示非饱和土半空间体系，假设在距离土体表面深度为 $z'$ 的平面上作用一任意分布的埋置简谐荷载 $F(r,\theta,z) = f_r(r,\theta,z')\delta(z-z')e_r + f_\theta(r,\theta,z')\delta(z-z')e_\theta + f_z(r,\theta,z')\delta(z-z')e_z$。为了求解该问题，将半空间区域沿荷载作用平面分割成两个区域：区域 1 表示 $0<z<z'$，区域 2 表示 $z'<z<\infty$[(在后续分析中,对区域中的位移、应力均以上标 (1)、(2)来区分)]。由波的辐射条件可知，当 $z \to \infty$ 时，各量应趋近于零，可知对应于区域 2 的五个任意函数 $B_0^{(2)} \sim B_3^{(2)} \equiv 0$，$T_0^{(2)} \equiv 0$。同时假定半空间表

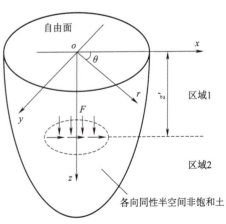

图 6-1 埋置荷载下半空间非饱和土地基

面既透水又透气，则相应的边界条件和连续性条件可写为：

$$\sigma_{zim}^{(1)}(r,0)=0 \quad i=r,\theta,z \tag{6-22a}$$

$$p_{fm}^{(1)}(r,0)=0 \tag{6-22b}$$

$$p_{am}^{(1)}(r,0)=0 \tag{6-22c}$$

$$u_{zm}^{(1)}(r,z')-u_{zm}^{(2)}(r,z')=0 \tag{6-22d}$$

$$[u_{rm}^{(1)}(r,z')+u_{\theta m}^{(1)}(r,z')]-[u_{rm}^{(2)}(r,z')+u_{\theta m}^{(2)}(r,z')]=0 \tag{6-22e}$$

$$[u_{rm}^{(1)}(r,z')-u_{\theta m}^{(1)}(r,z')]-[u_{rm}^{(2)}(r,z')-u_{\theta m}^{(2)}(r,z')]=0 \tag{6-22f}$$

$$p_{fm}^{(1)}(r,z')-p_{fm}^{(2)}(r,z')=0 \tag{6-22g}$$

$$p_{am}^{(1)}(r,z')-p_{am}^{(2)}(r,z')=0 \tag{6-22h}$$

$$\sigma_{zm}^{(1)}(r,z')-\sigma_{zm}^{(2)}(r,z')=f_{zm}(r,z') \tag{6-22i}$$

$$[\tau_{zrm}^{(1)}(r,z')+\tau_{z\theta m}^{(1)}(r,z')]-[\tau_{zrm}^{(2)}(r,z')+\tau_{z\theta m}^{(2)}(r,z')]=f_{rm}(r,z')+f_{\theta m}(r,z') \tag{6-22j}$$

$$[\tau_{zrm}^{(1)}(r,z')-\tau_{z\theta m}^{(1)}(r,z')]-[\tau_{zrm}^{(2)}(r,z')-\tau_{z\theta m}^{(2)}(r,z')]=f_{rm}(r,z')-f_{\theta m}(r,z') \tag{6-22k}$$

$$v_{zm}^{(1)}(r,z')-v_{zm}^{(2)}(r,z')=0 \tag{6-22l}$$

$$w_{zm}^{(1)}(r,z')-w_{zm}^{(2)}(r,z')=0 \tag{2-22m}$$

式中，$f_{rm}(r,z')$，$f_{\theta m}(r,z')$ 和 $f_{zm}(r,z')$ 为埋置荷载 $f_{rm}(r,\theta,z')$，$f_{\theta m}(r,\theta,z')$ 和 $f_{zm}(r,\theta,z')$ 的 Fourier 级数系数，满足如下关系：

$$f_r(r,\theta,z')=\sum_{m=0}^{\infty}f_{rm}(r,z')\cos m\theta \tag{6-23a}$$

$$f_{\theta}(r,\theta,z')=\sum_{m=0}^{\infty}f_{\theta m}(r,z')\sin m\theta \tag{6-23b}$$

$$f_z(r,\theta,z')=\sum_{m=0}^{\infty}f_{zm}(r,z')\cos m\theta \tag{6-23c}$$

将式(6-14a)~式(6-14c)、式(6-17a)、式(6-18a)及式(6-21a)~式(6-21e)代入式(6-22a)~式(6-22 m)的无量纲 Hankel 变换式，经整理后可写成以下矩阵形式：

$$\mathbf{A} \cdot \mathbf{X} = \mathbf{B} \tag{6-24}$$

式中 系数矩阵 $\mathbf{A}$ 为 $15\times15$ 方阵；$\mathbf{X}$ 为待求列向量；

$A_{15\times15}=[A_1,A_2,A_3,A_4,A_5,A_6,A_7,A_8,A_9,A_{10},A_{11},A_{12},A_{13},A_{14},A_{15}]^T$；

$X^T=\begin{Bmatrix} B_0^{(1)}e^{\lambda_0\bar{z}'},C_0^{(1)}e^{-\lambda_0\bar{z}'},B_1^{(1)}e^{\lambda_1\bar{z}'},C_1^{(1)}e^{-\lambda_1\bar{z}'},B_2^{(1)}e^{\lambda_2\bar{z}'},C_2^{(1)}e^{-\lambda_2\bar{z}'},B_3^{(1)}e^{\lambda_3\bar{z}'},C_3^{(1)}e^{-\lambda_3\bar{z}'},T_0^{(1)}e^{\lambda_0\bar{z}'},R_0^{(1)}e^{-\lambda_0\bar{z}'}, \\ C_0^{(2)}e^{-\lambda_0\bar{z}'},C_1^{(2)}e^{-\lambda_1\bar{z}'},C_2^{(2)}e^{-\lambda_2\bar{z}'},C_3^{(2)}e^{-\lambda_3\bar{z}'},R_0^{(2)}e^{-\lambda_0\bar{z}'} \end{Bmatrix}$；

$B^T=\{0,0,0,0,0,0,0,0,0,0,0,0,\widetilde{\bar{f}}_{zm}^m(k,\bar{z}'),\widetilde{\bar{f}}_{(r+\theta)m}^m(k,\bar{z}'),\widetilde{\bar{f}}_{(r-\theta)m}^m(k,\bar{z}'),0,0\}$；

$\widetilde{\bar{f}}_{(r+\theta)m}^m(k,\bar{z}')=\dfrac{k}{2}\{H^{m+1}[\bar{f}_{rm}(r,\bar{z}')+\bar{f}_{\theta m}(r,\bar{z}')]+H^{m-1}[\bar{f}_{rm}(r,z')-\bar{f}_{\theta m}(r,\bar{z}')]\}$；

$\widetilde{\bar{f}}_{(r-\theta)m}^m(k,\bar{z}')=\dfrac{k}{2}\{H^{m+1}[\bar{f}_{rm}(r,\bar{z}')+f_{\theta m}(r,\bar{z}')]-H^{m-1}[\bar{f}_{rm}(r,\bar{z}')-\bar{f}_{\theta m}(r,\bar{z}')]\}$；

其中 $\bar{z}'=z'/R$，$\bar{f}_r=f_r/\mu$，$\bar{f}_{\theta}=f_{\theta}/\mu$。

系数矩阵 $\mathbf{A}$ 中 15 个行向量表达式为：

$A_1=[2\lambda_0 e^{-\lambda_0\bar{z}'},2\lambda_0 e^{\lambda_0\bar{z}'},a_1 e^{-\lambda_1\bar{z}'},a_1 e^{\lambda_1\bar{z}'},a_2 e^{-\lambda_2\bar{z}'},a_2 e^{\lambda_2\bar{z}'},a_3 e^{-\lambda_3\bar{z}'},a_3 e^{\lambda_3\bar{z}'},0,0,0,0,0,0,0]$；

$A_2=[0,0,\delta_{21}e^{-\lambda_1\bar{z}'},\delta_{21}e^{\lambda_1\bar{z}'},\delta_{22}e^{-\lambda_2\bar{z}'},\delta_{22}e^{\lambda_2\bar{z}'},\delta_{23}e^{-\lambda_3\bar{z}'},\delta_{23}e^{\lambda_3\bar{z}'},0,0,0,0,0,0,0]$；

$A_3=[0,0,\delta_{31}e^{-\lambda_1\bar{z}'},\delta_{31}e^{\lambda_1\bar{z}'},\delta_{32}e^{-\lambda_2\bar{z}'},\delta_{32}e^{\lambda_2\bar{z}'},\delta_{33}e^{-\lambda_3\bar{z}'},\delta_{33}e^{\lambda_3\bar{z}'},0,0,0,0,0,0,0]$；

$A_4 = [\lambda_0 e^{-\lambda_0 \bar{z}'}, -\lambda_0 e^{\lambda_0 \bar{z}'}, 0, 0, 0, 0, 0, 0, k e^{-\lambda_0 \bar{z}'}, -k e^{\lambda_0 \bar{z}'}, 0, 0, 0, 0, 0];$

$A_5 = \begin{bmatrix} (\lambda_0^2 + k^2) e^{-\lambda_0 \bar{z}'}, -(\lambda_0^2 + k^2) e^{\lambda_0 \bar{z}'}, 2k^2 S_1 \lambda_1 e^{-\lambda_1 \bar{z}'}, -2k^2 S_1 \lambda_1 e^{\lambda_1 \bar{z}'}, 2k^2 S_2 \lambda_2 e^{-\lambda_2 \bar{z}'}, \\ -2k^2 S_2 \lambda_2 e^{\lambda_2 \bar{z}'}, 2k^2 S_3 \lambda_3 e^{-\lambda_3 \bar{z}'}, -2k^2 S_3 \lambda_3 e^{\lambda_3 \bar{z}'}, 0, 0, 0, 0, 0, 0, 0 \end{bmatrix};$

$A_6 = [1, -1, S_1 \lambda_1, -S_1 \lambda_1, S_2 \lambda_2, -S_2 \lambda_2, S_3 \lambda_3, -S_3 \lambda_3, 0, 0, 1, S_1 \lambda_1, S_2 \lambda_2, S_3 \lambda_3, 0];$

$A_7 = [\lambda_0, \lambda_0, 0, 0, 0, 0, 0, 0, k, k, -\lambda_0, 0, 0, 0, -k];$

$A_8 = [\lambda_0, \lambda_0, k^2 S_1, k^2 S_1, k^2 S_2, k^2 S_2, k^2 S_3, k^2 S_3, 0, 0, -\lambda_0, -k^2 S_1, -k^2 S_2, -k^2 S_3, 0];$

$A_9 = [0, 0, -\delta_{21}, -\delta_{21}, -\delta_{22}, -\delta_{22}, -\delta_{23}, -\delta_{23}, 0, 0, 0, \delta_{21}, \delta_{22}, \delta_{23}, 0];$

$A_{10} = [0, 0, -\delta_{31}, -\delta_{31}, -\delta_{32}, -\delta_{32}, -\delta_{33}, -\delta_{33}, 0, 0, 0, \delta_{31}, \delta_{32}, \delta_{33}, 0];$

$A_{11} = [2\lambda_0, 2\lambda_0, a_1, a_1, a_2, a_2, a_3, a_3, 0, 0, -2\lambda_0, -a_1, -a_2, -a_3, 0];$

$A_{12} = [\lambda_0^2, -\lambda_0^2, 0, 0, 0, 0, 0, 0, k\lambda_0, -k\lambda_0, \lambda_0^2, 0, 0, 0, k\lambda_0];$

$A_{13} = \begin{bmatrix} -(\lambda_0^2 + k^2), \lambda_0^2 + k^2, -2k^2 S_1 \lambda_1, 2k^2 S_1 \lambda_1, -2k^2 S_2 \lambda_2, 2k^2 S_2 \lambda_2, -2k^2 S_3 \lambda_3, \\ 2k^2 S_3 \lambda_3, 0, 0, -(\lambda_0^2 + k^2), -2k^2 S_1 \lambda_1, -2k^2 S_2 \lambda_2, -2k^2 S_3 \lambda_3, 0 \end{bmatrix};$

$A_{14} = \begin{bmatrix} \bar{\rho}_f \bar{\delta}^2 / b_2, -\bar{\rho}_f \bar{\delta}^2 / b_2, S_1 d_{\varepsilon 1} \lambda_1, -S_1 d_{\varepsilon 1} \lambda_1, S_2 d_{\varepsilon 2} \lambda_2, -S_2 d_{\varepsilon 2} \lambda_2, S_3 d_{\varepsilon 3} \lambda_3, \\ -S_3 d_{\varepsilon 3} \lambda_3, 0, 0, \bar{\rho}_f \bar{\delta}^2 / b_2, S_1 d_{\varepsilon 1} \lambda_1, S_2 d_{\varepsilon 2} \lambda_2, S_3 d_{\varepsilon 3} \lambda_3, 0 \end{bmatrix};$

$A_{15} = \begin{bmatrix} \bar{\rho}_a \bar{\delta}^2 / b_3, -\bar{\rho}_a \bar{\delta}^2 / b_3, S_1 d_{\xi 1} \lambda_1, -S_1 d_{\xi 1} \lambda_1, S_2 d_{\xi 2} \lambda_2, -S_2 d_{\xi 2} \lambda_2, S_3 d_{\xi 3} \lambda_3, \\ -S_3 d_{\xi 3} \lambda_3, 0, 0, \bar{\rho}_a \bar{\delta}^2 / b_3, S_1 d_{\xi 1} \lambda_1, S_2 d_{\xi 2} \lambda_2, S_3 d_{\xi 3} \lambda_3, 0 \end{bmatrix}.$

对于水平荷载情况,上式中定义的荷载系数可写为:

$$\tilde{\bar{f}}^m_{(r+\theta)m}(k, \bar{z}') = \frac{J_1(k)}{\pi R^2 \mu} \qquad m = 1 \qquad (6\text{-}25\text{a})$$

$$\tilde{\bar{f}}^m_{(r-\theta)m}(k, \bar{z}') = -\frac{J_1(k)}{\pi R^2 \mu} \qquad m = 1 \qquad (6\text{-}25\text{b})$$

$$\tilde{\bar{f}}^m_{zm}(k, \bar{z}') = 0 \qquad m = 0, 1, 2, \cdots \qquad (6\text{-}25\text{c})$$

对于竖向荷载作用,上述问题则退化到三维轴对称情况,式(6-24)中定义的荷载系数可写为:

$$\tilde{\bar{f}}^m_{(r+\theta)m}(k, \bar{z}') = 0 \qquad m = 0, 1, 2, \cdots \qquad (6\text{-}26\text{a})$$

$$\tilde{\bar{f}}^m_{(r-\theta)m}(k, \bar{z}') = 0 \qquad m = 0, 1, 2, \cdots \qquad (6\text{-}26\text{b})$$

$$\tilde{\bar{f}}^m_{zm}(k, \bar{z}') = \frac{J_1(k)}{\pi R^2 \mu k} \qquad m = 0 \qquad (6\text{-}26\text{c})$$

且各式中关于$\theta$的变量自动消失,即$u_\theta = v_\theta = w_\theta = \tau_{z\theta} = 0$。

求解方程(6-24)后,可得到15个待定系数,将待定系数代入式(6-14)、式(6-17)、式(6-18)和式(6-21),即可求得变换域内土体骨架位移、应力及孔隙流体、空气压力的积分形式解,进行相应 Hankel 逆变换后可得到时间域内半空间任意点的位移和应力解答。两个区域内($i = 1, 2$)的位移表达式可写为:

$$\bar{u}_r^{(i)}(\bar{r}, \theta, \bar{z}) = \frac{1}{2} \sum_{m=0}^{\infty} \left\{ \int_0^\infty \left\{ \begin{array}{l} [T_0^{(i)} \exp(\lambda_0 \bar{z}) + R_0^{(i)} \exp(-\lambda_0 \bar{z})](J_{m+1}(k\bar{r}) + J_{m-1}(k\bar{r})) \\ + k \sum_{n=1}^3 S_n [B_n^{(i)} \exp(\lambda_n \bar{z}) + C_n^{(i)} \exp(-\lambda_n \bar{z})](J_{m-1}(k\bar{r}) - J_{m+1}(k\bar{r})) \\ + \frac{2\lambda_0}{k} [B_0^{(i)} \exp(\lambda_0 \bar{z}) + C_0^{(i)} \exp(-\lambda_0 \bar{z})] J_{m-1}(k\bar{r}) \end{array} \right\} k dk \right\} \cos m\theta$$

(6-27a)

$$\bar{u}_\theta^{(i)}(\bar{r},\theta,\bar{z}) = \frac{1}{2}\sum_{m=0}^{\infty}\left\{\int_0^\infty \begin{bmatrix} \left[T_0^{(i)}\exp(\lambda_0\bar{z})+R_0^{(i)}\exp(-\lambda_0\bar{z})\right](J_{m+1}(k\bar{r})-J_{m-1}(k\bar{r})) \\ -k\sum_{n=1}^{3}S_n\left[B_n^{(i)}\exp(\lambda_n\bar{z})+C_n^{(i)}\exp(-\lambda_n\bar{z})\right](J_{m-1}(k\bar{r})+J_{m+1}(k\bar{r})) \\ -\frac{2\lambda_0}{k}\left[B_0^{(i)}\exp(\lambda_0\bar{z})+C_0^{(i)}\exp(-\lambda_0\bar{z})\right]J_{m-1}(k\bar{r}) \end{bmatrix} k\mathrm{d}k\right\}\sin m\theta$$

(6-27b)

$$\bar{u}_z^{(i)}(\bar{r},\theta,\bar{z}) = \sum_{m=0}^{\infty}\left\{\int_0^\infty \begin{Bmatrix} B_0^{(i)}\exp(\lambda_0\bar{z})-C_0^{(i)}\exp(-\lambda_0\bar{z})+ \\ \sum_{n=1}^{3}S_n\lambda_n\left[B_n^{(i)}\exp(\lambda_n\bar{z})-C_n^{(i)}\exp(-\lambda_n\bar{z})\right] \end{Bmatrix}J_m(k\bar{r})k\mathrm{d}k\right\}\cos m\theta$$

(6-27c)

两个区域内($i=1,2$)的应力表达式可写为:

$$\bar{\sigma}_z^{(i)}(\bar{r},\theta,\bar{z}) = \sum_{m=0}^{\infty}\left\{\int_0^\infty \begin{Bmatrix} 2\lambda_0\left[B_0^{(i)}\exp(\lambda_0\bar{z})+C_0^{(i)}\exp(-\lambda_0\bar{z})\right] \\ +\sum_{n=1}^{3}a_n\left[B_n^{(i)}\exp(\lambda_n\bar{z})+C_n^{(i)}\exp(-\lambda_n\bar{z})\right] \end{Bmatrix}J_m(k\bar{r})k\mathrm{d}k\right\}\cos m\theta$$

(6-28a)

$$\bar{\tau}_{zr}^{(i)}(\bar{r},\theta,\bar{z}) = \frac{1}{2}\sum_{m=0}^{\infty}\left\{\int_0^\infty \begin{bmatrix} \lambda_0\left[T_0^{(i)}\exp(\lambda_0\bar{z})-R_0^{(i)}\exp(-\lambda_0\bar{z})\right](J_{m+1}(k\bar{r})+J_{m-1}(k\bar{r})) \\ +2k\sum_{n=1}^{3}S_n\lambda_n\left[B_n^{(i)}\exp(\lambda_n\bar{z})-C_n^{(i)}\exp(-\lambda_n\bar{z})\right](J_{m-1}(k\bar{r})-J_{m+1}(k\bar{r})) \\ +\left[B_0^{(i)}\exp(\lambda_0\bar{z})-C_0^{(i)}\exp(-\lambda_0\bar{z})\right]\left[\left(\frac{2\lambda_0^2}{k}+k\right)J_{m-1}(k\bar{r})-kJ_{m+1}(k\bar{r})\right] \end{bmatrix} k\mathrm{d}k\right\}\cos m\theta$$

(6-28b)

$$\bar{\tau}_{z\theta}^{(i)}(\bar{r},\theta,\bar{z}) = \frac{1}{2}\sum_{m=0}^{\infty}\left\{\int_0^\infty \begin{bmatrix} \lambda_0\left[T_0^{(i)}\exp(\lambda_0\bar{z})-R_0^{(i)}\exp(-\lambda_0\bar{z})\right](J_{m+1}(k\bar{r})-J_{m-1}(k\bar{r})) \\ -2k\sum_{n=1}^{3}S_n\lambda_n\left[B_n^{(i)}\exp(\lambda_n\bar{z})-C_n^{(i)}\exp(-\lambda_n\bar{z})\right](J_{m-1}(k\bar{r})+J_{m+1}(k\bar{r})) \\ -\left[B_0^{(i)}\exp(\lambda_0\bar{z})-C_0^{(i)}\exp(-\lambda_0\bar{z})\right]\left[\left(\frac{2\lambda_0^2}{k}+k\right)J_{m-1}(k\bar{r})+kJ_{m+1}(k\bar{r})\right] \end{bmatrix} k\mathrm{d}k\right\}\sin m\theta$$

(6-28c)

$$\bar{p}_l^{(i)}(\bar{r},\theta,\bar{z}) = -\sum_{m=0}^{\infty}\left\{\int_0^\infty \left\{\sum_{n=1}^{3}\delta_{2n}\left[B_n^{(i)}\exp(\lambda_n\bar{z})+C_n^{(i)}\exp(-\lambda_n\bar{z})\right]\right\}J_m(k\bar{r})k\mathrm{d}k\right\}\cos m\theta$$

(6-28d)

$$\bar{p}_a^{(i)}(\bar{r},\theta,\bar{z}) = -\sum_{m=0}^{\infty}\left\{\int_0^\infty \left\{\sum_{n=1}^{3}\delta_{3n}\left[B_n^{(i)}\exp(\lambda_n\bar{z})+C_n^{(i)}\exp(-\lambda_n\bar{z})\right]\right\}J_m(k\bar{r})k\mathrm{d}k\right\}\cos m\theta$$

(6-28e)

### 6.1.4 非饱和土相关参数的确定

#### 6.1.4.1 非饱和土的土—水特征曲线

非饱和土的土—水特征曲线(Soil-Water Characteristic Curve)是描述非饱和土饱和度(或含水量)随基质吸力变化的曲线。目前常用的有 Brooks and Corey(B-C)和 Van

Genuchten(V-G)两种曲线。Chen 等人根据多相液流试验结果,利用反演方法对后面分析中将用到的 Columbia 粉砂质黏土(63.2%砂土,27.5%粉土和9.3%黏土)在两种模式下的拟合参数进行优化,发现 B-C 模型的预测精度较差。故本章选用在土壤水力特性研究中较为流行的 Van Genuchten 模型:

$$[1+(\chi p_c)^d]^{-m}=S_e \tag{6-29}$$

式中 $\chi$、$m$ 和 $d$——分别为拟合参数,且满足 $m=1-1/d$;

$p_c$——基质吸力,$p_c = p_a - p_f$;

其他符号同前。

根据 Mualem 的孔隙大小分布模式,湿润与非湿润流体的相对渗透系数与饱和度之间可以由下式表示:

$$k_{rf}=\sqrt{S_e}\{1-[1-(S_e)^{\frac{1}{m}}]^m\}^2 \tag{6-30a}$$

$$k_{ra}=\sqrt{1-S_e}[1-(S_e)^{\frac{1}{m}}]^{2m} \tag{6-30b}$$

### 6.1.4.2 非饱和土的动剪切模量

土的动剪切模量是分析土中波的传播和地基动力响应的一个特别重要的特性指标,对土的有效侧限应力和位移非常敏感。非饱和状态下的 $\mu$ 值将不同于干燥的或饱和状态下的值。研究表明,由于非饱和土中的毛细张力作用,产生的基质吸力使颗粒间有效应力增加,从而提高土的抗剪强度,继而使动剪切模量增大,并在试验基础上提出一些随饱和度变化的经验公式。然而这些计算公式大部分针对无黏性的砂土,由于不同类型黏性土的特性存在较大差异,目前尚未提出一个类似砂土的计算任意饱和度下动剪切模量的经验公式。

Seed 和 Idriss 发现黏土的低幅动剪切模量 $\mu$ 可由固结不排水剪切强度 $\tau_u$ 换算得到:

$$\mu=(1\,100\sim 4\,000)\tau_u \tag{6-31}$$

Martin 和 Seed 将式中这个比值改为 2 050。实际上,$\mu$ 与 $\tau_u$ 之比与黏土类型有关,且具有区域性,最好按当地统计结果取值,如泥炭的 $\mu/\tau_u$ 值就可能小于 200。

此外,非饱和土的抗剪强度与土—水特征曲线有关。Fredlund 等人利用非饱和土的土—水特征曲线方程确定非饱和土抗剪强度 $\tau_u$ 随吸力变化的非线性规律,得到了下面的非饱和土抗剪强度公式:

$$\tau_u = c' + (\sigma - p_a)\tan\varphi' + \tan\varphi' \int_0^{p_c} S_e dp_c \tag{6-32}$$

式中 $c'$ 和 $\varphi'$——饱和土的有效黏聚力和有效内摩擦角。

通过以上两式,则可建立起黏性土饱和度与动剪切模量的关系。本章数值算例中将采用该式对动剪切模量进行修正:

$$\mu = \mu_s + \frac{(1\,100\sim 4\,000)}{\chi}\tan\varphi' \int_0^{p_c} \frac{S_r - S_{w0}}{1 - S_{w0}} dp_c \tag{6-33}$$

式中 $\mu_s$——土体完全饱和时的动剪切模量。

将土—水特征曲线 V-G 模型代入上式,并取 $d=2, m=0.5$,则可到随饱和度变化的黏性土动剪切模量表达式为:

$$\mu=\mu_s+\frac{(1\,100\sim 4\,000)}{\chi}\tan\varphi'\ln(\sqrt{S_e^{-2}-1}+S_e^{-1}) \tag{6-34}$$

## 6.1.5 计算与讨论

### 6.1.5.1 解的退化与验证

为了验证公式推导的正确性,在程序中令 $S_r=\gamma=0.999, A_s=0, \pi R^2 q=1$,将非饱和半空间的解退化到饱和土半空间情况,并与 Chen 等人的结果进行对比。算例中土体参数选自相关文献,孔隙水和空气参数参见下节 6.1.5.2。由于相关文献仅给出了土体各指标无量纲形式的数值,本章中需用到的其他具体参数经换算分别为:$\mu_s=312$ MPa,$K_s=22.5$ GPa,$\rho=1\,886.8$ kg/m³,$n=0.482$。图 6-2(a)、(b)分别给出了单位水平荷载在埋置深度 $\bar{z}'=5$ 时径向位移沿深度以及地表位移随距荷载中心距离的变化规律。由图可知,本章计算结果与 Chen 的计算结果吻合得较好。此外,将 $S_r$ 趋近于 $S_{w0}$,将本章解答退化到单相介质土体(弹性土),同时与 Pak 的结果进行对比,结果列于图 6-3(a)和(b)中。其中计算参数为:无量纲频率 $\delta=0.5, \lambda/\mu=1$,颗粒密度 $\rho_s=2\,000$ kg/m³,孔隙比 $n=0.4$。经对比,两者结果基本吻合。以上对比验证了本章数值计算的正确性,也说明采用三相介质波动理论,能很好地退到以往单相和饱和两相介质的土动力学问题,解答具有普适性。

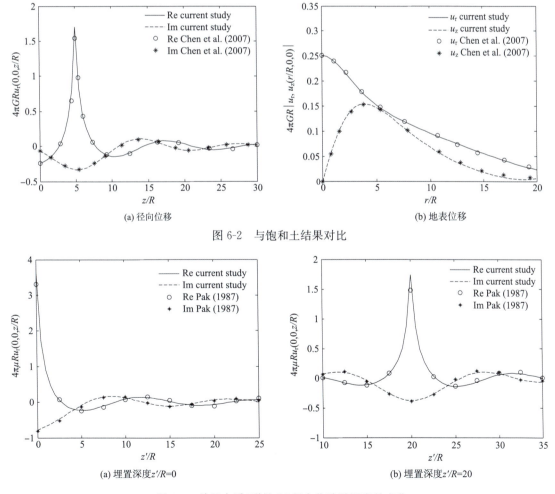

(a) 径向位移    (b) 地表位移

图 6-2 与饱和土结果对比

(a) 埋置深度 $z'/R=0$    (b) 埋置深度 $z'/R=20$

图 6-3 单相介质(弹性土)径向位移随深度的变化

值得说明的是,式(6-27)和式(6-28)的位移和应力表达式是一组关于振荡函数 Bessel 的无穷积分。由于波动方程考虑了土体的弥散特性,即固相与液相、气相间的黏性耦合效应,故被积函数沿 $k$ 的实轴方向不存在无穷奇异点,可直接进行数值积分。注意到被积函数在自变量 $k$ 达到一定数值后随着自变量的增大逐渐趋向于零,试算发现选用一个足够大的积分上限,并采用梯形积分公式且取足够小的积分步长可得到比较满意的结果。同时为避免计算过程中,某些数学软件因本身存在数值范围的限制而造成可能的数据溢出现象,例如,Matlab 软件无法给出指数函数 $\exp(x)$ 在指数 $x$ 大于 900 时的显式结果,故本章采用能精确计算任意位数(实、复数)的另一数学软件 Mathematic 来进行求解。

#### 6.1.5.2 水平振动分析

为了反映埋置水平荷载作用下各参数对非饱和土地基振动特性的规律,以下分析选取 Columbia 粉砂质黏土(又称壤土)为例,对其进行数值计算,主要分析饱和度、荷载埋置深度、振动频率和固有渗透系数对土体变形和应力的影响。土体物理力学参数为:土颗粒:$K_s=35$ GPa,$\rho_s=2\,650$ kg/m³;孔隙水:$K_f=2.25$ GPa,$\rho_f=1\,000$ kg/m³,$\eta_f=1.0\times10^{-3}$ Pa·s;空气:$K_a=145$ kPa,$\rho_a=1.29$ kg/m³,$\eta_a=18\times10^{-6}$ Pa·s;土骨架:$K_b=8.33$ MPa,$\mu_s=3.85$ MPa,$n=0.45$,$\varphi'=10°$,$S_r=0.1\sim1.0$,$\gamma=S_r$,$S_{w0}=0.05$,$\kappa=5.3\times10^{-13}$ m²;V-G 模型拟合参数:$\chi=1.0\times10^{-4}$ Pa$^{-1}$,$m=0.5$,$d=2$。由于以下讨论中激振频率位于比较低的范围内,为了简化,忽略各参数随频率的变化,即不考虑高频下的参数修正。

计算中,荷载作用半径取 $R=0.5$ m,荷载大小采用前述的 $\pi R^2 q=1$。考虑到上述土体饱和状态时的剪切模量 $\mu_s$ 较低,又属于壤土,抗剪强度较低,故假定 $\varphi'=10°$,$\mu/\tau_u=1\,200$。且除特别说明外,以下分析中均按式(6-34)考虑动剪切模量随饱和度的变化。

(1)饱和度 $S_r$ 的影响

图 6-4 给出了不同饱和度($S_r=0.2,0.6,0.9$ 和 $0.999$)对土体径向位移的影响规律,相应的动剪切模量比分别为 $2.6$、$1.7$、$1.3$ 和 $1.0$,并对比了剪切模量 $\mu$ 不随饱和度变化的计算结果(图 6-5)。从图中可以看出,饱和度的改变对土体变形有着显著的影响,随着 $S_r$ 的增大,土体位移的实部和虚部均明显增大。不同饱和度下位移分布模式基本相同,位移实部均在荷载作用面处出现峰值;远离荷载作用位置,位移迅速衰减,而虚部则光滑变化。为了解不同饱和度引起的剪切模量差异对土体变形的影响程度,模量保持不变时的计算结果如图 6-5 所示,可见该情况下位移曲线的差别明显减小。这说明相比于单纯饱和度的改变,土骨架动剪切模量的改变是饱和度影响非饱和土地基变形特性更为显著的一个因素,也是非饱和土区别饱和土的一个重要特性。

图 6-6 为不同饱和度下地表径向位移和竖向位移幅值随距离 $r$ 的变化曲线($\theta=z=0$)。由于问题的对称性,土体切向位移 $u_\theta$ 为 0。从图中可以看出,随着饱和度的减小,土体动剪切模量增加,地表位移明显降低,且竖向位移幅值明显小于径向位移。同时,对于径向位移 $u_r$,其幅值随 $r$ 的增加而单调递减,竖向位移则一开始随着 $r$ 的增加而增加,并到达一个最大值,之后则随着 $r$ 的增大而逐渐减小。不同饱和度下出现峰值的位置基本相同,说明饱和度对此基本不产生影响。

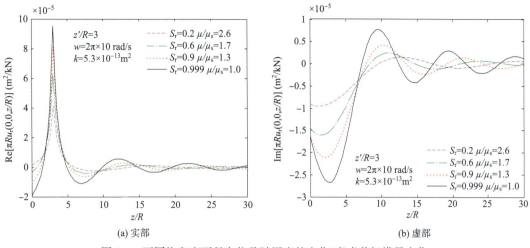

图 6-4 不同饱和度下径向位移随深度的变化（考虑剪切模量变化）

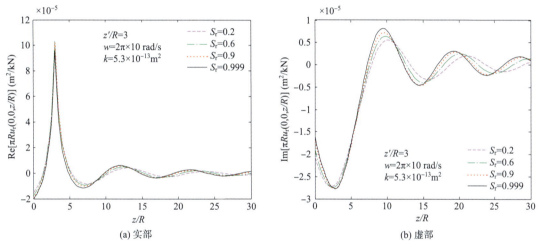

图 6-5 不同饱和度下径向位移随深度的变化（不考虑剪切模量变化）

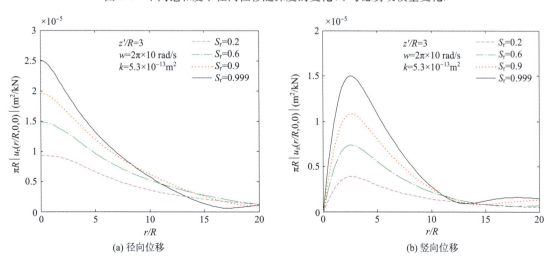

图 6-6 不同饱和度下地表位移幅值随距离的变化

图 6-7 为不同饱和度下 $r/R=2$ 处孔隙水压力和空气压力随深度的变化曲线。可知,随着饱和度的降低,孔隙中水、气逐渐处于双敞开状态,空气含量增加,孔隙压力急剧下降,特别是土体从饱和状态变化到 $S_r=0.9$ 这一阶段,降低程度尤为明显,当饱和度降至 0.2 时,流体压力几乎趋近于 0。由于假定地表为透水透气边界,地基表面孔隙水压力和空气压力均为零,而沿深度 $z$ 方向,在地表附近以及荷载作用位置孔压均出现峰值,之后则随着深度的增加迅速降低,当 $z/R=10$ 时,孔压基本消散至 0。

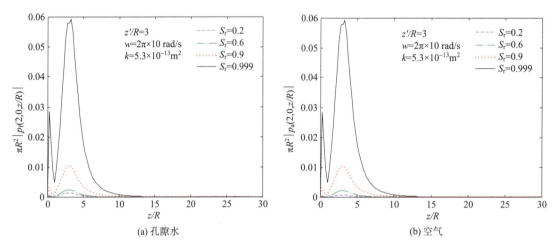

图 6-7　不同饱和度下孔隙流体随深度的变化 $r/R=2$

荷载作用边缘处($r=R$)竖向位移随深度的变化如图 6-8 所示。由图 6-8(a)可见,荷载作用面上下,实部位移的大小基本相等,但方向相反,曲线出现了跳跃,表明在水平荷载下,土体将发生朝荷载作用面方向的移动,而虚部位移则呈现出光滑分布。但相比于图 6-4 的计算结果,荷载引起的竖向位移数值很小,仅为径向位移的 1/10 左右,故分析中可忽略该方向的土体变形。

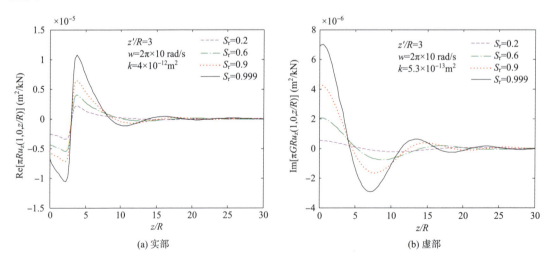

图 6-8　荷载边缘处竖向位移随深度的变化

图 6-9 为不同饱和度下剪切应力随深度的变化曲线。从图中可以看出,不同饱和度下各

实部剪切应力曲线基本相同且未出现明显波动。在荷载作用面处曲线存在跳跃,并随着距荷载位置距离的增加而迅速减小,而虚部剪切应力则呈现出明显的振荡变化,但由于其数值较小,仅为实部应力的 1/20 左右,实际分析中,可近似采用实部剪切应力来代替整个剪切应力,而不会造成太大的误差。总的说来,土体饱和度对半空间剪切应力的分布影响不大,可按土体饱和状态时的情况进行计算。

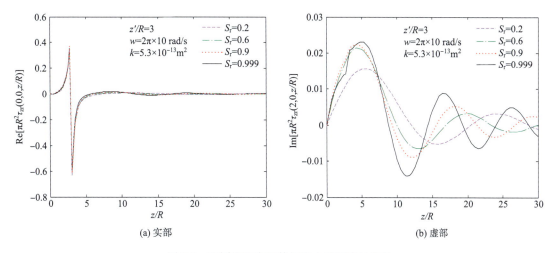

图 6-9　不同饱和度下剪切应力随深度的变化

(2) 埋置深度 $z'$ 的影响

图 6-10 给出了荷载不同埋置深度下径向位移沿深度 $z$ 方向的变化曲线。图 6-11 显示了荷载不同埋置深度对地表径向和竖向位移幅值的影响。

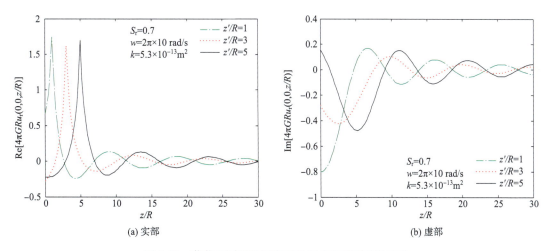

图 6-10　荷载不同埋置深度下径向位移随深度的变化

由图 6-11(a)可知,随着埋置深度的增加,径向位移幅值逐渐减小,特别是 $z'/R$ 从 1 增加至 3 时,降低程度尤为明显。但距离荷载中心 $10R$ 时,计算位移曲线的差别已经很小,荷载位置的影响已不再显著。从图 6-11(b)可以看出,竖向位移峰值随埋置深度的增大而减小,其位置也逐渐远离荷载中心,当埋置深度 $z'$ 较大时,位移在较远距离处呈现出小幅的波动性。

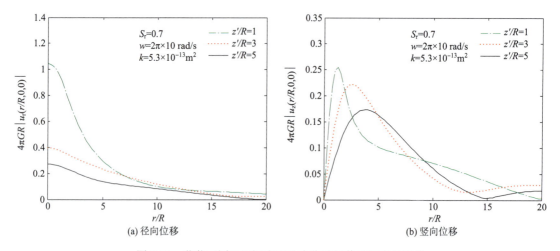

图 6-11 荷载不同埋置深度下地表位移幅值随距离的变化

（3）振动频率 $\omega$ 的影响

图 6-12 给出了三种激振频率 10 Hz、30 Hz 和 50 Hz 下土体径向位移（实、虚部）沿深度的变化。可知，随着频率增加，土体位移的振荡特性加剧，曲线出现更多峰值，空间分布变得更为复杂。图 6-13 为 $z'/R=0.5$ 和 3 两种埋置深度下不同激振频率对地表径向位移的影响，由此可见，激振频率对地基表面位移波动性有一定影响。浅源振动时，激振频率越高，地表位移幅值越小，这和振源位于地表所得出的规律基本一致。但随着埋置深度的增大，激振频率的影响则不再具有明显的规律。另外，在较高激振频率下，地表位移的波动性越强，且随距离的衰减速度也更快。

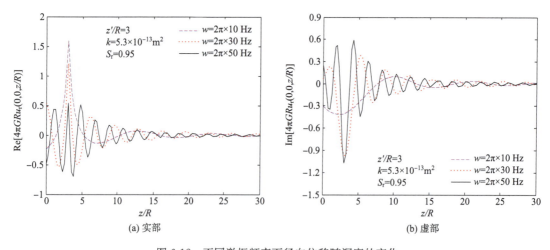

图 6-12 不同激振频率下径向位移随深度的变化

图 6-14 为不同激振频率下孔隙水压力和空气压力随深度的变化曲线。可知，随着频率增加，孔隙中流体压力升高。这是因为，当激振频率较低时，孔隙流体有足够的时间发生渗流，荷载引起的孔隙流体压力较小，而当频率较大时，孔隙流体则不易流动，故孔压增大，这时孔隙水参与抵抗变形的程度也越高。这就意味着，低频振动下的土体刚度要小于高频振动的情况，土体将产生更大的位移幅值。

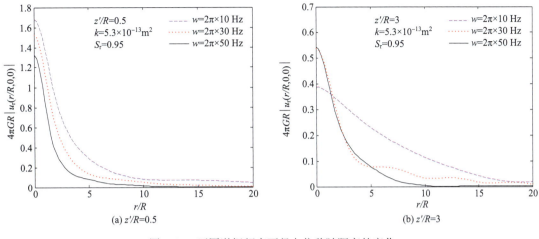

图 6-13　不同激振频率下径向位移随距离的变化

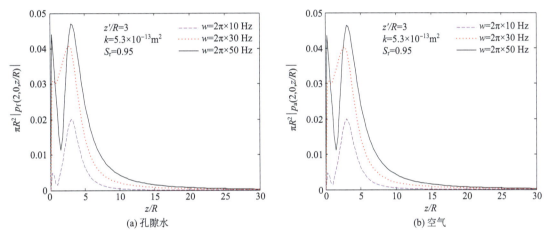

图 6-14　不同激振频率下孔隙流体随深度的变化（$r/R=2$）

(4)渗透系数 $k$ 的影响

图 6-15 研究了不同渗透系数对地表径向位移的影响。可知，饱和度较低时，由于荷载引起的孔隙水压力显著降低，三种渗透系数下的位移曲线基本重合，说明对处于索状饱和状态的土体，孔隙水对振动效应的影响非常微弱。当土体接近完全饱和时，渗透系数的影响才逐渐体现，且随着激振频率的增大，位移曲线间的差异也随之增大，但当渗透系数接近 $1\times10^{-13}\,\mathrm{m}^2$ 时，由于孔隙水难于流动，土体近似成一个封闭系统，位移曲线仍然基本重合。可见，渗透系数对动力响应的影响依赖于土体内黏性流体与土骨架相对运动的强烈程度。对于求解黏土等低渗透性土体的低频振动问题，可忽略孔隙水的惯性作用，而不会影响结果的精

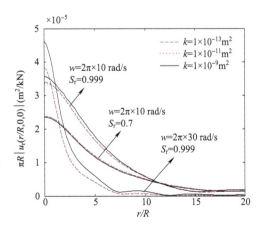

图 6-15　不同渗透系数下地表径向位移幅值随距离的变化（$z'/R=2$）

度,这与Ziekiewicz等人的结论相一致。很多学者也采用等效单相土层的方法,即采用泊松比为0.5的单相土层解来近似代替饱和土层解。

#### 6.1.5.3 竖向振动分析

(1)饱和度 $S_r$ 的影响

图6-16给出了竖向激励下饱和度对竖向位移的影响,分析中仍采用圆形分布的单位简谐荷载,只是改成了垂直作用方向,土体参数也与上节相同。由图可知,竖向激励下位移曲线沿深度的分布模式以及饱和度的影响均与水平振动的变化规律相类似,但相比于图6-4的径向位移,竖向位移的波动性明显减弱。

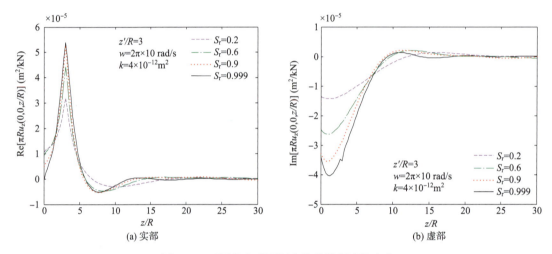

图6-16 不同饱和度下竖向位移随深度的变化

图6-17为不同饱和度下地表位移幅值沿径向距离的分布曲线。由图可知,两者位移的变化模式与水平振动的结果恰好相反,这和竖向振动的响应规律相吻合。且随着饱和度的增大,地表位移峰值逐渐增大,尽管这点与图6-6的结果相类似,但影响程度以及规律性则不如水平振动的显著,尤其当饱和度较高时($S_r$>0.9),位移曲线的差别很小,且在距荷载中心较远处,地基表面仍有一定量的变形,并未完全衰减至0。

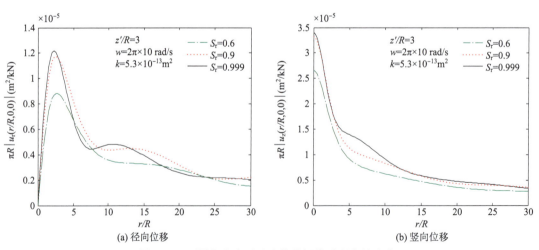

图6-17 不同饱和度下地表位移幅值随距离的变化

(2)埋置深度 $z'$ 的影响

计算发现,竖向激振下荷载埋置深度对土体位移和应力的影响规律基本与水平激振的相类似,限于篇幅,以下仅给出竖向有效应力随深度的分布规律。由图 6-18 可知,无量纲的 $\pi r^2 \sigma_z$ 的实部在荷载作用处存在 1.0 的跳跃,并随着距荷载位置距离的增大而迅速衰减,计算曲线基本未出现波动,而虚部则连续变化,且不同荷载埋置深度下存在较大差异。

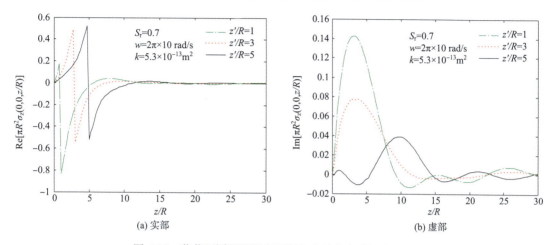

图 6-18 荷载不同埋置深度下竖向有效应力随深度的变化

### 6.1.6 小 结

本节在非饱和波动方程的基础上,借助方位角的 Fourier 级数展开和径向 Hankel 变换技术,得到了非饱和多孔介质在任意埋置力源下的动力 Green 函数,其退化到饱和土的解与已有结果相吻合,之后讨论了饱和度、荷载埋置深度、激振频率和土体渗透系数对半空间位移和应力的影响规律,计算结果表明:

(1)土体饱和度对半空间振动特性有着显著影响,随着饱和度的增大,孔隙流体压力迅速升高,土体中各方向位移(径向、竖向)随之增大,而对剪切应力的影响则不明显;动剪切模量的改变是饱和度影响土体变形的重要因素。

(2)荷载不同埋置深度下土体径向位移的分布模式基本相同,实部位移在荷载作用面处均出现尖点,而虚部则光滑变化;地表位移幅值随埋置深度的加大而减小,同时,竖向位移的峰值位置逐渐远离荷载中心,且在较远处出现小幅振荡。

(3)随着激振频率的增大,土—水间相对运动加剧,导致孔隙流体压力升高和土体位移波动性增强,且地表位移幅值随距离的衰减速度也更快。

(4)孔隙渗透性只有在高饱和度时才逐渐影响地表位移幅值,且作用程度依赖于激振频率的大小;当小于 $1 \times 10^{-13} \text{m}^2$ 时,渗透系数的变化对地表水平位移幅值几乎没有影响。

## 6.2 非饱和土半空间中单桩竖向振动特性研究

饱和多孔介质中桩的动力阻抗问题在近十来年引起了广大学者的注意,并取得了一系列显著的进展,其理论被广泛应用于滨海地区建筑物的抗震设计以及桩基的动力测试中。目前对此类问题的研究主要针对完全饱和的两相介质情况,在理论研究方面,一般采用连续体模型,借助连续介质力学对桩土相互作用进行分析。Zeng 和 Rajapakse 借鉴 Muki 和 Sterberg 研究单相介质中杆件静荷载传递的虚拟桩法,利用扩展的饱和半空间在埋置振源下的格林函数以及桩—土间的完全接触条件,首次解决了饱和土中桩的稳态谐振响应问题。之后,其他学者在这一方法的基础上,对群桩基础的竖向简谐振动以及单桩瞬态动力响应进行研究。以上研究最终将问题转化为对第二类 Fredholm 积分方程的求解,然而由于该方程的复杂性,往往涉及繁琐的数值计算过程,且要求桩土界面位移完全连续,从而限制了其在桩土滑移等复杂接触情况下的应用。另一方面的研究则采用以 Novak 为代表的连续体解析模型法,在首先求得桩侧土体复刚度系数的基础上,通过建立桩侧土作用时桩的一维动力平衡方程,对问题进行求解。李强考虑饱和土体的三维波动效应,对单层、成层土以及复杂桩土接触条件下桩的纵向振动进行了系统研究,表明若将饱和土按单相介质处理,忽略土中液相与固相的相对运动,将低估土层的辐射阻尼。余俊等人在未引入势函数以及积分变换的情况下,直接对波动方程进行解耦,重新推导了饱和土中桩的竖向动力阻抗函数。刘林超和杨骁则采用基于连续介质混合物公理和体积分数概念的多孔介质理论,借助 Novak-Baranov 薄层法原理,研究了饱和土中单桩的纵向振动问题。

天然状态下,土体通常处于非饱和状态,为固、液、气三相混合物。在动力学方面,与饱和两相介质不同,非饱和土除了存在 P1 波、P2 波和 S 波三种体波,还存在第三种压缩波,即"第二慢波",同时孔隙水中微量气泡的存在也会极大地影响波的传播性质,因此研究非饱和土中桩的动力响应将更为准确地反映桩的真实振动特性,其解答具有普遍意义。张智卿等基于 Bishop 有效应力原理,在忽略孔隙气体的单相流基础上,通过引入 Laplace 变换和势函数,首次求得了简化条件下成层非饱和土层中变截面桩和均质非饱和土中端承桩的纵向振动特性,但该解答并非基于严格的三相介质模型,采用的波动方程仍属于两相介质模型,具有一定的局限性。同时,在 Vardoulakis 和 Beskos 建立的非饱和土动力控制方程的基础上,张智卿还对非饱和土中端承桩和非端承桩的扭转动力特性进行了研究。基于唯象理论,徐明江提出了非饱和多孔介质的波动方程,并对非饱和地基上刚性和弹性圆薄板基础的垂直振动问题进行了研究。总的说来,现有非饱和土动力问题的研究主要集中在土层波动方程的建立以及波的传播特性上,关于非饱和地基—基础动力相互作用的研究尚不多见。

本节基于徐明江建立的三相介质动力固结方程,通过算子分解和分离变量法直接对耦合方程进行解耦,在求得非饱和土竖向振动响应的基础上,结合桩土界面处的衔接条件以及桩端不同支承形式,对桩的一维波动方程进行求解,得到了轴对称条件下非饱和土中嵌岩桩、非端承桩以及部分埋入桩纵向振动的频域形式解答以及桩顶复刚度函数,并讨论了饱和度等参数对桩顶动刚度、等效阻尼以及土层振动模式的影响。

### 6.2.1 控制方程与计算模型

#### 6.2.1.1 控制方程

对于轴对称的稳态简谐振动,所有变量均随角频率 $\omega$ 作简谐变化,去掉公共时间项 $e^{i\omega t}$,则柱坐标系下非饱和土体的三维波动控制方程(无量纲形式)为:

$$\left(\nabla^2 - \frac{1}{\bar{r}^2}\right)\bar{u}_r + (\bar{\lambda}_c + 1)\frac{\partial \bar{e}}{\partial \bar{r}} + \overline{M}\frac{\partial \bar{\varepsilon}}{\partial \bar{r}} + \overline{N}\frac{\partial \bar{\xi}}{\partial \bar{r}} = -\bar{\delta}^2 \bar{u}_r - \bar{\rho}_f \bar{\delta}^2 \bar{v}_r - \bar{\rho}_a \bar{\delta}^2 \bar{w}_r \qquad (6\text{-}35a)$$

$$\nabla^2 \bar{u}_z + (\bar{\lambda}_c+1)\frac{\partial e}{\partial \bar{z}} + \bar{M}\frac{\partial \varepsilon}{\partial \bar{z}} + \bar{N}\frac{\partial \xi}{\partial \bar{z}} = -\bar{\delta}^2 \bar{u}_z - \bar{\rho}_f \bar{\delta}^2 \bar{v}_z - \bar{\rho}_a \bar{\delta}^2 \bar{w}_z \qquad (6\text{-}35\text{b})$$

$$\bar{D}_1\frac{\partial e}{\partial \bar{r}} + \bar{D}_2\frac{\partial \varepsilon}{\partial \bar{r}} + \bar{D}_3\frac{\partial \xi}{\partial \bar{r}} = -\bar{\rho}_f \bar{\delta}^2 \bar{u}_r - \bar{\vartheta}_f \bar{\delta}^2 \bar{v}_r + i\bar{b}_f \bar{\delta} \bar{v}_r \qquad (6\text{-}35\text{c})$$

$$\bar{D}_1\frac{\partial e}{\partial \bar{z}} + \bar{D}_2\frac{\partial \varepsilon}{\partial \bar{z}} + \bar{D}_3\frac{\partial \xi}{\partial \bar{z}} = -\bar{\rho}_f \bar{\delta}^2 \bar{u}_z - \bar{\vartheta}_f \bar{\delta}^2 \bar{v}_z + i\bar{b}_f \bar{\delta} \bar{v}_z \qquad (6\text{-}35\text{d})$$

$$\bar{D}_3\frac{\partial e}{\partial \bar{r}} + \bar{D}_4\frac{\partial \varepsilon}{\partial \bar{r}} + \bar{D}_5\frac{\partial \xi}{\partial \bar{r}} = -\bar{\rho}_a \bar{\delta}^2 \bar{u}_r - \bar{\vartheta}_a \bar{\delta}^2 \bar{w}_r + i\bar{b}_a \bar{\delta} \bar{w}_r \qquad (6\text{-}35\text{e})$$

$$\bar{D}_4\frac{\partial e}{\partial \bar{z}} + \bar{D}_5\frac{\partial \varepsilon}{\partial \bar{z}} + \bar{D}_6\frac{\partial \xi}{\partial \bar{z}} = -\bar{\rho}_a \bar{\delta}^2 \bar{u}_z - \bar{\vartheta}_a \bar{\delta}^2 \bar{w}_z + i\bar{b}_a \bar{\delta} \bar{w}_z \qquad (6\text{-}35\text{f})$$

式中 $\nabla^2 = \frac{\partial^2}{\partial \bar{r}^2} + \frac{1}{\bar{r}}\frac{\partial}{\partial \bar{r}} + \frac{\partial^2}{\partial \bar{z}^2}$；

$\omega$——激振圆频率；

$e、\varepsilon、\xi$——分别为土骨架的体积应变,孔隙水及空气相对于土骨架的体积应变,表达式分别为：$e = \frac{\partial \bar{u}_r}{\partial \bar{r}} + \frac{\bar{u}_r}{\bar{r}} + \frac{\partial \bar{u}_z}{\partial \bar{z}}$, $\varepsilon = \frac{\partial \bar{v}_r}{\partial \bar{r}} + \frac{\bar{v}_r}{\bar{r}} + \frac{\partial \bar{v}_z}{\partial \bar{z}}$, $\xi = \frac{\partial \bar{w}_r}{\partial \bar{r}} + \frac{\bar{w}_r}{\bar{r}} + \frac{\partial \bar{w}_z}{\partial \bar{z}}$；

式中其余符号的含义同上节。

应力—应变本构方程可为：

$$\bar{\sigma}_z = \bar{\lambda} e + 2\frac{\partial \bar{u}_z}{\partial \bar{z}} \qquad (6\text{-}36\text{a})$$

$$\bar{\tau}_{zr} = \frac{\partial \bar{u}_r}{\partial \bar{z}} + \frac{\partial \bar{u}_z}{\partial \bar{r}} \qquad (6\text{-}36\text{b})$$

$$\bar{p}_f = -\bar{D}_1 e - \bar{D}_2 \varepsilon - \bar{D}_3 \xi \qquad (6\text{-}36\text{c})$$

$$\bar{p}_a = -\bar{D}_4 e - \bar{D}_5 \varepsilon - \bar{D}_6 \xi \qquad (6\text{-}36\text{d})$$

式中 $\bar{\sigma}_z、\bar{\tau}_{zr}$——分别为土骨架竖向有效应力和剪切应力；

$\bar{p}_f、\bar{p}_a$——分别为孔隙水及空气压力。

上式中的无量纲参数及无量纲变量分别为：

$$\bar{r} = \frac{r}{r_0}; \bar{z} = \frac{z}{r_0}; \bar{\lambda} = \frac{\lambda}{\mu}; \bar{\lambda}_c = \frac{\lambda_c}{\mu}; \bar{M} = \frac{M}{\mu}; \bar{N} = \frac{N}{\mu}; \bar{D}_i = \frac{D_i}{\mu}; i = 1 \sim 6;$$

$$\bar{p}_f = \frac{p_f}{\mu}; \bar{p}_a = \frac{p_a}{\mu}; \bar{\sigma}_{zi} = \frac{\sigma_{zi}}{\mu}, \bar{u}_i = \frac{u_i}{r_0}, \bar{v}_i = \frac{v_i}{r_0}, \bar{w}_i = \frac{w_i}{r_0}, i = r, z;$$

$$\bar{\rho}_f = \frac{\rho_f}{\rho}; \bar{\rho}_a = \frac{\rho_a}{\rho}; \bar{\vartheta}_f = \frac{\vartheta_f}{\rho}; \bar{\vartheta}_a = \frac{\vartheta_a}{\rho}; \bar{b}_f = \frac{b_f r_0}{\sqrt{\rho\mu}}; \bar{b}_a = \frac{b_a r_0}{\sqrt{\rho\mu}}; \bar{\delta} = r_0 \omega \sqrt{\frac{\rho}{\mu}}$$

式中 $\bar{\delta}$——无量纲激振频率；

$r_0$——基桩半径；

上标"－"——表示无量纲化。

#### 6.2.1.2 计算模型与基本假定

图6-19(a)和(b)分别为非饱和土中垂直端承桩和非端承桩(完全埋入式)受竖向简谐振动的计算模型,假定柱形坐标系$(r,\theta,z)$的$z$轴和桩身轴线一致。桩为有限长等截面均质弹性圆杆,桩长为$L$、半径为$r_0$,弹性模量为$E_p$,密度为$\rho_p$。桩顶作用一竖向激振力$P(t) = Pe^{i\omega t}$,桩身单位长度侧摩阻力为$f(z)$。

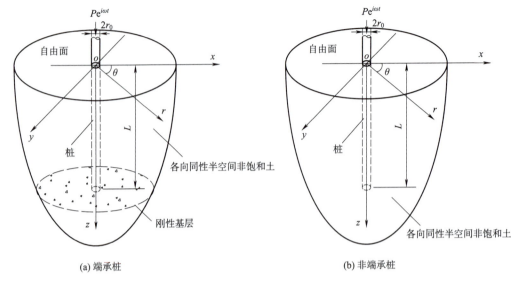

图 6-19 非饱和半空间中单桩竖向振动计算模型

为简化计算,对上述桩—土耦合模型引入如下基本假定:

(1) 桩周土为均匀、各向同性的固、液、气三相弹性多孔介质;

(2) 假定桩的长细比较大,可采用经典的 Bernoulli 理论按一维杆件处理,即忽略桩的横向惯性效应;

(3) 激振过程中,桩—土体系振动为小变形、小应变,且桩—土之间完全连续接触,不发生滑移和脱离;

(4) 地表为自由边界,无正应力和剪切应力,且为透水和透气边界;

(5) 对于端承桩,桩端以下为基岩,桩底部采用刚性支承边界;对于非端承桩,桩端为弹性支承边界。

另外,6.1 节中关于非饱和土的其他假定在本节中仍然适用。

### 6.2.2 单层非饱和土中端承桩竖向振动分析

#### 6.2.2.1 边界条件

1. 非饱和土层的边界条件

(1) 水平方向无限远处土体应力、应变和位移均趋近于 0:

$$u_r(r \to \infty, z) = u_z(r \to \infty, z) = 0, \tau_{zr}(r \to \infty, z) = 0,$$
$$e(r \to \infty, z) = \varepsilon(r \to \infty, z) = \xi(r \to \infty, z) = 0 \quad (6\text{-}37)$$

(2) 地表为透水透气边界,且正应力为 0:

$$p_f(r, 0) = p_a(r, 0) = 0, \sigma_z(r, 0) = 0 \quad (6\text{-}38)$$

(3) 刚性地基底部竖向位移为 0:

$$u_z(r, L) = 0 \quad (6\text{-}39)$$

2. 桩土接触面两侧的连接条件

(1) 桩土完全接触,接触面无滑移脱离:

$$u_r(r_0, z) = 0, u_z(r_0, z) = w_p(z) \quad (6\text{-}40)$$

式中 $w_p(z)$——桩身竖向位移。

(2)桩土接触面不透水,不透气:
$$v_r(r_0,z)=w_r(r_0,z)=0 \tag{6-41}$$

(3)接触面上土体剪应力与桩身摩阻力相等:
$$\tau_{zr}(r_0,z)=-f(z) \tag{6-42}$$

3. 桩的边界条件

(1)桩顶边界条件:
$$\partial w_p/\partial z|_{z=0}=P(t)/(E_p\pi r_0^2) \tag{6-43}$$

(2)桩端边界条件:
$$w_p(L)=0 \tag{6-44}$$

#### 6.2.2.2 非饱和土竖向振动问题求解

对方程(6-35)中各式进行如下运算:$\frac{\partial(1a)}{\partial \bar{r}}+\frac{(1a)}{\bar{r}}+\frac{(2b)}{\bar{z}}$、$\frac{\partial(1c)}{\partial \bar{r}}+\frac{(1c)}{\bar{r}}+\frac{(1d)}{\bar{z}}$ 和 $\frac{\partial(1e)}{\partial \bar{r}}+\frac{(1e)}{\bar{r}}+\frac{(1f)}{\bar{z}}$,可得:

$$\begin{bmatrix} b_1 \nabla^2+\bar{\delta}^2 & \overline{M}\nabla^2+\bar{\rho}_f\bar{\delta}^2 & \overline{N}\nabla^2+\bar{\rho}_a\bar{\delta}^2 \\ \overline{D}_1\nabla^2+\bar{\rho}_f\bar{\delta}^2 & \overline{D}_2\nabla^2-b_2 & \overline{D}_3\nabla^2 \\ \overline{D}_4\nabla^2+\bar{\rho}_a\bar{\delta}^2 & \overline{D}_5\nabla^2 & \overline{D}_6\nabla^2-b_3 \end{bmatrix}\begin{Bmatrix} e \\ \varepsilon \\ \xi \end{Bmatrix}=0 \tag{6-45}$$

式中 $b_1=\bar{\lambda}_c+2$;

$b_2=i\bar{b}_f\bar{\delta}-\bar{\vartheta}_f\bar{\delta}^2$;

$b_3=i\bar{b}_a\bar{\delta}-\bar{\vartheta}_a\bar{\delta}^2$。

要使得上述齐次方程存在非零解,则系数矩阵的行列式须为0,则有:

$$A_1(\nabla^2)^3+A_2(\nabla^2)^2+A_3\nabla^2+A_4=0 \tag{6-46}$$

式中 $A_1=(\overline{D}_2\overline{D}_6-\overline{D}_3\overline{D}_5)b_1+(\overline{D}_3\overline{D}_4-\overline{D}_1\overline{D}_6)\overline{M}+(\overline{D}_1\overline{D}_5-\overline{D}_2\overline{D}_4)\overline{N}$;

$A_2=\bar{\delta}^2(\overline{D}_2\overline{D}_6-\overline{D}_3\overline{D}_5)+\bar{\rho}_f\bar{\delta}^2(\overline{D}_3\overline{D}_4-\overline{D}_1\overline{D}_6+\overline{D}_5\overline{N}-\overline{D}_6\overline{M})+$

$\bar{\rho}_a\bar{\delta}^2(\overline{D}_1\overline{D}_5-\overline{D}_2\overline{D}_4+\overline{D}_3\overline{M}-\overline{D}_2\overline{N})+(\overline{D}_4\overline{N}-\overline{D}_6b_1)b_2+(\overline{D}_1\overline{M}-\overline{D}_2b_1)b_3$;

$A_3=\bar{\rho}_f\bar{\rho}_a\bar{\delta}^4(\overline{D}_3+\overline{D}_5)-\bar{\rho}_f^2\bar{\delta}^4\overline{D}_6-\bar{\rho}_a^2\bar{\delta}^4\overline{D}_2+\bar{\rho}_f\bar{\delta}^2(\overline{D}_1+\overline{M})b_3+$

$\bar{\rho}_a\bar{\delta}^2(\overline{D}_4+\overline{N})b_2-\bar{\delta}^2(\overline{D}_2b_3+\overline{D}_6b_2)+b_1b_2b_3$;

$A_4=\bar{\rho}_f^2\bar{\delta}^4b_3+\bar{\rho}_a^2\bar{\delta}^4b_2+\bar{\delta}^2b_2b_3$。

式(6-46)可分解为:

$$A_1(\nabla^2-\beta_1^2)(\nabla^2-\beta_2^2)(\nabla^2-\beta_3^2)=0 \tag{6-47}$$

式中,$\beta_i^2(i=1,2,3)$为上述三次方程(6-46)的非零解,可采用数值计算方法求得。根据算子分解理论,令 $e=e_1+e_2+e_3$,其中 $e_1$、$e_2$、$e_3$ 分别满足如下关系式:

$$\begin{cases} (\nabla^2-\beta_1^2)e_1=0 \\ (\nabla^2-\beta_2^2)e_2=0 \\ (\nabla^2-\beta_3^2)e_3=0 \end{cases} \tag{6-48}$$

采用分离变量法,令 $e_1=R(\bar{r})Z(\bar{z})$ 代入上式第一式中,可得:

$$R''Z+\frac{1}{\bar{r}}R'Z+RZ''-RZ\beta_1^2=0 \tag{6-49}$$

式中，$R=R(r)$ 和 $Z=Z(z)$ 为引入的单变量函数。

方程(6-49)可以分解为以下两个微分方程：

$$\frac{1}{Z}\frac{\mathrm{d}^2 Z}{\mathrm{d}\bar{z}^2}-g_1^2=0 \tag{6-50a}$$

$$\frac{1}{R}\frac{\mathrm{d}^2 R}{\mathrm{d}\bar{r}^2}+\frac{1}{R}\frac{1}{\bar{r}}\frac{\mathrm{d}R}{\mathrm{d}\bar{r}}-g_2^2=0 \tag{6-50b}$$

式中 $g_1^2+g_2^2=\beta_1^2$。

可得到以上两式的解为：

$$Z(\bar{z})=E_1 \mathrm{e}^{g_1 \bar{z}}+F_1 \mathrm{e}^{-g_1 \bar{z}} \tag{6-51a}$$

$$R(\bar{r})=A_1 K_0(g_2 \bar{r})+B_1 I_0(g_2 \bar{r}) \tag{6-51b}$$

式中 $I_0(g_2 r)$、$K_0(g_2 r)$——第一类、第二类零阶修正贝塞尔函数；

$A_1$、$B_1$、$E_1$、$F_1$——由边界条件确定的积分常数。

根据土层边界条件公式(6-37)可知 $B_1=0$，$E_1+F_1=0$，故 $e_1$ 可写成：

$$e_1=A_1 \mathrm{sh}(g_1 \bar{z}) K_0(g_2 \bar{r}) \tag{6-52}$$

同理可由式(6-48)第二、三式得出 $e_2$、$e_3$ 的表达式，进而可得：

$$e=A_1 \mathrm{sh}(g_1 \bar{z}) K_0(g_2 \bar{r})+A_2 \mathrm{sh}(g_3 \bar{z}) K_0(g_4 \bar{r})+A_3 \mathrm{sh}(g_5 \bar{z}) K_0(g_6 \bar{r}) \tag{6-53}$$

式中 $g_3^2+g_4^2=\beta_2^2$；

$g_5^2+g_6^2=\beta_3^2$。

采用同样方法，可得到孔隙水和孔隙气体的体积应变 $\varepsilon$、$\xi$ 分别为：

$$\varepsilon=A_4 \mathrm{sh}(g_1 \bar{z}) K_0(g_2 \bar{r})+A_5 \mathrm{sh}(g_3 \bar{z}) K_0(g_4 \bar{r})+A_6 \mathrm{sh}(g_5 \bar{z}) K_0(g_6 \bar{r}) \tag{6-54}$$

$$\xi=A_7 \mathrm{sh}(g_1 \bar{z}) K_0(g_2 \bar{r})+A_8 \mathrm{sh}(g_3 \bar{z}) K_0(g_4 \bar{r})+A_9 \mathrm{sh}(g_5 \bar{z}) K_0(g_6 \bar{r}) \tag{6-55}$$

将式(6-53)~式(6-55)代回方程组(6-45)，可得到系数 $A_1 \sim A_9$ 之间的关系式，则 $\varepsilon$、$\xi$ 可写成：

$$\varepsilon=d_{\varepsilon 1} A_1 \mathrm{sh}(g_1 \bar{z}) K_0(g_2 \bar{r})+d_{\varepsilon 2} A_2 \mathrm{sh}(g_3 \bar{z}) K_0(g_4 \bar{r})+d_{\varepsilon 3} A_3 \mathrm{sh}(g_5 \bar{z}) K_0(g_6 \bar{r}) \tag{6-56}$$

$$\xi=d_{\xi 1} A_1 \mathrm{sh}(g_1 \bar{z}) K_0(g_2 \bar{r})+d_{\xi 2} A_2 \mathrm{sh}(g_3 \bar{z}) K_0(g_4 \bar{r})+d_{\xi 3} A_3 \mathrm{sh}(g_5 \bar{z}) K_0(g_6 \bar{r}) \tag{6-57}$$

式中 $d_{\varepsilon n}=\dfrac{(\overline{D}_1 \overline{D}_4-\overline{D}_1 \overline{D}_6)\beta_n^4+(\overline{D}_1 b_3+\bar{\rho}_\mathrm{a}\bar{\delta}^2 \overline{D}_3-\bar{\rho}_\mathrm{f}\bar{\delta}^2 \overline{D}_6)\beta_n^2+\bar{\rho}_\mathrm{f}\bar{\delta}^2 b_3}{(\overline{D}_2 \overline{D}_6-\overline{D}_3 \overline{D}_5)\beta_n^4-(\overline{D}_2 b_3+\overline{D}_6 b_2)\beta_n^2+b_2 b_3}$ （$n=1,2,3$）；

$d_{\xi n}=\dfrac{(\overline{D}_1 \overline{D}_5-\overline{D}_2 \overline{D}_4)\beta_n^4+(\overline{D}_4 b_2-\bar{\rho}_\mathrm{a}\bar{\delta}^2 \overline{D}_2+\bar{\rho}_\mathrm{f}\bar{\delta}^2 \overline{D}_5)\beta_n^2+\bar{\rho}_\mathrm{a}\bar{\delta}^2 b_2}{(\overline{D}_2 \overline{D}_6-\overline{D}_3 \overline{D}_5)\beta_n^4-(\overline{D}_2 b_3+\overline{D}_6 b_2)\beta_n^2+b_2 b_3}$ （$n=1,2,3$）。

由式(6-35b)、式(6-35d)和式(6-35f)三式，可得：

$$(\nabla^2-j^2)\bar{u}_z=-\delta_1 \frac{\partial e}{\partial \bar{z}}-\delta_2 \frac{\partial \varepsilon}{\partial \bar{z}}-\delta_3 \frac{\partial \xi}{\partial \bar{z}} \tag{6-58}$$

式中 $j^2=-\bar{\delta}^2-\dfrac{\bar{\rho}_\mathrm{f}^2 \bar{\delta}^4}{b_2}-\dfrac{\bar{\rho}_\mathrm{a}^2 \bar{\delta}^4}{b_3}$；

$\delta_1=\lambda_\mathrm{c}+1+\overline{D}_1 \dfrac{\bar{\rho}_\mathrm{f}\bar{\delta}^2}{b_2}+\overline{D}_4 \dfrac{\bar{\rho}_\mathrm{a}\bar{\delta}^2}{b_3}$；

$\delta_2=\overline{M}+\overline{D}_2 \dfrac{\bar{\rho}_\mathrm{f}\bar{\delta}^2}{b_2}+\overline{D}_5 \dfrac{\bar{\rho}_\mathrm{a}\bar{\delta}^2}{b_3}$；

$\delta_3=\overline{N}+\overline{D}_3 \dfrac{\bar{\rho}_\mathrm{f}\bar{\delta}^2}{b_2}+\overline{D}_6 \dfrac{\bar{\rho}_\mathrm{a}\bar{\delta}^2}{b_3}$。

结合边界条件式(6-37),则方程(6-58)的通解为:
$$\bar{u}_z(\bar{r},\bar{z}) = (A_{10}e^{g_7\bar{z}} + B_{10}e^{-g_7\bar{z}})K_0(g_8\bar{r}) \tag{6-59}$$

式中 $g_7^2 + g_8^2 = j^2$;

$A_{10}$、$B_{10}$——常系数,可由边界条件得到。

方程(6-58)的特解形式可写为:
$$\bar{u}_z^*(\bar{r},\bar{z}) = c_1 A_1 \text{ch}(g_1\bar{z})K_0(g_2\bar{r}) + c_2 A_2 \text{ch}(g_3\bar{z})K_0(g_4\bar{r}) + c_3 A_3 \text{ch}(g_5\bar{z})K_0(g_6\bar{r}) \tag{6-60}$$

式中 $c_n = -\dfrac{\delta_1 + \delta_2 d_{\epsilon n} + \delta_3 d_{\xi n}}{\beta_n^2 - j^2} g_{(2n-1)}$, $n=1,2,3$;

下标中"()"——代表代数相乘,下同。

因此,方程(6-58)解的形式可写成:
$$\bar{u}_z(\bar{r},\bar{z}) = (A_{10}e^{g_7\bar{z}} + B_{10}e^{-g_7\bar{z}})K_0(g_8\bar{r}) + \sum_{n=1}^{3} c_n A_n \text{ch}(g_{(2n-1)}\bar{z})K_0(g_{(2n)}\bar{r}) \tag{6-61}$$

同理,由式(6-35a)、式(6-35c)和式(6-35e)三式,可得:
$$\left(\nabla^2 - j^2 - \frac{1}{\bar{r}^2}\right)\bar{u}_r = -\delta_1\frac{\partial e}{\partial \bar{r}} - \delta_2\frac{\partial \epsilon}{\partial \bar{r}} - \delta_3\frac{\partial \xi}{\partial \bar{r}} \tag{6-62a}$$

结合边界条件式(6-37),则方程(6-62a)的通解为:
$$\bar{u}_r(\bar{r},\bar{z}) = (A_{11}e^{g_9\bar{z}} + B_{11}e^{-g_9\bar{z}})K_1(g_{10}\bar{r}) \tag{6-62b}$$

式中 $g_9^2 + g_{10}^2 = j^2$;

$K_1(g_{10}\bar{r})$——第二类一阶修正贝塞尔函数;

$A_{11}$、$B_{11}$——常系数,可由边界条件得到。

同理,方程(6-62a)的特解形式为:
$$\bar{u}_r^*(\bar{r},\bar{z}) = d_1 A_1 \text{sh}(g_1\bar{z})K_1(g_2\bar{r}) + d_2 A_2 \text{sh}(g_3\bar{z})K_1(g_4\bar{r}) + d_3 A_3 \text{sh}(g_5\bar{z})K_1(g_6\bar{r}) \tag{6-63}$$

式中 $d_n = \dfrac{\delta_1 + \delta_2 d_{\epsilon n} + \delta_3 d_{\xi n}}{\beta_n^2 - j^2} g_{2n}$, $n=1,2,3$。

因此,方程(6-62a)解的形式可写成:
$$\bar{u}_r(\bar{r},\bar{z}) = (A_{11}e^{g_9\bar{z}} + B_{11}e^{-g_9\bar{z}})K_1(g_{10}\bar{r}) + \sum_{n=1}^{3} d_n A_n \text{sh}(g_{(2n-1)}\bar{z})K_1(g_{(2n)}\bar{r}) \tag{6-64}$$

将式(6-53)、式(6-61)和式(6-64)代入 $e = \dfrac{\partial \bar{u}_r}{\partial \bar{r}} + \dfrac{\bar{u}_r}{\bar{r}} + \dfrac{\partial \bar{u}_z}{\partial \bar{z}}$,可得到如下关系式:

$$g_7 = g_9, \quad g_8 = g_{10} \tag{6-65}$$

$$g_7 A_{10} = g_{10} A_{11}, \quad g_7 B_{10} = -g_{10} B_{11} \tag{6-66}$$

根据自由地表竖向应变 $\partial \bar{u}_z/\partial \bar{z}|_{\bar{z}=0} = 0$ 的边界条件,可知 $A_{10} = B_{10}$,进而可得 $A_{11} = -B_{11}$。将式(6-61)代入边界条件式(6-39),可得:

$$g_1 = g_3 = g_5 = g_7 = g_9 = (2n-1)\pi i/(2\bar{L}) \quad n=1,2,3\cdots \tag{6-67}$$

为讨论方便,引入统一的符号:
$$g_n = g_1 = g_3 = g_5 = g_7 = g_9 = (2n-1)\pi i/(2\bar{L}), \quad g_{2n} = g_2,$$
$$g_{4n} = g_4, g_{6n} = g_6, g_{8n} = g_8 = g_{10} \quad n=1,2,3\cdots \tag{6-68}$$

则 $\bar{u}_z$、$\bar{u}_r$ 可重新写为:

$$\bar{u}_z(\bar{r},\bar{z}) = \sum_{n=1}^{\infty} \left[ \begin{array}{l} A_{10}K_0(g_{8n}\bar{r}) + c_1 A_1 K_0(g_{2n}\bar{r}) \\ + c_2 A_2 K_0(g_{4n}\bar{r}) + c_3 A_3 K_0(g_{6n}\bar{r}) \end{array} \right] \text{ch}(g_n\bar{z}) \tag{6-69}$$

$$\bar{u}_r(\bar{r},\bar{z}) = \sum_{n=1}^{\infty} \left[ \begin{array}{l} A_{11}K_1(g_{8n}\bar{r}) + d_1 A_1 K_1(g_{2n}\bar{r}) \\ + d_2 A_2 K_1(g_{4n}\bar{r}) + d_3 A_3 K_1(g_{6n}\bar{r}) \end{array} \right] \text{sh}(g_n\bar{z}) \tag{6-70}$$

将式(6-70)代入式(6-35c)和式(6-35e)，可得：

$$\bar{v}_r(\bar{r},\bar{z}) = \sum_{n=1}^{\infty} \left[ \begin{array}{l} \frac{\bar{\rho}_f \bar{\delta}^2}{b_2} A_{11}K_1(g_{8n}\bar{r}) + s_1 A_1 K_1(g_{2n}\bar{r}) \\ + s_2 A_2 K_1(g_{4n}\bar{r}) + s_3 A_3 K_1(g_{6n}\bar{r}) \end{array} \right] \text{sh}(g_n\bar{z}) \tag{6-71}$$

$$\bar{w}_r(\bar{r},\bar{z}) = \sum_{n=1}^{\infty} \left[ \begin{array}{l} \frac{\bar{\rho}_a \bar{\delta}^2}{b_3} A_{11}K_1(g_{8n}\bar{r}) + t_1 A_1 K_1(g_{2n}\bar{r}) \\ + t_2 A_2 K_1(g_{4n}\bar{r}) + t_3 A_3 K_1(g_{6n}\bar{r}) \end{array} \right] \text{sh}(g_n\bar{z}) \tag{6-72}$$

式中　$s_n = \frac{\bar{\rho}_f \bar{\delta}^2}{b_2} d_n - (\bar{D}_1 + \bar{D}_2 d_{en} + \bar{D}_3 d_{\xi n}) \frac{g_{2\times n}}{b_2}$, $t_n = \frac{\bar{\rho}_a \bar{\delta}^2}{b_3} d_n - (\bar{D}_4 + \bar{D}_5 d_{en} + \bar{D}_6 d_{\xi n}) \frac{g_{2\times n}}{b_3}$

$n=1,2,3$。

根据接触面的连续条件式(6-40)和式(6-41)，可得到如下方程组：

$$\begin{cases} A_{11}K_1(g_{8n}) + d_1 A_1 K_1(g_{2n}) + d_2 A_2 K_1(g_{4n}) + d_3 A_3 K_1(g_{6n}) = 0 \\ \frac{\bar{\rho}_f \bar{\delta}^2}{b_2} A_{11}K_1(g_{8n}) + s_1 A_1 K_1(g_{2n}) + s_2 A_2 K_1(g_{4n}) + s_3 A_3 K_1(g_{6n}) = 0 \\ \frac{\bar{\rho}_a \bar{\delta}^2}{b_3} A_{11}K_1(g_{8n}) + t_1 A_1 K_1(g_{2n}) + t_2 A_2 K_1(g_{4n}) + t_3 A_3 K_1(g_{6n}) = 0 \end{cases} \tag{6-73}$$

由上述方程组，可得到 $A_1$、$A_2$、$A_3$ 与 $A_{11}$ 的关系式：

$$A_1 = k_1 A_{11}, A_2 = k_2 A_{11}, A_3 = k_3 A_{11} \tag{6-74}$$

式中　$k_1 = \frac{K_1(g_{8n})}{K_1(g_{2n})} \frac{|D_1|}{|D|}$；

$k_2 = \frac{K_1(g_{8n})}{K_1(g_{4n})} \frac{|D_2|}{|D|}$；

$k_3 = \frac{K_1(g_{8n})}{K_1(g_{6n})} \frac{|D_3|}{|D|}$。

其中，$|D_1|$、$|D_2|$、$|D_3|$ 分别为将 $[-1, -\bar{\rho}_f \bar{\delta}^2/b_2, -\bar{\rho}_a \bar{\delta}^2/b_3]^T$ 代替行列式 $|D|$ 中第 $i$ ($i=1,2,3$)列元素所得的行列式；行列式 $|D|$ 为 $\begin{vmatrix} d_1 & d_2 & d_3 \\ s_1 & s_2 & s_3 \\ t_1 & t_2 & t_3 \end{vmatrix}$。

由式(6-70)和式(6-74)，可得土体竖向振动位移幅值的无穷级数解答如下：

$$\bar{u}_z|_{\bar{r}=1} = \sum_{n=1}^{\infty} \zeta_{1n} A_{11n} \text{ch}(g_n\bar{z}) \tag{6-75}$$

式中　$\zeta_{1n} = g_{8n}K_0(g_{8n})/g_n + c_{1n}k_{1n}K_0(g_{2n}) + c_{2n}k_{2n}K_0(g_{4n}) + c_{3n}k_{3n}K_0(g_{6n})$。

将式(6-70)和式(6-71)代入式(6-36b)，则桩周土对桩身的剪切应力幅值可写为：

$$\bar{\tau}_{zr}|_{\bar{r}=1} = \sum_{n=1}^{\infty} \zeta_{2n} A_{11n} \text{ch}(g_n\bar{z}) \tag{6-76}$$

式中 $\zeta_{2n}=2g_n[d_{1n}k_{1n}K_1(g_{2n})+d_{2n}k_{2n}K_1(g_{4n})+d_{3n}k_{3n}K_1(g_{6n})]+(g_n^2-g_{8n}^2)K_1(g_{8n})/g_n$。

式(6-76)和式(6-77)中的 $\zeta_{1n}$、$\zeta_{2n}$ 是由桩土耦合振动特性以及接触面两侧的衔接条件决定的一系列系数,反映了各振动模态下桩与土体的振动耦合效应。

根据式(6-36c),可得桩周土体的孔隙水压力为:

$$\bar{p}_f(\bar{r},\bar{z})=\sum_{n=1}^{\infty}\zeta_{3n}(\bar{r})A_{11n}\text{sh}(g_n\bar{z}) \tag{6-77}$$

式中 $\zeta_{3n}(\bar{r})=-\sum_{m=1}^{3}(\overline{D}_1+\overline{D}_2 d_{\varepsilon m}+\overline{D}_3 d_{\xi m})k_m K_0(g_{(2m)n}\bar{r})$。

相应地,孔隙气压力为:

$$\bar{p}_a(\bar{r},\bar{z})=\sum_{n=1}^{\infty}\zeta_{4n}(\bar{r})A_{11n}\text{sh}(g_n\bar{z}) \tag{6-78}$$

式中 $\zeta_{4n}(\bar{r})=-\sum_{m=1}^{3}(\overline{D}_4+\overline{D}_5 d_{\varepsilon m}+\overline{D}_6 d_{\xi m})k_m K_0(g_{(2m)n}\bar{r})$。

至此,待定系数仅剩下 $A_{11n}$,可根据接下来的单桩竖向振动分析并结合桩土耦合条件来确定。

#### 6.2.2.3 端承桩竖向振动问题求解

假设刚性支承桩在桩顶谐和竖向荷载 $Pe^{i\omega t}$ 作用下发生强迫振动,令 $w_p(z)$ 为桩身质点竖向位移的幅值,取桩身微元体作动力平衡分析,可得桩的竖向振动方程为:

$$E_p\pi r_0^2\frac{\partial^2 w_p}{\partial z^2}-2\pi r_0 f(z)=-\rho_p\pi r_0^2\omega^2 w_p \tag{6-79}$$

式中 $f(z)$——桩侧摩阻力。

引入无量纲参数 $\bar{\rho}_p=\rho_p/\rho$,$\bar{w}_p=w_p/r_0$,$\overline{E}_p=E_p/\mu$,并结合条件式(6-42),上式可写成如下无量纲形式:

$$\overline{E}_p\frac{\partial^2\bar{w}_p}{\partial\bar{z}^2}+\bar{\rho}_p\bar{\delta}^2\bar{w}_p=-2\left.\bar{\tau}_{rz}\right|_{\bar{r}=1} \tag{6-80}$$

将式(6-77)代入上式,可得方程的解为:

$$\bar{w}_p(\bar{z})=S_1\cos(k\bar{z})+T_1\sin(k\bar{z})+\sum_{n=1}^{\infty}\frac{-2\zeta_{2n}A_{11n}}{\overline{E}_p(g_n^2+k^2)}\text{ch}(g_n\bar{z}) \tag{6-81}$$

式中 $k=\bar{\delta}\sqrt{\bar{\rho}_p/\overline{E}_p}$。

代入桩顶和桩端边界条件式(6-43)和式(6-44)确定系数 $S_1$,$T_1$,则上述解可写为:

$$\bar{w}_p(\bar{z})=-\frac{\overline{P}}{k\overline{E}_p}\tan(k\overline{L})\cos(k\bar{z})+\frac{\overline{P}}{k\overline{E}_p}\sin(k\bar{z})+\sum_{n=1}^{\infty}\frac{-2\zeta_{2n}A_{11n}}{\overline{E}_p(g_n^2+k^2)}\text{ch}(g_n\bar{z}) \tag{6-82}$$

式中 $\overline{P}=P/(\mu\pi r_0^2)$,无量纲的桩顶荷载幅值。

不难看出,上述解的形式由两部分组成,其中基桩振动位移解的通解反映的是一维杆桩的自由振动特性,后面的无穷级数项反映的是桩土耦合作用条件下的强迫振动特性,基桩的振动则是这两部分的叠加。

正交函数系 $\text{ch}(g_n\bar{z})(n=1,2,3,\cdots)$ 的正交特性可写为:

$$\int_0^{\overline{L}}\text{ch}(g_n\bar{z})\text{ch}(g_m\bar{z})\mathrm{d}\bar{z}=\begin{cases}\overline{L}/2 & m=n \\ 0 & m\neq n\end{cases} \tag{6-83}$$

根据桩土分界面上的位移连续条件式(6-40),并代入式(6-76),可得:

$$-\frac{\overline{P}}{k\overline{E}_p}\tan(k\overline{L})\cos(k\overline{z})+\frac{\overline{P}}{k\overline{E}_p}\sin(k\overline{z})+\sum_{n=1}^{\infty}\frac{-2\zeta_{2n}A_{11n}}{\overline{E}_p(g_n^2+k^2)}\text{ch}(g_n\overline{z})=\sum_{n=1}^{\infty}\zeta_{1n}A_{11n}\text{ch}(g_n\overline{z})$$
(6-84)

利用固有函数 $\text{ch}(g_n\overline{z})(n=1,2,3,\cdots)$ 的正交特性,将上式两端同乘以 $\text{ch}(g_m\overline{z})$,并在 $\{0,\overline{L}\}$ 上进行积分,可得系数 $A_{11n}$ 的表达式为:

$$A_{11n}=\frac{\int_0^{\overline{L}}[S_1\cos(k\overline{z})+T_1\sin(k\overline{z})]\text{ch}(g_n\overline{z})\text{d}\overline{z}}{\frac{\overline{L}}{2}\left[\zeta_{1n}+\frac{2\zeta_{2n}}{\overline{E}_p(g_n^2+k^2)}\right]}=\frac{2\overline{P}}{\overline{L}[\zeta_{1n}\overline{E}_p(g_n^2+k^2)+2\zeta_{2n}]} \quad (6-85)$$

桩身任一点的正应力可由 $\overline{p}(\overline{z})=\overline{E}_p\partial\overline{w}_p/\partial\overline{z}$ 确定:

$$\overline{p}(\overline{z})=\overline{P}\tan(k\overline{L})\sin(k\overline{z})+\overline{P}\cos(k\overline{z})+\sum_{n=1}^{\infty}\frac{-2g_n\zeta_{2n}A_{11n}}{g_n^2+k^2}\text{sh}(g_n\overline{z}) \quad (6-86)$$

桩纵向振动位移和内力表达式确定了,即可求得桩顶位移、速度频率响应和桩顶复刚度的解析解如下:

(1)桩顶位移频率响应函数为:

$$H_u(i\omega)=\frac{\overline{w}_p(0)}{\overline{p}(0)}=-\frac{\tan(k\overline{L})}{k\overline{E}_p}+\sum_{n=1}^{\infty}\frac{-2\zeta_{2n}A_{11n}}{\overline{E}_p(g_n^2+k^2)\overline{P}} \quad (6-87)$$

结合公式(6-84),并代入 $A_{11n}$ 的表达式(6-85),上式可化简为:

$$H_u(i\omega)=\sum_{n=1}^{\infty}\frac{\zeta_{1n}A_{11n}}{\overline{P}}=\frac{2}{\overline{L}}\sum_{n=1}^{\infty}\frac{\zeta_{1n}}{[\zeta_{1n}\overline{E}_p(g_n^2+k^2)+2\zeta_{2n}]} \quad (6-88)$$

(2)桩顶速度频率响应(导纳)函数为:

$$|H_v(i\omega)|=|i\omega H_u(i\omega)|=\left|\frac{2i\omega}{\overline{L}}\sum_{n=1}^{\infty}\frac{\zeta_{1n}}{[\zeta_{1n}\overline{E}_p(g_n^2+k^2)+2\zeta_{2n}]}\right| \quad (6-89)$$

(3)桩顶复刚度如下:

$$k_d=\frac{1}{H_u(i\omega)}=\frac{\pi\overline{L}}{2\sum_{n=1}^{\infty}\frac{\zeta_{1n}}{\zeta_{1n}\overline{E}_p(g_n^2+k^2)+2\zeta_{2n}}} \quad (6-90)$$

以上无量纲桩顶竖向复刚度的实部代表桩顶实刚度,虚部代表桩顶动阻尼,表示基桩激振在桩周土中引起的应力波(体波和面波)向无限远场辐射时所发生的能量逸散,又称辐射阻尼。动刚度和动阻尼是反映小应变情况下桩土体系动力特性的两个主要参数,在进行桩基础支承的结构物抗震(隔振)设计中起着重要作用。

#### 6.2.2.4 算例分析

从以上推导中可以看出,单桩竖向动力阻抗和土层振动响应受地基土性质、桩身几何和力学特性等多种因素的影响,本节就各参数对单桩竖向动力响应的影响规律进行探讨,同时对解析公式的正确性进行验证。考虑到目前尚缺乏针对该问题的完整实测数据以及严格条件下的理论解答,而饱和土作为非饱和土的一个特例,已有大量的研究成果,以下数值计算过程中令 $S_r=0.9999,A_s=0$,通过对比以往饱和两相介质条件下的解答来间接验证本节模型的合理性。选用相关文献的土体及桩基参数,涉及的气相及 SWCC(V-G 模型)则采用与 6.1 节相同的参数,桩土体系具体计算参数为:土颗粒:$K_s=36$ GPa,$\rho_s=2\ 700$ kg/m³;水:$K_f=2.0$ GPa,

$\rho_f=1\,000\text{ kg/m}^3$, $\eta_f=1.0\times10^{-3}\text{ Pa·s}$;空气:$K_a=145\text{ kPa}$, $\rho_a=1.29\text{ kg/m}^3$, $\eta_a=18\times10^{-6}\text{ Pa·s}$;土骨架:$K_b=698\text{ MPa}$, $\mu_s=72.2\text{ MPa}$, $n=0.45$, $\gamma=S_r$, $S_{w0}=0.05$, $\kappa=1.0\times10^{-8}\text{ m}^2$;V-G模型拟合参数:$\chi=1.0\times10^{-4}\text{ Pa}^{-1}$, $m=0.5$, $d=2$;基桩:$E_p=36.1\text{ GPa}$, $\rho_p=2\,500\text{ kg/m}^3$。计算中,引入饱和度对土体动剪切模量影响的经验表达式,假定6.1节式(6-34)中的比例系数为2 500、有效内摩擦角$\varphi'$为20°,得到的土体模量大致在合理范围之内,建议条件许可时以试验数据为准,此处仅用来说明其影响程度(若无特殊说明,计算中均按该取值来考虑两者间的关系)。

(1)桩顶复刚度特性分析

图6-20～图6-24分别给出了较高频率范围内桩顶复刚度在饱和度等参数影响下随无量纲频率$a_0$的变化规律。图中纵坐标分别为动刚度因子$\text{Re}(k_d)/k_0$和等效阻尼$c_w$,其中$k_0$为静刚度、等效阻尼为$c_w=\text{Im}(k_d)/a_0$,横坐标为无量纲频率$a_0=wr_0/v_s$,其中$V_s=\sqrt{\mu/\rho}$为等效单相介质剪切波速。由图6-20～图6-24可以看出,在外部简谐振动作用下,桩顶复刚度曲线(刚度和阻尼部分)均呈现出周期性振荡现象,在桩土体系各阶固有频率处发生共振,且随着激振频率的提高,动刚度因子振荡幅度逐渐增大,而等效阻尼的峰值和峰谷则基本保持不变。

图6-20、图6-21反映了不同饱和度对桩顶复刚度的影响,其中图6-20考虑了饱和度的降低而引起的土体硬化现象,即动剪切模量的增大,而图6-21的计算中仅改变参数$S_r$的大小,忽略因其变化而引起的土体其他特性的改变。可见,随着饱和度的减小,土体动剪切模量增大,动刚度因子和等效阻尼的振幅随之降低,而对于土体模量保持恒定的情况,各饱和度下的计算结果几乎完全相同,这说明土体饱和度的改变对基桩动力特性有着显著影响,且该影响主要是通过改变土体动剪切模量发生作用,饱和度本身的影响效果非常有限。同时在图6-21中,将非饱和空间的解答退化到饱和两相介质情况,并与相关文献的结果进行了对比,从图中可以看出,两者计算结果基本吻合,微量差异可能来自于级数项的取值和舍入误差。需要说明的是,为使对比更加直观,图6-21横轴统一采用了完全饱和状态下的$a_0$值。以上对照一方面表明了本章理论推导的正确性,另一方面也说明所得解答具有普适性,以往饱和两相介质情况是本章的一种特例。

图6-22、图6-23分别反映了桩径比和固有渗透系数对桩顶复刚度的影响。由图6-22可知,随着桩长的增大,桩的相对刚度减小,桩顶动刚度因子和等效阻尼幅值降低,相邻峰值对应的频率间距也随之减小。当长径比增大到80时,曲线振幅已经很小,近似为一直线,表明桩径比越大,基桩的共振效应越弱,这有利于结构的减震。图6-23给出了饱和度$S_r=0.7$时,固有渗透系数$\kappa$对桩顶复刚度的影响。当渗透系数从$1\times10^{-8}\text{ m}^2$减小到$1\times10^{-10}\text{ m}^2$时,孔隙中水和气体与固相的相对运动减弱,使得动刚度和等效阻尼的振幅有所减小。当$\kappa$进一步减小或渗透力$b_f$进一步增大时,非饱和土体近似成一个封闭系统,$\kappa$对桩—土体系动力行为的影响已不太明显。总的说来,由于桩的竖向动力特性主要由桩侧摩阻力控制,而渗透系数变化对剪力几乎没有影响,从而使竖向动力阻抗的变化不大。

图6-24给出了在桩的弹性模量保持不变的前提下,不同桩土模量比对桩顶复刚度的影响。随着桩土模量比的增加,复刚度的共振幅值及波长(峰值对应的固有频率)逐渐增大。这说明,比之于软土地基,桩周存在硬土地基,或者增大土体的剪切模量有利于提高基桩的抗震效果。不同激振频率作用下动刚度因子和等效阻尼随桩土模量比的变化曲线如图6-25所示。可见动刚度因子随着模量比的增大而急剧减小,当$E_p/\mu$超过1 000时,基本趋于稳定。而等

效阻尼随模量比的减小趋势则相对缓和,最终也将达到一恒定值。另外,激振频率对动刚度因子的影响较小,而对动阻尼的影响相对较大。

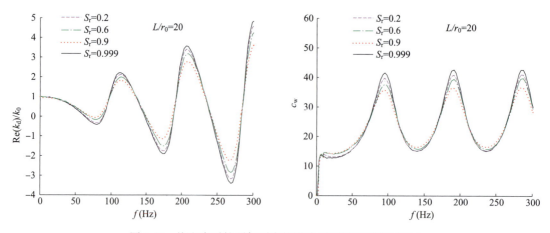

图 6-20 饱和度对桩顶复刚度的影响(考虑剪切模量变化)

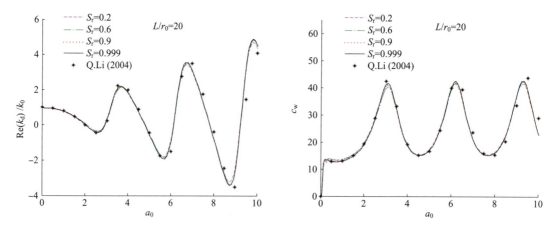

图 6-21 饱和度对桩顶复刚度的影响(不考虑剪切模量变化)

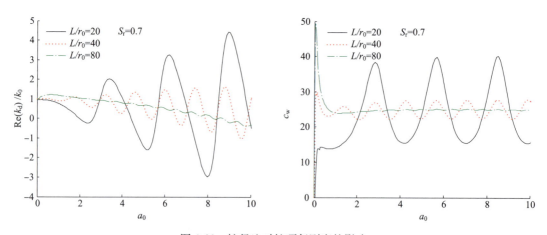

图 6-22 桩径比对桩顶复刚度的影响

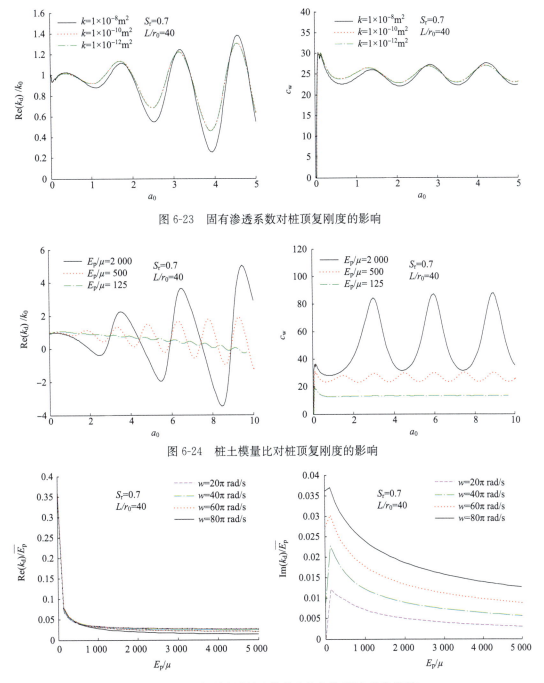

图 6-23　固有渗透系数对桩顶复刚度的影响

图 6-24　桩土模量比对桩顶复刚度的影响

图 6-25　桩顶复刚度随桩土模量比的变化（固定桩身模量）

(2) 桩顶速度导纳特性分析

机械动力阻抗法作为一类常用的基桩质量无损检测方法，研究其理论曲线——速度导纳曲线（又称速度幅频曲线）的参数影响规律有着重要的实际指导意义。在故障诊断过程中，通过量测曲线高频段相邻峰（谷）频差 $df$（对于刚性桩，第一阶共振频率约为 $df/2$）以及桩身波速 $V_\mathrm{p}=\sqrt{E_\mathrm{p}/\rho_\mathrm{p}}$，由式 $L=V_\mathrm{p}/2df$ 计算出桩长来判断桩的完整性。本算例中，桩身应力波波速为

3 800 m/s,图 6-26(a)中频差 $df$ 约为 95 Hz,可知计算桩长为 20 m,这与给定的计算参数相吻合。

图 6-26 分别分析了饱和度、桩土模量比(固定桩身弹模)、长径比和固有渗透系数四个不同参数对速度导纳曲线的影响。其中,为了避免土体剪切模量带来的干扰,(a)、(b)两图纵坐标为 $\overline{E}_p|H_v|$,以保证在单因素下进行对比。由图 6-26(a)可见,随着 $S_r$ 的增大,除曲线共振幅值有所增大外,其他频率处则基本重合,对应的固有频率及平均值也基本保持不变。这是由于共振峰频差主要由基桩参数决定,与桩周土特性关系不大。由图(b)和(c)可知,随着土体剪切模量或长径比的增大,桩周土阻抗及辐射阻尼增加,土体对导纳曲线的衰减作用增强,使得曲线逐渐趋于平缓,共振峰值或振荡幅值显著减小。当桩土模量比减小至 125 或长径比增大至 80 时,从第一共振峰起,速度导纳衰减为一条与频率无关的水平直线。说明对于机械动力阻抗法,存在一个临界长径比,当 $L/r_0$ 超过该临界值时,已不再适用于桩基的动力特性和完整性检测。该临界长径比的确定受多种因素的影响,一般在 80 左右。由图 6-26(d)可知,随着土体渗透系数的减小,在接近和超过共振频率时,速度导纳幅值有所减小,但总的说来影响不大。综合以上四图可看出,在抗震设计敏感的低频区域,土体模量越大,即土质越硬,初始刚度(对应曲线斜率的倒数)越大,而另外三个参数的影响较小,刚度值基本相同。

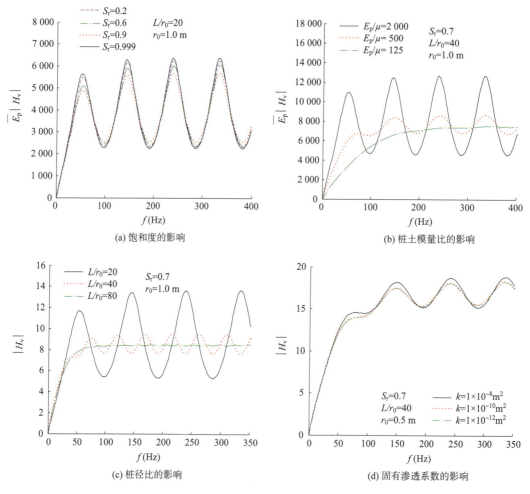

(a) 饱和度的影响

(b) 桩土模量比的影响

(c) 桩径比的影响

(d) 固有渗透系数的影响

图 6-26 桩顶速度导纳特性曲线

**(3) 桩土位移特性分析**

图 6-27 给出了激振频率为 30 Hz 时,不同饱和度、固有渗透系数及桩土模量比(固定桩身弹模和固定土体模量两种情况)对桩身位移幅值随深度变化的影响程度。可见饱和度越大,同一深度处的桩身位移越大。表现出该规律的一个显著因素是:饱和度升高时,土体切模量降低,导致桩侧摩阻力减小,从而使位移增大。从图 6-27(b)可以看出,在饱和度较低时,渗透系数对桩的位移几乎没有影响,在饱和度较高,土体接近准饱和状态时,渗透系数的影响才逐渐得以体现。这可能是由于饱和度较低时,孔隙中水、气均处于敞开状态,流体压缩性大大增强,外荷载引起的超孔压很小,渗透系数对土中应力分布的影响非常微弱,当饱和度很大,孔隙流体变得不易压缩,特别是土体渗透性较低时,外荷载将产生可观的超孔隙压力,从而减小了作用于土骨架上的有效应力,使桩身位移降低。

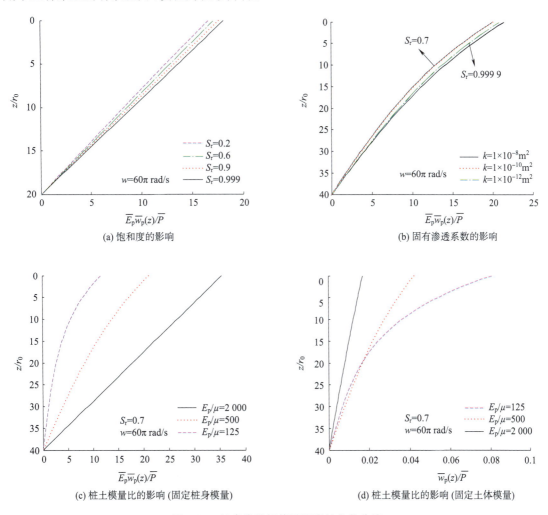

图 6-27 桩身位移幅值随深度的变化曲线

图 6-27(c)和(d)分别从减小土体剪切模量和增大桩身弹性模量两方面来考察桩土模量比增大对桩身位移幅值的影响。可见,在桩身弹模不变的前提下,随着土体剪切模量的减小,桩周土对桩的约束效应减弱,桩身位移响应幅值逐渐增大;另一方面,通过增加桩身弹性模量,桩

的相对刚度增大,在桩侧土体约束能力基本不变的情况下,桩身位移幅值显然将逐渐减小,可见单纯分析桩土模量比对位移的影响是不准确的,应区别对待。

图 6-28 为不同长径比下桩顶位移幅频、相频特性曲线。图中横坐标 $b_1 = w/w_p$ 为无量纲频率,$w_p = \pi V_p / 2L$ 为弹性杆在一端固定一端自由的无土条件下的第一阶固有频率,纵坐标分别为经静力解归一化的幅频值 $|H_u/H_{u(w=0)}|$ 以及相位角 $\varphi = \arctan(\mathrm{Im}(H_u)/\mathrm{Re}(H_u))$。随激振频率的增加,幅频曲线呈现出振荡型衰减趋势,且振幅不断减小。从图中可以看出,曲线存在两类共振峰值,一种属次振峰,位于低频阶段接近土层固有频率处,峰值较小,另一种出现在桩土体系的共振频率处(图中接近于 $b_1 = 1,3,5\cdots$ 的位置),为反射峰值,属主振峰。相频曲线随频率的增加同样地呈现出振荡特性,但各振幅基本相等,且相频与幅频并不同步达到峰值,表现出滞后性。随着长径比的增大,桩侧土对桩振动产生的动力阻抗作用明显增强,位移幅频和相频曲线的振荡幅度均显著减小。当 $L/r_0$ 为 80 时,曲线的波动特性基本消失。

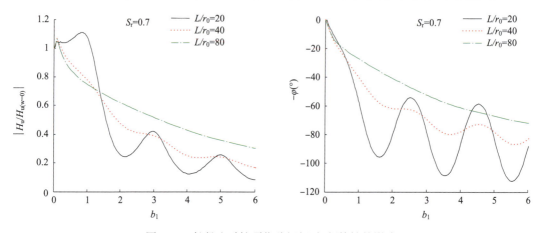

图 6-28　长径比对桩顶位移幅频、相频特性的影响

图 6-29,图 6-30 分别给出了不同饱和度下地表位移和剪应力沿径向的分布情况。

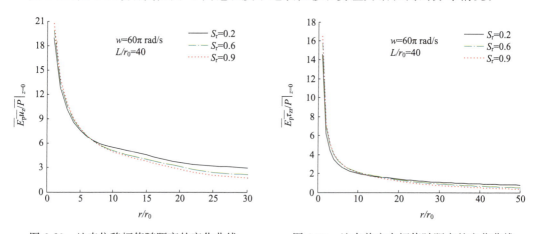

图 6-29　地表位移幅值随距离的变化曲线　　图 6-30　地表剪应力幅值随距离的变化曲线

由图 6-29、图 6-30 可知,地表垂直位移和剪应力均随距离的增加呈现出指数衰减趋势。当离基桩中心 $10r_0$ 时,两者大小分别降至桩侧位置的 25% 和 12%。另外,饱和度对位移曲线

的递减速率具有一定的影响,但计算发现,并不具备明显的规律性,还取决于激振频率的大小,但饱和度对剪应力径向分布的影响很小。

(4) 土层动力反应特性分析

为反映土层自振及桩身振动对土层动力特性的影响,引入无量纲土层复阻抗因子 $\gamma_s = \zeta_{2n}/\zeta_{1n}$,即桩土接触面发生单位竖向位移时桩身单位长度内所产生的剪切应力大小,其实部和虚部分别代表了土层动力响应的刚度和阻尼。土体对单桩的阻抗作用由无数个单独模态组合叠加而成(对应 $n=1,2,3\cdots$),但一般说来,仅第一阶模态具有明显的表征特性。图 6-31 给出了不同影响参数对阻抗因子 $\gamma_s$ 的影响。图中横坐标为无量纲频率 $a_1 = w/w_g$,$w_g$ 为土体固有频率,其中 $w_g = V_s(2n-1)\pi/2L, n=1,2,3\cdots$;$V_s = \sqrt{\mu/\rho}$ 为等效单相土层剪切波速。为讨论方便,$a_1$ 按 $n=1$ 取值,即第一阶固有频率。

图 6-31(a)反映了土层从近似干土状态到饱和状态阻抗因子的变化规律。为宜于观察,图中选取第 6 阶模态进行分析。可见,当土体接近完全饱和时,动刚度曲线出现三个共振转折点,当饱和度一旦降低($S_r \leqslant 0.9$),曲线仅出现两个共振点,表现出与单向介质相类似的土层刚度特性,阻尼曲线亦具有相同性质。由于孔隙中水和气体均不能传递剪切波,不同饱和度下横波共振频率(第一个共振点)基本一致。该共振点在阻尼曲线上表现为一截止频率,低于该频率,土层阻尼很小。由于本节假定土体为线弹性材料,不存在材料阻尼,此时引起的阻尼主要来自于液相及气相的相对运动。从局部图可看出,随着饱和度的减小,土体含水量降低,液相相对位移逐渐减弱,截止频率之前的阻尼几乎为 0,这与相关文献忽略土层滞回阻尼得到的规律相一致。随着饱和度的增大,阻尼才逐渐有所增大。截止频率以上,阻尼随频率的增加陡然呈线性增长趋势,这时能量耗散主要来自于辐射(几何)阻尼。

图 6-31(b)和(c)给出了不同土层厚度及桩侧土剪切模量对 1~3 阶土层阻抗因子的影响。可以看出,随着土层厚度的增加,各阶模态下的土层刚度和阻尼均明显减小,但横波共振点的位置基本保持不变。在无量纲频率 $a_1$ 小于 15 的低频阶段,桩土模量比对阻抗因子的影响不大,实部和虚部曲线基本相同,但随着激振频率的进一步增大,桩土模量比越大,对应的动刚度和阻尼也越大。

从图 6-31(d)可以看出,饱和度较高时($S_r = 0.7$),高频振动下不同渗透系数对土层阻抗因子影响较大,表现为随着渗透系数的减小,土层刚度降低,辐射阻尼增大,而低频振动时这种影响几乎没有。此外在高频区段,不同渗透系数间的刚度差异随着自身渐趋收敛而基本保持不变,但阻尼间的差异则呈现增大趋势。这是由于高频振动时孔隙中流体的惯性耦合作用强烈,低频振动时则不显著。对于饱和度很低的情况($S_r = 0.2$),不同渗透系数下的计算结果几乎完全相等,此时土层振动模式接近于单向介质的情况。

(5) 桩侧孔压特性分析

图 6-32 为不同饱和度和渗透系数下桩侧孔压沿深度的变化曲线。其中,图 6-32(a)标有交叉符号的曲线代表孔隙气压力,其余为孔隙水压力。可见桩侧振动孔压分布呈现先急剧增加后逐渐减小的规律,这与地表为透水透气边界有关。在桩端部,孔压并未完全衰减至 0,表明桩基振动对土层深部亦有一定的影响。随着饱和度的增大,孔压逐渐增大,基质吸力(孔隙气压与水压之间的差值)逐渐降低,这与土—水特征曲线中低含水率对应较高土中吸力的性质相一致。此外,土体渗透性的降低使得振动水压升高,对于本节算例,$k$ 减小至 $1 \times 10^{-12} \mathrm{m}^2$ 时,孔压大小基本保持不变,这时渗透系数对动力特性的影响已经很小。

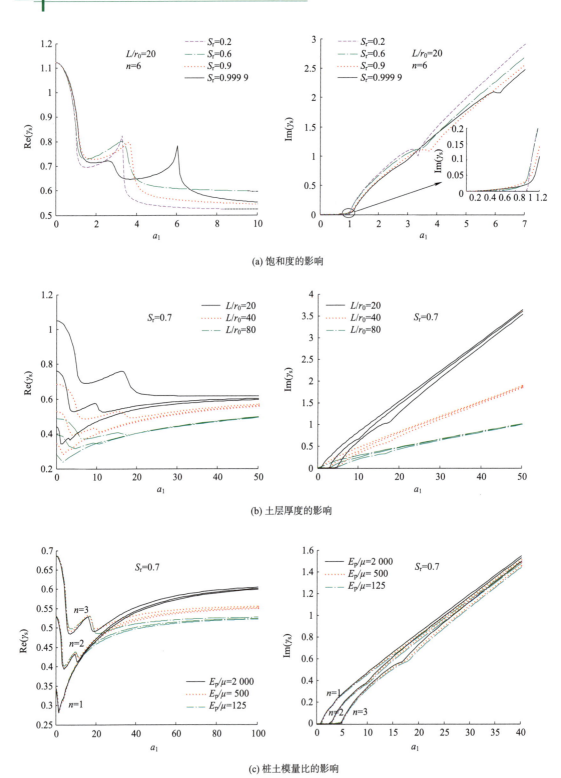

(a) 饱和度的影响

(b) 土层厚度的影响

(c) 桩土模量比的影响

图 6-31

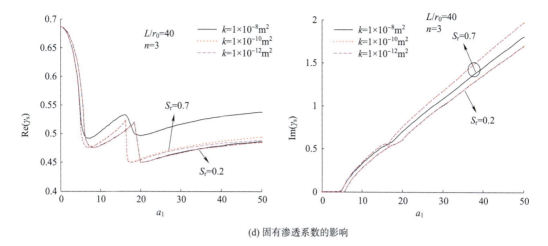

(d) 固有渗透系数的影响

图 6-31 阻抗因子随激振频率的变化曲线

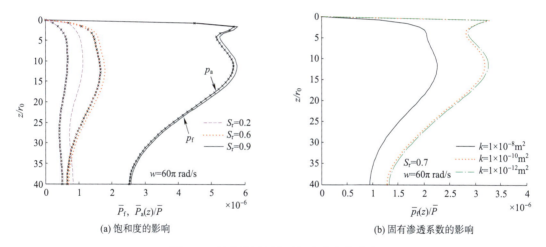

(a) 饱和度的影响        (b) 固有渗透系数的影响

图 6-32 桩身孔压幅值随深度的变化曲线

### 6.2.3 单层非饱和土中非端承桩竖向振动分析

6.2.2 节讨论了有限层厚非饱和土中端承桩的竖向振动特性,其解答适用于嵌岩桩或桩端底部为刚性支承的情况,然而对于普遍存在于实际工程中的非端承桩或悬浮桩,桩端底部不再满足刚性条件,本节将在前述分析的基础上,将土层底部和桩端假定为弹性支承,并简化为 Winkler 线性分布式弹簧,对非端承桩竖向振动的解析表达进行理论推导。

#### 6.2.3.1 边界条件

除土层和桩底部边界条件不同外,其他边界条件均与 6.2.2 节的相同。

(1) 土层底部为弹性支承:

$$E\pi r_0^2 \frac{\partial u_z(r,L)}{\partial z} + k_s u_z(r,L) = 0 \tag{6-91}$$

(2) 桩端边界条件:

$$E_p \pi r_0^2 \frac{\partial w_p(L)}{\partial z} + k_b w_p(L) = 0 \tag{6-92}$$

式中  $E$——土体的弹性模量,与土骨架的 Lame 常数满足如下关系式:$E=\mu(3\lambda+2\mu)/(\lambda+\mu)$;

$k_s$、$k_b$——分别为土层底部和桩端地基反力系数(N/m)。

#### 6.2.3.2 非饱和土竖向振动问题求解

基于 6.2.2 节的推导结果,将式(6-61)代入边界条件式(6-91)以及自由地表竖向应变 $\partial \bar{u}_z/\partial \bar{z}|_{\bar{z}=0}=0$ 的条件,同时为了讨论方便,引入统一的符号 $g_n=g_1=g_3=g_5=g_7=g_9$,可知 $g_n$ 满足如下超越方程:

$$g_n \text{sh}(g_n \overline{L}) + k_s^* \text{ch}(g_n \overline{L}) = 0 \tag{6-93}$$

式中  $k_s^* = k_s/(E\pi r_0)$——无量纲土层底部地基反力系数。

相应地,记 $g_{2n}=g_2,g_{4n}=g_4,g_{6n}=g_6,g_{8n}=g_8=g_{10},n=1,2,3\cdots$。然后采用 6.2.2 节相同的推导方法,可知非饱和土层在轴对称振动下的位移和应力表达式在形式上与式(6-76)～式(6-79)完全相同,仅参数 $g_n$ 按式(6-93)进行取值,此处不再赘述。

#### 6.2.3.3 非端承桩竖向振动问题求解

由于参数 $g_n$ 取值的不同[式(6-93)],则固有函数系 $\text{ch}(g_n \bar{z})(n=1,2,3\cdots)$ 的正交特性不再是式(6-84)的表达形式,而是为:

$$\int_0^{\overline{L}} \text{ch}(g_n \bar{z}) \text{ch}(g_m \bar{z}) \text{d}\bar{z} = \begin{cases} \dfrac{\overline{L}}{2} + \dfrac{\text{sh}(2g_n \overline{L})}{4g_n} & m=n \\ 0 & m \neq n \end{cases} \tag{6-94}$$

将 6.2.2 节得到的桩身位移表达式(6-82)代入桩土分界面上的位移连续条件式(6-40),可得:

$$S_1 \cos(k\bar{z}) + T_1 \sin(k\bar{z}) + \sum_{n=1}^{\infty} \frac{-2\zeta_{2n} A_{11n}}{\overline{E}_p (g_n^2+k^2)} \text{ch}(g_n \bar{z}) = \sum_{n=1}^{\infty} \zeta_{1n} A_{11n} \text{ch}(g_n \bar{z}) \tag{6-95}$$

根据正交函数的性质,可得到参数 $A_{11n}$ 的表达式为:

$$A_{11n} = S_1 R_{1n} + T_1 R_{2n} \tag{6-96}$$

式中  $R_{1n} = \dfrac{\overline{E}_p [g_n \text{sh}(g_n \overline{L}) \cos(k\overline{L}) + k \text{ch}(g_n \overline{L}) \sin(k\overline{L})]}{[\zeta_{1n} \overline{E}_p (g_n^2+k^2) + 2\zeta_{2n}]\left[\dfrac{\overline{L}}{2} + \dfrac{\text{sh}(2g_n \overline{L})}{4g_n}\right]}$;

$R_{2n} = \dfrac{\overline{E}_p [g_n \text{sh}(g_n \overline{L}) \sin(k\overline{L}) - k \text{ch}(g_n \overline{L}) \cos(k\overline{L}) + k]}{[\zeta_{1n} \overline{E}_p (g_n^2+k^2) + 2\zeta_{2n}]\left[\dfrac{\overline{L}}{2} + \dfrac{\text{sh}(2g_n \overline{L})}{4g_n}\right]}$。

则桩竖向振动的位移为:

$$\bar{w}_p(\bar{z}) = S_1 \left[\cos(k\bar{z}) + \sum_{n=1}^{\infty} \frac{-2\zeta_{2n} R_{1n}}{\overline{E}_p (g_n^2+k^2)} \text{ch}(g_n \bar{z})\right] + T_1 \left[\sin(k\bar{z}) + \sum_{n=1}^{\infty} \frac{-2\zeta_{2n} R_{2n}}{\overline{E}_p (g_n^2+k^2)} \text{ch}(g_n \bar{z})\right] \tag{6-97}$$

由桩顶边界条件可得:

$$T_1 = \frac{\overline{P}}{k \overline{E}_p} \tag{6-98}$$

由桩端边界条件式(6-93),可得:

$$S_1 = -\frac{\overline{P}}{k\overline{E}_p} \frac{k_b^* \sin(k\overline{L}) + k\cos(k\overline{L}) + \sum_{n=1}^{\infty} \frac{-2\zeta_{2n}R_{2n}G_n}{\overline{E}_p(g_n^2+k^2)}}{k_b^* \cos(k\overline{L}) - k\sin(k\overline{L}) + \sum_{n=1}^{\infty} \frac{-2\zeta_{2n}R_{1n}G_n}{\overline{E}_p(g_n^2+k^2)}} \quad (6\text{-}99)$$

式中 $k_b^* = \dfrac{k_b}{E_p \pi r_0}$;

$G_n = g_n \text{sh}(g_n\overline{L}) + k_b^* \text{ch}(g_n\overline{L})$。

桩身任意一点的正应力可表示为:

$$p(\overline{z}) = \overline{E}_p S_1 \left[ -k\sin(k\overline{z}) + \sum_{n=1}^{\infty} \frac{-2g_n\zeta_{2n}R_{1n}}{\overline{E}_p(g_n^2+k^2)} \text{sh}(g_n\overline{z}) \right] +$$

$$\overline{E}_p T_1 \left[ k\cos(k\overline{z}) + \sum_{n=1}^{\infty} \frac{-2g_n\zeta_{2n}R_{2n}}{\overline{E}_p(g_n^2+k^2)} \text{sh}(g_n\overline{z}) \right] \quad (6\text{-}100)$$

桩顶动刚度(位移阻抗)和桩顶速度幅频响应(导纳)是研究桩基动力特性和进行桩基动态监测的两个重要参数,根据桩顶动刚度定义可得桩顶动刚度为:

$$k_d = \frac{\overline{p}(0)}{\overline{w}_p(0)} = \sum_{n=1}^{\infty} \frac{\overline{P}}{\zeta_{1n}A_{11n}} = \sum_{n=1}^{\infty} \frac{T_1 \overline{E}_p k}{\zeta_{1n}(S_1 R_{1n} + T_1 R_{2n})} \quad (6\text{-}101)$$

则相应的桩顶位移响应为:

$$H_u(i\omega) = \frac{1}{k_d(i\omega)} \quad (6\text{-}102)$$

桩顶速度导纳为:

$$|H_v(i\omega)| = |i\omega H_u(i\omega)| \quad (6\text{-}103)$$

#### 6.2.3.4 算例分析

(1)解的退化与验证

为验证上述解答的正确性,将 6.2.3 节非饱和土解退化到完全饱和的两相介质情况,计算参数与 Zeng 和 Rajapakse 的相同。由于 Zeng 和 Rajapakse 仅列出了各参数的无量纲形式,换算为本章计算参数分别为:土颗粒体积模量 $K_s=22.5$ GPa、颗粒密度 $\rho_s=2\,712.3$ kg/m³、土骨架体积模量 $K_b=675$ MPa、剪切模量 $\mu_s=311.5$ MPa、孔隙率 $n=0.482$、饱和度 $S_r=0.999$、固有渗透系数 $\kappa=6.52\times10^{-13}$ m²、桩身弹性模量 $E_b=809.9$ GPa、密度 $\rho_b=2\,264.2$ kg/m³。由于本章将桩端土体简化为 Winkler 弹性地基,弹簧刚度值可近似采用非饱和地基上刚性圆板在竖向简谐振动作用下的复刚度来代替,相关文献对此做了相关研究,但表达式过于繁琐。为便于应用,本节根据 Lysmer 和 Richart 提出的模拟公式,采用单向介质半空间表面刚性基础的地层动刚度 $k_b=4\mu r_0/(1-v)$ 表示。土层底部地基反力系数近似取为 $k_s^*=0.01$。由图 6-33(a)可知,按三相介质动力方程得出的桩顶复动刚度无论实部还是虚部都与 Zeng 和 Rajapakse 的结果基本一致。此外,张玉红和黄义应用间接边界元法对饱和土与桩基础动力相互作用进行了分析,本节解总体上与其计算结果一致[图 6-33(b)]。数值差异可能来自于土层底部支承刚度和桩端支承刚度的取值上,这反映出将底部假定为 Winkler 地基模式存在一定缺陷,一则弹簧刚度取值存在经验性,与常规土动力参数的关系不明确;二则不能详细描述土中应力波的传播,难于全面反映场地的振动特性。可行的办法是参照桩侧土的处理方式,考虑底部土体真三维波动效应及桩土耦合作用。在这方面,半空间虚拟桩法与有限元法(或边界元法)无疑更具优越性。

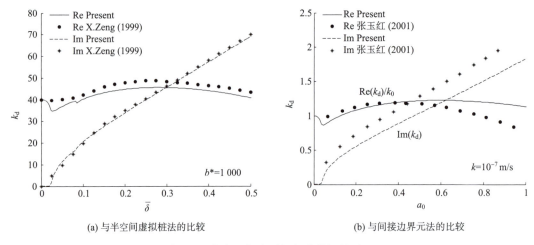

(a) 与半空间虚拟桩法的比较　　　　(b) 与间接边界元法的比较

图 6-33　饱和两相介质解与其他解的对比

(2) 桩顶复刚度特性分析

由于饱和度等参数的影响规律与上一节端承桩相类似,以下分析仅对非端承桩所特有的桩端和土层底部地基反力系数 $k_b^*$ 和 $k_s^*$ 的影响性进行讨论。图 6-34、图 6-35 中横坐标 $b_1$ 为无量纲频率,$b_1=w/w_g$,式中 $w_g$ 为弹性支承桩在桩侧无土情况下发生竖向自由振动的固有频率,满足超越方程 $w_g/V_p = k_b^* \cot(w_g L/V_p)$,可通过数值迭代的计算方法进行求解。其中,激振频率选择在桩基础动力设计感兴趣的低频范围内。

由图 6-34 可见,不同桩端地基反力系数下的桩顶复刚度存在明显差异。随着桩端土质变软,第一共振点频率逐渐增大,共振时其动刚度的削弱程度也较大。但总的说来,$k_b^*$ 越大,较宽频段内桩顶刚度和阻尼越小。这表明对于支承于硬土质上的基桩,特别是端承桩,尽管具有较高的极限承载力,但抗震性能却不如支承于软质地基上的摩擦桩。图 6-35 反映了桩顶复刚度与土层底部地基反力系数的关系。由图可见,随着土层反力系数的增大,动刚度同步减小,阻尼在频率较低处略有降低,之后则基本保持不变。以上结果在变化规律及数值大小上与相关文献中饱和土的情况基本相近,进一步证明了本章数值计算的可靠性。

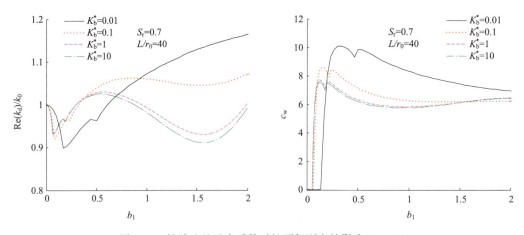

图 6-34　桩端地基反力系数对桩顶复刚度的影响($k_s^*=1$)

图 6-36 为长径比为 40,土体剪切模量保持不变时,桩顶复刚度随桩身弹性模量的变化规律。可见,随着基桩刚度的增大,桩顶复刚度实部和虚部均逐渐增大,这与图 6-25 得出的规律恰好相反。当桩土模量比增大到一定程度时,曲线变化趋势减缓,并趋于稳定。当 $E_p$ 值很大时,基桩近乎成一刚性杆件,这时位移主要来自于桩端土体的压缩,自身变形很小。此外,激振频率对刚度的影响相对较小,对阻尼的影响较大。

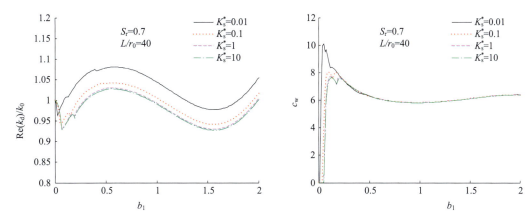

图 6-35　土层底部反力系数对桩顶复刚度的影响($k_b^*=1$)

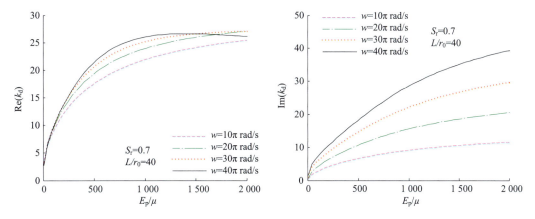

图 6-36　桩顶复刚度随桩土模量比的变化(固定土体模量)

(3)桩顶速度导纳特性分析

图 6-37 和图 6-38 分别反映了桩底和土层底部支承刚度对桩顶速度导纳曲线的影响。可见,不同桩端支承刚度下共振峰值基本相同,但振荡相位存在差异,$k_b^*=0.01$ 与 10 的相位几乎相反(180°),而土层底部支承刚度对导纳曲线基本不产生影响。这表明在桩基动测过程中,可忽略土层底部地基反力系数的变化,主要考虑桩端支承刚度的影响,以此来判断桩端土体的软硬程度,如沉渣是否清理干净、桩尖是否进入坚硬的持力层等等。

(4)桩土位移特性分析

由图 6-39 可以看出,在低频激振下(5 Hz),桩端土层支承刚度对桩身位移分布有着显著影响,土质较软时的基桩位移整体上大于土质较硬的情况,当 $k_b^*$ 超过 1 时桩端位移接近于 0,表现出端承桩的性质。而不同土层底部地基反力系数下的桩身位移分布基本相同。

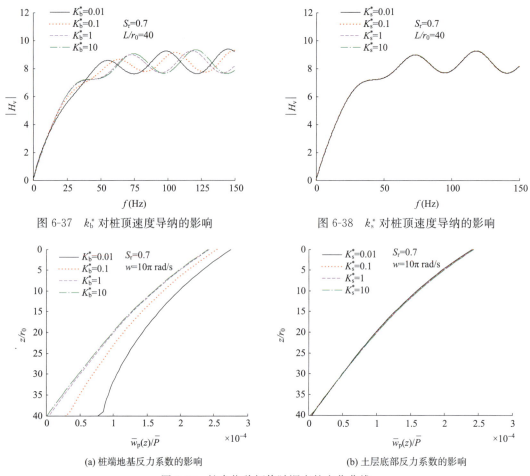

(a) 桩端地基反力系数的影响　　　　(b) 土层底部反力系数的影响

图 6-39　桩身位移幅值随深度的变化曲线

图 6-40 和图 6-41 分别给出了无量纲支承刚度 $k_b^*$ 和 $k_s^*$ 对桩顶位移幅频和相频的影响。可见，随着桩端支承刚度的增大，幅频和相频均逐渐减小，曲线呈现出振荡形态，当 $k_b^*$ 进一步增大(大于 1 时)，曲线不再随支承系数而变化。不同 $k_b^*$ 所对应的共振峰频率也不尽相同，表明桩端不同支承刚度对基桩固有频率存在一定影响。相比于桩端支承的影响，土底支承系数的影响要小得多。除位移幅频随 $k_s^*$ 的增大而略有增大外，相频曲线则几乎不受 $k_s^*$ 的影响。

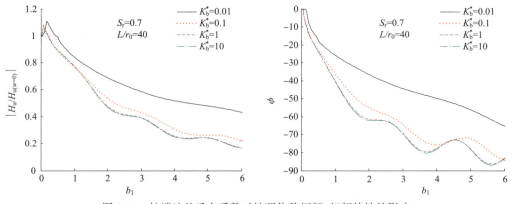

图 6-40　桩端地基反力系数对桩顶位移幅频、相频特性的影响

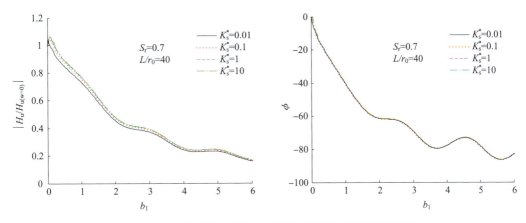

图 6-41　土层底部反力系数对桩顶位移幅频、相频特性的影响

(5)桩身轴力分析

图 6-42(a)和(b)分别为不同支承刚度 $k_b^*$ 和 $k_s^*$ 下桩身轴力幅值分布曲线。与桩顶承受静荷载相类似,随着桩端地基反力系数的增大,桩端阻力明显提高,桩底土体的荷载承担比随之增加。当 $k_b^* \geqslant 1$ 时,桩端阻力的荷载分担比接近 50%。而对于不同土层底部反力系数,除桩身中下部轴力分布存在一定差异外,桩身中上部轴力几乎完全相同。总的说来,$k_s^*$ 对轴力分布的影响基本可以忽略。

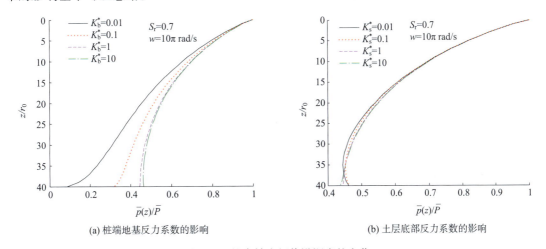

(a) 桩端地基反力系数的影响　　　　(b) 土层底部反力系数的影响

图 6-42　桩身轴力幅值沿深度的变化

(6)土层动力反应特性分析

图 6-43 和图 6-44 分别给出了无量纲支承刚度 $k_b^*$ 和 $k_s^*$ 对 1~3 阶土层阻抗的影响规律。可见,在较宽的频段范围内,各阶模态下 4 种桩端地基反力系数所对应的阻抗曲线完全重合,表明 $k_b^*$ 对土层振动模态基本不产生影响。而土层底部反力系数对土层阻抗存在显著影响,土层阻抗刚度部分随着 $k_s^*$ 的增加而增加,而阻尼部分则随之降低。从土层复阻抗因子的表达式 $\gamma_s = \zeta_{2n}/\zeta_{1n}$ 可以看出,$\gamma_s$ 是一个与土层自身特性密切相关的量,其变化受土体剪切模量、土层厚度、模态阶数、泊松比和激振频率等参数的影响,而与基桩特性关系不大。

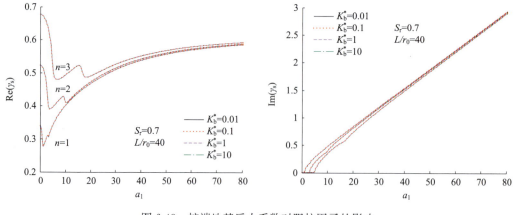

图 6-43 桩端地基反力系数对阻抗因子的影响

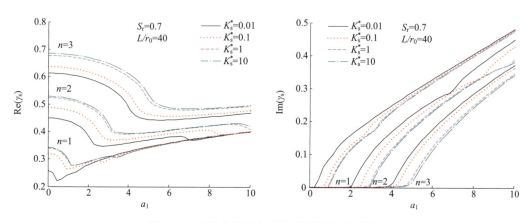

图 6-44 土层底部反力系数对阻抗因子的影响

### 6.2.4 部分埋入非端承桩竖向振动分析

#### 6.2.4.1 计算模型

图 6-45 为非饱和土中部分埋入桩受竖向简谐振动的计算模型。假定柱形坐标系统 $(r,\theta,z)$ 的 $z$ 轴与桩身轴线相一致,坐标原点位于自由段与埋入段的分界处。基桩为有限长等截面均质弹性圆杆,桩端和土层底部简化为弹性支承形式,自由段桩长为 $L_1$,埋入段桩长为 $L_2$,其余符号含义同前。

#### 6.2.4.2 部分埋入桩竖向振动问题求解

在简谐荷载作用下桩体发生强迫振动,取区域 1 和区域 2 桩身微元体作动力平衡分析,可得桩的竖向振动方程为:

$$E_\mathrm{p}\pi r_0^2 \frac{\partial^2 w_\mathrm{p}^{(1)}}{\partial z^2} = -\rho_\mathrm{p}\pi r_0^2 \omega^2 w_\mathrm{p}^{(1)} \quad (-L_1 \leqslant z < 0) \tag{6-104a}$$

$$E_\mathrm{p}\pi r_0^2 \frac{\partial^2 w_\mathrm{p}^{(2)}}{\partial z^2} - 2\pi r_0 f(z) = -\rho_\mathrm{p}\pi r_0^2 \omega^2 w_\mathrm{p}^{(2)} \quad (0 \leqslant z \leqslant L_2) \tag{6-104b}$$

式中,$f(z)$ 为桩侧摩阻力;引入无量纲参数 $\bar{\rho}_\mathrm{p}=\rho_\mathrm{p}/\rho$,$\bar{w}_\mathrm{p}^{(1)}=w_\mathrm{p}^{(1)}/r_0$,$\bar{w}_\mathrm{p}^{(2)}=w_\mathrm{p}^{(2)}/r_0$,$\bar{E}_\mathrm{p}=E_\mathrm{p}/\mu$;上标"(1)"和"(2)"分别代表自由段和埋入段,下文表述相同。

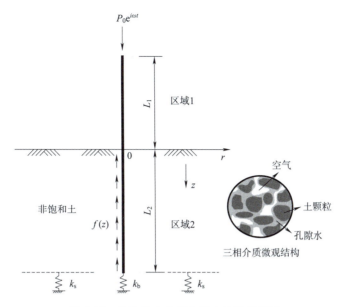

图 6-45 非饱和土中部分埋入桩计算模型

结合条件公式(6-42),以上两式可写成如下无量纲形式:

$$\overline{E}_\mathrm{p} \frac{\partial^2 \overline{w}_\mathrm{p}^{(2)}}{\partial \overline{z}^2} + \overline{\rho}_\mathrm{p} \overline{\delta}^2 \overline{w}_\mathrm{p}^{(2)} = 0 \quad (-\overline{L}_1 \leqslant \overline{z} < 0) \tag{6-105a}$$

$$\overline{E}_\mathrm{p} \frac{\partial^2 \overline{w}_\mathrm{p}^{(2)}}{\partial \overline{z}^2} + \overline{\rho}_\mathrm{p} \overline{\delta}^2 \overline{w}_\mathrm{p}^{(2)} = -2\,\overline{\tau}_\mathrm{rz}|_{\overline{r}=1} \quad (0 \leqslant \overline{z} \leqslant \overline{L}_2) \tag{6-105b}$$

将式(6-77)代入上式,可得方程的解为:

$$\overline{w}_\mathrm{p}^{(1)}(\overline{z}) = S_1^{(1)}\cos(k\overline{z}) + S_2^{(1)}\sin(k\overline{z}) \tag{6-106a}$$

$$\overline{w}_\mathrm{p}^{(2)}(\overline{z}) = S_1^{(2)}\cos(k\overline{z}) + S_2^{(2)}\sin(k\overline{z}) + \sum_{n=1}^{\infty} \frac{-2\zeta_{2n}A_{11n}}{\overline{E}_\mathrm{p}(g_n^2+k^2)}\mathrm{ch}(g_n\overline{z}) \tag{6-106b}$$

式中 $k = \overline{\delta}\sqrt{\overline{\rho}_\mathrm{p}/\overline{E}_\mathrm{p}}$;

$S_1^{(1)}$、$S_2^{(1)}$、$S_1^{(2)}$、$S_2^{(2)}$——待定系数,可根据桩的边界条件和连续性条件确定。

桩身任一点的正应力可由 $\overline{p}(\overline{z}) = \overline{E}_\mathrm{p}\partial\overline{w}_\mathrm{p}/\partial\overline{z}$ 确定。对于自由段,桩顶($z=-L_1$)与桩端($z=0$)的位移和应力存在如下关系:

$$\begin{Bmatrix} \overline{w}_\mathrm{p}^{(1)}(0) \\ \overline{p}^{(1)}(0)/\overline{E}_\mathrm{p} \end{Bmatrix} = T_1^{(1)}[T_2^{(1)}]^{-1}\begin{Bmatrix} \overline{w}_\mathrm{p}^{(1)}(-\overline{L}_1) \\ \overline{p}^{(1)}(-\overline{L}_1)/\overline{E}_\mathrm{p} \end{Bmatrix} \tag{6-107}$$

式中,$\overline{L}_1 = \dfrac{L_1}{r_0}$;$T_1^{(1)} = \begin{Bmatrix} 1 & 0 \\ 0 & k \end{Bmatrix}$;$T_2^{(1)} = \begin{Bmatrix} \cos(-k\overline{L}_1) & \sin(-k\overline{L}_1) \\ -k\sin(-k\overline{L}_1) & k\cos(-k\overline{L}_1) \end{Bmatrix}$。

根据式(6-95),同时将埋入段桩身位移表达式(6-102b)代入桩土分界面上的位移连续条件式(6-40),可得:

$$S_1^{(2)}\cos(k\overline{z}) + S_2^{(2)}\sin(k\overline{z}) + \sum_{n=1}^{\infty}\frac{-2\zeta_{2n}A_{11n}}{\overline{E}_\mathrm{p}(g_n^2+k^2)}\mathrm{ch}(g_n\overline{z}) = \sum_{n=1}^{\infty}\zeta_{1n}A_{11n}\mathrm{ch}(g_n\overline{z}) \tag{6-108}$$

根据正交函数的性质,可得到参数 $A_{11n}$ 的表达式为:

$$A_{11n} = S_1^{(2)}R_{1n} + S_2^{(2)}R_{2n} \tag{6-109}$$

式中，$R_{1n}$ 和 $R_{2n}$ 表达式同式(6-96)，只是将式中 $\overline{L}$ 才用 $\overline{L}_2$ 代替。

则埋入段桩身竖向位移幅值为：

$$\overline{w}_p^{(2)}(\overline{z}) = S_1^{(2)}\left[\cos(k\overline{z}) + \sum_{n=1}^{\infty}\frac{-2\zeta_{2n}R_{1n}}{\overline{E}_p(g_n^2+k^2)}\text{ch}(g_n\overline{z})\right] +$$

$$S_2^{(2)}\left[\sin(k\overline{z}) + \sum_{n=1}^{\infty}\frac{-2\zeta_{2n}R_{2n}}{\overline{E}_p(g_n^2+k^2)}\text{ch}(g_n\overline{z})\right] \tag{6-110}$$

桩身任意一点的正应力可表示为：

$$\overline{p}^{(2)}(\overline{z}) = \overline{E}_p S_1^{(2)}\left[-k\sin(k\overline{z}) + \sum_{n=1}^{\infty}\frac{-2g_n\zeta_{2n}R_{1n}}{\overline{E}_p(g_n^2+k^2)}\text{sh}(g_n\overline{z})\right] +$$

$$\overline{E}_p S_2^{(2)}\left[k\cos(k\overline{z}) + \sum_{n=1}^{\infty}\frac{-2g_n\zeta_{2n}R_{2n}}{\overline{E}_p(g_n^2+k^2)}\text{sh}(g_n\overline{z})\right] \tag{6-111}$$

分别令上式中 $\overline{z}=0$ 和 $\overline{z}=\overline{L}_2$，消去待求参量 $S_1^{(2)}$ 和 $S_2^{(2)}$，可得埋入段桩顶和桩端的位移和荷载之间的关系为：

$$\begin{Bmatrix}\overline{w}_p^{(2)}(\overline{L}_2)\\ \overline{p}^{(2)}(\overline{L}_2)/\overline{E}_p\end{Bmatrix} = T_1^{(2)}\left[T_2^{(2)}\right]^{-1}\begin{Bmatrix}\overline{w}_p^{(2)}(0)\\ \overline{p}^{(2)}(0)/\overline{E}_p\end{Bmatrix} \tag{6-112}$$

式中

$$T_1^{(2)} = \begin{Bmatrix}\cos(k\overline{L}_2)+\sum_{n=1}^{\infty}\frac{-2\zeta_{2n}R_{1n}}{\overline{E}_p(g_n^2+k^2)}\text{ch}(g_n\overline{L}_2) & \sin(k\overline{L}_2)+\sum_{n=1}^{\infty}\frac{-2\zeta_{2n}R_{2n}}{\overline{E}_p(g_n^2+k^2)}\text{ch}(g_n\overline{L}_2)\\ -k\sin(k\overline{L}_2)+\sum_{n=1}^{\infty}\frac{-2g_n\zeta_{2n}R_{1n}}{\overline{E}_p(g_n^2+k^2)}\text{sh}(g_n\overline{L}_2) & k\cos(k\overline{L}_2)+\sum_{n=1}^{\infty}\frac{-2g_n\zeta_{2n}R_{2n}}{\overline{E}_p(g_n^2+k^2)}\text{sh}(g_n\overline{L}_2)\end{Bmatrix};$$

$$T_2^{(2)} = \begin{Bmatrix}1+\sum_{n=1}^{\infty}\frac{-2\zeta_{2n}R_{1n}}{\overline{E}_p(g_n^2+k^2)} & \sum_{n=1}^{\infty}\frac{-2\zeta_{2n}R_{2n}}{\overline{E}_p(g_n^2+k^2)}\\ 0 & k\end{Bmatrix}.$$

在自由段和埋入段分界处($z=0$)，桩身位移和应力满足连续性条件，即：

$$\overline{w}_p^{(1)}(0) = \overline{w}_p^{(2)}(0);\quad \overline{p}^{(1)}(0) = \overline{p}^{(2)}(0) \tag{6-113}$$

对于桩顶作用简谐荷载 $P_0 e^{i\omega t}$，存在 $\overline{p}^{(1)}(-\overline{L}_1)=\overline{P}_0$，同时将式(6-108)和式(6-112)代入上式，可得：

$$\begin{Bmatrix}\overline{w}_p^{(2)}(\overline{L}_2)\\ \overline{p}^{(2)}(\overline{L}_2)/\overline{E}_p\end{Bmatrix} = T\begin{Bmatrix}\overline{w}_p^{(1)}(-\overline{L}_1)\\ \overline{P}_0/\overline{E}_p\end{Bmatrix} \tag{6-114}$$

式中 $T=T_1^{(2)}\left[T_2^{(2)}\right]^{-1}T_1^{(1)}\left[T_2^{(1)}\right]^{-1}$；

$\overline{P}_0 = P_0/(\mu\pi r_0^2)$，表示无量纲的桩顶荷载幅值。

考虑桩端为弹性支承，则式(6-93)可写成如下无量纲形式：

$$\overline{p}^{(2)}(\overline{L}_2) = -k_b^*\,\overline{w}_p^{(2)}(\overline{L}_2) \tag{6-115}$$

式中 $k_b^* = k_b/(\mu\pi r_0)$。

由式(6-114)和式(6-115)，可得部分埋入桩无量纲形式的桩顶阻抗为：

$$K_d = \frac{\overline{P}_0}{\overline{w}_p^{(1)}(-\overline{L}_1)} = \frac{T(1,1)k_b^* + T(2,1)}{T(1,2)k_b^* + T(2,2)} \tag{6-116}$$

#### 6.2.4.3 算例分析

本节就不同自由段桩长等因素对部分埋入桩竖向动力阻抗的影响进行分析。计算中，土

层底部地基反力 $k_s^* = 1.0$,土体和基桩其他参数同前;同时,为进一步考察饱和度本身的变化对桩的动力特性的影响,以下分析中未考虑土体动剪切模量随饱和度的变化。

图 6-46 为埋入段桩长保持不变时,桩身自由段长度对桩顶阻抗的影响。由图可知,桩身外伸部分的存在,增大了桩基础的柔性,使桩顶动刚度和阻尼大幅度降低。当埋入比 $L_1/L_2 = 1.0$,无量纲频率 $a_0 = 1.0$ 时,动刚度和阻尼的降低幅度均接近 80%,且动刚度随频率的增大而逐步降低,阻尼间的差异也逐渐增大。为保证结构安全性,工程设计中应格外重视埋入比的合理取值。然而,阻尼曲线的第一共振频率则基本不受自由段桩长的影响,原因在于该共振是由有限厚度土层中横波的传播与反射引起的,主要受土层条件控制。

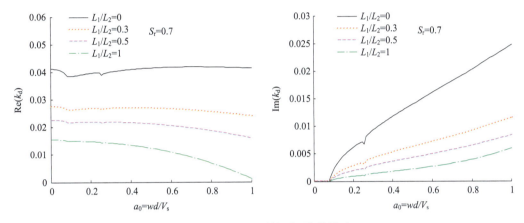

图 6-46　埋入比对桩顶阻抗的影响

图 6-47 为频率 10 Hz、20 Hz 和 30 Hz 作用时桩顶动刚度和动阻尼随饱和度的变化曲线。可见,动刚度随饱和度的升高而缓慢增大,达到峰值后则缓慢减小,其中高频振动时较为明显,而动阻尼则基本不随饱和度而变化。这是由于频率较高时孔隙流体的惯性耦合作用较为强烈,对桩动力特性的影响也更为显著,低频振动时的惯性效应则较弱。但总的说来,饱和度本身对桩竖向振动特性的影响较为有限。值得说明的是,由于非饱和土中存在毛细压力现象,产生的基质吸力使土体颗粒间有效应力增加,从而提高了土的抗剪强度,继而使动剪切模量增大,并最终影响埋置结构的动力响应。限于篇幅,本章对饱和度的这种间接作用不作进一步分析。

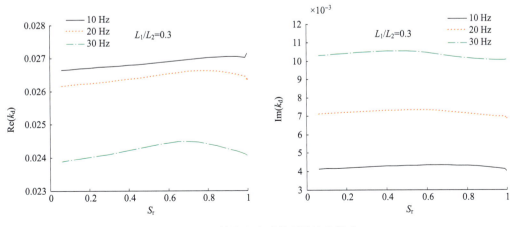

图 6-47　土体饱和度对桩顶阻抗的影响

图 6-48 给出了 $S_r=0.7, L_1/L_2=0.3$ 时土层底部不同地基反力系数对桩顶复刚度的影响。由图可见,地基反力系数的影响主要体现在低频阶段,地基反力系数较小时,即土层底部较软,横波共振频率(对应第一个共振点)相应较低,表明横波剪切共振的削弱作用较低。该共振点在阻尼曲线上表现为一截止频率,低于该频率,土层阻尼很小。随着频率的进一步增大,不同地基反力系数下的刚度和阻尼值则基本保持相同。

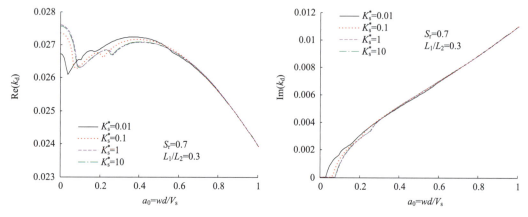

图 6-48　土底反力系数对桩顶阻抗的影响

图 6-49 为饱和度分别为 0.7 和 1.0 时,渗透系数对桩顶阻抗的影响。图中 $\kappa$ 为土体固有渗透系数,转换为常用的 Darcy 渗透系数分别为 $10^{-1}$ m/s、$10^{-3}$ m/s 和 $10^{-5}$ m/s。可见,当土体处于非饱和状态时,三种渗透系数下的计算曲线差别很小,此时孔隙水的流动性对桩的动力响应几乎不产生作用。土层接近完全饱和时,渗透系数的影响才逐渐体现,表现为土体渗透性降低,阻抗增大,特别是在高频阶段,尤为明显。这表明孔隙水对桩动力特性的参与作用只在准饱和或完全饱和状态时才得以发挥。

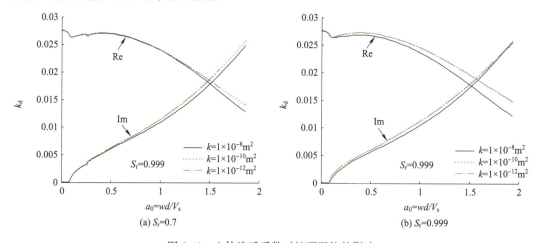

图 6-49　土体渗透系数对桩顶阻抗的影响

## 6.2.5　小　结

建立了竖向简谐振动作用下非饱和土体和单桩耦合动力响应模型,求解了轴对称条件下非饱和土体的动力控制方程和基桩的一维波动方程,考虑了桩土界面接触条件以及桩端不同支承形式,给出了嵌岩桩和非端承桩的桩顶复动刚度、速度导纳以及土层阻抗在频域内的变化规律。本章基于三相多孔介质理论的解答为描述真实土体环境下桩基竖向振动特性提供了完备的理论框架。算例分析结果表明:

(1)土体剪切模量随饱和度的变化是土中气相影响桩基动力行为的关键因素。随着饱和度的减小,桩顶动刚度因子和等效阻尼的振幅随之减小,桩身整体位移随之降低,速度导纳的共振幅值略有下降,但导纳曲线的共振频率、平均导纳值以及土层横波共振频率(对应第一个共振点)则基本不受饱和度的影响。

(2)饱和度本身的变化对桩竖向动力响应基本不产生影响,且孔隙水对桩基动力特性的参与作用只在准饱和或完全饱和时才得以发挥。

(3)桩周土质越软,桩顶动刚度和等效阻尼越小,基础抗震效果越差,而增大桩身刚度能显著提高两者的大小,从而有利于基础的抗震,可见对桩土模量比的影响分析应区别对待土或桩两种模量,单纯分析该参数是不准确的。

(4)长径比及桩端地基反力系数是影响桩基动力响应的主要因素,而土体固有渗透系数、土底反力系数的影响则相对较小,这与以往单向或饱和两相介质半空间中桩基振动理论得到的结论相一致。

(5)对于部分埋入桩,桩顶复刚度随自由段桩长的增加而大幅降低,而阻尼曲线的第一共振频率则基本不受此影响。

# 7 高桥墩桩基屈曲机理及其计算方法

## 7.1 引 言

高桥墩桩基的屈曲机理研究是进行高桥墩桩基屈曲稳定性分析的基础,也是建立合理设计理论的前提。国内外学者对基桩的受力特性及屈曲机理进行了深入研究,获得了大量研究成果;而受桥墩、荷载及桩周岩土材料等因素的影响,高桥墩桩基的承载机理与受力特性与常规桩基相比,尚存在诸多不同,因而常规理论的应用将受到一定的限制。

本章首先对高桥墩桩基屈曲稳定的影响因素与分析方法进行探讨,然后针对竖向荷载、横向荷载及其组合荷载作用下高桥墩桩基的特点,寻求常规理论用于高桥墩桩基的可行性,并基于能量法和变分原理推导相应的能量法解答,为高桥墩桩基的内力分析与屈曲稳定计算奠定基础。

## 7.2 高桥墩桩基屈曲的原因与类型

### 7.2.1 高桥墩桩基屈曲的定义

高桥墩桩基因墩桩的高度或深度与墩桩身直径相比通常较大,因此其结构分析可简化为细长杆件,屈曲破坏也与杆件的屈曲类似,当受拉杆件的应力达到屈服极限或强度极限时,将引起塑性变形。长度较小的受压短柱也有类似的现象,然而细长杆件却表现出与强度失效完全不同的性质。例如一根细长的竹片受压时,开始轴线为直线,接着必然是受弯,在发生较大的弯曲变形后折断。工程中有很多受压的细长杆件与此类似,一开始压力与杆件轴线重合,当压力逐渐增加,但小于某一极限值时,只产生轴向压缩变形,杆件仍保持直线形状的平衡。此时,如有一微小横向干扰,杆就发生微弯。然而,一旦解除干扰,杆会立即恢复到原来的直线状态,这表明杆的直线状态的平衡是稳定的。当荷载增加到某一数值时,就可能出现这样的局面:微小的干扰使杆微弯后,再撤去此干扰,杆仍然保持在微弯状态而不恢复到直线位置,这就意味着除了直线形式的平衡位置外,还存在微弯状态下的平衡位置。外力和内力的平衡是随遇的叫随遇平衡或中性平衡。轴心压杆的临界荷载是指构件在直的或微弯状态下都保持平衡的荷载。当轴向荷载继续增大,微小的干扰将使杆产生急剧发展的弯曲变形,从而导致构件破坏。此时,直线状态的平衡是不稳定的。这个现象称作构件屈曲或叫丧失稳定。高桥墩桩基屈曲是指高桥墩桩基丧失结构平衡的稳定性,也称失稳。研究高桥墩桩基屈曲问题的主要内容就是确定其屈曲临界荷载。

高桥墩桩基失稳后,压力的微小增加将引起弯曲变形的显著增大,墩桩已丧失了承载能力。这是因为失稳造成的失效,可以导致整个结构的破坏;而且细长杆件在失稳时,应力并不一定很高,有时甚至低于比例极限。

设高桥墩桩的轴线为直线,压力与轴线重合。当压力达到临界值时,墩桩将由直线平衡形态转变为曲线平衡形态。临界压力是使墩(桩)身保持微小弯曲平衡的最小压力。临界压力的大小与高桥墩桩基两端的约束条件有关,根据高桥墩桩基两端嵌岩的情况,其边界条件可分为自由、铰接和嵌固三种。现讨论两端都是铰接这种最常见的情况,其他的情况可以用不同的长度系数来修正。

假设墩(桩)身任意截面的挠度为 $v$,弯矩 $M$ 的绝对值为 $Pv$,若只取压力 $P$ 的绝对值,则 $v$ 为正时,$M$ 为负,$v$ 为负时 $M$ 为正。即 $M$ 与 $v$ 的符号相反,所以

$$M = -Pv \tag{7-1}$$

对微小的弯曲变形,挠曲线的近似微分方程为,即

$$\frac{\mathrm{d}^2 v}{\mathrm{d} x^2} = \frac{M}{EI} \tag{7-2}$$

由于两端都是铰接,允许高桥墩桩基在任意纵向平面内发生弯曲变形,因而墩桩的微小弯曲变形一定发生在抗弯能力最小的纵向平面内。所以,式(7-3)中的 $I$ 应是横截面最小的惯性矩。将式(7-1)代入式(7-2)得:

$$\frac{\mathrm{d}^2 v}{\mathrm{d} x^2} = -\frac{Pv}{EI} \tag{7-3}$$

令

$$k^2 = \frac{P}{EI} \tag{7-4}$$

于是,式(7-3)可写为:

$$\frac{\mathrm{d}^2 v}{\mathrm{d} x^2} + k^2 v = 0 \tag{7-5}$$

以上微分的通解为:

$$v = A\sin kx + B\cos kx \tag{7-6}$$

式中 $A$、$B$ 为积分常数。

杆件的边界条件是:

$$x = 0 \text{ 和 } x = l \text{ 时}, v = 0$$

由此求得:

$$B = 0, A\sin kl = 0 \tag{7-7}$$

后面的式子表明,$A$ 或者 $\sin kl$ 等于零。但因为 $B$ 已经等于零,如 $A$ 再等于零,则由式知 $v \equiv 0$,这表示高桥墩桩基轴线任意点的挠曲皆为零,它仍为直线。这就与墩桩失稳发生微小弯曲的前提相矛盾。因此必须是 $\sin kl = 0$。

于是 $kl$ 是数列 $0、\pi、2\pi、3\pi、\cdots$ 的任一个数。或者写成

$$kl = n\pi \quad (n = 0, 1, 2, \cdots)$$

由此可得

$$k = \frac{n\pi}{l} \tag{7-8}$$

把式(7-8)代回式(7-4),求出:

$$P = \frac{n^2 \pi^2 EI}{l^2} \tag{7-9}$$

因为 $n$ 是等整数 $0,1,2,\cdots$ 中的任一个整数，故上式表明，使杆件保持为曲线平衡的压力，理论上是多值的。在这些压力中，使杆件保持微小弯曲的最小压力，才是临界压力 $P_{cr}$。如取 $n=0$，则 $P=0$。表示杆件上并无压力，只有取 $n=1$，才使压力为最小值。于是临界压力为：

$$P_{cr} = \frac{\pi^2 EI}{l^2} \tag{7-10}$$

这是两端铰接压杆的欧拉公式。按照以上讨论，当取 $n=1$ 时，$k=\frac{\pi}{l}$，再注意到 $B=0$，于是

$$v = A \sin \frac{\pi x}{l} \tag{7-11}$$

可见，$P_{cr}$ 正是高桥墩桩基直线平衡和曲线平衡的分界点。荷载在达到临界后，微小的增加将会导致挠度的大幅度增加，这样大变形，实际墩桩是不能承受的。在达到如此大的变形之前，墩（桩）身早已发生塑性变形甚至折断。因此在挠度较小的情况下，由欧拉公式确定的临界力在工程实际中具有实际意义。桩身和墩身混凝土一般均不会发生较大塑性变形，因此压杆屈曲稳定理论可较好地应用于高桥墩桩基。

对于高桥墩桩基，当其墩下桩基采用嵌岩桩和较长的摩擦桩时，桩基底端一般可以认为是固定的；在墩顶橡胶支座的约束下，墩顶的约束条件就不是完全自由的，而是铰支甚至固定，但是在施工阶段时，其墩顶是处于不受约束的自由状态。因此高桥墩桩基屈曲的约束条件与普通压杆稳定有一些区别。

与普通压杆不同，高桥墩桩基发生屈曲变形时，高桥墩桩基除了克服桩身和墩身材料强度产生挠曲变形外，随着挠曲变形的发展，还受到桩侧土体抗力，这一抗力将阻止桩身挠曲变形的进一步发展，从而构成复杂的桩土相互作用体系。桩身挠曲变形沿桩轴变化，导致桩侧土体所发挥的横向抗力也随深度而变化。此外，墩身受到的风荷载、墩顶的汽车制动力等也对高桥墩桩基的屈曲变形产生很大的影响。这些复杂的受力情况使得高桥墩桩基屈曲与普通压杆有明显的不同，其屈曲机理更加复杂。

### 7.2.2 高桥墩桩基屈曲的分类

高桥墩桩基因平衡形式的不稳定性，从初始平衡位置转变到另一平衡位置的过程，称为高桥墩桩基的屈曲（或失稳）。高桥墩桩基稳定分析是高桥墩桩基平衡状态是否稳定的问题。处于平衡位置的高桥墩桩基，在任意微小外界扰动下，将偏离其平衡位置，当外界扰动除去后，仍能自动回复到初始平衡位置时，则初始平衡状态是稳定的。如果不能回复到初始平衡位置，则初始平衡状态是不稳定的。

根据工程结构失稳时平衡状态的变化特征，高桥墩桩基亦存在若干类稳定问题，其主要有以下两类。

#### 7.2.2.1 平衡分岔失稳

当作用于高桥墩桩基墩顶的荷载尚未达到某一限值时，高桥墩桩基始终保持挺直的稳定平衡状态，桩身和墩身截面都承受均匀的压应力，同时沿高桥墩桩基中轴线也只产生相应的压缩变形。然而，在高桥墩桩基的横向施加一微小扰动，高桥墩桩基将呈现微小弯曲，但一旦撤

去此干扰,高桥墩桩基又将立即恢复原有直线平衡状态。若作用于墩顶的荷载达到限值,高桥墩桩基会突然发生弯曲,即所谓的屈曲,或称为丧失稳定。此时高桥墩桩基由原来挺直平衡状态转变为有微小弯曲的平衡状态,即桩身和墩身从单纯受压的平衡状态转变为弯压平衡状态。荷载到达限值点,即分岔点后,荷载—挠度曲线呈现了两个可能的平衡途径,该荷载限值称为高桥墩桩基的屈曲荷载或临界荷载。由于在同一个荷载点出现了平衡分岔现象,所以其失稳称为平衡分岔失稳,也称第一类失稳,如图 7-1 所示。平衡分岔失稳还分为稳定分岔失稳和不稳定分岔失稳两种。

#### 7.2.2.2 极值点失稳

理想状态的高桥墩桩基实际上是不存在的,初始缺陷、残余应力或施工误差等都可能使其处于偏心受压状况,故实际轴心受压高桥墩桩基与偏心受压高桥墩桩基之间,除作用力的偏心大小有所不同,其工作性能并无更多本质区别。从一开始,高桥墩桩基即处于压弯平衡状态,其横向位移随荷载的增加持续增大。当墩顶承受的荷载达到某一极限值时,高桥墩桩基稍受扰动即由于平衡的不稳定性而立即破坏,故难以绘出下降段曲线,该点称为极值点,所对应的荷载称为高桥墩桩基的稳定极限荷载,或压溃荷载。可知,具有极值点失稳的偏心受压高桥墩桩基的荷载挠度曲线只有极值点,没有出现同一荷载点处存在两种不同变形状态的分岔点,高桥墩桩基弯曲变形的性质没有改变,桩身和墩身始终处于弯压状态,故此失稳称为高桥墩桩基的极值点失稳,也称为第二类失稳,如图 7-2 所示。

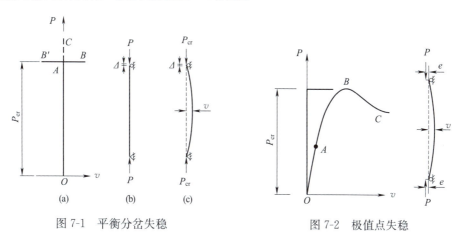

图 7-1　平衡分岔失稳　　　　图 7-2　极值点失稳

### 7.2.3 高桥墩桩基屈曲的判断准则

判断平衡状态是否稳定的最根本准则为:

假定对处于平衡状态的体系施加一微小干扰,当干扰撤去后,如体系能恢复到原来的平衡位置,则该平衡状态是稳定的;反之,若体系偏离原来的平衡位置越来越远,则该平衡位置是不稳定的;如体系停留在新的位置不动,则该平衡状态是随遇的。

以上述最根本准则为基础,界定高桥墩桩基平衡状态是否稳定有以下三个常用的判断准则。

#### 7.2.3.1 静力准则

以小挠度理论计算为基础,分岔点处挠度 $\Delta$ 有两种解答,当 $\Delta=0$ 时,表示高桥墩桩基处于直线平衡状态；当 Δ≠0 时，则高桥墩桩基处于压弯平衡状态。在同一荷载作用下，可能存在两种以上的平衡状态，称为平衡状态的二重性。这就是分岔失稳时临界状态的静力特征。

静力准则指出，处于平衡状态的工程结构体系或其中的构件出现平衡的二重性时，则初始平衡状态失去了稳定性。

#### 7.2.3.2 动力准则

当高桥墩桩基在荷载作用下处于平衡状态时，对其施以微小扰动，高桥墩桩基将产生自由振动。若高桥墩桩基的运动是有界的，则初始平衡位置是稳定的，否则是不稳定的；若高桥墩桩基发生自由振动时，频率趋近于零，初始平衡状态为临界状态，这时的荷载即临界荷载。

实际工程中，如果高桥墩桩基失稳时，其荷载方向发生变化，这样的体系就属于非保守体系。在非保守体系中，荷载所作的功，与其作用的路径有关。非保守体系的稳定问题常根据动力准则来进行判断。

#### 7.2.3.3 能量准则

高桥墩桩基的总势能是：

$$\Pi = U + V \tag{7-12}$$

式中　$U$——高桥墩桩基的应变能；
　　　$V$——荷载势能。

设高桥墩桩基在初始平衡位置的足够小邻域内发生某一可能位移，则结构的总势能将存在一个增量，以 $\Delta\Pi$ 表示。如果初始平衡位置是稳定的，则总势能为最小值，故 $\Delta\Pi>0$；若初始平衡位置是不稳定的，则总势能为最大值，故 $\Delta\Pi<0$；如果初始平衡位置是中性的，则 $\Delta\Pi=0$，体系处于临界状态。

### 7.2.4 高桥墩桩基屈曲的影响因素

作为一个基本的自然规律，荷载有降低其位置的趋势，所以当高桥墩桩基承受墩顶竖向荷载作用时，除了继续压缩，高桥墩桩基可以通过弯曲达到降低位置的目的。在荷载较小时，高桥墩桩基缩短比较容易，但当荷载大到某一数值时，弯曲比较容易。同时，由于土体对桩的承载能力主要由两方面所控制：一是桩的竖向承载力可能导致桩侧摩阻力和桩端阻力不够而产生土体剪切破坏，桩失去稳定而破坏；另一种是桩侧土体对桩的水平抗力不足导致土体的屈曲破坏。所以对于桩周土体是软弱土层时，土体对基桩的约束力不是很大，用弯曲的办法来降低荷载位置比用缩短的办法更容易些，就产生了高桥墩桩基的屈曲。由此可知，高桥墩桩基的屈曲是一个复杂的桩土作用体系所产生的受力状态，具有其特殊性，因而会受到很多因素的影响。

#### 7.2.4.1 桩周土性质

高桥墩桩基发生屈曲破坏与普通压杆破坏的最大不同就是高桥墩桩基有桩周土体的约束，而普通压杆却没有这种约束。由于土体在受到挤压的时候会产生相应的抗力，故当高桥墩桩基出现横向变形时，土体会对土中的基桩产生水平抗力，可认为土体给桩身提供了水平方向的约束作用。高桥墩桩基在屈曲过程中，若其水平位移受到约束将阻碍屈曲破坏的发生，因此，桩周土性质与高桥墩桩基的屈曲密切相关。如果在计算高桥墩桩基屈曲极限荷载时不考虑桩侧土体抗力的发挥特性，结果会与实际情况不符。

由于桩周土体的约束会对高桥墩桩基屈曲产生巨大影响，在不同土层中桩周土体对基桩的握裹作用也是不同的，较软的土体对基桩的约束肯定弱于较硬土体对基桩发生屈曲的约束；

在上层较软、下层较硬或者上层土体较硬、下层土体较软的不同情况下,高桥墩桩基发生屈曲的极限荷载应当有所差别;还存在土体中有较软夹层或较硬夹层的情况,这时高桥墩桩基屈曲就更加复杂了。

同样的,因为桩周土体可以给基桩提供水平方向约束,对于墩身高度较大的高桥墩桩基,其墩身周围没有土体的约束,高桥墩桩基发生屈曲的可能比墩身高度较小的桥墩桩基更大,因此必须考虑基桩的入土深度对其屈曲荷载的影响。

#### 7.2.4.2 桩(墩)身长细比

桩(墩)身长细比是一个无量纲量,是衡量桩身(或墩身)受压性能的综合指标,它包含了基桩(桥墩)的长度、截面形状、面积以及两端约束状态等因素,它的大小能够说明基桩(或桥墩)抵抗弯曲的程度,也可称为桩(墩)身柔度。所以基桩(或桥墩)的长细比亦是影响高桥墩桩基屈曲的重要因素之一,长细比越大,临界应力越小。有较大长细比时,在较小的轴向压力作用下就要失稳,相反则不易失稳。当高桥墩桩基两端约束条件一定时,基桩(或桥墩)的长度与桩(墩)径的比值是决定高桥墩桩基屈曲的关键。

#### 7.2.4.3 高桥墩桩基约束条件

高桥墩桩基在受荷过程中,会产生相应的位移和转角,如果在高桥墩桩基的两端对桩身和墩身变形进行约束,限制变形的发展,可以对高桥墩桩基屈曲的发生起到限制。经典弹性理论表明,墩顶、桩端的约束程度越强,则高桥墩桩基屈曲计算长度就越小,相应的屈曲临界荷载就越大,高桥墩桩基将越不容易出现屈曲破坏。

对于桥梁基桩,无论是嵌岩桩,还是较长的摩擦桩,一般可认为桩端是固定的,由于墩顶橡胶支座的约束,高桥墩桩基墩顶的约束条件由自由变换成为铰支甚至固定时,高桥墩桩基发生屈曲的临界荷载要比墩端自由的高桥墩桩基屈曲临界荷载要大得多。因此在分析高桥墩桩基的屈曲时,还必须注意到橡胶支座的约束对高桥墩桩基的影响。

#### 7.2.4.4 桩顶承台

工程中多采用群桩基础,特别是对于桥梁工程中的多根或多排式桩基,承台板的刚度通常较大,受荷后变形特别是竖向挠曲变形非常小,能调整各基桩的受力,如受荷小的基桩藉承台板对受力大的基桩屈曲起到阻碍作用,也就是说,承台板这种调整约束作用将增强基桩的屈曲稳定能力;另外,承台也约束了桩顶和桥墩底部的位移和转角,可以对高桥墩桩基屈曲的发生起到限制作用。

#### 7.2.4.5 群桩效应

采用多根或多排的群桩基础,由于基础承台板具有较大刚度,当承受荷载时,承台的变形和基桩相比是非常小的,特别是承台板的竖向变形。由于承台和基桩的变形不协调,它们之间会产生较大的相互作用力,一般的,承台对桩顶的这种作用可以对基桩的屈曲起到约束作用,从而提高基桩屈曲临界荷载值。另外,群桩中各桩的受力状况不同,受力较小的桩可通过承台板分担其他桩的荷载,从而提高基桩的屈曲荷载。工程实践中通常认为,若基桩按单桩进行屈曲分析结果安全,则该桩在桩基中也是安全的;但若按单桩分析结果不安全,则不能认为该桩在桩基中就不安全,合理而准确的分析方法应该是考虑承台的有利影响、对群桩进行屈曲稳定分析。

然而,与以往的单纯考虑桥墩或基桩的稳定性不同,高桥墩桩基的稳定性分析是将桥墩和基桩作为一个整体结构进行讨论,缺乏较系统深入的承载机理和变形特性研究,国内外尚无相关的研究报道,因此对高桥墩桩基屈曲的影响因素了解也不够全面。根据对高桥墩桩基屈曲的初步研究可知,除了上述因素的影响外,高桥墩桩基的屈曲稳定性还受到桥墩与主梁的连接形式、施工造成的结构初始缺陷、施工过程的结构体系转换等诸多不确定性因素的影响。高桥墩桩基的屈曲稳定性问题还有待进一步研究和完善。

## 7.3 高桥墩桩基屈曲分析计算方法

高桥墩桩基屈曲计算理论的研究首先是从理想完善结构出发的第一类稳定理论,随后逐渐发展到有初始缺陷的非完善结构的第二类稳定分析理论。实际上,理想完善结构是不存在的,或多或少存在着初始缺陷,其稳定问题都属于第二类稳定问题。但是,因为第一类稳定问题的力学情况比较单纯明确,在数学上作为求特征值问题也比较容易处理,而它的临界荷载又近似地代表相应的第二类稳定的上限,所以在理论分析中占有重要地位。而工程实践中,出于安全和设计的考虑,也出现了很多简化的屈曲计算方法。随着计算机和试验技术的发展,非线性稳定理论和非线性稳定分析的数值方法也得到了很大的发展。

### 7.3.1 高桥墩桩基屈曲分析的平衡法

基于第一类稳定问题和静力准则的静力平衡法,简称平衡法,是求解结构稳定极限荷载的最基本方法。平衡法是根据已产生微小变形后的基桩受力条件建立临界状态微扰动下的平衡微分方程(对简单理想情况,通常为常系数线性齐次方程),获得该方程的解答后代入边界条件,得到线性齐次方程组,然后求解该方程组系数矩阵的特征值即可获得相应的临界屈曲荷载。平衡法只能求解屈曲荷载,不能判断结构平衡状态的稳定性。

### 7.3.2 高桥墩桩基屈曲常用分析方法

由于实际工程中,高桥墩桩基的屈曲临界荷载计算尚无公认的规范方法,故一般只能近似采用常规的基桩屈曲计算方法。国内外确定基桩屈曲临界荷载的方法很多,但各有其缺陷和局限性,现介绍我国目前在港口、铁路及公路桥梁工程中常用的几种方法。

#### 7.3.2.1 《铁路手册》法

我国《建筑桩基技术规范》(JGJ 94—2008)及有色金属工业总公司标准《灌注桩基础技术教程》也采用该法。该法是我国铁路部门根据国外资料和国内经验,并通过理论计算分析比较提出的一套简单的估算方法。因其计算简单,使用方便,在国内应用较广。桩两端各种边界条件下的基桩稳定计算长度 $l$,可查表确定,然后再计算基桩的屈曲临界荷载 $P_{cr}$。但是此方法只适用埋置在砂类土和正常固结黏性土中的桩。

#### 7.3.2.2 《公路桥梁钻孔桩计算手册》法

该法根据最小势能原理,利用铁摩辛柯法求解,其结果为:

$$l_p = \frac{1}{\alpha}K_i + l_0 \tag{7-13}$$

其中,桩顶自由,桩端嵌固时为 $K_1$;桩顶弹性嵌固,桩端嵌固时为 $K_2$;桩顶弹性嵌固,桩端铰接时为 $K_4$;桩顶自由,桩端铰接时为 $K_3$。$K_i$ 值分别由式(7-14)~式(7-16)求得或由 $K_1$、$K_2$、$K_4$ 值所绘曲线查图求得。

$$K_1 = \frac{2\bar{h}}{\sqrt{1+\frac{1.304}{\pi^4}\bar{h}^5}} \tag{7-14}$$

$$K_2 = \frac{\bar{h}}{\sqrt{1+\dfrac{0.6896}{\pi^4}\bar{h}^5}} \qquad (7\text{-}15)$$

$$K_4 = \frac{2\bar{h}}{\sqrt{1+\dfrac{4.76}{\pi^4}\bar{h}^5}} \qquad (7\text{-}16)$$

由于该法函数半波数仅取为1,因此误差较大,尤其是当 $\bar{h}>2.2$ 后,其结论与物理现象不甚吻合。此外,当 $\bar{h}\to 0$ 时,$K_3$ 值也与事实相反,并且没有计入桩顶支承情况对 $l_0$ 部分的影响,使用时宜慎重考虑。

#### 7.3.2.3 《公路桥梁钻孔桩》法

该法以 C 法计算理论为基础,假定基桩在临界状态时桩的屈曲弹性曲线方程为:

上端自由,下端固支:$x = x_0\left(1-\cos\dfrac{\pi z}{2l_p}\right)$

上端铰接,下端铰接:$x = x_0 \sin\dfrac{\pi z}{l_p}$

式中　$x_0$——桩顶弹性位移。

再假定此时由外荷载引起的桩身最大位移 $x_m$ 和土抗力阻止桩屈曲的位移 $x_c$ 相等,以此建立方程式,利用计算机求得桩在土中的有效屈曲长度的关系曲线,再以下式计算桩的稳定计算长度 $l_p$:

$$l_p = \mu(l_d + l_0) \qquad (7\text{-}17)$$

式中　$\bar{l}_0 = \alpha_1 l_0, l_d = \dfrac{\bar{l}_d}{\alpha_1}, \alpha_1 = \sqrt[4.5]{\dfrac{cb_1}{EI}}$;

$c$——C 法中的地基比例系数。

根据桩顶和桩端的不同连接形式查曲线确定 $\mu$ 值,按此求得 $l_p$ 后,即可按公式计算基桩的屈曲临界荷载。此法在无限长桩条件下导得,故只适用于桩的无量纲入土深度 $\bar{h} \geq 4$ 的情况。

#### 7.3.2.4 《公路桥涵地基与基础设计规范》(JTG D63—2007)条文说明

公路桥涵地基规范条文说明中根据桩侧地基土强度、桩的入土深度以及桩两端的约束条件,建议根据表 7.1 和表 7.2 查表计算基桩稳定计算长度 $l_p$。其中桩周土的地基容许承载力,可根据土的类别和状态由规范中相应表格查取。该法为经验估算,并无严格的理论依据和准确的试验资料。

表 7-1　JTG D63—2007 建议的 $l_p$ 值

| $[\sigma_0]=100\sim 250$ kPa | $[\sigma_0]>250$ kPa |
|---|---|
| （图：$l_0$，局部冲刷线，$0.5h$，$h$，嵌固点） | （图：$l_0$，局部冲刷线,2 m,$h$,嵌固点） |
| $l_p = \mu(l_0 + 0.5h)$ | $l_p = \mu(l_0 + 2)$ |

表 7-2　$\mu$ 值

| 桩端边界条件 | 一端嵌固一端自由 | 一端嵌固一端铰接 | 两端铰接 | 两端嵌固 |
|---|---|---|---|---|
| $\mu$ 值 | 2.0 | 0.8 | 1.0 | 0.65 |

#### 7.3.2.5　戴维逊法

该法是 1965 年由美国的戴维逊在第六届国际土力学及基础工程会议上提出的一种方法，其把地基土看作是由许多薄层所组成，采用模拟计算机对微分方程求解。当采用 m 法求解时可以得到图 7-3 所示的解答。该法计算简单，曾在砂土中的钢、铝桩模型试验中得到验证，结果表明实测与理论计算值吻合很好，其结果为：

$$l_p = \mu(l_d + l_0) \tag{7-18}$$

式中　$\bar{l}_0 = \alpha l_0, l_d = \dfrac{\bar{l}_d}{\alpha}$。

$l_d$ 根据 $l_0$ 及桩约束条件可以由图 7.3 查得，且桩顶自由时，取 $\mu = 2$；桩顶弹嵌时，取 $\mu = 1$；桩顶铰接时，取 $\mu = 0.7$。由图 7-3 可以看出，当 $l_0$ 大于一定值（约为 3）后，$\bar{l}_d$ 为常数，因此计算相当简单。日本土木工程手册及苏联建筑法规等均引用了这一结果。但该法是在无限长桩条件下导得，仅适用于 $\bar{h} \geqslant 4$ 的情况，具有一定的局限性。

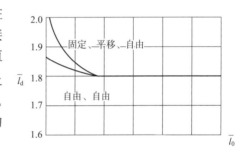

图 7-3　戴维逊 $\bar{l}_d$-$\bar{l}_0$ 曲线

### 7.3.3　高桥墩桩基屈曲分析的能量法

根据桥梁结构物实际应用情况，墩顶不宜作为完全固支处理，或多或少总有水平位移或转角发生，因此墩顶可能出现的边界条件有：自由、弹性嵌固（能产生水平位移，但不能转动，简称弹嵌）以及铰接三种情况；根据桩端嵌岩情况，其边界条件可分为：自由、铰接及嵌固三类，综合高桥墩桩基两端的边界条件可有九种组合。此外，为适应我国桥涵地基规范要求，采用 m 法假定，即令地基系数随深度呈线性增加。根据这九种边界条件，分别选取相应的挠曲函数采用李兹法求解。

此时，系统的总势能应为高桥墩桩基的弯曲应变能、土的弹性变形能以及外荷势能之和，即

$$\varPi = \dfrac{EI}{2}\int_0^1 (x'')^2 dz + \dfrac{1}{2}\int_0^h qx dz - \dfrac{P}{2}\int_0^1 (x')^2 dz \tag{7-19}$$

式中　$x'$、$x''$——分别为挠曲函数 $x$ 的一阶和二阶导数；

　　　$q$——桩侧所受土体抗力（kN/m），根据 m 法假定，$q = mb_1(h-z)x$；

　　　$b_1$——桩的计算宽度。

根据高桥墩桩基两端的边界条件，选择相应边界条件下轴向受压杆的挠曲位移函数，将其代入公式计算积分整理，再由最小势能原理，对式两端取变分，得：

$$\dfrac{\partial \varPi}{\partial C_i} = 0$$

或

$$\int_0^1 x'' \dfrac{\partial x''}{\partial c_i} dz + \alpha^5 \int_0^h (h-z) x \dfrac{\partial x}{\partial c_i} dz - \dfrac{P}{EI}\int_0^1 x' \dfrac{\partial x'}{\partial c_i} dz = 0 \tag{7-20}$$

式中　$c_i$——挠曲函数中各待定参数；

$n$——所取挠曲函数的半波数。

由此可得一组齐次线性方程组，由方程组可定出 $n$ 个可变参数 $c_i$，但要使 $c_i$ 具有非零解，则必须方程组系数行列式或基桩屈曲稳定方程式 $D=0$，该方程的根即为高桥墩桩基屈曲临界荷载 $P_{cr}$。

求得 $x$ 后，即可得相应的高桥墩桩基屈曲临界荷载 $P_{cr}$ 为：

$$P_{cr} = \frac{EI\pi^2}{l^2} x \tag{7-21}$$

该解答已考虑到工程应用中可能出现的各种边界情况及桩基入土深度等，并给出了适用于工程应用的回归分析简化计算式，具有较好的适用性，几乎适用于所有的工程桩计算。但该法未能考虑土体分层、桩（墩）身初始弯曲、桩（墩）身缺陷等非线性问题对高桥墩桩基屈曲的影响，因此有待进一步深入探讨。

### 7.3.4　高桥墩桩基屈曲分析的幂级数解

在我国桥梁工程桩基设计计算中，目前习惯用的是以 m 法假定为基础的幂级数解。为此，从幂级数解出发，也可给出高桥墩桩基屈曲分析的解析解。

当讨论高桥墩桩基的屈曲问题时，往往不计墩顶水平荷载及弯矩作用，而仅作用有轴向荷载 $P$，即 $H=M=0$。此时地面处桩身位移为 $x_0$，转角为 $\varphi_0$，建立如图 7-4(a) 所示坐标系。若将高桥墩桩基平移 $x_0$，如图 7-4(b) 所示，则地面处作用的荷载为：

$$P_0 = P, \quad H_0 = 0, \quad M_0 = P(x_1 - x_0) = P\Delta$$

可以得出基桩的挠曲微分方程式为：

$$x'''' + \lambda^2 x'' = 0 \tag{7-22}$$

式中，$\lambda^2 = \dfrac{P}{EI}$，根据墩顶和桩端自由的边界条件可以导得：

$$\frac{\alpha EI}{\varphi_M} - p\frac{\tan\lambda l_0}{\lambda} = 0 \tag{7-23}$$

由上式即可解出高桥墩桩基的屈曲临界荷载。但由于上式为一超越方程，直接迭代求解稳定性差，采用变换并将其无量纲化可得出：

$$\bar{l}_p^2 = \frac{2A}{B - \sqrt{B^2 - 4A}} \tag{7-24}$$

或

$$P_{cr} = \frac{\pi^2 EI}{l_p^2}$$

此为墩顶、桩端自由情况下的幂级数解，其他边界条件情况的解亦可仿此通过逐步逼近求解分别导出。

幂级数解答是在墩顶自由的情况下导得，与在墩顶有约束情况下的屈曲分析有一定差别，对于边界条件不同的情况，则需要另作推导。

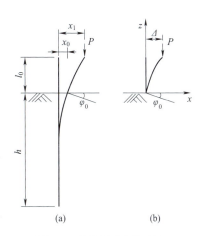

图 7-4　基桩屈曲幂级数解分析模型

## 7.3.5 高桥墩桩基屈曲分析的常规有限元方法

有限单元法的基本原理就是将连续的高桥墩桩基划分为具有若干单元的离散体,根据力学平衡和位移的协调建立方程,通过电子计算机进行求解。划分的单元越多,所得的结果就越精确。它可以不求解高桥墩桩基的弹性曲线微分方程,只要用简单的力学概念,将高桥墩桩基侧向位移引起的侧向土抗力视为位于各单元结点处的反力,该反力等于结点处桩身侧向位移值与该处土的地基系数之乘积。有限单元法适用于地基系数随深度变化的各种图式,可以用于土抗力与桩身侧移呈非线性的情况。

设 $P_i$ 为高桥墩桩基某结点处的外力(包括力和力矩),$F_i$ 为结点 $i$ 处桩身的内力(包括土抗力和弯矩)。各结点处的外力和内力分别用矩阵 $P$ 和矩阵 $F$ 来表示,则它们之间的关系可用下式表示:

$$P = AF \tag{7-25}$$

式中,$A$ 称为静力矩阵,并用矩阵 $e$ 表示由于内力引起该系列结点处的位移(称内部位移);以 $X$ 表示该系列结点在外力作用下轴线的位移,两者用另一矩阵 $B$ 联系起来,即

$$e = BX \tag{7-26}$$

式中,$B$ 称为位移矩阵,可以证明矩阵 $B$ 为矩阵 $A$ 的转置($B = A^T$)。

若以内部位移来描述内力,则可以写成:

$$F = Se \tag{7-27}$$

式中,$S$ 称为刚度矩阵,位移矩阵和刚度矩阵的建立是矩阵分析法的基本步骤,将式(7-26)代入式(7-27)及利用 $B = A^T$ 可得:

$$F = SA^T X \tag{7-28}$$

$$P = ASA^T X \tag{7-29}$$

从此式可以看出,将方阵 $ASA$(为 $P \times P$ 矩阵)求逆,即可解出矩阵 $X$,即

$$X = [ASA^T]^{-1} P \tag{7-30}$$

求出 $X$ 后,即可得到所要求的桩结点内力。

则式(7-30)可写为:

$$\begin{bmatrix} X_r \\ X_t \end{bmatrix} = [ABS^T]^{-1} \begin{bmatrix} P_r \\ P_t \end{bmatrix} = \begin{bmatrix} Q_1 & Q_2 \\ Q_2 & Q_3 \end{bmatrix} \begin{bmatrix} P_r \\ P_t \end{bmatrix} \tag{7-31}$$

式中  $X_r$ 和 $P_r$——代表转动列阵和力矩列阵;

$X_t$ 和 $P_t$——代表侧向位移列阵和侧向力列阵;

$Q_1$、$Q_2$、$Q_3$——$[ASA]$ 中的分块方阵,均为 $n \times n$ 阶。

当桩(墩)身仅受侧向力时,侧向力与相应结点处侧移的关系可用下式表示:

$$X_t = Q_3 P_t \tag{7-32}$$

$Q_3$ 亦为一对称矩阵。由于高桥墩桩基的转动和侧移以及顺桩的移动都很小,高桥墩桩基转动和侧移引起的桩侧摩阻力对 $A$、$S$、$Q_3$ 没有影响,而仅影响矩阵 $G$ 的推导。然而,桩侧土的侧向抗力却影响 $A$、$S$、$Q_3$,而不影响 $G$。

在屈曲临界荷载作用下,高桥墩桩基任一截面内不存在弯曲变形和弯矩,也不发生侧向位移,故桩侧土也不产生侧向抗力。各结点处于平衡时,各结点处的力矩之和、水平力之和以及竖向力之和均应等于零。逐个考虑某结点产生侧移时各结点水平力即竖向力的平衡,不计桩

(墩)身弯矩和由该弯矩所引起的作用于结点上的微小侧向位移和侧土抗力。此外,桩(墩)身变形时桩(墩)身轴线是曲线的,但由于屈曲临界荷载作用下桩(墩)身变形极微,因此当桩(墩)身单元划分较短时,完全可以将单元在受力时视为直线形。由此可近似求得各侧向平衡力。

分别考虑各结点的平衡,并将各结点分别产生侧移的各结点力叠加起来,则可得各结点同时分别产生侧移时的所需平衡力为:

$$P'_t = P_{cr} G X_t \tag{7-33}$$

式中矩阵 $G$ 为一三对角阵,其元素由上述 $P'_t$ 中各 $X_i$ 的系数 $n_i$ 所构成。由于当墩顶承受屈曲临界荷载,桩(墩)身各结点分别产生侧移所需平衡力等于墩顶无轴向荷载时引起桩(墩)身各结点分别产生侧移的侧向力,亦即 $P'_t = P_t$,故式(7-33)可以写为:

$$X_t = P_{cr} Q_3 G X_t \tag{7-34}$$

显然,此式为一特征值求解问题,可采用各种特征值求解方法解出特征向量 $X_t$ 及其相应的特征值 $P_{cr}$。

按上述方法求得 $P_{cr}$ 后,则可求得高桥墩桩基屈曲稳定计算长度 $l_p$ 值。

尚需注意,上述各式中用以反映 $P_{cr}$ 沿桩(墩)身的变化情况是三对角矩阵 $G$ 的元素 $n_i$。一般来说 $P_{cr}$ 与桩侧摩阻力及桩(墩)身重量有关。由于桩侧摩阻力与土质及沉桩方法等很多因素有关,其沿桩(墩)身的变化很难准确确定。用 $n_i$ 来准确描述这些要素在实际操作中有一定难度。

### 7.3.6 高桥墩桩基屈曲的非线性有限元分析

目前提出的有限元分析高桥墩桩基屈曲的方法是通过特征值分析计算屈曲荷载,通过提取使线性系统刚度矩阵奇异的特征值来获得结构的失稳模态。这种提取线性屈曲特征值计算临界失稳荷载的数值方法是线性屈曲分析方法,其忽略各种非线性因素和初始缺陷对屈曲失稳荷载的影响,对屈曲问题大大简化,从而提高了屈曲失稳分析的计算效率。但是由于未考虑非线性和初始缺陷的影响,得出的失稳荷载可能与实际相差较大。仅从特征值分析的角度研究失稳,只能获得描述结构失稳时各处相对的位移变化大小,无法给出位移的绝对值。这种结构对于需要关心失稳后结构最大位移的情形来说,提供的信息是不够的。

非线性屈曲分析是指在增量加载的过程中,将某个增量开始时包含了以往加载历史的各种非线性影响的切线刚度矩阵用于屈曲分析,提取结构在施加到当前荷载水平后进一步发生失稳时的特征值分析。非线性屈曲分析可以考虑以往加载历史的影响,可以考虑非线性影响,包括材料非线性、几何非线性、边界条件非线性、预应力等;可以考虑结构的初始缺陷,并且对于中度非线性程度的屈曲失稳问题,可给出足够准确的失稳荷载。对于高桥墩桩基来说,其发生屈曲破坏时由于桩周土体的约束,屈曲破坏不可能是大挠度弯曲变形,因此采用非线性屈曲分析方法具有工程实际意义。

20 世纪 70 年代,弧长控制法由文普尔(Wempner)和里克斯(Riks)提出,由拉姆(Ramm)和克瑞斯菲德(Crisfield)加以改进,然后由福德(Forde)和思迪玛(Stiemer)普及推广。弧长控制法比荷载控制法和位移控制法之所以都要优越,在于它能适用于有极值点、有突跳特征的问题(Crisfield,Forde & Stiemer)。结合牛顿—拉斐逊(Newton-Raphson)迭代的弧长法来确定加载方向,追踪失稳路径增量的非线性分析方法能有效分析高度非线性屈曲和失稳问题。

按弧长控制的增量加载过程中,第 $i$ 个增量步迭代收敛后提取线性屈曲特征值的分析称为非线性屈曲分析。因为此时用于提取屈曲特征值的刚度矩阵是第 $i$ 个增量步开始时的切线刚度矩阵,其中包含了第 $i$ 个增量步以前所有加载过程中各种非线性因素对刚度矩阵的贡献。第 $i$ 个增量步提取非线性屈曲特征值方程可表示为:

$$[\boldsymbol{K}+\lambda\Delta\boldsymbol{K}^G(\Delta u,u,\Delta\sigma)]\cdot\Delta u=0 \tag{7-35}$$

式中 $\Delta\boldsymbol{K}^G$——从第 $i$ 个增量步长开始,与引起屈曲失稳的荷载增量 $\Delta P_{i-1}$ 有关的线性函数,称为几何刚度矩阵;

$\boldsymbol{K}$——基于第 $i$ 个增量开始时应力、应变状态的切向刚度矩阵,可以反映各种非线性累积到第 $i$ 个增量步的影响总和。

屈曲失稳荷载为:

$$P_{cr}=P_{i-1}+\lambda\Delta P_{i-1} \tag{7-36}$$

式中 $P_{i-1}$——第 $i$ 个增量步开始的荷载;

$\Delta P_{i-1}$——第 $i$ 个增量步的荷载增量;

$P_{cr}$——从第 $i$ 个增量步分析结束后提取的屈曲荷载增量计算出的结构失稳荷载。

在增量加载过程中的某个增量步分析计算后或在每个增量迭代结束后提取屈曲特征值。如果在接近真实失稳状态的增量步提取屈曲特征值,那么计算出的失稳荷载就与实际情况更为接近。非线性分析得出的失稳荷载结果与实际失稳荷载的差别,依赖于进入屈曲分析的切向刚度矩阵与结构实际失稳时的刚度矩阵的差别。而用分段线性的切向刚度矩阵来近似实际刚度的精度又取决于荷载步长的大小。所以非线性屈曲分析的步长应该取得足够小,特别是在越过极值点位置的附近,才能保证结果有足够的精度。实际分析时,可以先施加一个任意大小的荷载,在第 0 个增量步按线性屈曲分析失稳荷载;再根据在第 0 个增量步的线性屈曲分析初估的失稳荷载定义分析非线性屈曲的加载步长。以初估失稳荷载的 1/5 或 1/15 为加载步长,实施非线性增量分析,并在每步增量分析结束后提取屈曲特征值和失稳模态。选取单元应该足够密,才能使刚度系数中包含足够的变形模式,确保在屈曲分析中提取出与实际相符的反映总体和局部失稳的临界荷载和失稳形态。

失稳路径的弧长法是求解包含各种非线性因素影响的力平衡方程的常用方法,是逐个加载增量步地求解这一非线性平衡方程,也就是说在每个增量步内按给定的荷载增量(荷载控制)或给定的位移量(位移控制),迭代出系统的平衡方程,从而追踪出结构真实的加载路径。

其实非线性屈曲分析本质上是线性分析,只是把增量非线性分析的有限元法与屈曲特征值问题的求解相结合。增量的非线性有限元分析易于在刚度矩阵中累积加载过程中各种非线性因素的影响。在增量加载过程中,用包含加载过程中所有非线性的影响的刚度矩阵来评定屈曲特征值,由此求出的失稳荷载无疑会更接近结构的真实临界荷载值。

## 7.4 高桥墩桩基屈曲的能量法解答

采用静力平衡法可以通过建立轴心受压杆件微弯状态时的平衡微分方程求解其屈曲荷载精确解,同时得到构件屈曲后的变形形状。但是实际上,很多结构如非等截面的或者压力沿轴线变化的构件等,因为所建立的是变系数微分方程,求解十分困难,有时甚至无法直接求解,这时就需要采用近似方法进行求解。对于受力或者结构组成条件较复杂的弹性稳定问题,能量法是一个很有效的近似方法。针对当前铁路和公路桥梁中较常使用的高桥墩桩基(一桩一柱)

的屈曲计算方法尚缺乏较系统深入的研究,本节拟首先采用能量法对高桥墩桩基的屈曲稳定问题进行初步探讨。

### 7.4.1 高桥墩桩基屈曲的计算模型

与常规的轴压杆、压弯杆相比,高桥墩桩基工程中桩、柱的截面材料、尺寸都不尽相同,桩周土层性质也不尽相同,因此其屈曲稳定问题更显复杂。而以往对高桥墩桩基稳定性的研究,通常也都是将桥墩和桩基础分别进行考虑,简单地仅考虑高桥墩墩身或桩身部分的稳定性,这样的分析难以全面反映体系的真实情况。随着结构设计方法的不断完善,在桥梁结构计算过程中,需要应用结构—桩—土共同相互作用分析的方法,考虑桥墩下桩基础和土对桥墩的弹性约束作用,才能求解体系的真实变形和内力。为此,将桩、柱视为一个共同工作的整体,并综合考虑桩、柱的不同材料特性和桩侧土体对桩基础的影响,采用能量法对高桥墩桩基的屈曲稳定性进行分析,获得相应的能量法解答。

#### 7.4.1.1 计算模式

高桥墩桩基一般采用嵌岩桩,在外力作用下基础的变形非常小,故可将墩下的桩基础视为固支。而墩顶处,需要分别考虑施工阶段和成桥阶段两种情况:(1)在施工阶段,桥墩相当于一悬臂结构,墩顶处位移和转角均未受约束,可认为是自由端,故高桥墩桩基可以简化为如图7-5(a)所示的下端固支、上端自由的轴向受压杆模式;(2)在成桥阶段,设置在梁体与墩顶之间的板式橡胶支座或者四氟滑板式橡胶支座一般具有较大的摩阻系数,使得墩顶的主要约束为支座对墩顶的水平位移和转角位移的约束,桥墩处可认为是某种弹簧支承的形式,则高桥墩桩基可以简化为如图7-5(b)所示的下端固支、上端弹性约束的轴向受压杆模式。

而桩侧土体的约束作用可按 Winkler 假定,认为是无数刚度不同的弹簧作用于桩侧。同时为适应现行公路、铁路及房屋建筑等工程领域的

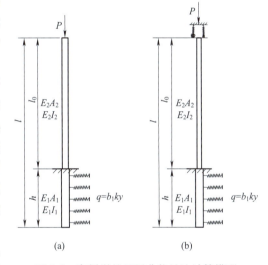

图 7-5 高桥墩桩基屈曲能量法计算模型

地基规范要求,采用 m 法假定,即地基反力系数 $k_h$ 随深度线性增加(地面即 $x=h$ 处的值为零),则桩侧土抗力 $q$ 随深度的分布为:

$$q = b_1 k_h y = m b_1 (h-x) y \quad (0 \leqslant x \leqslant h) \tag{7-37}$$

式中 $h$——桩的入土深度;
$y$——桩身挠曲位移;
$b_1$——桩的计算宽度。

同时,考虑到桩侧侧摩阻力对桩身稳定的影响很小,公式推导未考虑桩侧摩阻力。

#### 7.4.1.2 能量方程的建立

为求得高桥墩桩基础的屈曲临界荷载,根据能量法的求解步骤,须先建立结构体系的总势能。该能量方程将高桥墩桩基的桥墩和基桩视为一个整体,同时认为桩身埋置于土中并承受

土体的弹性抗力。这样,结构系统的总势能就是桥墩和桩身的弯曲应变能 $U_p$、桩侧土的弹性变形能 $U_s$ 以及外荷载势能 $V_p$ 之和(不计桥墩和桩身的自重以及桩侧摩阻力影响)。

体系的弯曲应变能为:

$$U_p = \frac{E_1 I_1}{2} \int_0^h (y'')^2 \mathrm{d}x + \frac{E_2 I_2}{2} \int_h^l (y'')^2 \mathrm{d}x \tag{7-38}$$

桩侧土的弹性变形能为:

$$U_s = \frac{mb_1}{2} \int_0^h (h-x) y^2 \mathrm{d}x \tag{7-39}$$

外力势能为:

$$V_p = -\frac{P}{2} \int_0^l (y')^2 \mathrm{d}x \tag{7-40}$$

则结构体系的总势能为:

$$\begin{aligned} \Pi &= U_p + U_s + V_p \\ &= \frac{E_1 I_1}{2} \int_0^h (y'')^2 \mathrm{d}x + \frac{E_2 I_2}{2} \int_h^l (y'')^2 \mathrm{d}x + \frac{mb_1}{2} \int_0^h (h-x) y^2 \mathrm{d}x - \frac{P}{2} \int_0^l (y')^2 \mathrm{d}x \end{aligned} \tag{7-41}$$

式中  $y'$、$y''$——挠曲位移函数 $y$ 的一阶和二阶导数,其中挠曲函数根据结构的边界条件确定。

#### 7.4.1.3 挠曲函数的建立

对于无限自由度的杆件,可用广义坐标来表示挠度,即:

$$y(x) = \sum_{i=1}^n a_i f_i(x) \quad (i=1,2,\cdots,n) \tag{7-42}$$

式中  $a_i$——广义坐标,或称独立参数;

$f_i(x)$——坐标函数,可以任意假定,但必须满足杆端位移条件,并尽量满足杆端力的条件,一般选用三角函数或幂级数。

式(7-42)表示的挠度实际上只能称为可能挠度,不是真实的挠度。如果式(7-42)能使势能为驻值,则所设定的挠度将是真实的。通常在假定基桩屈曲变形的挠曲函数时,根据其边界的不同约束情况进行选择。

### 7.4.2 施工阶段高桥墩桩基屈曲的能量法解答

从上节建立的计算模型可知,施工阶段的高桥墩桩基可简化为下端固支、上端自由的轴向受压杆模式,选择其相应的挠曲函数为:

$$y = \sum_{n=1}^{\infty} c_n \left(1 - \cos \frac{2n-1}{2l} \pi x\right) \tag{7-43}$$

式中  $c_n$——待定系数;

$l$——高桥墩桩基的总长。

将挠曲位移函数式(7-43)代入式(7-41),经积分整理可得:

$$\begin{aligned} \Pi = \frac{E_1 I_1 \pi^4}{4 l^3} \Big[ \sum_{n=1}^{\infty} (n-0.5)^4 c_n^2 d_1 + \sum_{n=1}^{\infty} \sum_{\substack{m=1 \\ m \neq n}}^{\infty} (n-0.5)(m-0.5) s_{nm} c_n c_m \Big] + \\ \frac{E_2 I_2 \pi^4}{4 l^3} \Big[ \sum_{n=1}^{\infty} (n-0.5)^4 c_n^2 (1-d_1) - \sum_{n=1}^{\infty} \sum_{\substack{m=1 \\ m \neq n}}^{\infty} (n-0.5)(m-0.5) s_{nm} c_n c_m \Big] + \end{aligned}$$

$$\frac{mb_1l^2}{2\pi}\Big[\sum_{n=1}^{\infty}(n-0.5)^2 a_{nn}c_n^2+\sum_{n=1}^{\infty}\sum_{\substack{m=1\\m\neq n}}^{\infty}(n-0.5)(m-0.5)a_{nm}c_nc_m\Big]-$$

$$\frac{P\pi^2}{4l}\sum_{n=1}^{\infty}(n-0.5)^2 c_n^2 \tag{7-44}$$

式中 $d_1=b+\dfrac{\sin(2n-1)b\pi}{(2n-1)\pi}$；

$s_{nm}=2(n-0.5)(m-0.5)\Big[\dfrac{\sin(n+m-1)b\pi}{(n+m-1)\pi}+\dfrac{\sin(n-m)b\pi}{(n-m)\pi}\Big]$；

$a_{nn}=\dfrac{1}{(n-0.5)^2}\Big\{\dfrac{3}{4}b^2\pi-\dfrac{15}{8(n-0.5)^2\pi}+\dfrac{1}{(n-0.5)^2\pi}\Big[2\cos(n-0.5)b\pi-\dfrac{1}{8}\cos(2n-1)b\pi\Big]\Big\}$；

$a_{nm}=\dfrac{1}{(n-0.5)(m-0.5)}\Big[\dfrac{1}{2}b^2\pi-\dfrac{1-\cos(n-0.5)b\pi}{(n-0.5)^2\pi}-\dfrac{1-\cos(m-0.5)b\pi}{(m-0.5)^2\pi}+$

$\dfrac{1-\cos(n-m)b\pi}{2(n-m)^2\pi}+\dfrac{1-\cos(n+m-1)b\pi}{2(n+m-1)^2\pi}\Big]$

其中，$b$ 为高桥墩桩基础的基桩入土深度与全长之比，$b=\dfrac{h}{l}$。

再根据势能驻值原理，即结构总势能的一阶变分为零，对式(7-44)取变分，使 $\delta\Pi=0$，即

$$\frac{\partial \Pi}{\partial c_i}=0 \quad (i=0,1,2,\cdots,\infty) \tag{7-45}$$

式中 $c_i$——挠曲函数中各待定参数；

$n$——所取挠曲函数的半波数。

式(7-45)展开形式为：

$$\{(i-0.5)^2[d_2d_1+d_3(1-d_1)]+a_{ii}A-X\}c_i+[Aa_{ij}+(d_2-d_3)s_{ij}]c_j=0$$
$$(i=1,2,\cdots,\infty;j=1,2,i-1,i+1,\cdots,\infty) \tag{7-46}$$

式中 $X=\dfrac{Pl^2}{\pi^2 EI}$；$A=\dfrac{2mb_1l^5}{\pi^5 EI}$；$d_2=\dfrac{E_1I_1}{EI}$；$d_3=\dfrac{E_2I_2}{EI}$；

其中 $EI=\dfrac{E_1I_1h+E_2I_2(l-h)}{l}$。

式(7-46)即代表一个齐次线性方程组，若在桩身挠曲函数 $y$ 近似表达式中取有限的 $n$ 项，则该式可写成如下矩阵形式：

$$\begin{bmatrix}b_{11}-X & b_{12} & b_{13} & \cdots & b_{1n}\\ b_{21} & b_{22}-X & b_{23} & \cdots & b_{2n}\\ \cdots & \cdots & \cdots & \cdots & \cdots\\ b_{n1} & b_{n2} & b_{n3} & \cdots & b_{nn}-X\end{bmatrix}\begin{Bmatrix}c_1\\ c_2\\ \cdots\\ c_n\end{Bmatrix}=\begin{Bmatrix}0\\ 0\\ \cdots\\ 0\end{Bmatrix} \tag{7-47}$$

式中 $b_{ii}=(i-0.5)^2[d_2d_1+d_3(1-d_1)]+a_{ii}A$；

$b_{ij}=b_{ji}=Aa_{ij}+(d_2-d_3)s_{ij}$。

相应的参数 $a_{ii}$、$a_{ij}$、$d_{ii}$、$d_{ij}$，只需将 $i$、$j$ 值分别代入 $a_{nn}$、$a_{nm}$、$d_{ii}$、$d_{ij}$ 的表达式中即可得到。

由此可以得到一组齐次线性方程组，为使方程组即式(7-47)具有非零解，由它们的系数形成的行列式应当为零，即：

$$D = \begin{vmatrix} b_{11}-X & b_{12} & b_{13} & \cdots & b_{1n} \\ b_{21} & b_{22}-X & b_{23} & \cdots & b_{2n} \\ \cdots & \cdots & \cdots & & \cdots \\ b_{n1} & b_{n2} & b_{n3} & \cdots & b_{nn}-X \end{vmatrix} = 0 \qquad (7-48)$$

由于该行列式中含有荷载项,从而可以得到结构的屈曲荷载。上式也称为高桥墩桩基屈曲稳定的特征方程,采用雅可比法(Jacobi Rotation Method)可求得该方程相应的 $n$ 个特征根,设其最小正根为 $X_{\min}$,则可得到相应的高桥墩桩基屈曲临界荷载 $P_{cr}$ 为:

$$P_{cr} = \frac{\pi^2 EI}{l^2} X_{\min} \qquad (7-49)$$

或高桥墩桩基屈曲稳定计算长度 $l_p$ 为:

$$l_p = \frac{l}{\sqrt{X_{\min}}} \qquad (7-50)$$

### 7.4.3 成桥阶段高桥墩桩基屈曲的能量法解答

相似的,成桥阶段的高桥墩桩基计算模型为下端固支、上端弹嵌的轴向受压杆模式,其相应的挠曲函数为:

$$y = \sum_{n=1}^{\infty} c_n \left(1 - \cos\frac{n\pi}{l} x\right) \qquad (7-51)$$

式中 $c_n$——待定系数;

$l$——高桥墩桩基的总长。

将挠曲位移函数式(7-51)代入式(7-41),经积分整理可得:

$$\Pi = \frac{E_1 I_1 \pi^4}{4l^3} \left[ \sum_{n=1}^{\infty} n^4 c_n^2 d_1 + \sum_{n=1}^{\infty} \sum_{\substack{m=1 \\ m \neq n}}^{\infty} nm s_{nm} c_n c_m \right] +$$

$$\frac{E_2 I_2 \pi^4}{4l^3} \left[ \sum_{n=1}^{\infty} n^4 c_n^2 (1-d_1) - \sum_{n=1}^{\infty} \sum_{\substack{m=1 \\ m \neq n}}^{\infty} nm s_{nm} c_n c_m \right] +$$

$$\frac{mb_1 l^2}{2\pi} \left[ \sum_{n=1}^{\infty} n^2 a_{nn} c_n^2 + \sum_{n=1}^{\infty} \sum_{\substack{m=1 \\ m \neq n}}^{\infty} nm a_{nm} c_n c_m \right] - \frac{P\pi^2}{4l} \sum_{n=1}^{\infty} n^2 c_n^2 \qquad (7-52)$$

式中 $d_1 = b + \frac{\sin 2nb\pi}{2n\pi}$;

$s_{nm} = 2nm \left[ \frac{\sin(n+m)b\pi}{(n+m)\pi} + \frac{\sin(n-m)b\pi}{(n-m)\pi} \right]$;

$a_{nn} = \frac{1}{n^2} \left\{ \frac{3}{4} b^2 \pi - \frac{15}{8n^2 \pi} + \frac{1}{n^2 \pi} \left[ 2\cos nb\pi - \frac{1}{8} \cos 2nb\pi \right] \right\}$;

$a_{nm} = \frac{1}{nm} \left[ \frac{1}{2} b^2 \pi - \frac{1-\cos nb\pi}{n^2 \pi} - \frac{1-\cos mb\pi}{m^2 \pi} + \frac{1-\cos(n-m)b\pi}{2(n-m)^2 \pi} + \frac{1-\cos(n+m)b\pi}{2(n+m)^2 \pi} \right]$;

其中 $b$——高桥墩桩基础的基桩入土深度与全长之比, $b = \frac{h}{l}$。

再根据势能驻值原理,对式(7-52)取变分,使 $\delta \Pi = 0$,即:

$$\frac{\partial \Pi}{\partial c_i} = 0, i = 0, 1, 2, \cdots, \infty \qquad (7-53)$$

式中 $c_i$——挠曲函数中各待定参数;

$n$——所取挠曲函数的半波数。

式(2-53)展开形式为:

$$\{(i-0.5)^2[d_2d_1+d_3(1-d_1)]+a_{ii}A-X\}c_i+[Aa_{ij}+(d_2-d_3)s_{ij}]c_j=0$$
$$(i=1,2,\cdots,\infty;j=1,2,i-1,i+1,\cdots,\infty) \tag{7-54}$$

式中 $X=\dfrac{Pl^2}{\pi^2 EI}$; $A=\dfrac{2mb_1 l^5}{\pi^5 EI}$; $d_2=\dfrac{E_1 I_1}{EI}$; $d_3=\dfrac{E_2 I_2}{EI}$。

其中 $EI=\dfrac{E_1 I_1 h+E_2 I_2(l-h)}{l}$。

式(7-54)即代表一个齐次线性方程组,若在桩身挠曲函数 $y$ 近似表达式中只取有限的 $n$ 项,则该式可写成如下矩阵形式:

$$\begin{bmatrix} b_{11}-X & b_{12} & b_{13} & \cdots & b_{1n} \\ b_{21} & b_{22}-X & b_{23} & \cdots & b_{2n} \\ \cdots & \cdots & \cdots & \cdots & \cdots \\ b_{n1} & b_{n2} & b_{n3} & \cdots & b_{nn}-X \end{bmatrix} \begin{Bmatrix} c_1 \\ c_2 \\ \cdots \\ c_n \end{Bmatrix} = \begin{Bmatrix} 0 \\ 0 \\ \cdots \\ 0 \end{Bmatrix} \tag{7-55}$$

式中 $b_{ii}=(i-0.5)^2[d_2d_1+d_3(1-d_1)]+a_{ii}A$;

$b_{ij}=b_{ji}=Aa_{ij}+(d_2-d_3)s_{ij}$。

相应的参数 $a_{ii}$、$a_{ij}$、$d_{ii}$、$d_{ij}$,只需将 $i$、$j$ 值分别代入 $a_{nn}$、$a_{nm}$、$d_{ii}$、$d_{ij}$ 的表达式中即可得到。其余同前节。

## 7.5 基于能量法解答的影响因素分析

基于能量法获得的不同边界条件下高桥墩桩基屈曲分析的能量法解答,即屈曲临界荷载 $P_{cr}$ 和稳定计算长度 $l_p$。为对高桥墩桩基的屈曲机理进行初步探讨,获得一般性的规律,对影响高桥墩桩基屈曲的各因素进行分析。为便于分析,引入反映桩土体系特征的参数即桩土变形系数 $\alpha$,以便将桩长 $l$、桩入土深度或埋深 $h$、桩身稳定计算长度 $l_p$ 等无量纲化,应用时只需根据实际的桩土变形参数换算即可。则上述解答进行公式无量纲化,令

$$\bar{l}=\alpha l; \bar{h}=\alpha h; \bar{l}_p=\alpha l_p; e=\dfrac{E_2 I_2}{E_1 I_1}; \alpha=\sqrt[5]{\dfrac{mb_1}{E_1 I_1}}$$

式中 $\bar{l}$——无量纲总长;

$\alpha$——桩土变形系数(1/m);

$\bar{h}$——无量纲入土深度;

$\bar{l}_p$——无量纲稳定计算长度;

$e$——墩身与桩身的刚度比;

$E_1 I_1$——桩身的刚度($kN \cdot m^2$);

$E_2 I_2$——墩身的刚度($kN \cdot m^2$);

$m$——桩侧土水平抗力的比例系数($kN/m^4$);

$b_1$——桩身计算宽度(m)。

### 7.5.1 桩侧土体的影响

为反映桩侧土体对高桥墩桩基稳定性的影响,采用桩侧土体的地基比例系数 $m$ 值为衡量

指标。当墩身与桩身的刚度比 $e=1.2$ 时,令基桩入土深度变化,即 $b=0.4$、$0.6$、$0.8$、$1.0$,得到地基比例系数与屈曲荷载的关系曲线,如图 7-6 所示。同样的,当埋入比一定,即基桩入土深度与全长之比 $b=0.6$ 时,保持桩身刚度 $E_1I_1$ 不变,令墩身与桩身的刚度比分别为 $0.6$、$1.0$、$1.5$,得到地基比例系数与屈曲荷载的关系曲线,如图 7-7 所示。

由图 7-6 可知,当墩身与桩身的刚度比不变时,随着桩侧土体地基比例系数的增大,高桥墩桩基础的屈曲荷载值也在增大,但是其增长幅度与基桩入土深度关系密切,基桩入土深度越大,屈曲荷载的增幅越大,而且基桩入土深度越大,其对应的屈曲荷载值也越大,这均说明桩侧土体可以提高高桥墩桩基础的稳定性。同样由图 7-7 可见,当基桩入土深度一定时,随着桩侧土体地基比例系数的增大,高桥墩桩基础的屈曲荷载值也在增大,但是其增长速率逐渐变缓,这也说明只有地面下一定范围内的桩侧土体对高桥墩桩基础的屈曲稳定起作用;而且随着墩身刚度的提高,其屈曲荷载是逐步减小的,这表明结构内刚度差异越大,也可能降低其稳定性。

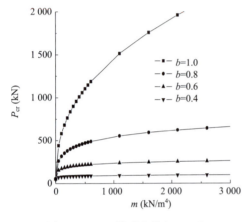

图 7-6　$m$-$P_{cr}$ 关系曲线($e=1.2$)

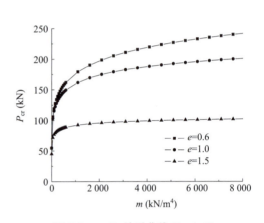

图 7-7　$m$-$P_{cr}$ 关系曲线($b=0.6$)

## 7.5.2　无量纲入土深度的影响

由于现行规范中,对桩身截面强度进行验算和计算桩顶竖向荷载对截面重心轴的偏心距增大系数 $\eta$(考虑桩身挠曲变形对桩顶竖向荷载偏心距的影响即 $P$-$\Delta$ 二阶效应)时,主要需用到桩身稳定计算长度 $l_p$,故下面主要讨论不同条件下桩身稳定计算长度 $l_p$ 的变化规律。

当墩身与桩身的刚度比 $e=1.0$ 时,令基桩入土深度逐步变化,即 $b=0.4$、$0.5$、$0.6$、$0.7$、$0.8$、$0.9$、$1.0$,得到高桥墩桩基无量纲入土深度与无量纲稳定计算长度的关系曲线,如图 7-8 所示。同样的,当埋入比一定,即基桩入土深度与全长之比 $b=0.6$ 时,仍保持桩身刚度 $E_1I_1$ 不变,令墩身与桩身的刚度比分别为 $0.6$、$0.7$、$1.1$、$1.4$,得到高桥墩桩基无量纲入土深度与无量纲稳定计算长度的关系曲线,如图 7-9 所示。

图 7-8 表明,当墩身与桩身的刚度比不变时,随着高桥墩桩基无量纲入土深度的增加,其无量纲稳定计算长度是不断增大的,而高桥墩桩基的屈曲荷载则是不断减小;而且基桩埋深越小,其稳定计算长度的增幅越大,相应的屈曲荷载减小,这再次说明桩侧土体对高桥墩桩基础的屈曲稳定有约束作用。同样的,图 7-9 也表明,当基桩入土深度一定时,随着高桥墩桩基无量纲入土深度的增加,其无量纲稳定计算长度是不断增大的,而且基本上都是趋于一个大致相

近的稳定计算长度,其增幅随墩身与桩身刚度比增大并不明显,这表明桩侧土体和基桩的入土深度是影响高桥墩桩基屈曲性能的重要因素,单纯提高结构刚度不能显著改善其稳定性,也再次说明了只有地面以下一定范围内的桩侧地基土对桩身的屈曲稳定及桩身横向承载能力有利,超过该范围后,桩侧土抗力对桩身挠曲变形和内力的影响不大;而这也是工程中将换算长度 $\bar{l} \geqslant 4.0$ 的桩称为长桩的原因所在。

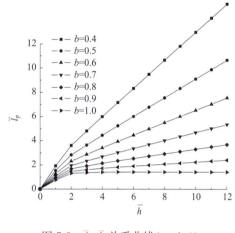

图 7-8 $\bar{l}_p$-$\bar{h}$ 关系曲线($e=1.0$)

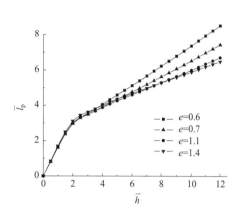

图 7-9 $\bar{l}_p$-$\bar{h}$ 关系曲线($b=0.6$)

### 7.5.3 墩桩刚度比的影响

当桩身刚度一定,即 $E_1 I_1 = 100 \text{ kN} \cdot \text{m}$ 时,改变基桩的入土深度与全长之比,令 $b$ 分别为 0.4、0.6、0.8、0.9,得到高桥墩桩基墩桩刚度比与无量纲稳定计算长度的关系曲线,如图 7-10 所示。同样的,当埋入比一定,即基桩入土深度与全长之比 $b=0.6$ 时,令桩身刚度 $E_1 I_1$ 分别为 40、100、400 kN·m,得到高桥墩桩基墩桩刚度比与无量纲稳定计算长度的关系曲线,如图 7-11 所示。

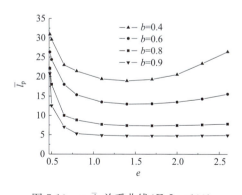

图 7-10 $e$-$\bar{l}_p$ 关系曲线($E_1 I_1 = 100$)

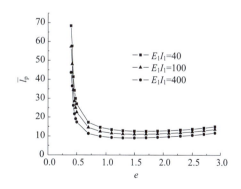

图 7-11 $e$-$\bar{l}_p$ 关系曲线($b=0.6$)

从图 7-10 可知,当桩身刚度不变时,随着高桥墩桩基础墩桩刚度比的增大,其无量纲稳定计算长度是逐渐减小的,但降幅很快变缓,这说明结构刚度的提高对其稳定性是有利的,但效果不明显;但同一墩桩刚度比时,基桩入土深度越大,其稳定计算长度越小,结构稳定性越好,这也进一步说明了桩侧土体和基桩的入土深度是影响高桥墩桩基屈曲性能的重要因素。而从图 7-11 可以看出,当基桩入土深度一定时,随着高桥墩桩基础墩桩刚度比的增大,其无量纲稳定计算长度是一个不断减小的过程,而且最终是趋于一个基本相近的值,这同样也说明结构的刚度不会显著影响其屈曲性能,结构的屈曲破坏不是一个材料破坏的问题。

通过上述计算分析可知,桩侧土体、基桩入土深度和桩(墩)身刚度是影响高桥墩桩基屈曲稳定性的重要因素,但由于高桥墩桩基结构自身的复杂性和对其屈曲机理认识的不充分性,还应注意桥墩或桩身自身的初始缺陷、混凝土浇筑的温度应力、风荷载、车辆制动力等各种因素对高桥墩桩基稳定性的影响,才能更深入了解高桥墩桩基的承载机理、变形与稳定特性。

## 7.6 小  结

本章通过介绍和探讨高桥墩桩基的屈曲机理与计算分析方法,为高桥墩基桩屈曲计算奠定了理论基础;并采用能量法得到了高桥墩桩基的屈曲临界荷载,同时对屈曲影响因素进行了详细的讨论分析。主要可以得到如下结论:

(1) 从屈曲的定义、类型、判断准则和影响因素等方面出发,并结合屈曲计算分析方法对高桥墩桩基的屈曲机理进行了全面的分析和讨论。

(2) 通过对高桥墩桩基屈曲计算方法的分析和比较认为:常用的规范方法虽然计算公式比较简单,但各自都存在其缺陷和局限性;能量法和幂级数法虽然可以考虑工程应用中可能出现的各种边界情况等,但是难以考虑土体分层、桩身初始弯曲、桩身缺陷等非线性问题对基桩屈曲的影响;而有限元方法固然可以模拟各种边界条件和土体情况,也可以考虑材料、几何、边界条件等的非线性影响,但遇到高度非线性屈曲问题时,其计算精度会受较大影响;因此有必要在高桥墩桩基屈曲研究中引进更新的思路和方法。

(3) 基于高桥墩桩基的特点,将高桥墩和桩基视为一整体,建立了可考虑桩柱不同刚度及桩侧土体影响的桩柱式高桥墩桩基屈曲分析计算模型,并利用能量法导得施工和成桥阶段不同边界条件下高桥墩桩基屈曲临界荷载和稳定计算长度的理论解答。

(4) 影响因素分析表明:桩侧土体和基桩的入土深度是影响高桥墩桩基屈曲性能的重要因素,单纯提高结构刚度不能显著改善其稳定性,结构的屈曲破坏不是一个材料破坏的问题;而且只有地面以下一定范围内的桩侧地基土对桩身的屈曲稳定及桩身横向承载能力有利,超过该范围后,桩侧土抗力对桩身挠曲变形和内力的影响不大。

# 8 桩基模型试验

## 8.1 基桩荷载传递规律研究的试验方法

### 8.1.1 竖向静力载荷试验

静载试验被公认是确定单桩承载力最直观、可靠的方法。对工程地质条件较复杂的场地，当采用其他方法(包括半直接法和经验法)确定单桩承载力时，应尽可能先选择与试桩场地条件相同或相近的资料进行拟合计算和分析对比，用静载试验来验证其准确性和可靠性。静载试验装置主要由加荷稳压、反力和沉降观测三部分组成。根据加载方法不同分为堆载法和锚载法，如图 8-1 所示。

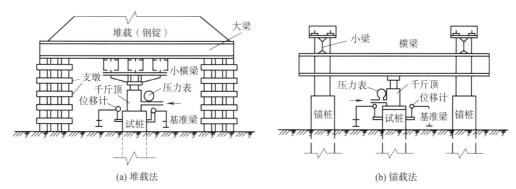

图 8-1 单桩静载荷试验装置

1. 基本试验要求

(1)加载方式：单桩竖向抗压静载试验根据最大加荷荷载的设计分为两种：限载试验与破坏性试验，均采用慢速维持荷载法。

(2)加载分级：试验加荷分级一般为 10 级，每级加载量为限载极限荷载或预估极限荷载的 1/10，第一级可按 2 倍分级荷载加荷。

(3)终止加载条件

加载过程中出现下列情况之一时，即可终止加载：

①某级荷载作用下，桩的沉降量为前一级荷载作用下沉降量的 5 倍；

②某级荷载作用下，桩的沉降量大于前一级荷载作用下沉降量的 2 倍，且经 24 h 连续观测尚未达到稳定标准；

③桩的累计沉降量超过规范允许的最大沉降量值，且 $Q$-$S$ 曲线有较明显的陡降段；

④由于桩身破坏出现剧烈的不间断沉降或桩头破损；

⑤锚桩不能承受试验荷载被拨起或锚筋被拉断；
⑥满足设计要求最大荷载。

2. 单桩极限承载力的确定

根据单桩竖向抗压静载试验记录表，绘制荷载—沉降($Q$-$S$)曲线及沉降—时间($S$-$\lg t$)曲线，以及其他辅助分析曲线，由下列方法可求竖向极限承载力。

(1)根据沉降随荷载的变化特征确定 $Q_u$。对陡降型 $Q$-$S$ 曲线取曲线发生明显陡降的起始点所对应的荷载。国外多采用切线交汇法，即取相应于 $Q$-$S$ 曲线始段和末段两点的切线交点所对应的荷载，该法可避免确定拐点时人为因素的影响。

(2)根据沉降量确定 $Q_u$。对缓变型 $Q$-$S$ 曲线，一般可取 $S=40\sim60$ mm 对应的荷载值。对大直径桩可取 $S=0.03d\sim0.06d$($d$ 为桩端直径)对应的荷载值；对细长柱($1/d>80$)可取 $S=60\sim80$ mm 对应的荷载。

(3)根据沉降—时间($S$-$\lg t$)曲线确定。取 $S$-$\lg t$ 曲线尾部出现明显向下弯曲的前一级荷载值作为 $Q_u$。

由于受岩土参数、施工等因素影响，试桩结果具有较大的离散性，即使在同一场地，对同一桩型，用同一试验方法，所得出的结果往往也存在一定差异，采用简单的算术平均值作为极限承载力标准值，从概率统计的角度来讲是不安全的。为此，《建筑桩基技术规范》(JGJ 94—2008)推荐了一种综合计算方法。

首先，测定每根桩的极限承载力 $Q_{ui}$ 后，按下式计算 $n$ 根桩的极限承载力平均值：

$$Q_{um} = \frac{1}{n}\sum_{i=1}^{n} Q_{ui} \tag{8-1}$$

其次，按下式计算每根桩的极限承载力实测值与平均值之比：

$$a_i = \frac{Q_{ui}}{Q_{um}} \tag{8-2}$$

然后，再按下式计算 $a_i$ 的标准差：

$$S_n = \sqrt{\frac{1}{n}\sum_{i=1}^{n}(a_i-1)^2/(n-1)} \tag{8-3}$$

当 $S_n \leqslant 0.15$ 时，取 $Q_{uk}=Q_{um}$；当 $S_n \geqslant 0.15$ 时，取 $Q_{uk}=\lambda Q_{um}$，$Q_{uk}$ 为单桩极限承载力，折减系数 $\lambda$ 可按变量 $a_i$ 的分布查规范 JGJ 94—2008 确定。

## 8.1.2 Osterberg 试桩法

Osterberg 试桩法始于 20 世纪 80 年代中期的美国，随后在加拿大、新加坡和我国香港、台湾等地区得到推广。近年来，我国开始涉及该项技术的研发，并制定了相应的规程。迄今为止，该方法的记录仍由美国佛罗里达州阿巴拉契可乐河的试桩保持：最大深度为 90 m，最大直径为 3 m，最大荷载为 133 MN(约 1.5 万 t)。

(1)测试原理

Osterberg 试桩法是在桩端附近安设荷载箱，沿垂直方向加载，可同时测出荷载箱上、下部各自承载力。经特别设计可用于加载的荷载箱由活塞、顶盖、底盖及箱壁四部分组成。试验时，在地面上通过油泵加压，随着压力增加，荷载箱将同时向上、向下发生变位，促使桩侧阻力及桩端阻力的发挥，图 8-2 为试验示意图。由于加载装置简单，多根桩可同时进行测试。荷载箱中的压力可用压力表测得，荷载箱的向上、向下位移可用位移传感器测得，根据读数可绘出相应的"向上的力与位移图"及"向下的力与位移图"。根据两条 $Q$-$S$ 曲线及相应的 $S$-$\log t$，$S$-$\log Q$ 曲线，可分别求得荷载箱上段桩及下段桩的极限承载力，将上段桩极限承载力经一定处理后与下段桩极限承载力相加即为桩极限承载力。

(2) 荷载箱的位置与选择

荷载箱的埋设位置选择是自平衡测桩的技术关键，相关文献根据工程实践经验进行了归纳，如图 8-3 所示，放置法及适用范围见表 8-1。

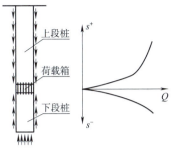

图 8-2 自平衡测桩原理示意图

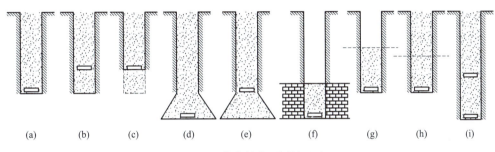

图 8-3 荷载箱的不同放置法

表 8-1 荷载箱的不同放置法及适用范围

| 图号 | 位 置 | 适用范围 |
| --- | --- | --- |
| 图 8-3(a) | 孔底 | 桩侧阻力与桩端阻力大致相等，或端阻大于侧阻且目的为测定侧阻极限值，为常用位置 |
| 图 8-3(b) | 桩身中 | 如位置适当，荷载箱以下的桩侧阻力与桩端阻力之和达到极限值时，荷载箱以上的桩侧阻力同时达到极限值 |
| 图 8-3(c) | 桩端 | 抗拔试验，为测定整个桩身的侧阻力 |
| 图 8-3(d) | 扩大头底部 | 挖孔扩底桩抗拔试验 |
| 图 8-3(e) | 扩大头上部 | 适用于大头桩或当预估桩端阻力小于桩侧阻力而要求测定桩 |
| 图 8-3(f) | 桩端 | 测定嵌岩段的侧阻力与端阻力之和。可在嵌岩段试验后浇筑桩身上段混凝土 |
| 图 8-3(g) | 桩端 | 当有效桩顶标高位于地面以下一定距离时 |
| 图 8-3(h) | 桩端 | 需测定两个或两个以上土层的侧阻极限值时 |
| 图 8-3(i) | 桩底及桩身中各一 | 分别测出三段桩极限承载力 |

(3) 极限承载力的确定

陡变型 $Q$-$S$ 曲线取曲线发生明显陡变的起始点；缓变型 $Q$-$S$ 曲线，上段桩极限侧阻力取对应于向上位移 $S^+=40 \sim 60$ mm 的荷载，下段桩极限值对应于向下位移 $S^-=40 \sim 60$ mm 的荷载，或大直径桩的 $S=0.03D \sim 0.06D$ 的对应荷载。亦可根据沉降随时间的变化特征取 $S$-$\log t$ 曲线尾部出现明显弯曲的前一级荷载值。根据上述准则，可求得桩上、下段极限承载力实测值 $Q_u^+$、$Q_u^-$。测试时，荷载箱上部桩身自重方向与桩侧阻力方向一致，故在判定桩侧阻力时应当扣除。

国外对抗压桩承载力的求取方法不尽相同：有的将上、下两段实测值叠加来得到极限承载力,这样偏于安全、保守;有的将上段桩摩阻力乘以大于1的系数再与下段桩叠加而得抗压极限承载力。我国则将向上、向下摩阻力根据土性划分。对于黏土层,向下摩阻力为(0.6~0.8)倍向上摩阻力;对于砂土层,向下摩阻力为(0.5~0.7)倍向上摩阻力。根据$Q_u^+$、$Q_u^-$可由下式计算单桩极限承载力$Q_{uk}$:

$$Q_{uk}=(Q_u^+-G_p)/\lambda+Q_u^- \tag{8-4}$$

式中　$G_p$——荷载箱上部桩自重(kPa);
　　　$\lambda$——根据土性划分确定的系数,黏性土、粉土取0.80,砂土取0.70。

(4)主要特点

①装置较简单。不占用场地,不需运入成百上千吨的物料,不需构筑笨重的反力架。试桩工作省时、省力、安全。

②桩的侧阻与端阻互为反力,可清楚分出侧阻力与端阻力的分布及各自的荷载—位移曲线。

③节省试验费用。虽然荷载箱为一次性投入器具,与传统方法相比可节省试验总费用的30%~60%,具体比例视桩吨位与地质条件而定。

④试验后试桩仍可作为工程桩使用,必要时可利用预埋管对荷载箱进行压力灌浆。

⑤在水上试桩、坡地试桩、基坑底试桩、狭窄场地试桩、斜桩、嵌岩桩及抗拔桩等特殊条件下更具优势。

⑥国外学者认为Osterberg试桩法测定的摩阻力是桩身向上位移时的负摩阻力,与工作桩的状态不同,其结果偏于安全。李广信教授对此进行了比较系统的研究,认为测定的侧阻力一般偏小,不能充分发挥桩的承载力,有必要进行条件下的试验研究、理论分析和数值计算。

## 8.1.3 桩身应力应变测试方法

应力应变测试一般与载荷试验同时进行,以监测桩顶在各级荷载作用下不同截面处的桩身应力(或应变),通过应力(应变)和其他相关参数计算桩身轴力、分段侧阻力、桩端阻力、桩身弯矩等,分析桩的荷载传递规律,了解桩的工作性状,分析桩的承载能力。常用的应力应变测试方法有二,一是采用钢筋计与压力盒相配合的传统方法;二是采用滑动测微计法。

(1)传统测试方法

通过在桩身主筋上埋设钢筋计,桩底埋设压力盒来监测桩身某一截面和桩底的应力应变。当钢筋受力时,引起弹性钢弦的应力变化,改变钢弦的振动频率,通过频率仪测得钢弦的振动频率,求得钢筋所受的荷载大小,推导出桩身各截面的应变和相应的轴力值,进而可换算成桩身的侧阻力和桩端的端阻力。

(2)滑动测微计法

20世纪80年代初,瑞士K.Kovari教授等首先提出线法监测原理(Linewise observation),利用这一原理,Solexperts研制出滑动测微计(Sliding Micrometer)。1984年,中科院武汉岩土所首先引进该技术,并逐步在国内推广。

滑动测微计主体为一标距1 m、两端带有球状测头的探头,内装一个LVDT位移计和一个NTC温度计。为了测定测线上的应变和温度分布,沿测线每隔1 m安置一个具有精确定位功能的锥形环,环间用PVC-U管(硬塑料管)相连。测试时,将滑动测微计探头放入测管中,向下滑动可依次测量各相邻环之间的相对位移(或换算成测线方向上的应变)。为避免由于桩身截面应力不均而使应变测试产生偏差,每根预埋两根滑动测微管,对称布置在钢筋笼内侧。根据两测管的实测应变$\varepsilon_a$、$\varepsilon_b$及两测管间距$d$(图8-4),即可由式(8-5)~式(8-9)推算出桩身每一点的变形及位移,包括平均应变 ε、曲率 k、转角 α、水平位移 u 和垂直位移 w。

$$\varepsilon = (\varepsilon_a + \varepsilon_b)/z \tag{8-5}$$

$$k = (\varepsilon_a - \varepsilon_b)/d \tag{8-6}$$

$$\alpha = \int_0^z k \mathrm{d}z + A \tag{8-7}$$

$$u = \int_0^z \alpha \mathrm{d}z + B \tag{8-8}$$

$$\omega = \int_0^z \varepsilon \mathrm{d}z + C \tag{8-9}$$

式中　$A$、$B$、$C$——积分常数。

滑动测微计具有如下特点:

①采用了线法监测及锥面—球面原理,可获取高精度测量结果,应变分辨率可达 1 $\mu\varepsilon$。

②滑动测微计的位移计由于不必在钻孔中埋设传感元件,从而克服了多点位移计测试费用高、测点少、位移计可靠性不易检测及测头易损等缺点。

③滑动测微技术直接测得混凝土的应变,避免了钢筋计等测试方法中由钢筋(小截面)应力向桩截面(大截面)应力转换而造成的误差。

## 8.2　红层嵌岩桩原型桩试验

### 8.2.1　场地工程地质条件

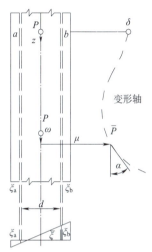

图 8-4　根据实测应变 $\varepsilon_a$、$\varepsilon_b$ 确定桩身应变

某工程采用大直径、大吨位桩基础支承上部结构。为了优化设计方案,降低工程造价,给设计提供准确可靠的岩土工程参数,选择 4 根人工挖孔灌注桩进行了原体试验。试验桩均为桩端不扩底的人工挖孔嵌岩桩,桩长 14.8~24.7 m 不等,桩身混凝土强度等级为 C30,采用 15 cm 混凝土护壁,持力层为中风化泥质粉砂岩。根据场地条件分为 A、B 两区,其中 A 区填土厚达 9.3~10.5 m,强风化泥质粉砂岩层顶板标高 74~80 m,中风化层面标高在 74 m 左右;B 区第四系覆盖层厚 5 m 左右,强风化层顶板标高 80 m,中风化层面标高在 76 m 以下。各试桩的地层特征见表 8-2。

表 8-2　试桩桩侧地层特征表

| 地　层 | 特　性 | 地层厚度(m) | | | |
|---|---|---|---|---|---|
| | | $A_1$ | $A_2$ | $B_1$ | $B_2$ |
| 素填土 | 稍密~中密 | 9.5 | 10.5 | — | — |
| 粉质黏土 | 可~硬塑 | 1.0 | 2.3 | 4.1 | 4.1 |
| 卵石 | 中密 | 0.5 | 0.5 | 1.1 | 1.1 |
| 泥质粉砂 | 强风化 | 8.0 | 10.0 | 4.3 | 4.3 |
| 岩 | 中风化 | 1.0 | 1.4 | 5.3 | 5.3 |

### 8.2.2 试验设计

(1)静力载荷试验

根据受力特点和单桩可能承担的最大荷载,设计了最大加载为 24 000 kN 的锚桩钢梁反力架系统。应用电动油泵加荷,4 台(最大 5 台)5 000 kN 千斤顶并联工作,竖向抗压静载试验装置如图 8-5 所示。控制系统采用 RS-JYB 型桩基静载测试分析系统,沉降观测采用高灵敏度、量程为 50 mm 的电子位移传感器。试验采用慢速维持荷载法,分 9 级加至 15 000 kN。

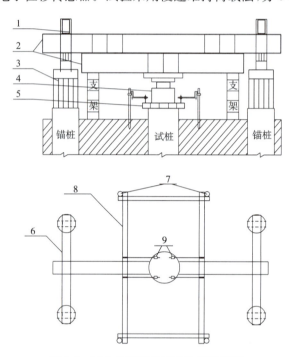

图 8-5 竖向抗压静载试验装置示意图

1—吊篮;2—主梁;3—钢筋;4—千斤顶;5—垫块;6—次梁;7—基准桩;8—基准梁;9—位移传感器

(2)应力应变测试

为测量加载过程中试验桩的应力应变变化,对 A 区采用滑动测微计,B 区试验桩采用传统的钢筋应力计和压力盒法。基本参数及测试方法见表 8-3。根据地质资料,在 B 区的两根桩身钢筋主筋上选择每一代表层位在深度 0.5 m、4.1 m、5.2 m、9.5 m、13.5 m 共 5 个截面正交对称安装 4 个振弦式钢筋应力计,在试桩底部按梅花形状均匀安装 5 个压力盒,分别测得各级荷载下钢筋应力计和压力盒的读数。测试仪器为 VW-1 型振弦频率测定仪。

表 8-3 人工挖孔试验桩情况表

| 桩 | 号 | 桩长(m) | 桩径(mm) | 混凝土强度 | 持力层岩性 | 试验方法 |
|---|---|---|---|---|---|---|
| A 区 | A$_1$ | 20.0 | φ1 000 | C30 | 中风化泥质粉砂岩 | 滑动测微计 |
| A 区 | A$_2$ | 24.7 | φ1 000 | C30 | 中风化泥质粉砂岩 | 滑动测微计 |
| B 区 | B$_1$ | 14.8 | φ1 000 | C30 | 中风化泥质粉砂岩 | 钢筋应力计 |
| B 区 | B$_2$ | 14.8 | φ1 000 | C30 | 中风化泥质粉砂岩 | 钢筋应力计 |

应用滑动测微计测得的 $A_1$、$A_2$ 桩身应变与桩顶荷载关系曲线如图 8-6 所示。为消除因局部测量误差引起的离散点,应变数据经过断面修正和应变曲线的约束样条拟合进行磨光处理,由拟合后的不同桩顶荷载下桩身应变与桩深关系曲线(图 8-7)可以看出,随荷载递增,两条测线规律基本相同。$A_1$ 桩在 7 m 处 15 000 kN 荷载下应变明显偏高,$A_2$ 桩 9 m 处于 13 500 kN、15 000 kN 时同样偏高。特别地,$A_2$ 桩在 14 m 有一明显高应变区,15 000 kN 时该处应变高达 1 306 $\mu\varepsilon$,高出相邻两点的应变 3.5 倍以上。高的应变反映了桩身混凝土质量降低,说明在高荷载下桩身材料开始进入塑性阶段。

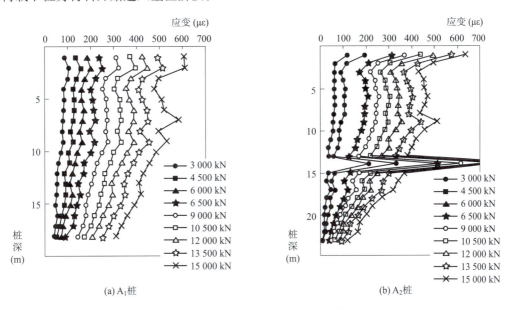

图 8-6  各级荷载下桩身实测应变曲线

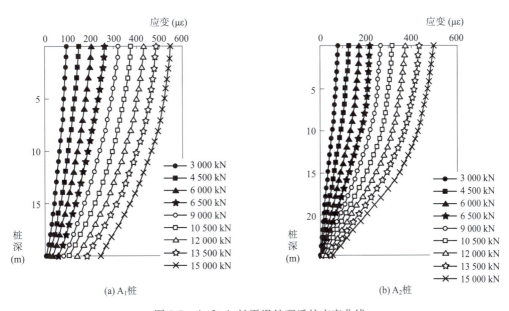

图 8-7  $A_1$ 和 $A_2$ 桩平滑处理后的应变曲线

为了得到符合实际的桩身轴力,通过实测各级荷载下桩顶处的弹性模量与应变关系,经回归分析后可得到 $E$-$\varepsilon$ 曲线方程,再根据桩身不同深处的应变反求混凝土弹性模量 $E_i$,通过这种校正方法可有效解决桩身材料应力应变的非线性问题。桩 $A_1$、$A_2$ 桩身平均弹性模量与应变关系曲线如图 8-8 所示,相应的线性方程如下:

$$A_1: E_i = 24.40 - 0.007\,574\varepsilon_i \tag{8-10}$$

$$A_2: E_i = 29.72 - 0.014\,488\varepsilon_i \tag{8-11}$$

式中,$E_i$ 单位为 GPa,$\varepsilon_i$ 单位为 $\mu\varepsilon$。经计算,$A_1$ 及 $A_2$ 桩的桩头部位弹性模量较高,分别为 33.09 GPa 和 31.41 GPa,达到 C30 等级。

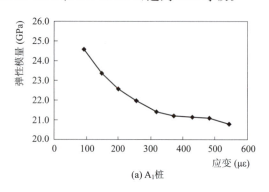
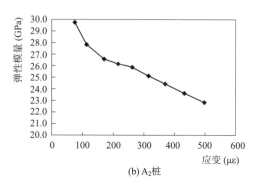

(a) $A_1$ 桩　　　　　　　　　　　(b) $A_2$ 桩

图 8-8　桩身弹性模量随应变量级变化曲线

## 8.2.3　竖向荷载作用下原型桩的 $Q$-$S$ 曲线特征

A、B 两区试桩的竖向抗压静载试验荷载—沉降结果见表 8-4。荷载—沉降($Q$-$S$)曲线及沉降—时间($S$-lg$t$)曲线如图 8-9 所示。从图中可以看出,四根桩加载至设计荷载 15 000 kN 时,均无明显破坏迹象,其 $Q$-$S$ 曲线属缓变型,无明显拐点,符合大直径桩的荷载传递特性。$A_1$ 桩摩阻力已全部发挥,端阻力也接近极限。$A_2$ 桩的端阻力尚未充分发挥,而摩阻力已接近极限值。虽然地层相似,但单位摩阻力最大值相差较大,值得从地层物理力学性质及挖孔工艺两方面进一步探讨。

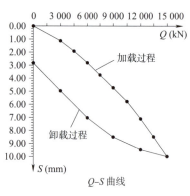
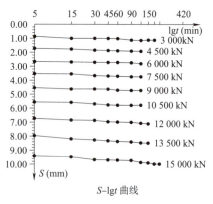

(a) $A_1$ 桩 $Q$-$S$ 曲线及 $S$-lg$t$ 曲线

图　8-9

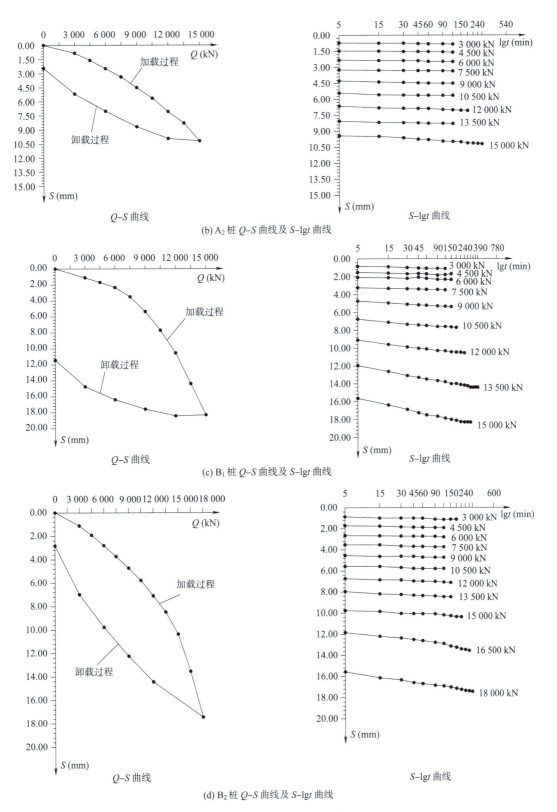

图 8-9 竖向荷载下原型桩的 $Q$-$S$ 曲线及 $S$-$\lg t$ 曲线

表 8-4 载荷试验结果一览表

| 桩号 | 最大加载(kN) | 分级荷载(kN) | 相应的沉降量(mm) | 回弹量(mm) | 极限承载力(kN) | 单桩承载力特征值(kN) |
|---|---|---|---|---|---|---|
| $A_1$ | 15 000 | 1 500 | 10.20 | 8.30 | 15 000 | 7 500 |
| $A_2$ | 15 000 | | 10.00 | 7.20 | 15 000 | 7 500 |
| $B_1$ | 18 000 | | 17.20 | 14.40 | 18 000 | 9 000 |
| $B_2$ | 15 000 | | 18.33 | 6.88 | 15 000 | 7 500 |

### 8.2.4 红层嵌岩桩荷载传递规律

#### 8.2.4.1 桩身轴力传递特征

采用应力应变计时,根据应变计实测的数据,按式(8-12)计算各截面的轴力 $Q_i$:

$$Q_i = A\sigma_i = AE\varepsilon_i \tag{8-12}$$

$$\varepsilon_i = K(f_i^2 - f_0^2) \tag{8-13}$$

式中 $\sigma_i$——第 $i$ 级截面在各级荷载下的轴向应力;

$A$——桩身截面面积($m^2$);

$E$——混凝土的弹性模量;

$K$——钢弦式应变传感器系数;

$f_0$——加荷前的钢弦振动频率(Hz);

$f_i$——各加载过程钢弦振动频率(Hz)。

采用滑动测微计时,根据桩身某一深度 $z$ 处的应变 $\varepsilon_i$ 和混凝土弹性模量 $E_i$ 可按式(8-13)计算相应深度 $z$ 处的轴力 $Q_i(z)$:

$$Q_i(z) = \frac{\pi D^2}{4} E_i \varepsilon_i(z) \tag{8-14}$$

式中 $D$——桩身平均直径(m);

$E_i$——第 $i$ 级荷载下相应应变量级下的弹性模量(GPa);

$\varepsilon_i(z)$——第 $i$ 级荷载下桩身 $z$ 处的应变($\mu\varepsilon$),$\varepsilon_i(z)$ 应配合静载试验进行,在每加一级荷载变形基本稳定后测一次桩身应变,将两测管测值平均后得到桩身轴向应变曲线。

桩在竖向荷载作用下,桩身发生弹性轴向压缩。由于桩身表面与桩侧土层紧密接触,当桩受力产生相对于桩侧土的向下位移时,就会产生土对桩向上的桩侧阻力。竖向荷载沿桩身向下传递过程中,必须不断克服这种摩阻力,桩身截面轴力沿深度呈非线性递减。从图 8-10 可以看出,桩身轴力沿深度方向逐步衰减,呈"倒三角形",桩身轴力上部大于下部。当桩顶荷载较小时,各岩土层的桩身轴力随深度的增加而变化的幅度较小,说明嵌岩效果不明显,但当桩顶荷载增加或达到试验的最大值时,嵌岩段桩身轴力明显减小,整个轴力曲线随桩深变化亦越发明显,说明桩侧阻力发挥的作用越来越明显。

桩身轴力沿桩深分布曲线清楚地反映了地层条件及桩长对轴力分布的影响:桩侧土的强度愈高,随着荷载的增加,其侧阻力发挥程度愈好,反之,则担承的桩侧阻力愈小。很明显,桩 $A_1$、桩 $A_2$ 虽然覆盖层甚厚,由于主要为厚层填土,在 0~10 m 左右,桩身轴力变化甚微,桩 $B_1$、$B_2$ 的覆盖土层强度较高,相应的其轴力曲线在覆盖层段的斜率变化明显地高于桩 $A_1$、$A_2$;在近乎相同的地质条件下,如桩 $A_1$ 与桩 $A_2$,由于桩长差 4.7 m,二者的轴向力差别亦异常显著,$A_1$ 端阻力高达 7 826 kN,约占总荷载的 50%,而 $A_2$ 的端阻力只有 3 510 kN,仅占总荷载的 23.4%。可见桩 $A_2$ 桩长的增加,更多地是由增加的嵌岩段的桩侧面积分担了桩侧阻力,桩 $B_1$、$B_2$ 的端阻力只有 7.85%~17.32%,为典型的端承摩擦桩特征。

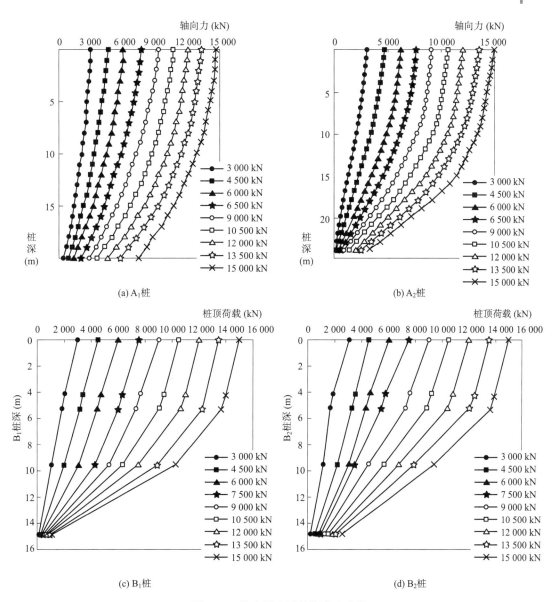

图 8-10 桩身轴力沿桩深分布曲线

### 8.2.4.2 桩侧摩阻力发挥性状分析

桩侧摩阻力的存在造成了桩身轴力在任意两桩身轴力测试面间的差值,其值的大小即为该桩段的侧摩阻力,变化斜率大小反映了桩侧摩阻力的大小。各测试截面段的桩侧摩阻力 $F_i$ 按下式计算:

$$F_i = Q_i' - Q_{i+1} \tag{8-15}$$

该截面间桩侧平均摩阻力 $q_{si}$ 为:

$$q_{si} = \frac{F_i}{\pi D l_i} \tag{8-16}$$

利用桩身轴力及桩身直径 $D$,通过公式(8-16)可计算出试桩在不同荷载作用下桩侧阻力的大小及其沿桩身的分布。图 8-11 表示的桩侧摩阻力随桩顶竖向荷载变化沿桩身的分布曲线。

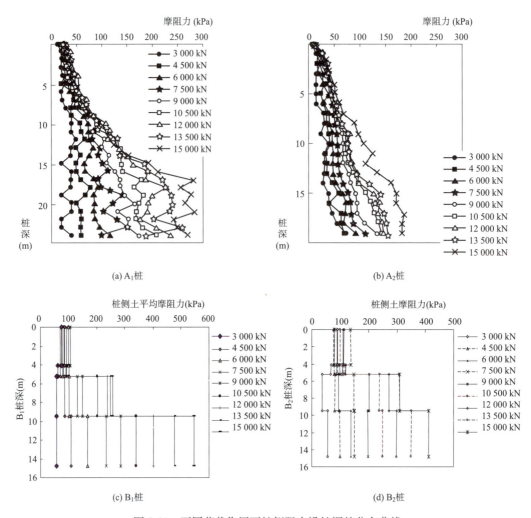

图 8-11　不同荷载作用下桩侧阻力沿桩深的分布曲线

（1）桩侧摩阻力沿桩身的分布特性

桩侧摩阻力的大小与桩—土之间的相对位移、刚度比、作用于桩侧表面的水平应力及土的特性有关。从图 8-11 可知，在工作荷载下，桩身先发生弹性压缩，产生土对桩的向上的侧摩阻力。随着荷载向下传递，桩身侧阻自上而下逐步发挥，沿桩身呈非线性分布。由平滑处理后的 $A_1$、$A_2$ 的单位摩阻力分布可知二者基本相似[图 8-11(a)、(b)]，但与其他摩阻力桩测试结果大相径庭，$A_1$ 桩最大摩阻力处于桩端，呈递增型；$A_2$ 桩最大摩阻力处于约 2/3 桩深处，呈单峰型。$B_1$、$B_2$ 桩侧阻力主要由强风化和中风化岩段承担。

表 8-5　试桩各土层桩侧极限摩阻力 $q_{sik}$(kPa)对比

| 地层名称 | JGJ 94—2008 | TB 10093—2017 | 实测值 |
|---|---|---|---|
| 素填土 | 18～26 | 12～22 | 25～30 |
| 粉质黏土 | 76～86 | 55～75 | 77～136 |
| 卵石 | 110～140 | 150～220 | 106～147 |
| 强风化泥质粉砂岩 | 160～200 | 150～240 | 203～309 |
| 中风化泥质粉砂岩 | 300～800 | 220～420 | 290～547 |

注：岩层的极限侧阻力标准值参照 JGJ 72—2004。

表 8-5 给出了《建筑桩基技术规范》(JGJ 94—2008)和《铁路桥涵地基和基础设计规范》(TB 10093—2017)中不同土层的侧摩阻力和实测值的比较。从表中不难看出，仅上部填土层、粉质黏土、卵石层的极限摩阻力接近于有关规范提供的极限摩阻，由于试桩时中等风化泥质粉砂岩的侧阻尚未充分发挥，因此其极限侧阻尚有一定的挖掘潜力。

(2) 桩侧摩阻力随荷载增加的发挥规律

由桩侧摩阻力—荷载关系曲线(图 8-12)可以认识到：

① 上覆土层的侧摩阻力在加载过程中的变化十分明显。但不同土层随荷载增加的侧阻力发挥性状不同：有的呈递增趋势，表现为加工硬化特征；有的到达峰值后又减小并趋于稳定，呈加工软化型特征。具体地讲，素填土在桩顶荷载 7 500 kN 时，便达到极限值，然后略有减小；粉质黏土的变化特性与素填土基本一致，不同的是其峰值大小。

② 桩侧阻力峰值的出现既与桩顶荷载有关，亦与桩侧土层厚度和特性有关：填土厚度大的 A 区，粉质黏土的桩侧摩阻力峰值在桩顶荷载 9 000 kN 时出现；在无填土的 B 区，当桩顶荷载达到 6 000 kN 时，粉质黏土的侧摩阻力便至极限值，说明填土仍能分担一定的荷载。卵石层的侧摩阻力随桩顶荷载的发挥程度既与自身厚度、密实度有关，又与其上覆土层联系甚密。桩 $A_1$、$A_2$ 桩侧卵石厚仅 0.50 m，其曲线隐约呈现双峰形态[图 8-12(a)、(b)]；桩 $B_1$、$B_2$ 卵石厚 1.10 m，其侧阻力几乎在加荷伊始便近极限，近于直线分布[图 8-12(c)、(d)]。

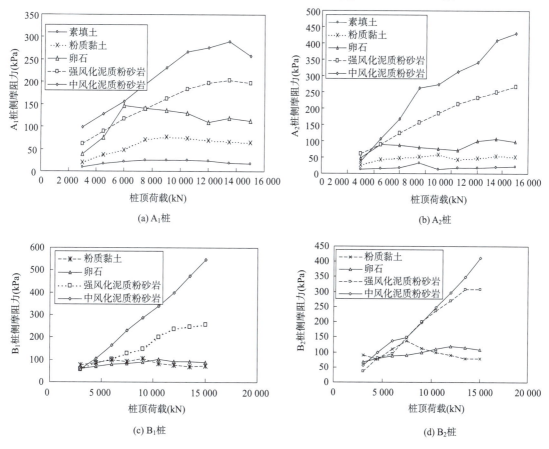

图 8-12 桩顶竖向荷载—桩侧摩阻力曲线

③嵌岩段侧摩阻力随桩顶荷载的增加而增加,并受覆盖层厚度影响而呈不同的曲线形态。A区,嵌岩段摩阻力初值虽有偏差,但随桩顶荷载增加,强风化与中风化层的侧阻力成等幅度增加,曲线间的间距近似相等;B区,因上覆土层很薄,其侧阻力主要由嵌岩段承担,且荷载很快传至中风化层,受岩石刚度影响,中风化泥质粉砂岩的增加频度明显高于强风化层,随着荷载的增加,二者"分道扬镳"。总体上看,强风化泥质粉砂岩呈现"双曲线"形态,具加工软化特点;中风化泥质粉砂岩则近线性增加,呈现加工硬化特性。$A_1$桩由于桩端阻力已近充分发挥,其侧阻力有弱化趋势。由此说明软岩嵌岩段侧阻力的增长与风化程度具有一定联系。

(3)桩侧摩阻力与桩土相对位移的关系

测试截面间的轴力差造成该桩截面之间桩段的竖向位移或桩身压缩,根据桩顶实测沉降减去桩身的压缩量可得到桩身各应变截面的位移 $s_j$,按下式计算:

$$s_j = s_0 - \sum_{i=1}^{j} \frac{l_i}{2}(\varepsilon_i + \varepsilon_{i+1}) \tag{8-17}$$

式中　$s_0$——桩顶位移实测值;
　　　$l_i$——第 $i$ 截面和第 $i+1$ 截面之间的桩长。

由原型桩各截面应力计所测轴力计算出的各测试桩段摩阻力—位移关系(图8-13)可知,桩侧各土层的极限摩阻力与桩土相对位移曲线基本呈双曲线,其中桩侧阻发挥较为充分的 $A_1$ 桩最为明显,其他各桩由于侧阻力尚未充分调动,桩侧阻力并非为极限侧阻力,故其曲线尚不明显。各桩段发挥极限摩阻力所需位移因其土层性质而异,介于2~6 mm之间,桩侧各土层的极限摩阻力范围值见表8-5。

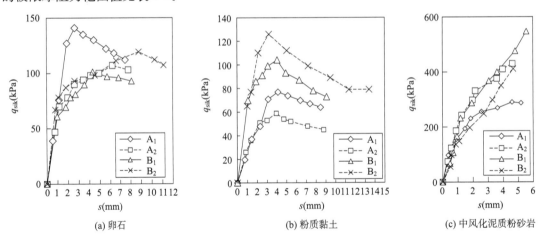

图 8-13　各桩侧土层极限侧阻力与相对位移关系曲线

桩在轴向荷载作用下,桩身会产生压缩,各截面处桩岩的相对位移不同,摩阻力的发挥程度就不同。为比较各桩段的摩阻力极限值及了解摩阻力的分布规律,采用双曲线传递函数变换,按 $s/q_s = a + bs$ 对 $A_1$ 桩的摩阻力与位移关系进行拟合(图8-14),其相关性良好。

#### 8.2.4.3　桩端阻力的发挥性状分析

(1)桩端阻力计算

桩端阻力 $q_p$ 可根据下式计算:

$$q_p = \frac{4Q_P}{\pi d_p^2} \tag{8-18}$$

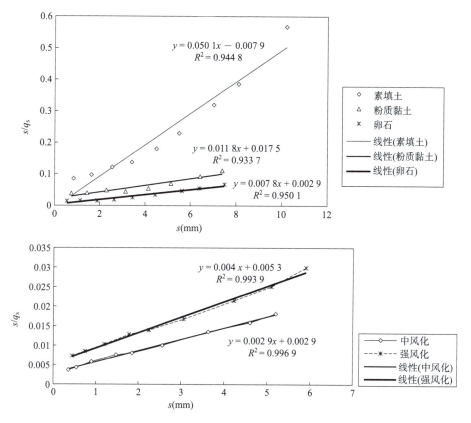

图 8-14　实测各桩侧土层双曲线函数参数拟合

式中　$Q_P$——实测桩端承载力(kN)；

　　　$d_p$——实测桩端直径(m)。

(2)各试桩侧阻与端阻的分担比例

根据试桩的应力应变测试成果,计算出各级竖向荷载下试桩侧摩阻力及桩端阻力值见表 8-6。$A_1$、$A_2$、$B_1$ 和 $B_2$ 桩的上部荷载主要由嵌岩段来承担,嵌岩段侧摩阻力分别占总侧摩阻力的 87.5%、89.3%、90.9% 和 88.9%,属于典型的嵌岩桩。由于岩石的抗压强度较高,试桩嵌岩深度较大,桩顶荷载向下传递过程中,嵌岩段侧摩阻力和端阻力的发挥不是线性相关的,测试数据表明轴力在嵌岩段衰减较快,桩底压力盒读数反映出桩端阻力很小,分别占桩顶荷载的 52.17%、23.4%、7.85% 和 17.32%,表明中风化岩石的端阻力还具有相当大的潜力。

表 8-6　桩侧阻力及桩端阻力数值表

| 编号 | 断面深度(m) | 最大加载(kN) | 各层侧摩阻力(kN) | 土层侧阻力(kN) | 嵌岩段侧阻力(kN) | | $Q_r/Q_s$(%) | 总端阻力(kN) |
|---|---|---|---|---|---|---|---|---|
| | | | | | 强风化 | 中风化 | | |
| $A_1$ | 0.0~9.5 | 15 000 | 520 | 896 | 4 935 | 1 343 | 87.5 | 7 826 |
| | 9.5~10.5 | | 200 | | | | | |
| | 10.5~11.0 | | 176 | | | | | |
| | 11.0~19.0 | | 4 935 | | | | | |
| | 19.0~20.0 | | 1 343 | | | | | |

续上表

| 编号 | 断面深度(m) | 最大加载(kN) | 各层侧摩阻力(kN) | 土层侧阻力(kN) | 嵌岩段侧阻力(kN) 强风化 | 嵌岩段侧阻力(kN) 中风化 | $Q_r/Q_s$ (%) | 总端阻力(kN) |
|---|---|---|---|---|---|---|---|---|
| A₂ | 0.0~10.5 | 15 000 | 694 | 1 226 | 8 373 | 1 891 | 89.3 | 3 510 |
|   | 10.5~12.8 |  | 379 |  |  |  |  |  |
|   | 12.8~13.1 |  | 153 |  |  |  |  |  |
|   | 13.1~23.3 |  | 8 373 |  |  |  |  |  |
|   | 23.3~24.7 |  | 1 891 |  |  |  |  |  |
| B₁ | 0.0~4.1 | 15 000 | 938 | 1 246 | 3 472 | 9 104 | 90.9 | 1 178 |
|   | 4.1~5.2 |  | 308 |  |  |  |  |  |
|   | 5.2~9.5 |  | 3 472 |  |  |  |  |  |
|   | 9.5~14.8 |  | 9 104 |  |  |  |  |  |
| B₂ | 0.0~4.1 | 15 000 | 1 011 | 1 381 | 4 172 | 6 848 | 88.9 | 2 599 |
|   | 4.1~5.2 |  | 370 |  |  |  |  |  |
|   | 5.2~9.5 |  | 4 172 |  |  |  |  |  |
|   | 9.5~14.8 |  | 6 848 |  |  |  |  |  |

从桩端阻力—桩顶荷载关系曲线(图 8-15)发现,桩端阻力的增加明显地受制于上部地层。桩顶载荷很小时,桩端阻力值极小,甚至于为零,而此时嵌岩段的侧阻力亦甚微。此时的桩顶荷载主要由上部土层承受。在图 8-16 中,随着桩顶荷载的增加,总摩阻力及端阻随之增加。但变化的幅度因桩而异,总体上看,$A_2$、$B_1$、$B_2$ 的关系曲线基本一致,即以侧阻力为主,端阻力仅有限地发挥,其总摩阻力及端阻力均未达到极限值,仍有一定的潜力。试桩 $A_1$ 单位摩阻力不高,总侧摩阻力从荷载为 10 500 kN 开始接近或达到极限值(7 539 kN),到荷载为 15 000 kN 时,总摩阻力甚至有一定降低。$A_1$、$A_2$ 桩端阻力的增加幅度明显高于 $B_1$、$B_2$,尤其以 $A_1$ 桩增加最大。

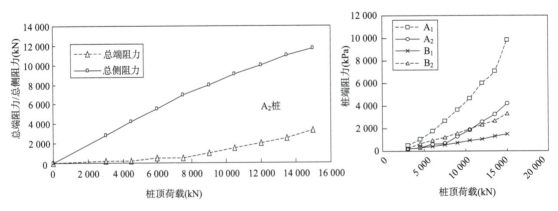

图 8-15 桩端阻力—桩顶荷载关系曲线

(3)桩端阻力发挥与桩端位移的关系

从 $A_1$、$A_2$ 的桩身压缩量—荷载变化曲线(图 8-17)可知与其相应的和 $Q$-$S$ 曲线基本一致,说明桩端只有很小的位移,摩阻力可得到充分发挥,端阻力—桩端位移关系曲线如图 8-18 所示。

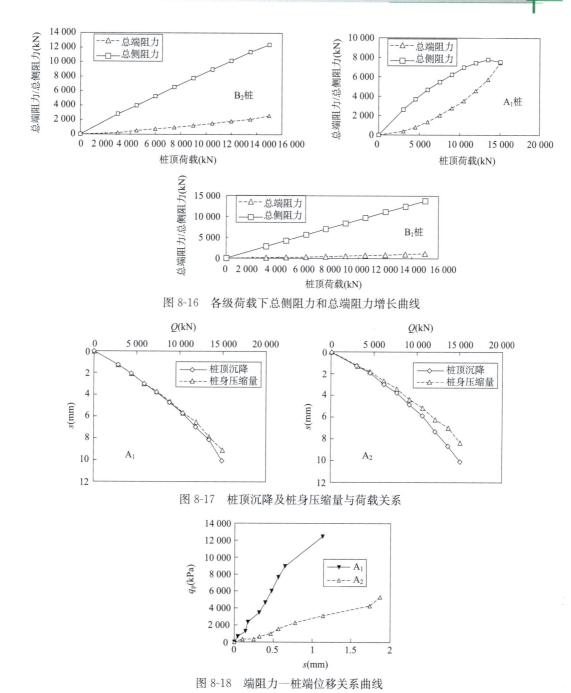

图 8-16 各级荷载下总侧阻力和总端阻力增长曲线

图 8-17 桩顶沉降及桩身压缩量与荷载关系

图 8-18 端阻力—桩端位移关系曲线

对基岩中的人工挖孔灌注桩,桩底沉渣可清除,可不考虑沉渣的压缩变形,故桩顶沉降可看作桩身压缩量和桩端变形之和。由实测的桩端阻力与桩端位移关系曲线(图 8-18)知,随位移增大,端阻力基本呈线性增长,由于发挥端阻力需要一定的位移,而桩底位移一般较小,所以很难发挥其极限值。

全部卸载后,观测时刻从卸荷完成后算起,前两个读数为桩顶位移,后三个数据为桩身残余应变的总和,由于 $Q$-$S$ 与 $Q$-$\Delta L$ 曲线相近($\Delta L$ 为桩身总变形),可以作为一组数据考虑。卸荷后对 $A_2$ 桩进行了三次残余应变测量,以了解残余变形的时间效应。从残余变形的观测结果

(表 8-7)可看出,约 90 h 后残余变形已稳定,它与卸荷初始残余变形只降低不到 1 mm。

表 8-7 卸载后桩身残余变形随时间的效应

| 观测时刻(h) | 0 | 3 | 11 | 89 | 145 |
|---|---|---|---|---|---|
| 残余变形(mm) | 2.93 | 2.82 | 2.42 | 2.05 | 2.10 |

(4)上覆地层对桩端阻力发挥的影响

从上覆地层分析,桩 $A_1$ 上覆土层以填土为主,而粉质黏土及强风化泥质粉砂岩厚度甚小,所能分担的侧阻力有限。因此,上覆土层的桩侧阻力很快达到极限,桩顶荷载更多地传递至桩端;$B_1$、$B_2$ 桩由于上覆地层强度高于 A 区,荷载传到桩端的幅度较 A 区缓慢,桩端阻力的增加与桩顶荷载的关系总体上呈非线性。相关文献的数值分析认为,当桩顶荷载比较小时,桩端阻力和嵌岩段侧阻力也比较小,当荷载增加时,二者呈线性增加,当继续加载时,二者变得缓慢增加,与本文结论并不一致,这可能与其测试成果来源于小口径桩有关。

### 8.2.5 结 论

(1)本节简要概述了基桩的荷载传递机理,并对当前的基桩承载性状测试手段及新技术进行了归纳。比较详细地介绍了 Osterberg 试桩法及滑动测微计在应力应变测试中的优势。

(2)通过对 A、B 两区原型桩的载荷试验及应力应变测试分析证明所有的人工挖孔灌注桩均属典型的嵌岩桩,上部荷载主要由嵌岩段承担,总侧摩阻约占总阻力的 100%,嵌岩段侧摩阻约占总侧摩阻的 90.8%。试验中,嵌岩桩桩端阻力和嵌岩段侧摩阻力随桩顶荷载的增加而不断增加。桩顶荷载较小时往往不能使嵌岩段的端阻和侧阻发挥。二者的增加幅度与桩顶荷载的对比关系表明呈非线性关系。嵌岩深度的大小对单桩承载力值影响较大,中风化泥质粉砂岩的端阻力还具有较大的潜力。

(3)桩身应变实测结果证明,各土层的侧摩阻力与桩顶荷载的增加并不同步,随土体性质不同其变化规律分别呈现为加工软化或加工硬化特性。A 区的两桩中,$A_1$ 桩摩阻力已全部发挥,端阻力也接近极限。$A_2$ 桩的端阻力尚未充分发挥,而摩阻力已接近极限值。虽然二者地层相似,但单位摩阻力最大值相差较大,值得从地层物理力学性质及挖孔工艺两方面进一步探讨,嵌岩段桩侧阻力的作用与岩石的风化程度有关,同时,桩端阻力对桩侧阻力的强化作用较为明显,桩端阻力越大,桩侧阻力强化越明显。对桩侧阻力发挥较为充分的 $A_1$ 桩实测传递函数的分析拟合,有覆盖层的红层软岩嵌岩桩荷载传递特性符合双曲线模型。

(4)实测资料统计表明,在低荷载下桩侧阻力与桩顶荷载同步增长,此时桩顶荷载主要由桩侧摩阻力来承担,端阻力几乎为零。但当桩端出现小位移后,桩侧摩阻力已接近极限侧摩阻力。因此,桩侧摩阻力增长缓慢,桩端阻力开始随桩顶荷载水平的增长而有较大幅度的增长,并几乎与桩顶荷载的增加同步。对于长桩($A_2$),当荷载继续增长,且接近极限荷载时,桩土相对位移较大,当有滑移现象出现时,极限侧摩阻力因弱化效应而降低。

## 8.3 群桩—土—承台模型静载试验

### 8.3.1 引 言

京沪高速铁路线路所经过的大部分地区均为软弱土层,基桩和土体接触面间在复杂荷载作用下存在滑移、黏结等接触形态，通常需要分别确定桩身、土体各自的应力和应变以及接触区域处位移和应力分布的数据，方能全面评价群桩—土体间的相互作用关系，为桥梁群桩基础的工后沉降的控制提供理论依据。由于室内试验可操控性较强，对于影响因素多而且作用机理复杂的研究对象，易于通过调整试验参数和改变试验条件而集中研究其中一种或几种因素，从而揭示工程问题的本质机理。本节在中交集团京沪高速铁路重大科技项目的资助下，通过室内模型试验对桩—土—承台共同作用机理进行深入研究。

本次试验主要对带承台群桩进行多组室内模型试验，通过模型试验获得软土和砂土中桩基在静、动载作用下桩侧摩阻力、桩端阻力、基底压力、孔隙水压力、桩周土体应力应变分布规律，桩土受力机理及共同作用的规律。

### 8.3.2 模型试验相似理论

根据桩土相互作用机理，桩身的应力 $\sigma$ 与桩顶施加的荷载 $P$、桩的入土长度 $L$、桩及桩周土的压缩模量 $E$ 及桩周土容重 $\gamma$ 有关。按弹性力学问题推导模型试验的相似准则及相似比。

$$\sigma = f_1(P, L, A, E, \gamma) \tag{8-19}$$

采用指数法将式(8-19)写成量纲关系式：

$$[\sigma] = [P^a, L^b, A^c, E^d, \gamma^e]$$
$$[FL^{-2}] = [F^a L^b (L^2)^c (FL^{-2})^d (FL^{-3})^e] \tag{8-20}$$

比较上式的指数得：

$$\begin{cases} a+d+e=1 \\ b+2c-2d-3e=-2 \end{cases} \Rightarrow \begin{cases} a=1-d-e \\ b=2d+3e-2c-2 \end{cases} \tag{8-21}$$

将式(8-20)代入式(8-21)得：

$$[\sigma] = [P^{1-d-e}, L^{2d+3e-2c-2}, A^c, E^d, \gamma^e] \tag{8-22}$$

$$\left[\frac{\sigma L^2}{P}\right] = \left[\left(\frac{A}{L^2}\right)^c, \left(\frac{EL^2}{P}\right)^d, \left(\frac{\gamma L^3}{P}\right)^e\right] \tag{8-23}$$

因此，其相似判据方程为：

$$\frac{\sigma L^2}{P} = \varphi_1 \left[\left(\frac{A}{L^2}\right)^c, \left(\frac{EL^2}{P}\right)^d, \left(\frac{\gamma L^3}{P}\right)^e\right] \tag{8-24}$$

得相似判据为：

$$\pi_1 = \frac{\sigma L^2}{P}, \pi_2 = \frac{EL^2}{P} \tag{8-25}$$

根据模型制作能力、设备加载条件及国内外相关超长桩资料，选用几何模型相似常数 $C_L$ 作为第一基本量，弹性模量相似常数 $C_E$ 为第二基本量。

$$\frac{L_m}{L_p} = C_L, \frac{E_m}{E_p} = C_E \tag{8-26}$$

式中，下标 m 代表模型，p 代表原型。

根据相似判据 $\pi_2 = \frac{EL^2}{P}$，外加荷载 $P$ 的模型比为：

$$\frac{E_m L_m^2}{P_m} = \frac{E_p L_p^2}{P_p} \Rightarrow C_P = \frac{P_m}{P_p} = \frac{E_m L_m^2}{E_p L_p^2} = C_E C_L^2 \tag{8-27}$$

根据相似判据 $\pi_1 = \frac{\sigma L^2}{P}$，应力 $\sigma$ 的模型比为：

$$\frac{\sigma_\mathrm{m} L_\mathrm{m}^2}{P_\mathrm{m}} = \frac{\sigma_\mathrm{p} L_\mathrm{p}^2}{P_\mathrm{p}} \Rightarrow C_\sigma = \frac{\sigma_\mathrm{m}}{\sigma_\mathrm{p}} = \frac{P_\mathrm{m}}{P_\mathrm{p}} \frac{L_\mathrm{p}^2}{L_\mathrm{m}^2} = C_E \cdot C_L^2 \cdot C_L^{-2} = C_E \quad (8\text{-}28)$$

位移 $W$ 的模型比为：

$$C_W = \frac{W_\mathrm{m}}{W_\mathrm{p}} = C_L \quad (8\text{-}29)$$

惯性矩 $I$ 的模型比为：

$$C_I = \frac{I_\mathrm{m}}{I_\mathrm{p}} = C_L^4 \quad (8\text{-}30)$$

地基土的力学性能相似，则采用土的黏聚力 $c$ 和内摩擦角 $\varphi$：

$$C_c = \frac{C_\mathrm{m}}{C_\mathrm{p}} = C_\sigma = C_E, \quad C_\varphi = \frac{\varphi_\mathrm{m}}{\varphi_\mathrm{p}} = 1 \quad (8\text{-}31)$$

几何相似性、荷载相似性以及边界条件相似对室内模型试验来说相对容易实现，但材料相似性则很难实现，如对混凝土材料桩，要根据相似性原则，按比例缩小混凝土材料的各组成部分以便能模拟原型混凝土材料是非常困难的。此外，由于模型试验还要考虑模型尺寸效应，在各向异性的混凝土材料中，试样尺寸的变化，将明显改变材料的特性，一般来说，试样尺寸变小，它的强度就会提高。

由于材料相似性条件难以实现，因此，本节进行试验时只考虑了几何尺寸、边界条件和荷载的相似性，没有考虑材料的相似性，所以室内模型试验仅仅是对该类型桩在竖向、水平荷载下的工作机理、受力特性等问题做定性分析，为此后理论研究提供必要的依据和验证。

### 8.3.3 试验方案设计

为了研究软土中群桩—土—承台间相互作用的规律，通过几组模型试验获得软土中群桩在静载下的桩侧摩阻力、桩端阻力、基底压力、桩周土体的应力、应变分布规律，并通过模型试验得到的数据分析，研究桩土随荷载变化的受力机理和共同作用的沉降规律。试验分组情况见表 8-8。

表 8-8 模型试验组类

| 桩号 | 桩周土 | 布桩形式 | 桩长 $l$ (cm) | 桩径 $d$ (cm) | 桩距 $s$ | 水位面 (cm) | 水平荷载 (kN) | 动载幅值 (kN) | 目的 |
|---|---|---|---|---|---|---|---|---|---|
| 01# | 软黏土 | 带台4桩 | 150 | 5 | $4d$ | 地表 | | | 静、动载下群桩基础的承载及沉降研究 |
| 02# | 软黏土 | 带台4桩 | 200 | 5 | $4d$ | 地表 | | | |
| 03# | 软黏土 | 单桩 | 80 | 5 | | 地表 | | | 确定地基系数 |

#### 8.3.3.1 模型箱的设计

根据试验规模及边界效应的影响，将模型箱设计为一长方体，其内净空尺寸为：1 750 mm($L$)×1 650 mm($B$)×2 350 mm($H$)。其中箱底采用厚度为 10 mm 的钢板，箱壁 4 个侧面均采用有机玻璃，在钢化玻璃表面画上间距 10 mm 的坐标网格，便于在试验过程中观测地基土的变化。箱体上、下顶面四周及侧面四个竖向棱角均采用 L30×30 角钢包边，并在沿长度方向的两个侧边分别采用相同型号角钢均匀布置两个竖向加劲肋，其与四个棱角处的角钢一样，均焊接在上下顶面四周由角钢构成的钢箍上，并紧贴于箱体外壁，从而形成钢框架结构，以保证箱体刚度以及有机玻璃板不致产生较大的侧向变形。试验所用的模型箱如图 8-19 所示。

#### 8.3.3.2 模型桩及承台材料的选择

本试验采用的模型桩采用铝合金管,其桩身截面尺寸外径 50.0 mm,壁厚为 6.0 mm。两组模型桩的长度分别为 150 cm 和 200 cm,其长径比分别为 30、40,均大于 12,从几何尺寸上可判断其为长桩。群桩基础承台板为铝合金板,其几何尺寸为 350 mm($L$)×350 mm($B$)×50 mm($H$),单桩试验所用承台板几何尺寸为 150 mm($L$)×150 mm($B$)×50 mm($H$)。

据已有研究成果可知,模型桩表面的粗糙程度对桩极限阻力影响较小,故试验中对桩表面的粗糙度没有进行处理。另外,对于空心钢管,为防止试验过程中土料从钢管底端进入钢管而影响桩周围土的应力状态,试验前用铝帽将其底端堵住,并用金属胶粘牢。模型桩均匀分布在箱中央,桩与桩之间以及桩与箱壁之间距离基本相等,以满足群桩在模型槽中可近似地认为桩位于弹性半空间地基中。图 8-20 为组装好的 4 根铝合金管模型群桩及承台体系。

图 8-19 模型试验箱

图 8-20 模型试验群桩—承台体系

由于加工等原因,模型桩很难达到严格意义上的等截面桩,故试验前用卡尺在桩身范围内量取多个截面后,将其平均结果作为截面实际尺寸。至于桩身抗弯刚度 $EI$,因其对试验结果影响较大,故需要得出该参数,本试验采用简支梁法得出其桩身刚度。

如图 8-21 所示,将模型桩水平放置于两个合金刀口上,形成简支梁结构。然后在梁的中点位置采用砝码进行分级加载,并由对称布置于两个四分点的百分表量测在每级荷载下的挠曲变形,取其均值按下式反算桩身抗弯刚度 $EI$:

$$EI = 0.014\ 321 P_i l^3 / y_i \quad (8-32)$$

式中 $P_i$——第 $i$ 级荷载值(kN);

$l$——两支点间的距离(cm);

$y_i$——第 $i$ 级荷载下四分点处桩的挠度(取两个百分表的均值,cm)。

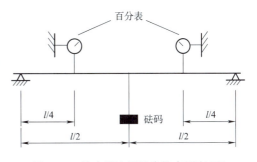

图 8-21 简支梁法测桩身抗弯刚度 $EI$

为了减少读数的相对误差,并使试验中桩身应变值尽可能大,且在整个试验过程中,桩体本身不致发生破坏,因此试验所用模型桩刚度不能太大,强度又不能太低。试验桩铝的弹性模

量为 $E=70$ GPa，根据拟选择的空心铝管的尺寸，计算得其横截面面积为 $A=443.0\times10^{-6}\,\mathrm{m}^2$。根据材料力学公式 $N=EA\varepsilon$，可以计算出竖向作用在桩身上 31 N 的轴力引起 $1\,\mu\varepsilon$ 的应变，能够满足本试验的强度及精度要求。

#### 8.3.3.3 试验仪器及埋设

模型试验中所用的测试仪器为应变片、微型土压力传感器、孔隙水压力计和百分表。其中应变片为浙江黄岩测试仪器厂生产，型号为 BX120-20AA，敏感栅尺寸为 20 mm($L$)×3 mm ($B$)，应变计电阻为 $(120\pm1.2)\,\Omega$，灵敏系数为 2.06～2.12，图 8-22 为贴上应变片的模型桩。微型土压力传感器（图 8-23）和孔隙水压力计（图 8-24）为辽宁丹东市电子仪器厂生产，土压力传感器为 BX-1 型，量程为 0.3 MPa，外形尺寸为 $\phi25$ mm×10 mm；孔隙水压计为 BS-1 型，量程为 0.1 MPa，外形尺寸为 $\phi32$ mm×85 mm。布置于承台顶部测位移的仪器选用百分表，由磁性支座来固定，其量程为 50 mm，测量精度为 0.01 mm。

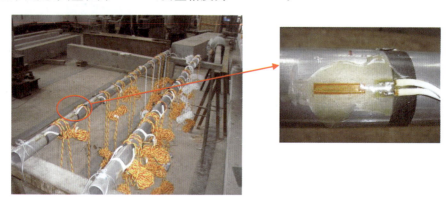

图 8-22 贴上应变片的模型桩

图 8-23 微型土压力传感器

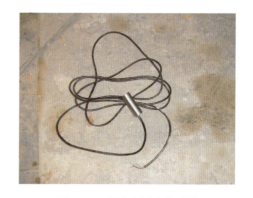

图 8-24 孔隙水压力传感器

在桩身各待测截面对称粘贴两个应变片，在保证试验精度的前提下根据测点宜少不宜多的原则，本试验取 20 cm 的间隔粘贴应变片，沿桩身均匀布置。同时为避免桩顶和桩端应力集中，初始设置 1.5 m 群桩中第一片应变片距桩顶距离为 15 cm，底部应变片距桩端也为 15 cm，2.0 m 群桩中第一片应变片距桩顶距离为 10 cm，底部应变片距桩端也为 10 cm。应变片采用外贴方式，用 502 胶对称粘贴，为了保证应变片不至脱落或损坏，采用防潮蜡进行防潮处理，再外裹胶布作为保护层，然后用 $\phi0.4$ mm 的细导线将应变片引出并连接至 DH3816 应变测试系统。所有应变片均采用半桥单片法连接,且每 10 个应变片共用一个补偿片。试验过程中,待每级荷载稳定后,由 DH3816 应变测试系统量取各测点应变,由此来计算相应截面的应力和轴力。

微型土压力盒与孔隙水压力计在分层填土的同时进行埋设。承台底土压力盒布置在两试桩中央及承台中心,带台单桩则布置在桩侧附近。对于桩侧土压力盒的埋设,自桩顶起 50 cm 内,沿桩身每 25 cm 布置一个,剩下长度每 50 cm 布置一个,另桩底布置一个。为了更好地反映受力过程中土的有效应力变化,在每只土压力盒旁放置一个孔隙水压力计,这样在群桩承台下每层分别布置了 3 个土压力盒和 3 个孔隙水压计。各测试元件布置分别如图 8-25～图 8-27 所示。

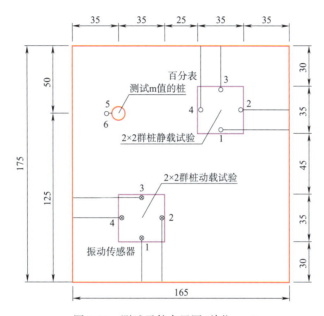

图 8-25　测试元件布置图(单位:cm)

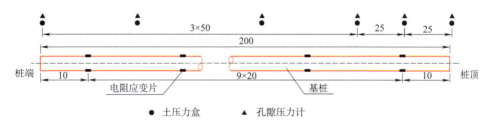

图 8-26　电阻应变片、土压力盒和孔压计布置图(单位:cm)

#### 8.3.3.4　加载装置

目前静载荷试验的加载方式主要有慢速维持荷载法、快速维持荷载法、等贯入速率法和循环加载卸载法等,本次试验采用慢速维持荷载法。对于加载设备的选择,根据估算,本次试验单桩承载力在 11 kN 左右,群桩基础的极限承载力大约在 16 kN 左右,考虑到试验加载要求及操作的方便性,根据试验室现有条件,采用千斤顶反力系统提供静荷载,能满足本试验要求,其反力系统由反力梁和立柱组成。经标定后的千斤顶直接放置在承台板上,依靠反力梁提供

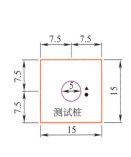
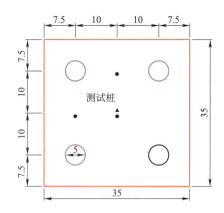

图 8-27　承台底面土压力盒、孔压计布置图(单位:cm)

反力作用于承台顶面,实现加载。对于千斤顶的选择,考虑到试验加载要求及操作的方便性,选用手摇式油压千斤顶,同时考虑极限承载力的大小,千斤顶量程取 5 t(50 kN)。加载装置示意图及现场模型试验加载装置分别如图 8-28 和图 8-29 所示。

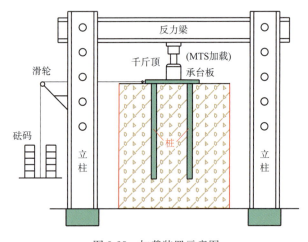

图 8-28　加载装置示意图

图 8-29　加载装置现场示意图

千斤顶加载过程中还在反力梁和千斤顶之间设置了一力传感器,该传感器通过自制的连接件上、下与反力梁和千斤顶连接,且事先应经标定,获得了荷载—应变标定曲线。试验过程中,将其与 DH3816 应变采集仪相连(采用全桥连接),根据采集到的实际应变值查找标定曲线确定千斤顶施加荷载。加载使用的千斤顶及传感器如图 8-30 所示。

#### 8.3.3.5　试验过程

1. 试验前期准备

主要是购置加工试验仪器、制作模型桩、准备试验用黏土以及试验数据记录表格、安排试验场所,安排人力以及测量模型桩截面尺寸、抗弯刚度。

2. 电阻应变片粘贴

(1)选片:在确定采用哪种类型的应变片后,用肉眼或放大镜检查丝栅是否平行,是否有霉点、锈点,用数字式万用表测量各应变片电阻值,选择电阻值差在 ±0.5 Ω 内的应变片供粘贴用。

图 8-30 加载用的千斤顶及传感器

(2)测点表面的清洁处理:为使应变片与模型桩内壁贴得牢,对测点表面要进行清洁处理。首先把测点表面用砂轮、锉刀或砂纸打磨,使测点表面平整并使表面光洁度达▽6。然后用棉花球蘸丙酮擦洗表面的油污,到棉花球不黑为止。然后用划针在测片位置处划出应变片的坐标线。打磨好的表面,如暂时不贴片,可涂以凡士林等防止氧化。此外,在贴片部位,还得先涂一层隔潮层,可采用环氧树脂胶或用铝箔纸,应变片贴于隔潮底层上。

(3)贴片:在测点位置和应变片的底基面上,涂上薄薄一层胶水,一手捏住应变片引出线,把应变片轴线对准坐标线,上面盖一层聚乙烯塑料膜作为隔层,用手指在应变片的长度方向滚压,挤出片下气泡和多余的胶水,直到应变片与被测物紧密黏合为止。手指保持不动约 1 min 后再放开,注意按住时不要使应变片移动,轻轻掀开薄膜检查有无气泡、翘曲、脱胶等现象,否则需重贴。注意黏结剂不要用得过多或过少,过多则胶层太厚影响应变片性能,过少则黏结不牢不能准确传递应变。

(4)干燥处理:应变片粘贴好后应有足够的黏结强度以保证与试件共同变形。此外,应变片和试件间应有一定的绝缘度,以保证应变读数的稳定。为此,在贴好片后就需要进行干燥处理,处理方法可以是自然干燥或人工干燥。如气温在 20℃ 以上,相对湿度在 55% 左右时用 502 胶水粘贴,采用自然干燥即可。人工干燥可用红外线灯或电吹风进行加热干燥,烘烤时应适当控制距离,注意应变片的温度不得超过其允许的最高工作温度,以防应变片底基烘焦损坏。

(5)接线:应变片和应变仪之间用导线连接。需根据环境与试验的要求选用导线。通常静应变测定用双蕊多股平行线。在有强电磁干扰及动应变测量时,需用屏蔽线。焊接导线前,先用万用电表检查导线有无断路,然后在每根导线的两端贴上同样的号码标签,避免测点多时造成差错。在应变片引出线下,贴上胶带纸,以免应变片引出线与被测试件(如被测试件是导电体的话)接触造成短路。然后把导线与应变片引线焊接在一起,焊接时注意防止假焊。焊完后用万用电表在导线另一端检查是否接通。

为防止在导线被拉动时应变片引出线被拉坏,可使用接线端子,接线端子相当于接线柱,使用时先用胶水把它粘在应变片引出线前端,然后把应变片引出线及导线分别焊于接线端子的两端,以保护应变片。

(6)防潮处理:为避免胶层吸收空气中的水分而降低绝缘电阻值,应在应变片接好线并且绝缘电阻达到要求后,立即对应变片进行防潮处理。防潮处理应根据试验的要求和环境采用不同的防潮材料。常用的简易的防潮剂可用 703、704 硅胶。

开始做载荷试验,在施加第一级荷载之前,先检查各个桩身测试元件、运行程序,检测并且平衡测点,确保各个电阻应变片全部被激活,并进行加载前的电阻应变值调零处理。

3. 填土及模型桩埋置

(1)桩周土的制备。对于砂土,在试验前将砂土先通过 2.5 mm 筛子过筛,用来除去较大颗粒及其他杂质,从而模拟均匀土体。

(2)桩周土体装填。模型试验土层的铺制是模型试验的关键环节。黏土的制作填筑过程为:将黏土风干后敲碎,去掉土中夹杂物,分层铺入槽内,每层 20 cm 左右,整平夯实。全部铺设完成后,通过底部注水管道缓慢使其饱和。黏土填入后,在其上部铺一层不透水膜防止水分挥发,不透水膜上堆载使其加速固结,并达到饱和,同时静置 3 d,通过自然固结的方式使其达到均匀、密实的目的。砂土的制作填筑过程为:为避免密实度不均匀对试验结果的影响,在试验制样过程中,按质量均等地分 12 次装入模型槽中,每层厚度 20 cm 左右,且要求地基土的上平面为水平,装入下层地基土之前将顶面刮毛,以防土分层。由于地基土的密实度对介质土的地基比例系数和桩的承载力影响很大,因此必须均匀对称地装土,尽可能使地基土的密度一致。采用 2.5 kg 轻型击实仪分层逐点击实,每组试验中,每层各点击实 5 次,每 3 层砂土装填时,在箱四角预埋钢环刀。

(3)模型桩的埋置方法。本次采用埋置式来模拟现场非挤土桩的施工,且不考虑施工对周围土体产生的影响。将地基土填到预定桩端高度,再将模型桩放入并用木架导向使之保持竖直,继续分层填土到预定桩顶高度,填土过程中用重锤悬挂法监测桩偏斜以及时纠偏。

(4)模型桩的定位。为了保证在埋置模型桩过程中桩的准确定位、桩顶在同一水平面上,及加载时各桩受力均匀,本次试验将模型桩和模型桩上的钢板承台焊接在一起。

(5)模型桩的垂直度控制及桩顶调平。本试验采用重锤悬挂法来保证桩的垂直度。采用在承台板上放光滑的钢珠的办法来检验桩顶的平整度。

模型桩的现场埋设过程如图 8-31 所示。

图 8-31 模型桩的现场埋设过程

4. 微型土压力盒(孔隙压力计)埋置

(1)埋设前的检查。把土压力计置于要测试的同一环境温度中,正确连接电阻应变仪上 A、B、C、D 五点,打开电阻应变仪开关,30 min 后校准应变仪,并把应变仪灵敏系数调到传感器给定的系数,把所要用的传感器对应的连接在分线箱的接点上,调整分线箱的电位器,使每支传感器都显示($0\pm1$)$\mu\varepsilon$,此时的传感器工作面必须朝上,所谓的工作面就是与之直接接触的平面。

(2)埋设前的准备。在基础施工中,一般在基础下先浇筑找平垫层,土压力计应放入垫层下,使土压力计的工作面直接与土接触。埋设前,应把埋设出的地基夯实找平,然后使压力计就位,土压力计工作面周围的土介质要尽量与扰动前的土体密度一致,土压力计周围宜密不宜松。为了消除介质不均匀引起的局部应力差别,要求土压力计工作面的直径大于土介质最大颗粒直径的50倍,这样可以在土压力计底铺设一层经过分选的细砂,以使压力尽量均匀。若做边界土压力测试时,土压力计工作面要与构筑物地面齐平,不要凸出与凹进,凸出了会使测值增大,凹进了会使测值减小。

(3)埋设方法。在即将达到埋设高程时,直接制备仪器基床面。基床表面必须平整、均匀、密实,并符合规定的埋设方向。然后按规定的监测方向,安设土压力计和渗压计,掩埋保护,铺填、压实。仪器周围安全覆盖厚度以内的填土,采用薄层铺料、专门压实的方法,确保仪器安全,并尽量使仪器周围材料的级配、含水量、密度(孔隙比)等同邻近填土接近。

仪器感应膜的保护,以不损伤感应膜并能均匀感应土压力为限,在黏性土中宜先以薄层砂保护,本试验中采用细砂。在运输和移动时应避免较大振击,在移动传感器时要轻拿轻放,特别是工作面不能与任何较硬物相碰,除了DYB-1和DYB-2型之外,其他任何型号土压力计不得在移动中只拿电缆线,应同时拿传感器。另外,电缆线要注意保护,电缆线保护的好坏,会直接影响测量数据成败,因此在传感器信号线引入集中点时,一定要蛇形布置,以免不均匀下沉和变形拉断电缆线,电缆线周围不得有尖锐物。

5. 加载及量测

(1)加载

采用慢速维持荷载法,先预估各分组试验的承载力,按总荷载的1/8进行分级加载,对于1.5 m群桩荷载等级分别为2 kN、4 kN、5 kN、6 kN;对于2.0 m群桩荷载等级分别为2 kN、4 kN、5 kN、5.8 kN、6.2 kN。群桩当沉降$S<0.1$ mm/h时,则认为达到了稳定,便开始加下一级荷载,但每级恒载时间不应少于2 h。

当出现下述情况之一时,可终止加载:

①在某级荷载作用下的沉降量为前一级荷载沉降量的5倍;

②在某级荷载作用下的沉降量为前一级荷载沉降量的2倍,且经1 h沉降尚未达到相对稳定;

③当某级荷载下的沉降与时间 $s$-$\lg t$ 曲线尾部出现明显向下弯曲。

(2)读取数据

试验前记录一次初始读数,加载后前30 min内按5、10、15 min分别测读一次百分表沉降数据,之后每30 min测读一次。对于应变计、土压力盒和孔隙水压计,加载后每30 min测读一次数据。

### 8.3.4 试验结果分析

#### 8.3.4.1 试验数据处理

根据上述试验设计及试验过程可以知道,由于受多种因素的影响,试验结果不可避免地会

出现误差,误差的来源主要有以下方面:

(1)模型制作误差,试桩、承台板的制作存在与设计所要求的几何尺寸和材料性质方面的差异;

(2)土层变化,每次试验填入模型槽中的土的物理力学性能可能因为含水和密实度不同而不同,从而导致试验结果差异;

(3)元件误差,测试元件的安装过程中存在一定的误差;

(4)仪器误差,仪器自身存在的误差、环境干扰等均可导致其产生测试误差;

(5)操作误差,补荷不及时或过压、荷载偏心等导致的误差。

基于以上误差的产生,试验测出的数据应进行相应的处理,剔除不合理及变化无规律的结果,并选取相关数据来计算桩身轴力、桩侧摩阻力、土压力及孔隙水压力,并绘制相应的曲线进行分析。

1. 桩身轴力计算

由材料力学中的应力—应变关系可知,桩身轴力 $Q$ 为:

$$Q = \varepsilon \cdot E \cdot A \tag{8-33}$$

式中 $\varepsilon$——桩身应变;

$E$——桩材料弹性模量(kPa);

$A$——桩身横截面面积($m^2$)。

2. 桩侧摩阻力计算

取任一桩身单元,如图 8-32 所示,根据静力平衡分析,桩侧摩阻力 $q_s$ 可通过下式求得:

$$q_s = \frac{Q_0 - Q_1}{L_0 \times D \times \pi} \tag{8-34}$$

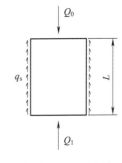

图 8-32 桩身受力单元

式中 $q_s$——桩侧摩阻力平均值(kPa);

$L_0$——桩身单元的长度(m);

$D$——桩的直径(m);

$Q_0$,$Q_1$——桩身受力单元上、下面上的轴力(kN)。

3. 土压力和孔隙水压力计算

土压力和孔隙水压力可根据土压力盒及孔隙水压力计所测得的读数,由下式计算:

$$P = \alpha \cdot \varepsilon \tag{8-35}$$

式中 $P$——土压力或孔隙水压力(kPa);

$\varepsilon$——测得的微应变($\mu\varepsilon$);

$\alpha$——土压力盒或孔隙水压力计标定系数($kPa/\mu\varepsilon$),由厂家说明书给出。

4. 荷载—沉降分析

地表土体沉降值可直接由位于承台顶的百分表来读取。

#### 8.3.4.2 模型试验结果分析

1. 桩身轴力分析

由试验中测得的桩身应变可得到不同深度的群桩在各级荷载作用下桩身轴力的分布,如图 8-33 和图 8-34 所示,可见在同级荷载下,承台—群桩体系桩身轴力的分布是随着深度的增加而逐渐减小的,这主要是由于桩顶受竖向荷载后,桩身受压产生向下的位移,桩侧表面受到土的向上摩阻力,桩侧土体产生剪切变形,并将力传递到桩周土层中去,且可以看出 1.5 m 群桩与 2.0 m 群桩的桩身轴力沿桩身分布趋势是保持一致的。

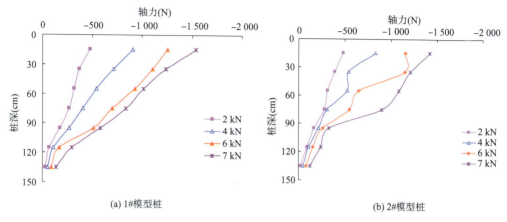

图 8-33　1.5 m 群桩轴力沿桩身分布

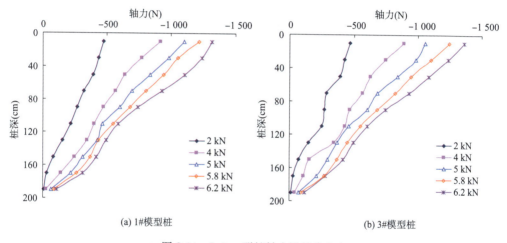

图 8-34　2.0 m 群桩轴力沿桩身分布

此外,从图中还可以看出,在荷载较小的情况下,靠近承台下桩身轴力变化较小,主要原因是该范围内的土体,受承台和桩顶位移协调的影响,土体以压缩变形为主,使承台下土体与桩之间的相对位移减小,特别是在桩顶处,桩土间的相对位移为零,直接影响了该范围内桩侧阻力的发挥,而其下的土体对桩的摩阻力普遍比同等情况下的单桩摩阻力值大。当荷载增大时,承台板承受的荷载增加,承台下约 2 倍承台板宽范围内的土体变形基本结束而以压缩为主,从而增大了其对桩的摩阻力,表现为桩轴力的变化值较大。当荷载增大到超过承台—群桩体系的极限承载力值时,桩土间出现滑移使承台—群桩体系的沉降量进一步增大,由于四根桩限制了桩间土体在受压时的侧向挤出,使桩间土体的应力增大。在外荷载超过承台—群桩体系的极限承载力后,桩身轴力沿深度的增加下降的很快,这是由于桩端刺入时在其侧面引起了土体的侧向挤出,从而使群桩体系失效。

同时,通过对桩身轴力的分析,在各级荷载作用下桩身轴力随深度呈非线性递减,各荷载作用下的桩端轴力接近为零,说明当桩长超过一定数值时,超长群桩桩顶荷载不能传递到桩底,即不管是超长单桩还是超长群桩,都存在一个有效桩长。桩长超过此长度后,增加的桩段对桩承载力的增加并无益处。因此,设计中盲目加大桩长、试图利用增加桩侧摩阻力来提高桩身竖向承载力,减少沉降是不可取的。

2. 桩侧摩阻力分析

桩侧摩阻力可通过两断面处的桩身轴力之差除以该段桩的表面积求得。如图 8-35 和图 8-36 所示分别为 1.5 m 和 2.0 m 群桩在各级荷载作用下桩侧摩阻力的分布情况,通过试验可知桩侧摩阻力随着荷载的逐级增加而增加。图中各桩段桩侧摩阻力分布与实际情况有出入,而反应的侧摩阻力是该段的平均值。

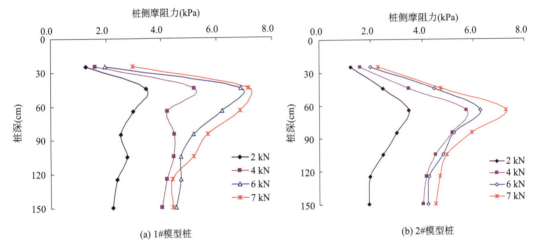

图 8-35　1.5 m 群桩桩侧摩阻力沿桩身分布

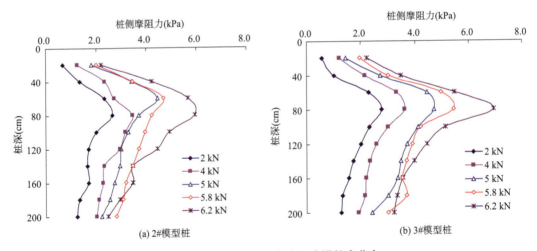

图 8-36　2.0 m 群桩桩侧摩阻力沿桩身分布

由图可见,桩侧摩阻力在桩的上部随外荷载和沉降量的增大而增大,桩侧摩阻力增大到一定程度后,其阻力值稍微有所减小,其后基本保持稳定。

群桩中由于应力叠加的影响,桩侧摩阻力比单桩要小,一般认为群桩中的上部桩侧摩阻力由于受到承台的影响,限制了桩土的相对滑移,使得桩侧摩阻力有所减少,即承台对桩侧摩阻力有"削弱作用",和相应的单桩相比,它的侧阻力值发挥较早。

同时可以看出,随着桩顶荷载增加,荷载从上向下传递,即上部土层的摩阻力先于下部发挥作用,随着荷载增加,下部土层的摩阻力才逐渐发挥出来,其发挥是个异步的过程。在桩顶荷载达到极限荷载时,上部土层的摩阻力已经趋于稳定,而下部土层的摩阻力还远未发挥。这是超长桩受力变形的特性反映。并且在小于极限荷载作用下,随着桩顶荷载增加,各个截面摩阻力值呈不同程度增加。

3. 土中附加应力分析

图 8-37 和图 8-38 分别为在各级荷载作用下 1.5 m 群桩承台下土层中 B 点的附加应力分布和 2.0 m 群桩承台下土层中 A 点的附加应力分布。

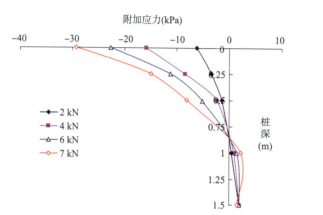

图 8-37  1.5 m 群桩土中 B 点附加应力分布     图 8-38  2.0 m 群桩土中 A 点附加应力分布

桩侧土层中竖向应力是桩在荷载作用下,桩对侧壁土体产生的剪应力向桩侧壁外围土体传递的结果。从趋势上分析,在桩身范围内,附加应力是随着土体的深度增加逐渐衰减的。1.5 m 群桩与 2.0 m 群桩相比较,2.0 m 群桩的土中附加应力较小,说明其荷载更多地由桩来承担,这与其土的密实度有一定关系。从分布形式上看,附加应力分布形式可近似为三角形,随着桩深逐渐变化接近为 0。

考虑土中附加应力与桩顶沉降的关系,如图 8-39 所示,图中附加应力分别取自 1.5 m 群桩中 B 点处和 2.0 m 群桩中 A 点处。从图中可以看出,桩侧土体的竖向应力随着桩顶沉降的增加而相应的增加,在接近极限荷载产生较大沉降时也没有表现出明显的收敛的现象。

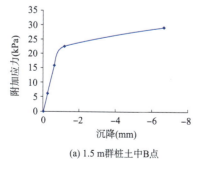
(a) 1.5 m 群桩土中B点

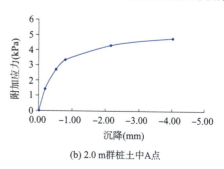
(b) 2.0 m 群桩土中A点

图 8-39  附加应力随沉降的变化关系

#### 4. 土中超静孔隙水压力分析

桩侧土层中超静孔隙水压力是承台在竖向荷载作用下对土体中孔隙水产生的压力,由试验中孔隙水压力计所测的应变和厂家所给的各个仪器标定系数可求得土中某点处的超孔隙水压力值。

图8-40分别为1.5 m和2.0 m群桩在竖向分级荷载作用下承台底桩周土中超静孔隙水压力沿桩身分布示意图,由于孔隙水压力是随着时间逐渐消散的,这也导致了试验结果与数据采集的时间也有很大关系,土中孔隙水压力分布出现一些波动。从图中可以看出,桩周土中孔隙水压力在桩身范围内,其超孔隙水压力在桩侧土上部增大到一定值,随后在桩侧土的中下部便逐渐衰减,这主要是由于上部桩侧土在加载的瞬间产生超静孔隙水压,随着深度的增加超孔隙水压力逐渐消散,因而在桩的中下部超孔隙水压力逐渐减小。此外,还可以看出桩侧土中孔隙水压力随着各级荷载的逐步施加是逐渐增大的,这也与实际情况相符合。然而1.5 m群桩基础中超孔隙水压力要稍大于2.0 m群桩基础所产生的,主要是由于试验时1.5 m群桩体系中各级荷载增量要大于2.0 m群桩体系,瞬时超静孔隙水压力消散的速率受到影响,另外两组试验桩周土的土质情况也存在着一定的差异。

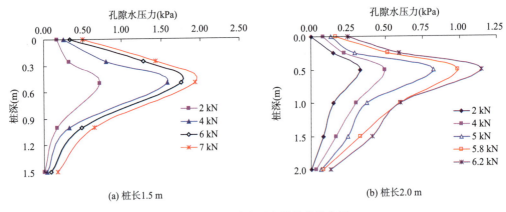

图8-40　超孔隙水压力沿桩身分布图

#### 5. 群桩荷载—沉降关系分析

群桩竖向位移$S$指试验量测的平均值,主要由桩间土压缩变形和桩底平面地基土整体压缩变形两部分组成,本试验沉降数据由承台顶百分表测得。

图8-41~图8-44分别为1.5 m群桩和2.0 m群桩在荷载作用下承台的沉降情况。在加载过程中,当1.5 m群桩所加荷载达到6.0 kN时,其沉降量为前一级荷载下的沉降量的2倍,且经1 h沉降尚未达到相对稳定,由此可判断其达到破坏状态,即1.5 m群桩的极限承载力大致为4.0 kN。当2.0 m群桩所加荷载为6.2 kN时,其沉降量已为前一级荷载下的沉降量的5倍,由此也可判断其达到破坏状态,其极限承载力大致为5.0 kN。在试验过程中,1.5 m群桩与2.0 m群桩的试验因不是同时进行,其在土的密实度、含水量各方面存在差异,导致试验结果有一定的差异性。

由试验得出的$P$-$S$曲线可以得出,在此地质条件下群桩沉降具有以下特点:

(1)从整体上看,群桩的$P$-$S$曲线呈现明显的非线性特性,群桩在极限破坏状态下的$P$-$S$曲线有明显的弯折点,原因在于群桩在本试验条件下已经发生整体剪切破坏。

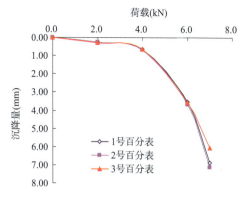

图 8-41　1.5 m 群桩体系荷载—沉降曲线

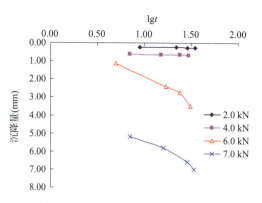

图 8-42　1.5 m 群桩体系 S-lg$t$ 曲线

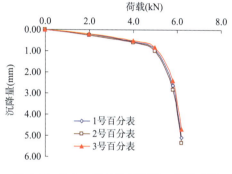

图 8-43　2.0 m 群桩体系荷载—沉降曲线

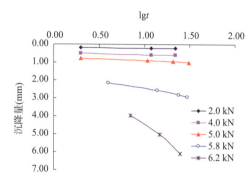

图 8-44　2.0 m 群桩体系 S-lg$t$ 曲线

(2)群桩的 P-S 曲线斜率随荷载等级的增加而增大。在荷载处于工作水平以内时,反映了群桩的荷载传递特性,即小荷载下桩身下部桩侧阻力先行发挥而以贯入沉降为主,与单桩的荷载传递特性有明显的不同。

(3)从两组群桩试验 P-S 曲线来看,在相同地质条件下,群桩基础桩身越长,其承载力相对越大,且由于桩侧摩阻力的充分发挥,其基础沉降量要小。

从图 8-41 和图 8-43 的变化趋势中可以知道,试验中荷载与沉降关系明显呈现非线性特性。根据其工作反映的特征,可将荷载与沉降关系曲线大致分成线性阶段、桩承载屈服阶段和整体破坏阶段。

(1)线性阶段:当外荷载较小时(如 $Q=2.0$ kN),群桩工作均处于线性状态,荷载与沉降曲线几乎呈直线形式,反映了荷载与沉降变形接近线性关系,说明该阶段的土体变形和桩的承载均处于弹性阶段。在此阶段,群桩和承台板共同分担上部荷载,s-lg$t$ 曲线(图 8-42 和图 8-44)接近水平状。

(2)桩承载屈服阶段:当外荷载大于承台—群桩体系的比例界限荷载时,荷载与沉降变形之间不再保持原来的直线关系,此时曲线上的斜率逐渐增大,曲线向下弯曲呈非线性状态,表明它们各自在荷载增量相同情况下,沉降增量越来越大,此阶段内桩侧摩阻力和桩端阻力逐渐发挥至极限值,桩承载状态逐渐达到屈服,承台板底的土体强度也逐渐得到发挥并开始逐渐屈服。但该阶段的 s-lg$t$ 曲线变化仍然比较平坦(如图 8-42 中 4.0 kN 和图 8-44 中 4.0 kN 等),

反映出此加载过程沉降比较稳定。

(3)整体破坏阶段:当外荷载超过承台—群桩体系的极限承载力值时,承台—群桩体系的沉降再难以达到稳定,在 $Q$-$S$ 曲线上也反映出斜率明显增大。承台板周边外围土体中各点的剪应力达到土体的抗剪强度,土体遭到整体剪切破坏,承台—群桩体系的整体沉降急剧增大。此阶段相应的 $s$-$\lg t$ 曲线向下倾斜(如图 8-42 中 6.0 kN、7.0 kN 和图 8-44 中 6.2 kN 时),表明承台—群桩体系的沉降难以达到稳定,群桩体系已经失效。

将以上两组试验参数代入解析公式,由于试验桩采用铝合金管,外表较为光滑,故土的抗剪刚度形系数取小值,计算中 $\lambda$ 按 4 kPa/mm 考虑,基桩弹性模量为 70 GPa,得到的桩长 1.5 m 和 2.0 m 两组试验的荷载—沉降曲线如图 8-45 所示。

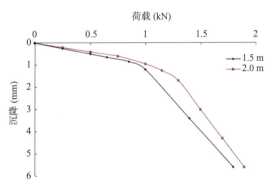

图 8-45 群桩体系荷载—沉降曲线(理论解)

将图 8-45 与图 8-41、图 8-43 进行对比,可以看出除在后期全塑性阶段存在一些差异外,解析解与试验值基本吻合,且在相同沉降的条件下,试验得到的荷载值基本是解析解的 4 倍。造成差异的原因在于本次试验采用的是群桩基础,而解析解针对的是单桩基础,且某些参数无法得到准确值,如土的抗剪刚度系数,只能按经验赋值。但总的说来,解析公式能够较好地反映出基础的荷载—沉降规律,能够指导现场实际情况。

### 8.3.5 小 结

本节通过自行设计的两组带承台群桩基础室内模型试验,获得了软土中桩基在静载作用下桩侧摩阻力、桩端阻力、桩周土体应力应变、基底压力及孔隙水压力的分布规律,桩土受力机理及沉降规律,得到如下结论:

(1)通过对桩身轴力的分析,在各级荷载作用下桩身轴力随深度呈非线性递减,各荷载作用下的桩端轴力接近为零,说明当桩长超过一定数值时,超长群桩桩顶荷载不能传递到桩底,即不管是超长单桩还是超长群桩,都存在一个有效桩长。桩长超过此长度后,增加的桩段对桩承载力的增加并无益处。因此,设计中盲目加大桩长、试图利用增加桩侧摩阻力来提高桩身竖向承载力、减少沉降是不可取的。

(2)桩侧摩阻力随着荷载的逐级增加而增加。群桩中由于应力叠加的影响,桩侧摩阻力比单桩要小。同时,由于承台对其下土体的压缩作用,一定程度上削弱了桩上部侧摩阻力的发挥,使得桩侧摩阻力有所减小,但和相应的单桩相比,它的侧阻值发挥较早。

(3)根据承台板底附加应力的分析,可以看出在桩身范围内,附加应力随深度逐渐衰减,在分布形式上,呈现出近似为三角形分布,且影响深度是有限的,并不随着荷载的增加而发生变化。同时,桩侧土体的竖向应力随着桩顶沉降的增加而相应的增加,在接近极限荷载,沉降较大时也没有表现出明显的收敛现象。

(4)通过对桩周土体孔隙水压力的分析,群桩基础在加载阶段(如现场施工阶段),部分桩周土体中将产生较大的超静孔隙水压力,且随着荷载的增大而增大,在桩顶以下范围达到峰值,该分布规律与数值计算结果较为吻合。同时,超孔压随时间消散的过程较为缓慢,表明群桩基础内土体固结过程是一个非常漫长的过程。

(5)通过分析模型桩基在荷载作用下的沉降变化可知,群桩的荷载与沉降关系呈现出明显的非线性特性,在桩和土体均达到极限承载条件下,承台—桩体系的承载力有一定的提高,但由于土体同时承受桩侧摩阻力和承台底的附加压力,故体系的沉降量增大。并根据其工作反映的特征将 P-S 曲线大致可以划分为线性阶段、屈服阶段和整体破坏阶段三个阶段。

(6)群桩基础达到极限状态后进行卸载,两组群桩基础的回弹位移很小,表明在极限荷载作用下,基础产生了较大的塑性变形,因而群桩基础的沉降应作为桩基础设计控制条件之一。

## 8.4 带台单桩轴向循环荷载模型试验

建设中的京沪高速铁路其桥梁结构占线路总长超过 80%,且大量桥梁位于深厚软土地区,桩基是铁路桥梁广泛使用的一种基础形式,不但要承受线路上部结构的自身荷载及列车荷载,而且还要承受列车重复荷载作用。在普通铁路桥梁基础设计时,将列车荷载静止摆在桥上,不考虑其冲击振动对基础的影响。而对普通铁路和准高速铁路桥梁的调查研究发现,随着列车速度的提高,传递到基础面处的能量增大很快。为保证高速列车运行的长期平顺性,对桥梁桩基础的沉降及承载特性进行研究是必要的,尤其是通车后的沉降,包括列车动力荷载引起的沉降和恒载长期作用下由于土体蠕变或重新固结所引起的沉降。目前,关于轴向循环荷载作用下桩性状的试验研究主要集中在易液化土层中进行,也有桩位于软黏土中的报道,其研究主要集中在探讨竖向循环荷载对桩的动承载力(抗压或抗拔)的影响上。本节通过室内模型试验对直径为 130 mm 的混凝土单桩进行长期轴向循环荷载试验,来模拟和预测列车荷载对桥梁桩基础的重复作用,考虑荷载频率、幅度等因素对基础变形及受力特性的影响,以期为高速铁路桥梁桩基础的设计提供科学依据。

### 8.4.1 试验概况

#### 8.4.1.1 加载装置及测试仪器

(1)加载设备,MTS 液压式伺服加载系统,最大动态加载力:±100 kN,行程±250 mm;
(2)IMC-2210-002 加速度传感器计,量程±2g,频率范围 0~300 Hz;
(3)IMC-DCTH500A 型位移传感器,量程±12.5 mm;
(4)BX-2 型微型土压力传感器,量程 0.3 MPa;
(5)BS-1 型微型孔隙水压力计,量程 0.1 MPa;
(6)数据采集系统,IMC(Integrated Measurement & Control)-C 系列;
(7)后处理软件,FAMOS 6.0。

#### 8.4.1.2 模型桩尺寸及测点布置

模型桩和承台采用 C20 混凝土浇筑,其尺寸分别为:模型桩桩长 172 cm,直径 13 cm;承台尺寸 50 cm×60 cm×15 cm。

模型桩基中分层埋设了土压力传感器和孔隙水压力传感器,沿桩身共布置 6 层,且在桩端分别布置了一个土压力盒和一个孔隙水压计。同时在承台板顶面布置了 2 支加速度传感器和 3 支位移传感器,模型尺寸及测点仪器元件布置如图 8-46～图 8-48 所示。

图 8-46　测试元件及 IMC 数据采集仪

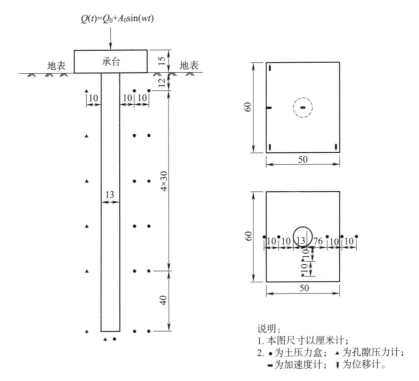

说明:
1. 本图尺寸以厘米计;
2. ● 为土压力盒; ▲ 为孔隙压力计;
   ▬ 为加速度计; ↓ 为位移计。

图 8-47　测试元件布置图

图 8-48　试验概貌及元件布置

#### 8.4.1.3　地基土参数

本次试验用土取自长沙人民路某办公楼工地的基坑,为长沙地区典型的红黏土,其物理力学指标见表 8-9。

表 8-9　地基土物理力学指标

| 土层名称 | 天然重度<br>$\rho$(kN/m) | 含水量<br>$\omega$(%) | 孔隙比<br>$e$ | 液性指数<br>$I_L$ | 压缩模量<br>$E_s$(MPa) | 黏聚力<br>$c$(kPa) | 内摩擦角<br>$\varphi$(°) |
|---|---|---|---|---|---|---|---|
| 红黏土 | 18.6 | 31.5 | 0.778 | 0.52 | 12.6 | 5.1 | 19.2 |

#### 8.4.1.4　试验加载波形及加载方案

竖向容许承载力的预估值为:

$$[P]=\frac{1}{2}U\sum f_i l_i + m_0 A[\sigma] + ab[\sigma]$$

其中,$U=13\pi=40.8$ cm,$A=132.7$ cm$^2$,$f=30$ kPa,$[\sigma]=50$ kPa(假设为硬塑状态),$l=172$ cm,$a=60$ cm,$b=50$ cm,得出$[P]=25.5$ kN。

列车运行产生并传播振动主要原因有以下三个方面:(1)由运行的高速列车产生的强迫周期作用。列车的车轮在线路的特定地点通过时,周期的荷载作用使结构物产生振动。(2)由于各相关因素的不匹配而产生的冲击作用。由钢轨的变形、磨耗引起的轨道不平顺,钢轨接头、轨道垫层、梁缝、梁体变形、支承、路堤和地基的变形,列车重量的变化以及偏载引起的振动。(3)由相关因素激励的振动。由上述因素引起的振动在传播过程中诱发相关振动,振动理论认为这类振动与列车和结构物的固有振动频率有关,波动理论认为与反射、干涉有关。

根据静力加载试验确定的群桩极限承载力,根据普通铁路的设计经验,列车活载和恒载的比例为 0.20~0.40,本试验动载的比例取 0.17、0.4、0.5 进行对比分析。列车荷载下传递到桩顶的动应力波形并非规则的双向对称正弦模式,而是一种单向脉冲应力模式。在以往试验中，原铁道部科学研究院采用单向脉冲荷载、西南交通大学采用正弦波形荷载,为简化计算,本试验将列车对桩基础施加的动应力视为正弦波形,其荷载形式见式(8-36)。循环荷载动载的大小可根据各分组试验中循环荷载比来确定。

$$Q(t)=Q_0+A_0\sin(2\pi ft) \tag{8-36}$$

式中　$Q(t)$——实际加在桩顶的荷载(kN);

　　　$Q_0$——加在桩顶的恒载(kN);

　　　$A_0$——动载的半幅值(kN);

　　　$f$——动载的圆频率(Hz);

　　　$t$——加载时间(s)。

目前高速旅客列车同一转向架上的轴距为 2.5 m 左右,同一车厢的两个转向架之间的距离一般为 10~18 m,相邻两节车厢的转向架间距一般为 4~8 m,在高速行车的情况下,同一转向架上的两轴之间的动载产生重叠,由于动载经梁、支座、墩传递到桩基的衰减,两峰之间的变化不大,可视为一次冲击,单个转向架通过桥梁支墩时,桩基便承受一次单向脉冲应力波。本试验中的激振频率模拟了列车速度的影响。施加在结构物上的激振频率随列车速度的增加而增加,并可近似按 $w=v/L$ 计算,$L$ 为两转向架距离,按京沪高铁 350 km 的设计时速计算时,动载频率在 5~10 Hz 之间。现场试验资料表明桩基所受荷载频率较低,通常不超过 6 Hz。本试验采用 3 Hz、5 Hz、10 Hz 三种频率来模拟不同列车速度(分别对应 189 km/h、315 km/h 和 630 km/h 三种时速,$L$ 取 17.5 m)对单桩的影响,另外,试验还考虑不同静载水平下动力响应的变化规律。

动力循环试验开始前,首先按照慢速维持荷载法逐级对试桩施加静力荷载,荷载分级为 2 kN,按静载稳定标准,待其沉降稳定后,保持静载值不变,再根据表 8-10 按桩顶动荷载大小施加循环动载。对桩身进行测试和分析时,采样按 1/4 周期间隔进行采集,读取桩基沉降、加速度、土压力和孔隙水压力随循环次数的变化规律。各组动载试验结束后,对该单桩基础再进行静载试验,了解其荷载—沉降规律。

本试验分为 8 个工况进行,各工况加载方案见表 8-10。

表 8-10　动力循环试验加载方案

| 桩基形式 | 序　号 | 恒载 | 动载幅值 | 实际荷载范围 | 激振频率 | 循环次数 |
| --- | --- | --- | --- | --- | --- | --- |
| | | kN | kN | kN | Hz | 万次 |
| 单桩 | ① | 12 | 2 | 11~13 | 3 | 10 |
| | ② | 12 | 6 | 9~15 | 3 | 10 |
| | ③ | 12 | 2 | 11~13 | 5 | 10 |
| | ④ | 12 | 6 | 9~15 | 5 | 10 |
| | ⑤ | 12 | 2 | 11~13 | 10 | 10 |
| | ⑥ | 12 | 6 | 9~15 | 10 | 10 |
| | ⑦ | 15 | 2 | 14~16 | 10 | 10 |
| | ⑧ | 15 | 6 | 12~18 | 10 | 10 |

## 8.4.2 试验结果分析

### 8.4.2.1 桩顶累积沉降分析

根据加载方案,试验中首先施加静荷载至工作荷载,然后保持工作荷载不变,施加动载循环 10 万次。图 8-49 给出了动载幅值分别为 2 kN 和 6 kN 时荷载循环作用次数与动位移的关系曲线。

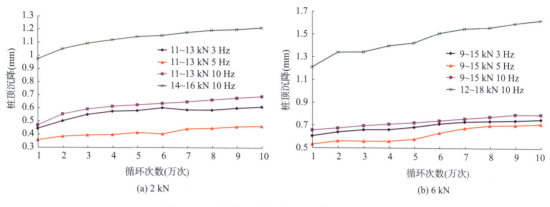

图 8-49 桩顶沉降量随振动次数的变化曲线

由图 8-49 可见,在动荷载作用下,桩顶累积动位移随着振动次数的增加先以较快的速度发展,曲线斜率较大,经过一定的循环次数后,沉降增长明显缓慢,桩土体系基本到达稳定。同时可以看出,在相同静荷载和振动频率的条件下,循环荷载动幅值 $A_0$ 越大,沉降增长也越显著,以 $Q_0 = 15$ kN,$f = 10$ Hz 时的⑦、⑧两组试验为例,动荷载幅值为 2 kN 时的沉降增量约为 0.2 mm,而动荷载幅值为 6 kN 时的沉降增量却接近 0.4 mm。表明当动荷载幅值增大时,将引起较大的土体残余变形和强度损失。图 8-49(a)、(b)中,随着加载频率的增大桩顶累积位移略有增大,但由于试验中总的沉降值较小,其增幅并不显著,荷载频率增加对桩顶累积位移是否产生不利影响还有待今后通过理论或试验进一步研究。

### 8.4.2.2 桩顶动位移幅值和动刚度分析

桩顶动位移幅值 $\rho_c$ 是指荷载某一次循环时轴向动位移的最大值与最小值之差。桩在轴向荷载下的动刚度表示桩—土系统产生单位桩顶位移所需施加的外力,以 $K_c$ 表示,即 $K_c = 2A_0/\rho_c$。

根据试验结果绘制出动载为 9~15 kN,$f = 5$ Hz 的条件下振动次数与桩顶动位移幅值 $\rho_c$ 的关系曲线如图 8-50 所示。由图 8-50 可知在一定的动荷载作用下,桩顶动位移幅值 $\rho_c$ 不随循环次数而改变,基本保持为在 0.02 mm 左右。表明在本荷载条件下,桩体的振动主要表现为弹性振动。由前式计算出本试桩的动刚度 $K_c = 300$ MN/m,故图 8-50 同时表明单桩的动刚度也不随振次

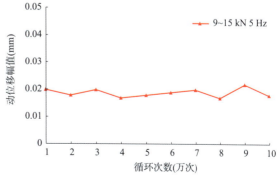

图 8-50 桩顶动位移幅值随振动次数的变化曲线

的增加而改变。

图 8-51 给出了动载为 9~15 kN 时不同激励频率对桩顶动位移的影响曲线以及 10 Hz 时的局部放大图。可知随着荷载激振频率的增大，桩顶动位移幅值随之减小，这就使得桩土体系的动刚度随着频率的增加而有所提高，也就相应地提高了桩的承载力。

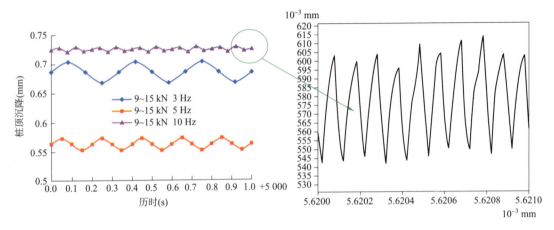

图 8-51 动荷载激振频率对桩顶位移的影响

### 8.4.2.3 桩顶加速度分析

不同荷载振幅及激振频率下桩顶加速度时程曲线如图 8-52 所示。

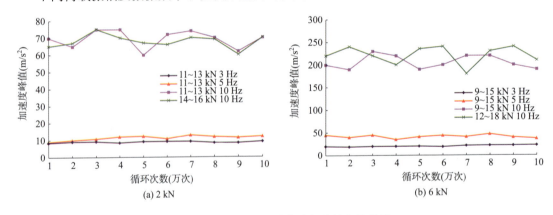

图 8-52 桩顶加速度峰值随振次的变化曲线

从图 8-52 中可以看出，循环动荷载作用 1 万次以后，加速度离散性较小，振动趋于稳定。在不同恒载水平下，对于同一荷载振幅而言，随着加载速度(频率)的增大，加速度值也越大，表明加速度值受加载速度(频率)的影响较大，而恒载对加速度的影响不大。同时，根据⑦，⑧两组试验结果，在恒载为 15 kN，激振频率为 10 Hz 的条件下，当动荷载幅值从 2 kN 增加到 6 kN 时，加速度均值由 70 mm/s 增加到 220 mm/s 左右，说明加速度随着动荷载幅值的增加而同比例增大。

### 8.4.2.4 土压力分析

图 8-53 绘制了桩顶以下 15 cm，距桩侧 10 cm 处土压力随振动次数的变化曲线。

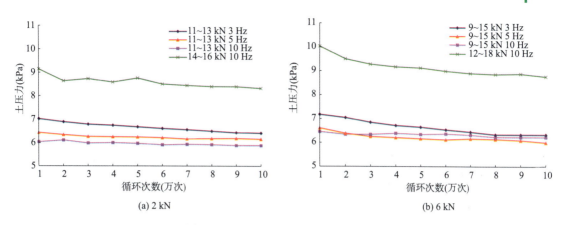

图 8-53 土压力均值随振次的变化曲线

从图 8-53 可以看出,土压力随振次的增加基本保持稳定,略有下降。在外荷载相同的情况下,不同频率对土压力均值影响较小,土压力大小基本相同,图 8-53(a)、(b)中三种频率下土压力略有差别,可能是由于测试元件的读数误差或试验过程受到外界干扰所致。以上结果说明动应力大小在研究的激振频率范围内受加载频率的影响不太显著。另外,从图中可看出,恒载水平对动土压力的影响明显,随着恒载的增大,动土压力值绝对增加,以图 8-53(a)为例,恒载由 11~13 kN 增至 14~16 kN 时,土压力均值由 6.5 kPa 增至 8.5 kPa,这和一般静载试验的规律是一致的。

图 8-54 给出了在激振频率为 10 Hz,恒载为 15 kN 的情况下,不同荷载幅值时土压力幅值的影响。从图中可以看出,当动荷载幅值从 2 kN 增加到 6 kN 时,土压力幅值由 0.3 kPa 增加到 0.9 kPa 左右,说明土压力幅值随着荷载幅度的增加而同比例增大。

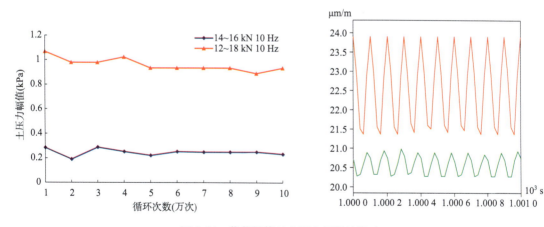

图 8-54 荷载幅值对土压力幅值的影响

图 8-55 给出了振动达到稳定后(10 万次)距桩侧 10 cm 处动土压力值沿深度的衰减曲线。由图可知,动应力响应曲线沿深度变化规律趋于一致,呈现出桩顶和桩端两头大、中间小的变化规律。由于本次试验中承台板底面与土体接触,上述土压力分布实际上是由承台底土反力和桩侧摩阻力共同作用的结果。下部地基土动应力的产生,是由桩的振动引起的,可见由于桩的存在对桩侧土动应力影响很大,加大了动应力在地基土中的传递深度。

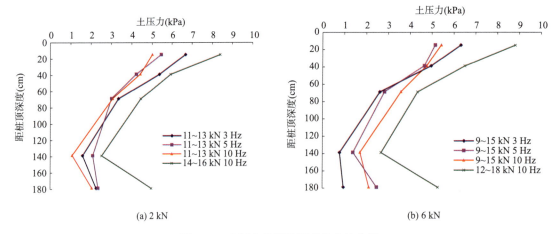

图 8-55 土压力均值随深度的变化曲线

图 8-56 表明随着桩侧距离的增大，土压力逐渐衰减，在 30 cm 处，土压力均减少至 2.5 kPa 左右，由于该处距承台边缘 12 cm，已位于承台外侧，可见单桩在竖向振动下，其横向影响范围不大，同时，由于本次试验的模型箱尺寸较大，单桩位于模型箱中央，故可忽略边界效应所带来的影响。

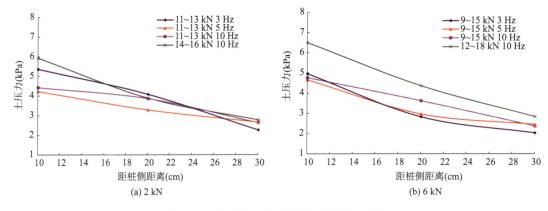

图 8-56 土压力均值随桩侧距离的变化曲线

### 8.4.2.5 孔隙水压力分析

图 8-57 给出了桩顶以下 40 cm 处超孔隙水压随振次的关系曲线。

由图 8-57 可知，在振动初期，不同频率下桩侧土的孔隙水压力均随振次的增长而逐渐上升，但随着振动次数进一步增大，其孔压大小逐渐趋于稳定。从土动力学的角度看，由于土体的振动，孔隙水压力上升和有效应力降低导致土的动力特性发生了变化，使动剪切模量降低，阻尼比

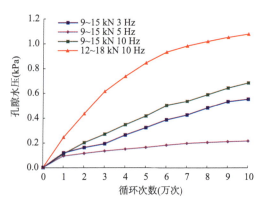

图 8-57 孔隙水压力均值随振次的变化曲线

增大、土体将发生软化或液化等。桩—土体系的动力响应过程也是土体中由于振动产生的超静孔隙水压力产生、扩散、消散的过程。所以在循环荷载作用下地基土振动引起孔隙水压力的变化对桩的竖向承载力有较大的影响。

#### 8.4.2.6 单桩极限承载力分析

本次试验在 8 组循环荷载试验结束后,进行了单桩竖向抗压极限承载力试验,初期荷载分级为 5 kN,加载至 15 kN 之后再采用 3 kN 的荷载分级。加载过程中采用慢速维持荷载法进行,其荷载—沉降曲线如图 8-58 所示。

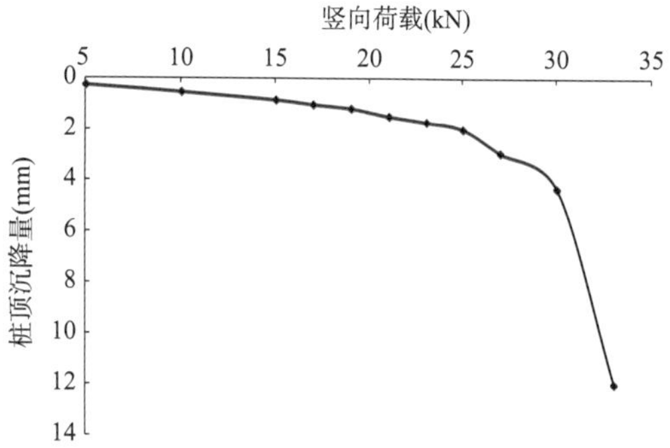

通过对曲线分析,当加载至 25 kN 时,曲线已出现明显下降的趋势,可知该单桩极限承载力约 25 kN,与预估承载力基本相当,对应的沉降量为 2 mm 左右。

### 8.4.3 小 结

图 8-58 桩顶荷载—沉降曲线

本节通过对一带台混凝土单桩进行的一系列室内动力模型试验,分析了循环荷载条件下,不同加载频率、动荷载幅值对带台单桩动力特性的影响规律,得出以下结论:

(1)在静荷载和竖向循环荷载的共同作用下,桩顶动位移幅值、动刚度、加速度和动土应力均不随振次的增加而变化,表明在本荷载条件下,桩体的振动以弹性振动为主。而孔隙水压力则随振次的增加而逐渐上升,但随着振动次数的进一步增大,其大小逐渐趋于稳定。

(2)桩顶沉降随循环荷载施加次数的增加而增加,发展速率呈现出先增加后变小的趋势,后期沉降逐渐趋于稳定。其中因循环荷载而产生的桩顶沉降幅值在量值上很小,故在高速铁路桥梁桩基础工后沉降计算中可以忽略列车动活载所引起的沉降变化。

(3)在相同恒载水平下,动荷载幅值对桩顶累积沉降、加速度、土压力和孔隙水压力有重要影响,动荷载幅值越大,以上各参数的变化幅度也越大。表明当动荷载幅值增大时,将引起较大的土体残余变形和强度损失,从而是导致线路营运条件的恶化。

(4)随列车速度的增加,作用在桩上的激振频率增加,桩的动刚度和桩顶加速相应地得到提高,表明随着列车速度的增大,桩的承载力有所提高。同时试验结果也说明在研究的频率范围内加载频率对土体动应力的影响不太明显,说明列车行驶速度的改变对结构的动应力影响较小。

(5)桩侧土动应力在桩顶处较大,随后由于土体的阻尼和扩散作用,土体动应力随深度增大而逐渐衰减,在桩端附近由于桩的振动,动应力又逐渐增大,各试验中动应力响应曲线沿深度的变化规律趋于一致,桩基的振动加深了地基土的动力影响范围,动应力由桩传递到地基土深处。

(6)由于各组试验均是在同一地基土中进行,在土体固结及重复荷载的不断作用下,土体逐渐密实,土体中的水分也逐渐散失,严格地说,各组试验的赋存状态是不相同的,这使得在参数对比分析中试验结果差异性不够显著,可能使部分结果在定性上会发生偏差,这一点在今后的试验中有待进一步完善和研究。

综合以上试验结果分析,减小列车对结构物的冲击,控制列车动荷载幅值是降低列车动力对下部结构影响、制定减振对策首要考虑的因素，具体可以采取如下一些措施：

(1)车辆作为振动最直接的根源，针对车辆采取措施是最有效的。应研究轻量化车体，减小轴重，减轻簧下质量，改善转向架性能，改良轮对踏面耐磨性能，使用车体固定检测装置等。

(2)轨道直接承受车辆冲击，并将冲击力传递到结构物上，起到承上启下的作用。采用无缝线路长钢轨；增大作为振源对象的轨道各部件振动体的质量或抗弯刚度；同时增加轨道各组成部件之间支承材料的弹性，以期降低轨道支承刚度，如在钢轨下铺设防振橡胶垫；增加钢轨的平顺度，保持轨头表面的平滑，能够有效降低施加于结构物的冲击作用。此次之外，应研究减振型轨道结构，采用能够更好地吸收能量的弹性扣件、轨道弹性垫层。要保持钢轨的高平顺度，还需要先进的检测设备和良好的维护。

(3)为保持桥梁上无砟轨道的高平顺性，除严格控制软弱地基上墩台基础的不均匀沉降，对于上部结构的设计，可适当增加梁高，以提高梁的刚度，减小桥梁徐变上拱造成的影响，在具体施工中，尽可能采用较低的水泥用量和水灰比；在混凝土骨料上，应强调选用弹性模量较高的岩石和适宜的级配；同时在满足技术条件要求的前提下，尽量延长梁体张拉完毕至无砟轨道铺设的时间间隔。

# 9 现场原位试验

## 9.1 软岩中长大直径嵌岩桩复合桩基的原型观测

宜万铁路渡口河特大桥的主跨部分为连续刚构,主跨的 5 号墩是当前同类型铁路桥梁中的国内最高墩,墩身设计为变截面矩形空心柔性墩,对墩顶偏位和墩身稳定性要求严格,所以选择 5 号墩的群桩基础作为原型观测对象。

### 9.1.1 渡口河特大桥全桥设计基本情况

#### 9.1.1.1 路线情况

宜万铁路是国家Ⅰ级铁路,单线预留复线,设计行车速度 160 km/h。宜万线渡口河特大桥位于湖北恩施市屯堡乡罗针田村。主桥全部位于直线上,引桥位于直线或曲线上,线路纵坡 $G=16.8‰$。

#### 9.1.1.2 地质资料

1. 地貌特征

中山区,地形陡峻,宜昌台相对较缓。山体自然坡度 20°~45°,植被发育,多为旱地,广泛种植玉米、豆类等农作物,零星有村舍。该桥横跨渡口河,所跨河宽约 40 m,河水面宽约 20 m,水深约 0.4 m。

2. 地质构造

丘坡表层为 $Q_{el+dl}$ 粉质黏土夹碎石,黄褐色,硬塑~半干硬,层厚约 0.5~1 m;局部丘坡表层覆盖块石土,黄色,松散,稍湿,厚 0~1.2 m;谷地表层为 $Q_{al+pl}$ 卵石土,浅黄色,松散,饱和,厚 0~1.0 m;下伏基岩为 $S_{llr}$ 泥质石英粉砂岩,灰~黄绿色,薄~中厚层状,强~弱风化,风化面呈浅灰色,节理裂隙发育;泥岩,灰~青灰色,强~弱风化,表面呈碎片状。

3. 水文地质条件

地下水不发育,地表河水常年不干,随季节变化明显。地表水对混凝土无侵蚀性。

4. 工程地质条件

(1) 地基基本承载力及土石等级:

$Q_{el+dl}$ 粉质黏土夹碎石,硬塑,$\sigma_0=180$ kPa,Ⅲ;

$Q_{el+dl}$ 碎石土,块石土,松散,稍湿,$\sigma_0=180$ kPa,Ⅲ;

$Q_{al+pl}$ 粉砂,松散,稍湿,$\sigma_0=80$ kPa,Ⅱ;

$Q_{al+pl}$ 卵石土,松散~稍密,饱和,$\sigma_0=150$ kPa,Ⅲ;

$S_{llr}$ 黏土岩,$W_3$,$\sigma_0=300$ kPa,Ⅳ;$W_2$,$\sigma_0=450$ kPa,Ⅳ;

泥质粉细砂岩,$W_3$,$\sigma_0=350$ kPa,Ⅳ;$W_2$,$\sigma_0=600$ kPa,Ⅳ。

(2)本区地震动峰值加速度为 0.05$g$,动反应谱周期为 0.35 s。

(3)万州台侧为高陡岸坡,岸坡稳定角为 53.03°,岸坡稳定。

(4)岩层局部夹有硬质粉细砂岩,软硬不均,施工时应引起注意。

#### 9.1.1.3 水文资料

汇水面积为 117.8 km²,百年设计流量为 1 521.54 m/s,百年设计水位为 772.4 m,百年设计流速为 4.2 m/s。

#### 9.1.1.4 孔跨布置

3-32 m 后张梁+(72+128+72)m 预应力混凝土连续刚构+7-32 m 后张梁+1-24 m 后张梁,中心里程 DK250+051.76,桥全长 634.71 m。

#### 9.1.1.5 墩、台及基础类型

宜昌台采用双线 T 台,万州台采用两个单线挖方台,4、5 号墩(连续刚构主墩)为矩形空心墩,3、6 号墩(连续刚构边墩)为圆端形空心墩,2、7、8、9、10、11 号墩为圆端型空心墩,1、12、13 号墩为圆端形实体墩;13 号墩及桥台采用扩大基础,其余各墩均采用桩基础(图 9-1)。

图 9-1 布置图

### 9.1.2 4 号和 5 号墩与基础的构造

#### 9.1.2.1 设计采用规范

《铁路桥涵设计基本规范》(TB 10002.1—99);

《铁路桥涵钢筋混凝土和预应力混凝土结构设计规范》(TB 10002.3—99);

《铁路工程抗震设计规范》(GBJ 111—87);

《铁路桥涵地基和基础设计规范》(TB 10002.5—99);

《铁路工程水文勘测设计规范》(TB 10017—99);

《铁路桥涵施工规范》(TB 10002.1—99)。

#### 9.1.2.2 主要建筑材料

(1)混凝土

主墩:墩顶 8 m 段采用 C50 混凝土,其余均采用 C30 混凝土。

承台及钻孔桩:采用 C25 混凝土。

混凝土碱含量应符合《混凝土碱含量限值标准》(CECS53)的要求。

(2)普通钢筋

Ⅰ级(Q235)或Ⅱ级(HRB335)钢筋,符合 GB 13013 及 HRB335 标准。

#### 9.1.2.3 墩柱与基础构造

主墩采用矩形截面单柱空心墩。在墩顶处沿桥纵向墩宽 8 m,壁厚 1.2 m;沿桥横向墩宽 7.4 m,壁厚 1.3 m,主墩沿桥纵向墩壁内侧坡度为直坡,外侧坡度 4 号墩为直坡,5 号墩在顶部 90 m 范围内为直坡,90 m 以下为 10∶1;主墩沿桥横向墩壁内侧坡度为 60∶1,外侧坡度 4 号墩为 20∶1,5 号墩在顶部 90 m 范围内为 20∶1,90 m 以下为 5∶1。4 号墩墩高 92 m,5 号墩墩高 128 m。另外,由于 5 号墩处于渡口河河床中,雨季洪水携带的泥沙及块石会对该墩产生撞击和磨耗。因此,在该墩承台顶以上 12.5 m 范围内设有一层 15 cm 厚的防磨钢筋混凝土。

主墩基础为人工挖孔灌注桩基础,行列式布置,承台厚 5 m。4 号墩承台(图 9-2,图 9-3)平面尺寸为 16.7 m(纵向)×23.7 m(横向),采用 12 根直径 2.5 m 的桩,桩中心距纵向 6.25 m,横向 6.5 m;5 号墩承台(图 9-4,图 9-5)平面尺寸为 23.7 m(纵向)×36.7 m(横向),采用 24 根直径 2.5 m 的桩,桩中心距纵、横向均为 6.5 m。

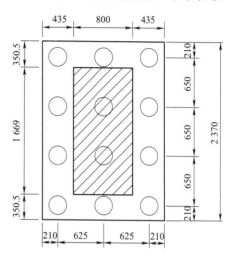

图 9-2　4 号墩群桩基础平面图(单位:cm)

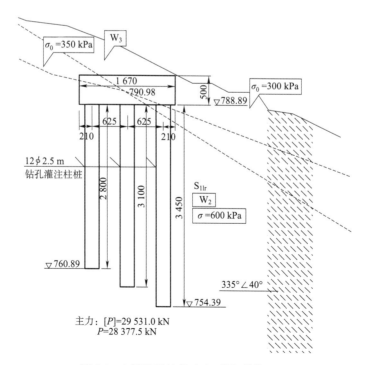

图 9-3　4 号墩群桩基础立面图(单位:cm)

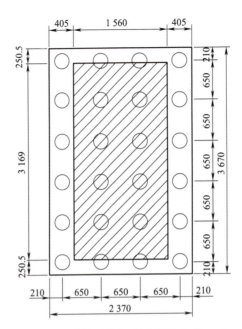

图 9-4　5 号墩群桩基础平面图(单位:cm)

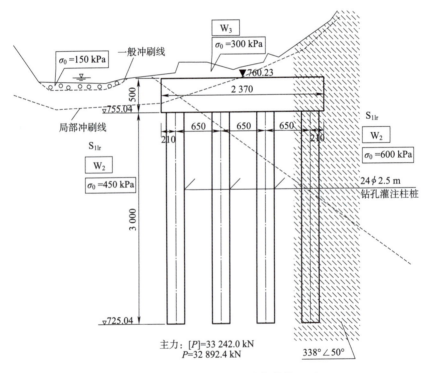

图 9-5　5 号墩群桩基础立面图(单位:cm)

### 9.1.3　原型观测的目的和意义

#### 9.1.3.1　原型观测的目的

宜万铁路东起水电名城宜昌,西止三峡库区的山城明珠重庆万州区,贯穿武陵山区腹地,属于全国铁路主干网"八纵八横"中的一横,其全长 377 km,桥隧总长 288 km,居全国铁路之最;工程地段"集地质病害之大成",是中国目前施工最艰难的铁路;工程总投资 167 亿元,每公里造价约 4 500 万元,是青藏铁路的两倍以上。

渡口河特大桥主桥的 5 号墩高 128 m,是当时同类型桥梁中的国内最高墩,它在结构受力过程中必然受到梁柱非线性和几何非线性等因素的影响。桩基础是高墩的关键部位,其在上部荷载作用下产生的沉降和不均匀沉降都将显著影响上部结构的功能发挥,且桥梁在设计的时候考虑了桩土相互作用对上部结构的影响,所以主桥的群桩基础被选为进行长期观测。

#### 9.1.3.2 原型观测的意义

根据《实用桩基工程手册》,工程实践的各种迹象表明,地质情况(包括地质剖面及土的类别和性能)、桩的类型(包括桩的设置方式与施工方式)、桩身的材料、作用在桩上的荷载(包括荷载水平与性质)等因素的变化与差异,都会对桩基的形状产生影响。为了进一步了解桩基的承载与沉降性状及其影响因素,对桩基进行原型观测无疑是一种重要的途径。同时,由于问题的复杂和涉及的因素较多,一方面必须积累在地质条件和桩型等具有代表性的大量的原型观测资料作为判断规律性的基本依据;另一方面必须结合桩基性状的特性和所探索问题的特殊性,而在桩上和土中埋设必要的测量元件,并通过长期观测获得可靠的第一手资料。这两方面的工作相互补充与验证,并且同时进行必要的室内外土工试验(包括进行必要的非常规实验),才能进一步获得对桩基性状的具体规律性。

#### 9.1.3.3 原型观测研究的概况

目前,国内外关于桩基的原型观测的报告相对较少。史佩栋等(1994)介绍了国外两栋高层建筑下嵌岩桩荷载传递性状的长期实测,结果显示嵌岩桩并非都是端承桩。Zhong et al. (2003)也得到同样的结果。Tang(1995)通过在喀斯特石灰岩中埋设应变计的桩的原型观测分析了钻孔桩的荷载传递机理,量测工作从桩身混凝土浇筑完成开始贯穿整个施工过程,监测过程中观察到由于桩身混凝土的收缩,桩端的早期(≤28 d)承载力逐渐降低,时间对桩侧阻力的影响也被观察到。朱腾明等(1996)通过对某工程桩间土荷载的监测分析揭示了在群桩基础的实际工作状态中桩间土是承担一定份额荷载的。赵树明等(1997)对多根大直径灌注桩的承载力分布和桩身温度场随时间的变化进行了长期监测。陈志坚等(2002)对江阴大桥摩擦失效嵌岩群桩传力机理进行了实测,监测从桩基础及上部结构施工期间至通车运营后两个月,历时共约 3 年,得到很多有用的实测资料,保证了地基基础和边坡的稳定性,监测资料表明:塔墩下的桩基存在超载现象;桩基嵌岩后其承担的荷载很快向桩周岩体中扩散,嵌岩面以下 7 m 处的桩基轴力已衰减了 70%。董平等(2003)通过对南京大学科技大楼楼层施工中大直径人工挖孔嵌岩桩的原型观测认为:大直径人工挖孔嵌岩桩的侧阻力先于桩端阻力发挥,土层侧阻力先于岩层侧阻力发挥;工作状态下,扩大头高度范围内的侧阻力与嵌岩段侧阻力能同样发挥;嵌岩深度越大,嵌岩段侧阻力及其极限值越大,弱质岩石中的嵌岩比不必限于 5 以内。Tatsunori et al.(2004)对 Kanazawa(Japan)的一个临时桥梁的桥台桩基础进行了施工和运营期间的监测,并与预测结果进行比较,实测结果与预测结果匹配较好。

施工因素对桩的承载力影响早已被人认识并逐渐关注,因为现有的理论不能明确区别不同类型桩基(如打入桩与钻孔桩)在承载性状上的差异,也不能合理分析真实地质情况,因而无法解释在实际的桩基工程中出现的承载性状较大变异性,所以施工因素对桩的承载力的影响逐渐受到关注。楼晓明等(1996)通过同一场地埋设了测试元件的 5 根钻孔灌注桩的试桩结果,认为钻头类型、泥浆比重、成孔时间和清孔效果等都会对桩侧阻力、桩端阻力的发挥产生影响,因此对于重要工程的钻孔灌注桩,应先做静载荷试验,确定合理的施工工艺后再进行施工,并加强施工监理工作。何剑(2002)、舒翔等(2003)、王永刚等(2005)和 Nam et al.(2006)也得到了与楼晓明等(1996)类似的结论。Balakrishnan et al.(1999)通过对同一地质类型中几根装有测试元件桩的静载荷试验的仔细分析认为:桩的成桩方式显著影响了桩侧的荷载传递曲线(图 9-6);桩身的变形模量受应力水平的影响显著(图 9-7)。

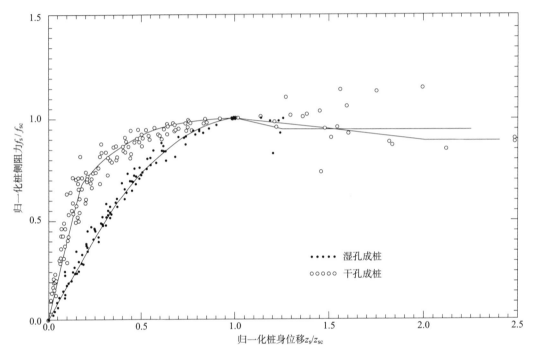

图 9-6　干孔和湿孔中成桩的桩侧传递函数比较

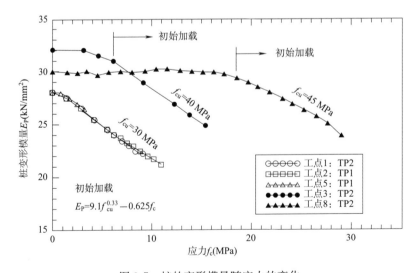

图 9-7　桩的变形模量随应力的变化

刘利民等(2000)总结了孔壁粗糙度对嵌岩桩承载力的影响规律,利用孔壁凹凸度因子来描述孔壁粗糙度并建立起了孔壁粗糙度与桩侧阻力之间的定量关系,并认为岩石强度和节理是影响嵌岩桩粗糙度的主要因素。苏兴钜(2001)采用弹性波测试人工挖孔桩由于爆破引起的孔壁岩土动力特性参数的改变。陈竹昌等(2003)认为高质量的泥浆是嵌岩灌注桩的技术关键,桩岩界面粗糙度和成孔时间是影响侧阻力的重要因素,对不同岩石强度应采取相应的施工方法。Chang et al. (2004)通过分析钻孔桩的剪切和旁压试验结果,认为桩周土因钻孔引起的水平向应力改变和因浇筑混凝土引起的湿度的迁移显著影响钻孔桩的承载性状。张忠苗等(2006)通过对现场取样的桩侧泥皮土与桩间土的室内物理力学参数的对比,认为泥皮土的性质比桩间土差,降低了侧阻力,注入水泥浆能有效改善泥皮性状。为进一步证实前面的试验结果,张忠苗等(2006)又进行了离心试验,取得了满意的结果。

综上所述,无论是嵌岩桩、灌注桩或其他类型的桩,桩基的承载性状与施工现场的某些因素(孔壁粗糙度,施工方式和加载方式等)有显著的相关性,且其相关联的机理还不清楚,所以对桩基进行原型观测是很有必要的。本章监测的工点地基全为黏土岩,且灌注桩的桩身全部嵌入软质岩石($\sigma_0 = 300 \sim 600$ kPa)中。在这种情况下桩的荷载传递机理以及地基基础与上部结构共同作用的机理还不明确,所以需要进行现场的实测资料以对工程实践提供参考资料。

### 9.1.4 原型观测的方案

#### 9.1.4.1 观测设备

监测项目全部采用钢弦式数码应变计(图 9-8),其中有部分传感器可同时监测应变和温度,其主要技术参数如下:

量程:±1 500 $\mu\varepsilon$;

灵敏度:1 $\mu\varepsilon$(0.1 Hz);

测量标距:157 mm;

使用温度范围:$-10\ ℃ \sim +70\ ℃$;

温度测量范围:$-20\ ℃ \sim +110\ ℃$;

温度测量:灵敏度 0.5 ℃,精度 ±1 ℃。

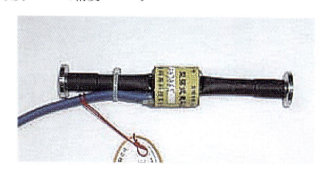

图 9-8 钢弦式数码应变计

应变与频率的计算公式为:

$$S = K \times f \tag{9-1}$$

式中 $S$——应变值($\mu\varepsilon$);

$K$——系数($K=0.002\ 346\ \mu\varepsilon/\text{Hz}$);

$f$——振弦频率(Hz)。

公式(9-1)中的 $K$ 值为传感器公司提供的标定值,每个传感器的 $K$ 值大致相同。

应变计的温度修正公式为:

$$S' = S - (T - T_0)(F - F_0) \tag{9-2}$$

式中 $S'$——修正后的应变($\mu\varepsilon$);

$T$——测量温度(℃);

$T_0$——基准温度(℃);

$F$——混凝土温度线性膨胀系数($\mu\varepsilon/℃$);

$F_0$——传感器的温度线性膨胀系数($F_0=12.2\ \mu\varepsilon/℃$)。

#### 9.1.4.2 变形计的埋设方案

5 号墩监测方案的测点平面布置如图 9-9 所示,图示群桩基础的宜昌侧靠河床,万州侧紧靠山崖底部(图 9-5),其中 8 号、15 号和 19 号桩的桩顶沿桩周圆弧的四等分点处各布置 1 个应变计,圆截面中心布置 1 个应变计,共 5 个应变计;1 号、4 号、6 号、9 号、16 号、21 号和 24 号桩只在桩顶中心各布置一个应变计;另外在 7 号和 13 号桩、10 号和 16 号桩和 21 号和 22 号桩的中间地基中各布置 1 个应变计。

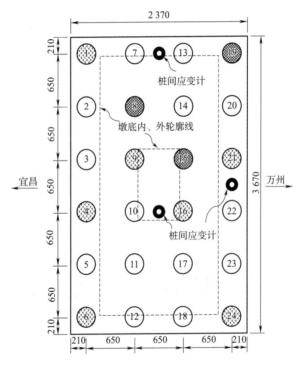

图 9-9 5 号墩原型观测方案的平面布置图(单位:cm)

5 号墩监测方案的测点立面布置如图 9-10 所示。4-12 号桩的平面位置与 5-24 号桩类似(图 9-2,图 9-9)。因为 4-12 号桩长 34.5 m,5-8 号、5-18 号、5-19 号桩都长 32 m,所以前者选取 15 个监测截面,测点截面间距从桩顶往下取 2.5 m 直至桩底,每个截面在桩周圆周的四等分点上布置应变计;后者选取 14 个监测截面,其他布置方案与前者相同。

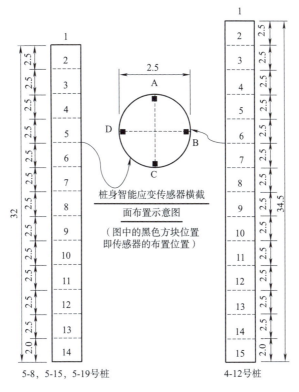

图 9-10  5 号墩原型观测方案的立面布置图(单位:m)

各桩顶中心处的应变计是在把桩头凿平到设计标高之后,在桩顶钻孔埋设的[图 9-11(a)]。由于承台底的地基与承台接触面处全部是粗平后的碎石,且很多碎石最短边长度大于 40 mm,所以应变计在被埋设之前先浇入强度为 M2.5 的长方形(7.07 cm×7.07 cm×23 cm)砂浆试块[图 9-11(b)],养护 7 d 后将试块竖向埋设于承台底的碎石中。8 号、15 号和 19 号桩桩顶四周的应变计是在桩身混凝土浇筑前就绑扎在钢筋上了。

(a)

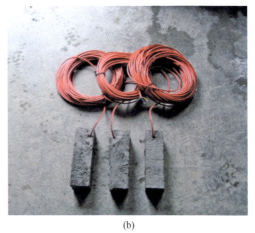
(b)

图 9-11  桩间和桩顶应变计的埋设图

桩身的传感器埋设前先将应变计和数据线在地面上按不同深度排列绑扎成线束,应变计绑扎在线束上,然后将线束下到钢筋笼中的指定位置并沿钢筋绑扎牢固,如图 9-12 所示。

图 9-12 桩身应变计的埋设图

应变计安装时要将应变计平行结构轴力方向安装;采用细匝丝将应变计捆绑在结构钢筋上,细匝丝捆绑位置应在应变计受力柄内侧 5 mm 处;5 号墩桩身的测试导线先沿结构钢筋引出,然后和桩顶及桩间土的应变计导线汇集成束,从施工干扰较小的 5-19 号桩边引出并汇集到观测箱(图 9-13),4 号墩的导线从桩身引出后直接汇集到承台外安全位置;应变计与测试导线应避开混凝土导振力方向,以免导振时应变计方向改变或将测试导线损坏;登记好每个测试点安装的应变计编号,并保存好记录资料。

图 9-13 测试导线引出布置图

#### 9.1.4.3 原型观测的内容

原型观测的内容大致可以分为桩身荷载传递性状的观测和群桩基础受力性状的观测,其中,前者又分为加载(承台及上部结构荷载)前和加载后。

桩身加载前残余应力的观测从浇筑完桩身混凝土开始,至浇筑承台混凝土前结束,主要观测桩身由于混凝土的温度变化及干缩等因素引起的混凝土应变。监测频率大致是前密后疏,新浇筑桩身或上部结构混凝土之后的几天是每天一次,以后变为 2～3 d 一次,具体随施工的实际工序有所调整。4-12号桩的观测时间约为148 d(2005年4月7日～2005年9月4日)，5-8号桩的观测时间约为132 d(2005年5月2日～2005年9月24日)，5-15号桩的观测时间约为112 d(2005年5月24日～2005年9月27日)，5-19号桩的观测时间约为108 d(2005年5月31日～2005年9月29日)。

桩身加载后荷载传递性状的观测和群桩基础受力性状的观测时间从浇筑承台开始，直到浇筑墩身上部的0号块时结束，4、5号墩的监测时间分别是489 d(2005年9月4日～2007年1月20日)和469 d(2005年9月29日～2007年1月20日)。监测过程中有部分应变计失效，但由于桩身监测截面的间距较密，所示最终分析结果还是能够较准确的反应桩身荷载传递特征。

### 9.1.5 竖向荷载下群桩基础受力性状的监测结果和分析

#### 9.1.5.1 竖向荷载下群桩基础受力性状监测过程简介

(1)施工进度

该监测对象为5号墩的群桩基础，监测时间从浇筑承台开始，直到浇筑墩身上部的0号块时结束，总计469 d，其施工进度如图9-14所示。在这期间，1号、9号桩桩顶的应变计在第77天失效。

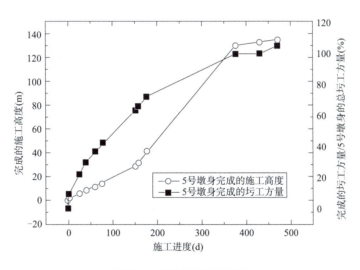

图9-14 5号墩的施工进度

需要说明的是，5 m承台的浇筑是分两次完成的，浇筑厚度依次为2 m和3 m。浇筑第一层承台过程中混凝土泌水严重，浇筑顺序是从19号和1号桩侧向6号和24号桩侧浇筑。

(2)成桩质量与桩顶接触情况

通过桩基超声波检测发现4号、16号和23号桩有质量问题，处理方法是对这三根桩进行钻芯取样检测，结果证明23号桩存在严重断桩，所以23号桩被挖掉重新浇筑。再由于其他桩的浇筑过程中多次出现堵管，桩孔被水浸泡，使得各个桩的承载性状出现差异。

桩顶钢筋做成倒圆台形，伸入承台中约1.2 m；桩顶混凝土在浇筑承台前凿平并冲洗干净；桩顶有约30 cm伸入承台中。

(3)数据采集过程

在墩身浇筑到 10 m 高前,数据采集频率为每 3 m 一次,也就是以每次浇筑墩身高度为准,由于墩身越往上每次浇筑剩下的圬工量减少,以后的监测频率逐渐增大。

桩顶中心和桩间的应变计的读数受到以下因素的影响:(1)承台浇筑时产生的水化热使桩顶各桩间应变计的温度升高;(2)承台混凝土收缩使得桩顶应变计受拉;(3)桩周的应力集中和桩顶所受荷载状况造成桩顶中心和四周的应变计读数差异;(4)各桩顶的凿平状况不一致影响桩顶受力;(5)承台浇筑后在各边产生裂缝降低承台刚度,并影响了桩顶内力分配;(6)由于承台的纵向一侧靠近山体,而另一侧靠近小河,由于河水侵蚀使得近河地基弹模下降,另外承台靠山体侧上部填满了约 3 m 厚的石渣,使得承台承受不均匀荷载,上述两个原因都会使各桩顶应力不对称。

由于桩顶中心和桩间的应变计都是浇筑在砂浆中的,所以对桩间应变计在利用应变换算应力时取砂浆的弹性模量,其值约为 3 GPa;对桩顶应变计利用应变换算压应力时,考虑到其压应变与桩顶的总体压应变是一致的,所以采用桩顶混凝土的弹性模量,其值为 33 GPa,而换算拉应变时与桩间应变计一样采用砂浆的弹性模量。实测中由于桩顶砂浆抗拉强度很低,且与周围混凝土是黏结在一起的,所以裹住应变计的砂浆与周围桩基混凝土在受拉时并非变形协调。当砂浆受拉开裂且裂缝正好位于应变计中间时,应变将显著增大,若裂缝位于应变计顶,则应变将显著减小。

### 9.1.5.2 群桩基础受力分布随墩身重量的变化

图 9-15 是群桩基础受力分布随墩身重量的变化情况,由于 8 号、15 号和 19 号桩桩顶桩周应力的平均值与桩顶中心的应力相差较大,所以分开比较,另外,图 9-15 中的"平均值"是将上部荷载平均分配到各桩的值。通过对图 9-15 的分析我们可以得到:

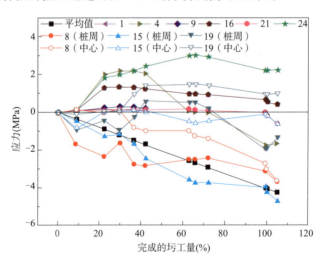

图 9-15 群桩基础受力分布随墩身重量的变化

(1)桩顶的内力并非随重量增大而线性增长,而是一个动态分配的过程,例如在完成约 30%圬工量时,除了 24 号桩,其他桩的测点数值曲线都有一个显著的拐点。在完成约 67%圬工量时,所有测点的数值曲线也都有一个拐点。由此可见经过拐点后大部分桩承受荷载的变化趋势都发生了变化。各桩桩顶应力的相对大小也是变化的,例如8号桩桩周平均应力在完成约50%坞工量之前一直大于15号桩,之后小于15号桩。需要指出的是,桩身受拉压的情况也会变化,例如19号桩的桩顶先受压后受拉最后受压。

(2)若只比较桩顶中心应力,各桩应力随空间的分配变化不大,但也不是对称分布。显然承台中间桩(8号和15号桩)大于边桩(4号和21号桩)和角桩(1号、19号和24号桩);边桩是先受拉后受压(图9-16);角桩是一直受拉且逐渐趋向受压(图9-17),所以桩顶全部受压是总的趋势。16号桩是个例外,可能是桩顶砂浆在一开始就出现裂缝所致。若只比较桩周应力平均值,19号桩所受应力也是一直小于8号和15号桩(图9-18)。总的来说,承台中心部分桩的应力值大于角桩。

(3)单桩桩顶的四周平均压应力一般大于中心应力(图9-18),如8号、15号和19号桩,这与桩顶四周应力集中和桩顶、承台新老混凝土的接触情况和桩顶所受荷载状况等因素有关。

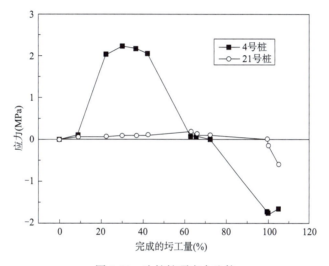

图 9-16　边桩桩顶应力比较

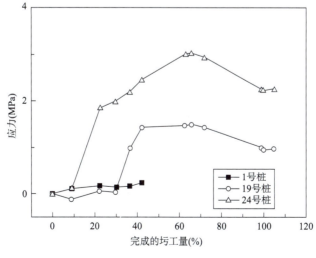

图 9-17　角桩桩顶应力比较

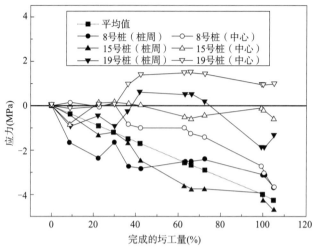

图 9-18　8 号、15 号和 19 号桩顶中心和四周应力比较

（4）桩间地基各测点开始也是承受很小的拉应力（图 9-19），直到完成 99% 的墩身圬工量时才承受相对很小的压应力，且承受应力值彼此差距不大。至于早期承受拉应力可能是由于裹在应变计外砂浆的热膨胀系数小于应变计，约束了应变计降温收缩而产生的，而此时桩间应变计上部没有与承台完全接触。

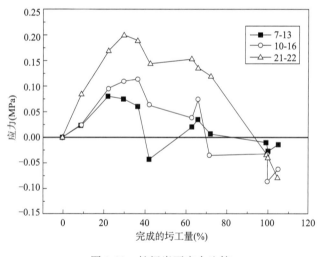

图 9-19　桩间岩石应力比较

### 9.1.5.3　群桩基础受力分布随墩身高度的变化

随着墩身高度的增大和混凝土强度的提高，承台抵抗承台底反力引起的弯矩的能力也逐渐增强。图 9-20 是群桩基础受力分布随墩身高度（含承台高度）的变化曲线，各桩的应力随高度变化曲线与图 9-15 类似，且当上部结构的施工高度达到 10 m 和 30 m 左右时，曲线有明显改变，这个时刻也与图 9-15 中完成约 30%（约 60 天）和 67%（约 160 天）圬工量时曲线的拐点分别一致。上部结构达到约 30 m 以后，各桩顶应力的改变趋于平缓，也就是说此时承台的抗弯刚度基本稳定。

由图 9-20 可见，当上部结构高度达到约 130 m 后，承台底又将开始新一轮的荷载重分布，除4号、9号和24号桩,其他被测桩和桩间地基都明显趋向于受压,因为此时上部荷载导致桩顶的压缩量增加使得承台与其底下的地基充分接触而受压。

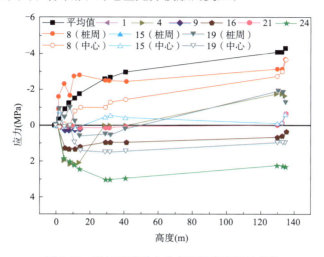

图 9-20　群桩基础受力分布随墩身高度的变化

## 9.1.6　竖向荷载下大直径嵌岩桩荷载传递性状监测结果与分析

### 9.1.6.1　监测结果

该监测时间从浇筑承台开始,直到浇筑墩身上部的0号块时结束,4号、5号墩的监测时间分别是489 d和469 d。4号、5号墩基桩极限承载力标准值分别是28.377 MN、32.892 MN。监测过程中有部分应变计失效,但由于桩身监测截面的间距较密,所示最终分析结果还是能够较准确地反映桩身荷载传递特征。

被监测桩由于各自位置、成孔情况和具体地质状况等因素的不同,造成其荷载传递形状迥异,随后将利用图9-21～图9-28对其荷载传递性状随墩身高度、或上部结构圬工重量(以百分比表示)、或施工进度的变化情况逐一分析。计算桩身轴力时通过将钢筋横截面面积等效成混凝土面积的方法考虑了桩身纵向钢筋分担的荷载。

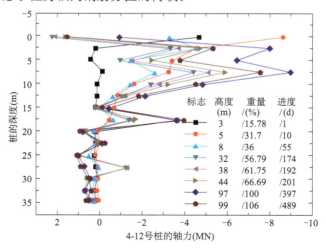

图 9-21　工作荷载下4-12号桩桩身轴力分布

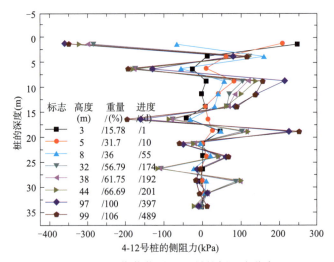

图 9-22 工作荷载下 4-12 号桩侧阻力分布

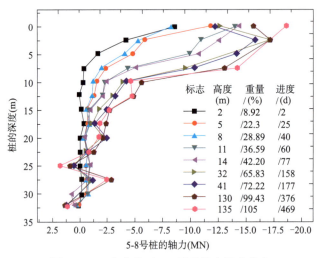

图 9-23 工作荷载下 5-8 号桩桩身轴力分布

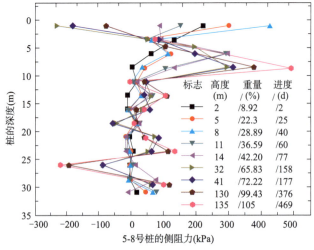

图 9-24 工作荷载下 5-8 号桩侧阻力分布

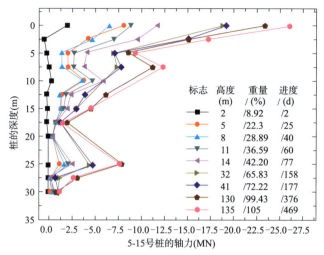

图 9-25 工作荷载下 5-15 号桩桩身轴力分布

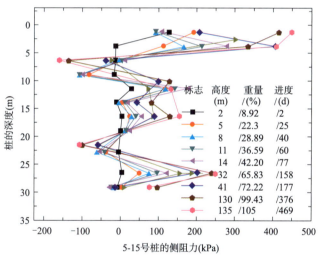

图 9-26 工作荷载下 5-15 号桩侧阻力分布

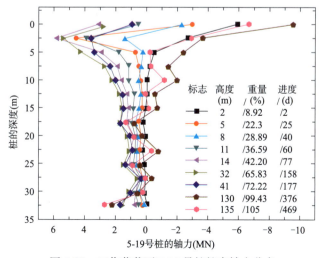

图 9-27 工作荷载下 5-19 号桩桩身轴力分布

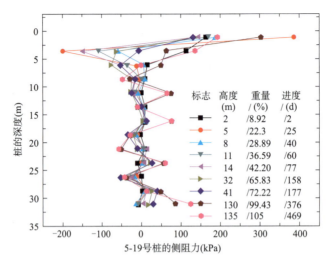

图 9-28 工作荷载下 5-19 号桩侧阻力分布

#### 9.1.6.2 监测结果分析

(1)4-12 号桩监测结果分析

4-12 号桩是 4 号墩的角桩,也是被监测桩中最长的桩。图 9-21 显示其桩顶的轴力数值由于应变计太靠近承台且桩顶和承台接触不好而出现应力集中,所以显得波动较大,这与同样是角桩的 5-19 号桩的情况相同(图 9-27)。

如果不考虑桩顶的监测结果,4-12 号桩轴力在上部结构刚度不大时(此时上部结构仅高 5 m 左右,且龄期小于 28 d)的分布是上大下小,且距桩顶 15 m 以下的轴力很小。这说明此时桩基是靠摩擦力承受上部荷载。

当上部结构的高度从 5 m 增加到 97 m 时,桩身距桩顶 15 m 以上的轴力逐渐向下传递并增大,但最大轴力并不在桩的上部,而是稳定在距桩顶 7.5 m 的位置,这说明桩身上部有负摩阻力存在(图 9-22)。一般来说,桩身产生负摩阻力是由于桩侧岩土的沉降超过同样位置桩自身的沉降,在此处产生负摩阻力的原因可能是:①桩周岩石由于长期暴露和反复浸水而严重风化,再加上挖孔时采用炸药爆破使桩周岩石更加松动,使得岩体结构破坏且强度降低而容易下陷;②桩身的弹性压缩使得承台与岩石逐渐完全接触,承台底的岩体受力沉降。5-8 号桩也有负摩阻力的情况(图 9-23),但没有 4-12 号桩显著。这是因为 4-12 号桩采用的封孔方式是干封,导致成孔后桩身水平向收缩较大而使桩侧约束减弱,而其他桩采用水封,桩身混凝土与桩侧岩体黏结情况较好。

但当上部结构的高度达到 99 m 时,桩身轴力相对以前下降了,可见群桩桩顶的轴力还在调整。

总的来说,4-12 号桩在监测阶段的端阻力还没有发挥出来,完全是用侧阻力承受桩顶荷载。

(2)5-8 号桩和 5-15 号桩的监测结果分析

5-8 号桩和 5-15 号桩都处于承台内部,其中 5-15 号桩更靠近群桩的几何中心。如图 9-23～图 9-26 所示,这两根桩在工作荷载下的受力形状有以下共同点:①轴力分布基本是沿桩顶向下单调递减,除了 5-8 号桩在上部结构高度在 32 m 到 130 m 之间时桩顶出现负摩阻力,最大轴力基本是在桩顶；②随上部结构高度增加，桩身轴力逐渐向下传递并增大；③上部结构高度在5～8 m之间和32～41 m之间时，群桩的桩顶轴力有过调整。

值得注意的是，5-8号桩和5-15号桩的桩身轴力分别在22.5 m和17.5 m处减小至零，但分别在27.5 m和25 m深度处又出现压力，即侧阻力出现多个峰值甚至有负峰值；4-12号也有类似现象，只是侧阻力的主峰非常明显。产生这种现象的具体原因将在后面综合论述。

(3) 5-19号桩监测结果分析

5-19号桩也是角桩，与4-12号桩不同的是它上部结构高度在5～41 m左右时整个桩身都受拉应力(图9-27)，这种情况比较少见。陈竹昌(1999)计算过均匀布桩时不同荷载分布形式下承台刚度对桩顶反力的影响。计算结果显示当承台刚度不大且承受荷载均匀时，不同桩顶的反力相差不大；当承台承受集中荷载时，边桩的桩顶反力小于中心桩的反力，角桩的桩顶反力最小。如按上述理论推导，当承台刚度很小且集中荷载很大时，角桩有可能出现拉应力，但是实际的承台刚度很大且荷载分布基本均匀，所以这种基桩出现受拉状况的原因需要进一步分析。

当上部结构的高度大于130 m后，像承台刚浇筑完成时一样，5-19号桩的桩顶又开始承受压力。如图9-28所示，一旦桩顶开始承受压力，其侧阻力分布曲线也开始出现多个峰值，但其最大侧阻力还是分布在距桩顶较近部分。

## 9.2 深厚软土地区桩基础沉降现场试验

### 9.2.1 工程概况

京沪高速铁路全线贯穿北京、天津、上海三大直辖市和河北、山东、安徽、江苏四省，试验选择京沪高速铁路 TJ-6 标段线路蕰藻浜特大桥黄渡桥段(DK1290+141.875～DK1290+207.375)和苏州高架站桥段(DK1226+142.635～DK1228+244.980)作为试验路段。该标段线路主要通过长江三角洲平原区，局部通过剥蚀低山丘陵区。三角洲平原区，地势平坦宽阔，河渠纵横，水塘密布，地面高程2～6 m，由西向东微倾。长江三角洲平原区，均为第四系地层覆盖，系江河、湖泊、海相沉积形成，为黏土、粉质黏土夹粉细砂层，该地区由于常年超采地下水形成区域地面沉降现象，形成沉降漏斗区。

本标段线下大量采用钢筋混凝土钻孔灌注桩，对于本标段内的深厚软土地层，桩基设计基本上为摩擦型群桩，桩长往往达到60～70 m甚至达到100 m以上，而且普遍具有直径大、桩长长、桩数多、桩距小、规模大等特点，所以其群桩效应问题较为突出。桥涵基础沉降产生的主要原因就在于其下部桩基础的沉降变形，根据现场实际情况，选取上海蕰藻浜特大桥黄渡桥段和苏州高架站桥段进行现场试验。

(1) 蕰藻浜特大桥黄渡桥段(DK1290+141.875～DK1290+207.375)

该区段所选试验工点为 116 m 跨度的系杆拱桥群桩基础，由地质勘测资料可知，在桩长范围内，分布着可液化粉土层以及淤泥质粉质黏土，地基承载能力差，且拱结构的应力分布对支座和基础变形相当敏感，要求基础提供足够的水平抗力以及变形要求，以保持线路的平顺性。其中试验桩地段(105号、106号墩)的工程地质情况如图9-29所示，根据现场工程实际进度情况，105号墩选取 9号、12号桩，106号墩选取 1号、2号、7号、8号桩进行试验。

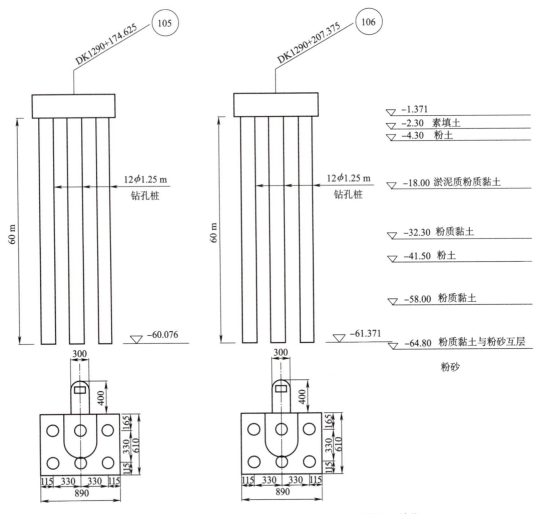

图 9-29 蕴藻浜特大桥黄渡桥段试验桩地段工程地质简图(单位:cm)

其具体工程地质条件为:

(1)-1 素填土:灰、灰黄色,很湿~饱和,松散,含植物根茎及少许碎砖块等。

(2)-3 粉土:灰色,饱和,松散~稍密,含云母,夹薄层黏性土,土质不均匀。

(3)-1 淤泥质粉质黏土:灰色,软塑~流塑,含云母,夹薄层状粉砂,土质不均匀。

(4)-1 淤泥质粉质黏土:灰色,流塑,含云母、有机质,夹薄层粉砂,局部夹贝壳碎屑。

(5)粉质黏土:灰色,软塑~流塑,含云母、有机质,夹薄层粉土。

(6)-1 黏土:暗绿色,可~硬塑,含氧化铁斑点,偶夹钙质结核。

(6)-2 粉质黏土:草黄色,可~硬塑,含氧化铁斑点,偶夹粉土团块。

(7)-1 粉土:灰、灰黄色,中密,含云母,夹薄层状粉质黏土,土质不均匀。

(8)-1 粉质黏土:灰色,软塑~可塑,含云母、腐殖质,夹砂,具交错层理。

(8)-2 粉质黏土与粉砂互层:灰色,粉质黏土呈软塑状,粉砂呈中密状,含云母,具交错层理。

(9)-1 粉砂:灰色,密实,夹粉质黏土透镜体。

(2) 苏州高架站桥段(DK1226+142.635～DK1228+244.980)

该桥段处于咽喉区的桥梁群桩基础,由于道岔区结构复杂,多为现浇异形结构,相邻结构荷载分布极不均匀,下伏土层为饱和淤泥质黏土及粉质黏土,在施工和运营期间使得同一结构下或相邻结构墩柱基础间极易产生沉降差异,特别是在高架岔区铺设无砟轨道时,对梁体及墩台基础不均匀沉降极为敏感。试验桩地段(Z14号-a、49a墩)的工程地质情况如图9-30所示,其中Z14a号墩选取3号、4号、6号桩,49a号墩选取1号、3号、6号、8号桩进行试验。

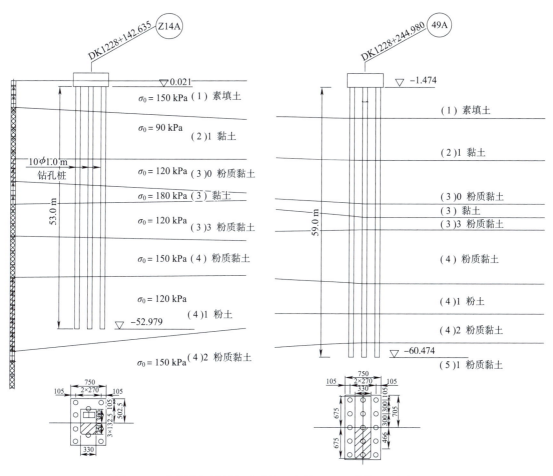

图 9-30　苏州高架站桥段试验桩地段的工程地质简图(单位:cm)

该桥段处具体工程地质条件为:

(1)-1 素填土:灰黄色,稍湿,结构松散,主要由黏性土组成,含植物根茎,高压缩性。

(2)黏土:褐黄、暗绿色,饱和,可～硬塑,含铁锰质结核,韧性高,切面光滑,中等压缩性。

(3)-1 粉土:灰黄色,饱和,稍密,夹薄层粉质黏土,含云母碎屑,韧性低,切面无光泽,中等压缩性。

(3)-2 粉质黏土:灰黄色,饱和,软塑,夹薄层粉质黏土,韧性中等,切面稍有光泽,中等压缩性。

(4)-1 粉质黏土:灰色,饱和,软塑,夹薄层粉质黏土,韧性中等,切面稍有光泽,中等压缩性。

(4)-2粉质黏土：灰色，饱和，软塑，夹极薄层粉质黏土，韧性中等，切面稍有光泽，中等压缩性。

(5)-1粉质黏土：灰色，软塑～流塑，含云母、有机质，夹薄层粉土。

(6)黏土：暗绿色，饱和，可～硬塑，含铁锰质结核，韧性高，切面光滑，中等压缩性。

(7)粉质黏土：灰黄色，饱和，可塑，夹薄层粉土，韧性中等，切面稍有光泽，中等压缩性。

(8)粉土：灰色，饱和，中密，含云母碎屑，夹薄层粉质黏土，韧性低，切面无光泽，中等压缩性。

(9)粉质黏土：灰色，饱和，软塑，夹极薄层粉质黏土，韧性中等，切面稍有光泽，中等压缩性。

(10)粉土：灰色，饱和，中密～密实，含云母碎屑，夹薄层粉质黏土，韧性低，切面无光泽，中等压缩性。

(11)粉质黏土：灰色，饱和，软～可塑，夹薄层粉质黏土，韧性中等，切面稍有光泽，中等压缩性。

### 9.2.2 试验监测方案

根据现场情况，试验测试内容主要包括墩身沉降观测、承台底土反力测试、桩身应力应变测试、桩周土体应力应变测试及孔隙水压力测试。

墩身沉降观测是在稳定的地段设置若干个基点（基准点、工作基点），在桥梁墩顶、墩身或承台上布置变形观测点，用仪器定期观测测点的位移变化。观测点设在桥墩上，在原设置2个沉降观测点的基础上，增加1个对称轴方向上的沉降观测点，以确定墩身倾向。为确保观测点刚度，沉降观测点采用铸钢制作，在墩身混凝土浇筑时预埋。墩身沉降观测点布置如图9-31所示。

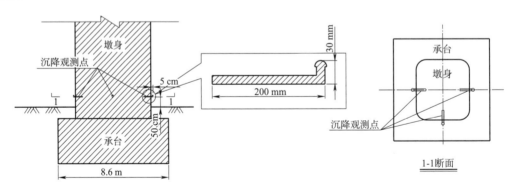

图9-31 墩身沉降观测点布置图

基桩、承台底土反力以及桩周土应力监测通过钢筋应力计和土压力盒量测，试验采用钢弦式钢筋应力计（图9-32）和钢弦式土压力盒（图9-33）。通过埋设钢筋应力计和土压力盒，可分析桩、土承台间荷载传递规律以及桩侧摩阻力分布情况。此外，孔隙水压力的测试采用孔隙水压力计（图9-34），可得出在施工、运营阶段不同荷载变化下孔隙水压随时间的变化和消散规律，根据测点孔隙水压力随时间变化曲线，推算该点不同时间的固结度，从而更好地分析桩周土体及整个群桩基础的变形情况，各元件测头通过接入集线箱（图9-35）统一采集。其中各元件的具体布置如图9-36和图9-37所示。

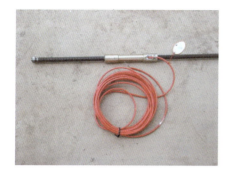

图 9-32 钢筋应力计

图 9-33 土压力盒

图 9-34 孔隙水压计

图 9-35 手动集线箱

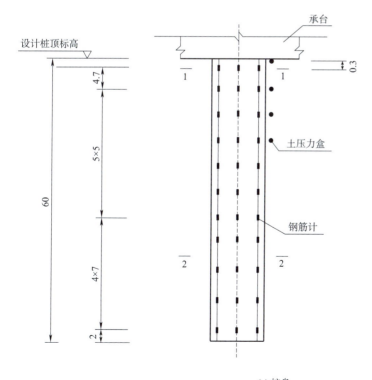

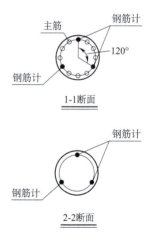

注：本图尺寸以m计；
上30 m为设计钢筋笼；
以下部分为三根主筋及箍筋。

(a) 桩身

图 9-36

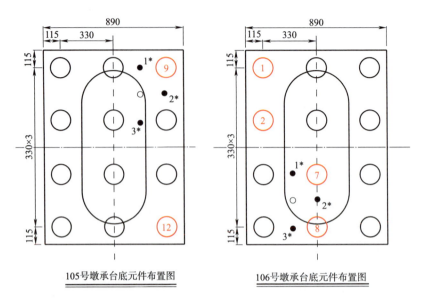

(b) 承台底

图 9-36 测试元件布置图

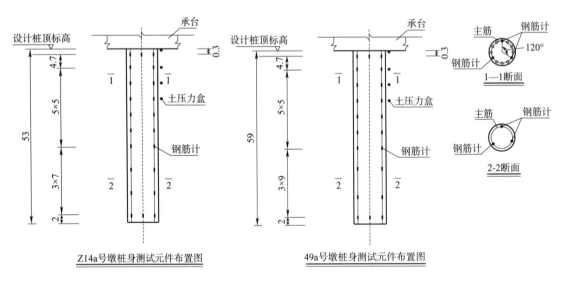

(a) 桩身

图 9-37

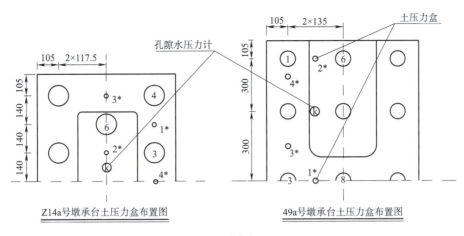

(b) 承台底

图 9-37 苏州高架站桥段测试元件布置图

对于桩身钢弦式钢筋应力计的埋设根据现场桩身钢筋笼的实际情况,以桩长上 30 m 为界线划分两个节段,上节段主笼每 5 m 设置一个断面,下节段副笼每 7 m 设置一个断面,每断面埋设 3 只,元件在断面上均匀对称布置。钢筋计在下钢筋笼前进行焊接,焊接时应避免温度过高损坏钢筋应力计,并将导线保护好引出地面。其中现场进行钢筋笼及钢筋应力计的埋设如图 9-38 所示。

图 9-38 现场安装钢筋笼及钢筋应力计

承台底钢弦式土压力盒的安装可按以下方法进行:在基桩施工完毕后承台浇筑前将底面进行平整,在承台地基土上铺设 10～15 cm 厚中砂,放置好钢弦式土压力盒,上表面铺设少量细砂,然后打 100 mm 的素混凝土垫层。

桩侧土压力盒和孔隙水压力计通过在桩侧钻孔埋设,在桩身灌浆完成后,达到混凝土初凝时间时,在测试桩中心位置处进行钻孔,钻孔直径宜选用 150 mm,钻孔深度一般为 2 倍承台宽度,综合实际承台尺寸和土层性质,试验选取 15 m 进行埋设,其中每 5 m 埋设 1 个土压力盒或孔隙水压力计。试验工点选择以及部分测试元件统计见表 9-1。

表 9-1 监测点元器件布置表

| 实验工点 | 墩号 | 墩位里程 | 桩数 | 桩长(m) | 仪器数目(个) | | |
|---|---|---|---|---|---|---|---|
| | | | | | 钢筋计 | 土压力盒 | 孔隙水压力计 |
| 常锡澄桥段 | 278 号 | DK1169+186.00 | 3 | 52.5 | 90 | 36 | 12 |
| | 279 号 | DK1169+218.70 | 2 | 52.5 | 60 | | |
| | 280 号 | DK1169+251.40 | 3 | 55.0 | 90 | | |
| 苏州高架站桥段 | Z14a 号 | DK1228+142.635 | 3 | 53.0 | 60 | 30 | 12 |
| | Z14c 号 | DK1228+142.635 | 2 | 61.5 | 90 | | |
| | 49 号 | DK1228+244.980 | 4 | 59.0 | 120 | | |
| 黄渡桥段 | 105 号 | DK1290+174.625 | 2 | 60.0 | 66 | 24 | 8 |
| | 106 号 | DK1290+207.375 | 4 | 60.0 | 102 | | |
| 总工程量 | 8 | | 23 | | 678 | 90 | 32 |

### 9.2.3 观测频率及要求

桩身及桩周土中元件埋设后,应对所有埋设元件进行调零,或进行复测作为初始读数。施工期间,一般情况下每 7 d 测试 1 次,荷载变化前后各 1 次;试运营期间前 3 个月 7 d 一次,3 个月后 7～15 d 一次,6 个月后 30 d 观测一次,具体频度视沉降量的变化而定。

桥涵基础沉降变形的观测精度为±1 mm,读数取位至 0.1 mm。每阶段的沉降观测,开始一般每周观测一次,以后视两次观测沉降量的变化情况,适当调整沉降观测的频度,但两次的观测沉降量不宜大于 1 mm,具体要求见表 9-2。

表 9-2 墩台基础沉降观测频次

| 观测阶段 | | 观测频次 | | 备 注 |
|---|---|---|---|---|
| | | 观测期限 | 观测周期 | |
| 墩台施工期间 | | | | 设置观测点 |
| 墩台施工完成至预制梁架设或现浇梁制梁前 | | 全程 | 1次/周 | |
| 预制梁桥 | 预制梁架设 | 全程 | 架梁前后各一次 | |
| | 附属设施施工 | 全程 | 荷载变化前后各一次或1次/周 | |
| 现浇梁桥 | 梁体施工期间 | 全程 | 施工起止各一次 | |
| | 附属设施施工 | 全程 | 荷载变化前后各一次 | |
| 桥梁架设完成至无砟轨道铺设前 | | ≥6 个月 | 1次/周 | 对岩石地基的桥梁,不宜少于2个月 |
| 架桥机(运梁车)通过期间 | | 全程 | 运梁前后各1次 | |
| 无砟轨道铺设期间 | | 全程 | 1次/天 | |
| 无砟轨道铺设完成后 | | 24 个月 | 0～3 个月: 1次/月 | 工后沉降长期观测 |
| | | | 4～12 个月: 1次/3 | |
| | | | 13～24 个月: 1次/6 个月 | |

注:观测墩台沉降时,应同时记录结构荷载状态,环境温度及天气情况。

### 9.2.4 现场试验结果处理与分析

#### 9.2.4.1 计算参数的选取及数据筛选

根据现场试验桩的实际数据,桩长及桩身截面直径如图 9-29 及图 9-30 所示。钢筋和混凝土的弹性模量按《混凝土结构设计规范》(GB 50010—2002)选取,钢筋的弹性模量为 $2.0 \times 10^5 \text{ N/mm}^2$,混凝土为 C35,其弹性模量为 $3.15 \times 10^4 \text{ N/mm}^2$,但混凝土材料由于粗骨料及材料配置的差异,弹性模量并非定值,离散性较大,与实际值会有偏差。

筛选数据时,应将变化无规律或变化较大的测点数据剔除,并求出同一断面有效测点的应变平均值。在计算桩身轴力及应变时,由于混凝土灌注不均匀或其他施工因素的影响,导致计算结果在个别截面产生突变,与实际受力性状不符时,应剔除该截面数据。

在计算时做如下假设:
(1)钢筋与混凝土紧密接触,即在同一截面处钢筋与混凝土的应变相等;
(2)钢筋与混凝土均为线弹性材料,即材料满足虎克定律,桩身截面应力(应变)均匀分布,桩身各测试截面之间的应力(应变)沿桩身为线性分布。

#### 9.2.4.2 桩身轴力计算

根据仪器实测的各测点数据,按下式计算该断面处桩身轴力:

$$Q_i = \bar{\varepsilon}_i \cdot E_i \cdot A \tag{9-3}$$

式中　$Q_i$——桩身第 $i$ 断面处轴力(kN);
　　　$\bar{\varepsilon}_i$——第 $i$ 断面处应变平均值;
　　　$E_i$——第 $i$ 断面处桩身材料弹性模量(kPa);
　　　$A$——桩身横截面面积($\text{m}^2$)。

#### 9.2.4.3 桩端阻力及桩侧摩阻力计算

按桩身不同断面处的轴力值绘制轴力分布图,再由桩顶荷载下对应的各断面轴力值计算桩侧土的分层摩阻力和端阻力:

$$q_p = \frac{Q_n}{A_0} \tag{9-4}$$

$$q_{si} = \frac{Q_i - Q_{i+1}}{u \cdot l_i} \tag{9-5}$$

式中　$q_p$——桩端阻力(kPa);
　　　$q_{si}$——桩身第 $i$ 断面与 $i+1$ 断面间侧摩阻力(kPa);
　　　$i$——仪器埋设断面顺序号,$i=1,2,\cdots,n$,并自桩顶起从小到大排列;
　　　$u$——桩身周长(m);
　　　$l_i$——第 $i$ 断面与第 $i+1$ 断面之间的桩长(m);
　　　$Q_n$——桩端的轴力(kN);
　　　$A_0$——桩端面积($\text{m}^2$)。

#### 9.2.4.4 试验结果分析

(1)桩身轴力分析

选取部分试验桩数据计算桩身轴力,如图 9-39 和图 9-40 所示。蕴藻浜特大桥黄渡桥段 106#8 号桩于 2009 年 4 月 14 日施工,并在 5 月 20 日做好承台,9 月 8 日开始浇筑墩身;2009

年底至 2010 年初为架梁施工阶段,期间数据无法测得,故选择 2010 年架梁施工后的两次监测数据。苏州高架站桥段 49a#3 号桩于 2009 年 5 月 3 日施工,并在 7 月 25 日做好承台,9 月 15 日墩身浇筑完成,2010 年的数据同样为架梁施工后的两组数据。从图 9-39(a)中可以看出,由于观测期间,主要是桩身、承台及墩身的施工,竖向外荷载作用较小,桩顶应力也相对较小。

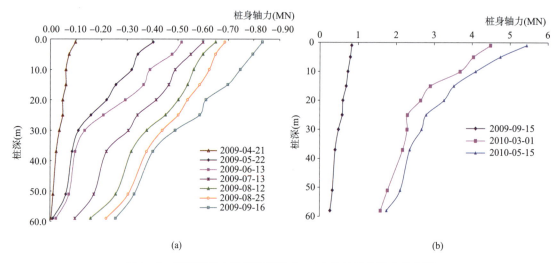

图 9-39　蕴藻浜特大桥黄渡桥段 106#8 号桩桩身轴力分布图

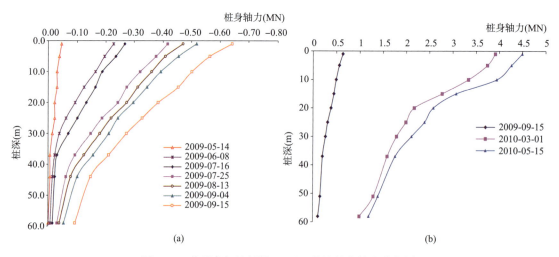

图 9-40　苏州高架站桥段 49a#3 号桩桩身轴力分布图

由图 9-39、图 9-40 可知,在外荷载作用下,桩身轴力随着深度的增加沿桩身向下逐步衰减,桩身轴力上部明显大于下部,且轴力的衰减沿桩身向下加快,直接反映为分段曲线斜率变小。根据群桩在竖向荷载下的工作性状可以知道,在深厚软土地基中,由于群桩的相对刚度较大,并非完全的摩擦桩,桩端也承受小部分的阻力,这与现有的理论分析基本一致。同时可以看出,轴力随着荷载(承台、墩身、梁)的增加而增加,但随着荷载的增加轴力的增量逐渐减小,这主要是由于侧摩阻力的发挥由下向上加速发展,侧摩阻力分担的荷载比例加大,因而轴力的增量逐步减小,即轴力分担荷载的比例减小,使得轴力的增量逐步减小。此外,轴力沿桩身成近似线性分布,但是由于现场试验的干扰性及不确定性因素的影响,仍然有波动,这也由软土地基不良地质所致。

(2)桩侧摩阻力分析

同样,选取部分试验桩数据计算桩身侧摩阻力,如图9-41和图9-42所示。蕴藻浜特大桥黄渡桥段106♯2号桩于2009年4月28日施工,并在5月20日做完承台,9月8日开始浇筑墩身;苏州高架站桥段49a♯8号桩于2009年5月10日施工,并在2009年7月25日做好承台,9月15日墩身浇筑完成。2010年的数据均选择架梁后的两组数据。

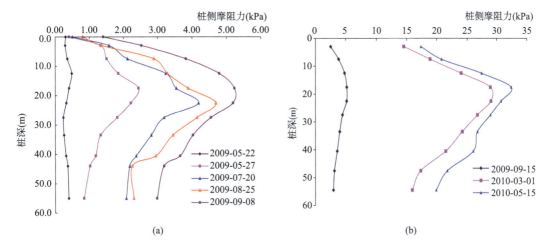

图9-41 蕴藻浜特大桥黄渡桥段106♯2号桩桩身摩阻力分布图

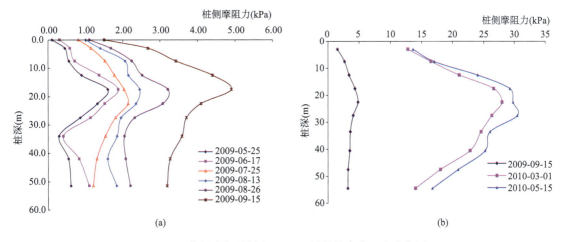

图9-42 苏州高架站桥段49a♯8号桩桩身摩阻力分布图

由图9-41、图9-42可以看出在观测期间,数据波动较大,这主要是受承台及墩身施工过程的影响及仪器损坏及误差所致。但是可以得出以下几点:桩侧摩阻力沿桩身逐渐增大,在桩顶以下一段距离达到峰值,后又逐渐降低,表明桩侧摩阻力是由桩的中下部开始发挥出来,随着荷载(承台、墩身)的增加其桩侧摩阻力也得到了充分的发挥;在承台做好之前,桩侧摩阻力呈现规律为单桩侧摩阻力变化规律,桩的侧摩阻力并未充分发挥出来,在承台做好后,形成群桩—承台—土共同作用体系,此时分布规律明显与单桩不同,由于承台的削弱效应、桩侧土体位移的"拱效应"以及桩端产生的径向应力减小了桩侧水平土压力,从而使得桩顶以下一定范围内侧摩阻力减小,而桩身中部侧摩阻力出现增强现象,这是因为桩间土的侧限压缩所导致的,此外,由于桩之间的相互影响,导致桩身下部的侧摩阻力出现明显的降低。另外在观测期间,桩侧极少出现负摩阻力,这也和现场的土质条件有关。

（3）土压力分布分析

苏州高架站桥段49a#承台于2009年7月25日做好,并在9月15日墩身浇筑完成。由于土压力盒是在承台基础开挖后进行埋设调零的,其所测数值可看成承台自重应力作用下引起的土体附加应力,由图9-43可知土体附加应力是随着深度的增加而逐渐衰减的,在承台底15 m处其数值逐渐减小接近于0,表明外荷载引起的附加应力主要集中在承台以下一定范围内,沿深度增加衰减较快。

此外由图9-43、图9-44可以看出,土体附加应力在最初承台施工时,变化较小,随着外荷载的增加,土体附加应力逐渐增大。最后两组数据分别为梁面铺设轨道板前后的土体附加应力对比,可以看出铺设轨道板后施加的荷载对土压力有一定影响。最新的测试数据显示,承台底面的土压力达到0.06 MPa左右。

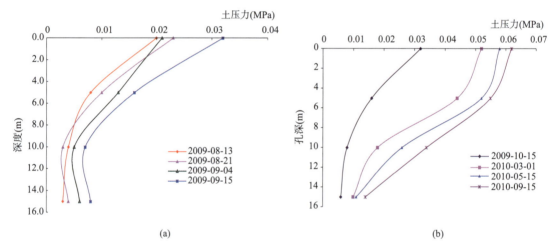

图9-43 苏州高架站桥段49a#承台底土体附加应力沿深度分布图

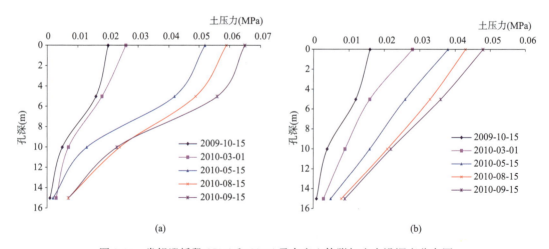

图9-44 常锡澄桥段279#和280#承台底土体附加应力沿深度分布图

(4)孔隙水压力分析

图 9-45 为苏州高架站桥段 49a♯承台底土体孔隙水压力沿深度分布图,孔隙水压计与土压力盒同期埋设,从图中可以看出,当承台、墩身浇筑完成后,承台底土体超孔隙水压力在桩上部一定范围内逐渐变大,但随着深度的增加达到一定值后逐渐减小至接近 0 的范围,这主要是由于当外荷载作用时,饱和土体受力产生超孔隙水压力,但随着时间的推移逐渐消散,在桩身的中下部所受影响较小。

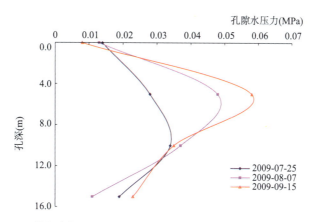

图 9-45　苏州高架站桥段 49a♯承台底土体孔隙水压力沿深度分布图

图 9-46 分别为常锡澄 279♯和 280♯承台底土体孔隙水压力沿深度分布图,孔隙水压计是与土压力盒于 2009 年 9 月同期埋设,从图中可以看出,随着后期施工荷载的增加,承台底土体超孔隙水压力逐渐增大,而随着深度的增加,孔隙水压力也表现为逐渐增大。

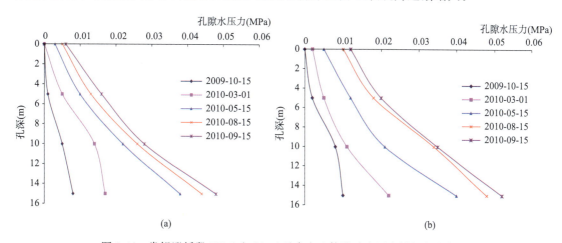

图 9-46　常锡澄桥段 279♯和 280♯承台底土体孔隙水压力沿深度分布图

## 9.2.5　小　　结

本节以京沪高速铁路软土地区现场试验为研究对象,通过对群桩基础桩身轴力、桩侧摩阻力及桩周土体附加应力、孔隙水压力的现场试验结果分析,得到如下结论:

(1)在外荷载作用下,桩身轴力随着深度的增加而逐渐减小,上部轴力明显大于中下部,在桩端处几乎接近于0；同时，桩侧摩阻力沿桩身自上而下逐渐增大，沿桩身呈非线性分布，在桩顶以下一段距离达到峰值，后又逐渐降低，表明在群桩基础中桩侧摩阻力是由桩的中下部开始发挥的，这也表明桩与桩周土的黏结力越高，桩侧摩阻力的发挥就越明显，对提高软土地区基础的承载力及减少基础沉降有很大的作用。

(2) 通过对承台底土体压力及超静孔隙水压力的观测，结果表明，随着荷载的增加，两者均逐渐增大；其中，土体附加应力随着深度的增加而逐渐衰减，在承台底15 m处其数值接近于0；超静孔隙水压力由于受应力消散和现场施工与环境的影响，测点有限，表现规律并不明显。由于观测时间主要为承台、墩身和桥梁施工期间，应力数值受施工的扰动较显著，其变化规律有待进一步观测；同时工程尚未投入运营，列车动力荷载对该承台基础受力特性的影响规律还需继续对预埋元件数据进行监测和处理。

## 9.3 硬土软岩中长大直径桥梁桩基现场原位观测试验

为了确定硬土软岩中桩基承载力问题，最有效且最有说服力的做法是从现场试验中获得其荷载—沉降曲线，以此来确定桩基竖向承载力。从现场试验入手能发现在硬土软岩中桩侧摩阻力与桩端阻力的一些发挥规律，并从现场解决在理论计算研究中的一些岩土体仿真模拟的参数选取问题，为从理论研究与现场仿真模拟选取本构模型提供重要的参考。本节就从现场试验来研究硬土软岩区的桩基竖向承载力问题。

### 9.3.1 工程概况及地质条件

#### 9.3.1.1 工程概况

主桥P46墩中心桩号为K2+321.5，P47墩中心桩号为K2+755.5，采用大直径钻孔灌注桩群桩基础。每个墩有56根直径为2.4 m的钻孔桩，桩基平面采用梅花形布置，桩中心的最小间距为6 m。P46墩桩长81 m，桩顶标高—0.5 m，桩底标高—81.5 m，护筒底标高为—31.1 m，入土约12.1 m；P47墩桩长83 m，桩顶标高—0.99 m，桩底标高—83.99 m，护筒底标高为—33.1 m，入土约17.775 m。

为了保证施工的顺利进行和结构的安全可靠，为桩基础设计和施工提供科学的依据，根据国家规范和设计图纸，采用自平衡法进行2根试桩，试桩主要参数见表9-3。

表9-3 自平衡试桩有关参数

| 试桩编号 | 桩径(m) | 桩顶标高(m) | 桩底标高(m) | 桩长(m) | 荷载箱标高(m) | 预估极限承载力(kN) |
|---|---|---|---|---|---|---|
| P46-28 | 2.4 | —0.50 | —81.5 | 81 | 上—47.5 | 上 2×21 000 |
| | | | | | 下—78.5 | 下 2×12 000 |
| P47-32 | 2.4 | —0.99 | —83.99 | 83 | 上—53.49 | 上 2×21 000 |
| | | | | | 下—80.99 | 下 2×12 000 |

#### 9.3.1.2 地质条件

根据现场钻探及室内试验确定两桩桩位处的土体性质，试验结果见表9-4、表9-5。

表 9-4　P46-28 试桩地质条件

| 层号 | 深度(m) | 岩土描述 | 标惯 $N_{63.5}$ | 重度 $\gamma$ | 推荐值 | | |
|---|---|---|---|---|---|---|---|
| | | | | | 承载力$[\sigma]$ | 摩阻力 $\tau_j$ | 压缩模量 $E_s$ |
| 1 | 0.1~1.10 | 黑暗灰色、非常松散的、粉质砂土,含有痕量珊瑚和生物碎片等 | | | 60 | 25 | 3 |
| 2 | 1.10~5.50 | 浅灰色、坚硬的砂质黏土,含有少量珊瑚和生物碎片等 | 36~71 | | 500 | 75 | 21 |
| 3 | 5.50~15.0 | 黑暗灰色、非常密实粗砂,次圆状,含有珊瑚和生物碎片 | 26~72 | 13.6~20.3 | 450 | 60~80 | 20 |
| 4 | 15.0~17.0 | 暗灰色、非常软砂质粉土,含有少量黏土和生物碎片 | 1 | 13.6 | 450 | 60 | 25 |
| 5 | 17.0~30.0 | 暗灰色、密实~非常密实、粗粒砂土,含有少量石英质砾砂和生物碎片 | >26 多数>50 | 13.6~20.3 | 450 | 75 | 22 |
| 6 | 30.0~90.0 | 暗灰色、坚硬~非常坚硬粉质黏土,含有细砂、生物碎片 | 9~50 多数>15 | 13.6~20.3 | 350~400 | 45 | 14 |

表 9-5　P47-32 试桩地质条件

| 层号 | 深度(m) | 岩土描述 | 标惯 $N_{63.5}$ | 重度 $\gamma$ | 推荐值 | | |
|---|---|---|---|---|---|---|---|
| | | | | | 承载力$[\sigma]$ | 摩阻力 $\tau_j$ | 压缩模量 $E_s$ |
| 1 | 0~9.0 | 绿暗灰色、非常软黏土(淤泥)易移动,高塑 | 14.8~19.7 | 40~50 | 20 | 2 | |
| 2 | 9.0~11.0 | 绿暗灰色,中硬,砂质黏土 | 7 | | 150 | 40 | 10 |
| 3 | 11.0~11.55 | 暗灰色,硬,砂质黏土 | | | 350 | 55 | 15 |
| 4 | 11.55~13.0 | 灰棕色、坚硬~非常坚硬,砂质粉土,含有少量钙质砾石和生物碎片 | 49 | 2.01 | 200 | 45~50 | 31 |
| 5 | 13.0~16.0 | 棕灰色、坚硬~非常坚硬,黏质粉土,含有少量钙质砾石和生物碎片 | 48~59 | 17.4 | 500 | 60 | 30 |
| 6 | 16.0~23.0 | 棕灰色、坚硬,砂质粉土,部分为黏土具胶结 | 52~48 | 17.3 | 500 | 65 | 23 |
| 7 | 23.0~34.5 | 暗灰色、硬~坚硬,黏质粉土,含有痕量细砂,具胶结 | >34 多数>45 | 15.74~16 | 500 | 60 | 24 |
| 8 | 34.5~41.55 | 暗灰色、硬~坚硬,黏质粉土,具有膨胀性 | >41 | | 550 | 60 | 27 |
| 9 | 41.55~100.0 | 黑灰色、坚硬~非常坚硬黏质粉土,含有痕量细砂,具胶结 | 13~50 多数>20 | 14.4~16.8 | 450 | 60 | 17 |

### 9.3.2 试验目的及测试原理

#### 9.3.2.1 试验目的

(1)确定单桩承载力,测定钻孔桩桩端阻力和侧壁分层摩阻力等参数。

(2)获得分级加载与卸载条件下对应的荷载—变形曲线,测定桩基沉降、桩弹性压缩及岩土塑性变形。

(3)通过试验提出桩侧的分层极限摩阻力和桩端极限端阻力,验证地质报告提出的相关数据。为验证、指导大直径钻孔灌注桩的设计提供重要参数。

#### 9.3.2.2 测试原理

传统的桩基荷载试验方法有两种,一是堆载法,二是锚桩法。两种方法都是采用油压千斤顶在桩顶施加荷载,而千斤顶的反力,前者通过反力架上的堆重与之平衡,后者通过反力架将反力传给锚桩,与锚桩的抗拔力平衡。其存在的主要问题是:前者必须解决几百吨甚至上千吨的荷载来源、堆放及运输问题,后者必须设置多根锚桩及反力大梁,不仅所需费用昂贵,时间较长,而且易受吨位和场地条件的限制(堆载法目前国内试桩最大极限承载力仅达 3 000 多 t,锚桩法的试桩最大极限承载力也不超过 4 000 t),以致许多大吨位桩和特殊场地的桩(如山地、桥桩)的承载力往往得不到准确数据,基桩的潜力不能合理发挥,这是桩基础领域面临的一大难题。

为解决以上难题,美国学者 Osterberg 于 20 世纪 80 年代首先提出了自平衡测试法,并于 20 世纪 80 年代中期开展了桩承载力自平衡试验方法的研究,首先在桥梁钢桩中成功应用,后来逐渐推广至各种桩型。近几年欧洲及日本、加拿大、新加坡、我国香港等地区也广泛使用该法。

在我国,工程技术人员在理论研究的基础上,首先于 1996 年开始对该法的关键设备荷载箱和位移量测、数据采集处理系统进行了研究开发,经多次专家鉴定后,1999 年 6 月制订了江苏省地方标准,成为 2002 建设部和科技部重点推广技术。目前该法在江苏、河南、浙江、云南、安徽、北京、江西、上海、福建、广东、吉林、青海、新疆、湖北、重庆、广西、贵州、山西等省市应用于房屋建筑和桥梁桩基检测。国内试验单桩最大承载力高达 12 000 t,最大桩径 2.8 m,最大桩长 125 m。

自平衡测桩法的主要装置是一种经特别设计可用于加载的荷载箱。它主要由活塞、顶盖、底盖及箱壁四部分组成。顶、底盖的外径略小于桩的外径,在顶、底盖上布置位移棒。将荷载箱与钢筋笼焊接成一体放入桩体后,即可浇捣混凝土成桩。

试验时,在地面上通过油泵加压,随着压力增加,荷载箱将同时向上、向下发生变位,促使桩侧阻力及桩端阻力的发挥,如图 9-47 所示。由于加载装置简单,多根桩可同时进行测试。

荷载箱中的压力可用压力表测得,荷载箱的向上、向下位移可用位移传感器测得。因此,可根据读数绘出相应的"向上的力与位移图"及"向下的力与位移图",根据向上、向下 $Q$-$S$ 曲线判断桩承载力、桩基沉降、桩弹性压缩和岩土塑性变形。

基桩自平衡试验开始后,荷载箱产生的荷载沿着桩身轴向往上、往下传递。假设基桩受荷后,桩身结构完好(无破损、混凝土无离析、断裂现象),则在各级荷载作用下混凝土产生的应变量等于钢筋产生的应变量,通过量测预先埋置在桩体内的钢筋应变计,可以实测到各钢筋应变计在每级荷载作用下所得的应力—应变关系,可以推出相应桩截面的应力—应变关系,那么相应桩截面微分单元内的应变量亦可求得。由此便可求得在各级荷载作用下各桩截面的桩身轴力及轴力、摩阻力随荷载和深度变化的传递规律。

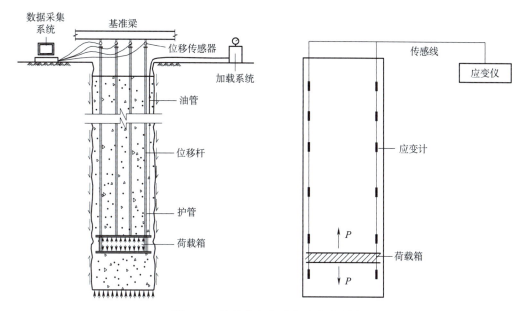

图 9-47　桩承载力自平衡试验示意图

由于自平衡试桩法本身的特点,因此可以满足某些特殊的设计要求,有时需要测出桩身上段的极限侧阻力、下段的极限侧阻力以及极限端阻力,可以采用双荷载箱测试技术。采用两只荷载箱,一只放在桩下部,一只放在桩身某个位置,便可分别测出桩身上段的极限侧阻力、下段的极限侧阻力以及极限端阻力。

#### 9.3.2.3　测试系统

1. 加载设备

每根试桩均采用两个环形荷载箱,行程均为 20 cm,其加载值的率定曲线由计量部门标定。

高压油泵:最大加压值为 60 MPa,加压精度为每小格 0.4 MPa,其压力表亦由计量部门标定。

2. 位移量测装置

(1)电子位移传感器(dy-20)。量程 50 mm(可调),每桩 6 只,通过磁性表座固定在基准钢梁上,2 只用于量测桩身荷载箱处的向上位移,2 只用于量测桩身荷载箱处的向下位移,2 只用于量测桩顶向上位移。

(2)笔记本电脑及数据自动采集仪一套。

3. 应力量测装置

桩身轴力用埋入式光栅传感器沿着桩身对称布置,轴力取平均值。钢筋应变计由计量部门提供标定记录。

#### 9.3.2.4　测试规程

加载采用慢速维持荷载法,测试按行业标准《公路桥涵施工技术规范》(JTJ 041—2000)和江苏省地方标准《桩承载力自平衡测试技术规程》(DB32/T 291—1999)进行。

1. 成桩至试验间隙时间

桩身强度达到设计要求并不应少于 15 d。

2. 荷载分级

每级加载为预估加载值的 1/15,第一级按两倍荷载分级加载,卸载分 5 级进行。

3. 位移观测

每级加载后在第 1 h 内分别于 5、15、30、45、60 min 各测读一次,以后每隔 30 min 测读一次。电子位移传感器连接到电脑,直接由电脑控制测读,在电脑屏幕上显示 $Q\text{-}S$、$S\text{-}\lg t$、$S\text{-}\lg Q$ 曲线。

4. 稳定标准

每级加载下沉量,在最后 30 min 内如不大于 0.1 mm 时即可认为稳定。

5. 终止加载条件

(1) 总位移量大于或等于 40 mm,本级荷载的下沉量大于或等于前一级荷载的下沉量的 5 倍时,加载即可终止。取此终止时荷载小一级的荷载为极限荷载。

(2) 总位移量大于或等于 40 mm,本级荷载加上后 24 h 未达稳定,加载即可终止。取此终止时荷载小一级的荷载为极限荷载。

(3) 总下沉量小于 40 mm,但荷载已达荷载箱加载极限或位移已超过荷载箱行程,加载即可终止。

6. 卸载及测试

(1) 卸载应分级进行,共分 5 级卸载。每级荷载卸载后,观测桩顶的回弹量,观测办法与沉降相同。直到回弹量稳定后,再卸下一级荷载。回弹量稳定标准与下沉稳定标准相同。

(2) 卸载到零后,至少在 1.5 h 内每 15 min 观测一次,开始 30 min 内,每 15 min 观测一次。

7. 单桩竖向抗压极限承载力判断标准

(1)《桩承载力自平衡测试技术规程》(DB32/T 291—1999)

根据实测荷载箱上、下位移计算承载力公式:

$$Q_\text{u} = \frac{Q_{\text{u}上} - W}{\gamma} + Q_{\text{u}下} \tag{9-6}$$

式中 $Q_\text{u}$——单桩竖向抗压极限承载力;

$Q_{\text{u}上}$——荷载箱上部桩的实测极限值,按《公路桥涵施工技术规范》(JTJ 041—2000)附录 B"试桩试验办法"确定;

$Q_{\text{u}下}$——荷载箱下部桩的实测极限值,按《公路桥涵施工技术规范》(JTJ 041—2000)附录 B"试桩试验办法"确定;

$W$——荷载箱上部桩有效自重;

$\gamma$——荷载箱上部桩侧阻力修正系数,对于黏性土、粉土 $\gamma = 0.8$,对于砂土 $\gamma = 0.7$。

该判断方法适用于上、下段桩的极限承载力均测出的情况,且该法得出的承载力值与位移无对应关系。

自平衡法测出的上段桩的摩阻力方向是向下的,与常规摩阻力方向相反。传统加载时,侧阻力将使土层压密,而该法加载时,上段桩侧阻力将使土层减压松散,故该法测出的摩阻力小于常规摩阻力,国内外大量的对比试验已证明了该点。

目前国外对该法测试值如何得出抗压桩承载力的方法也不相同。有些国家将上、下两段实测值相叠加而得抗压极限承载力,这样偏于安全、保守。有些国家将上段桩摩阻力乘以大于1的系数再与下段桩叠加而得抗压极限承载力。我国则将向上、向下摩阻力根据土性划分。对于黏土层,向下摩阻力为(0.6~0.8)倍向上摩阻力;对于砂土层,向下摩阻力为(0.5~0.7)倍向上摩阻力。东南大学在同一场地做了数十根静载与该法的对比试验,表明黏土中其系数为 0.73~0.80。

针对本工程,考虑到地质情况和工程的重要性,按经验公式取 $\gamma=0.8$,偏于安全。

(2) 等效转换曲线法

将自平衡法获得的向上、向下两条 $Q$-$S$ 曲线通过转换等效为相应的传统静载方法获得的一条 $Q$-$S$ 曲线(等效转换曲线),如图 9-48 所示,根据等效转换曲线进行判断。

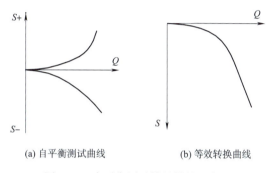

(a) 自平衡测试曲线　　(b) 等效转换曲线

图 9-48　自平衡测试结果转换示意图

陡变型曲线[图 9-49(a)],取陡变点对应的荷载为承载力极限值 $Q_u$;
缓变型曲线[图 9-49(b)],取最后一级对应的荷载为承载力极限值 $Q_u$。

该判断方法适用于桩身预埋应力测试元件的桩。根据每层土体摩阻力—位移的本构关系推导极限承载力,其结果比较准确。

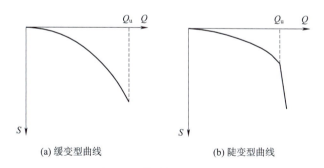

(a) 缓变型曲线　　(b) 陡变型曲线

图 9-49　等效转换曲线类型

鉴于本工程的重要性,应以等效转换曲线取值为准。

### 9.3.3　试验过程

#### 9.3.3.1　施工概况

试桩布置图如图 9-50 所示。试桩严格按设计图纸施工。
施工具体步骤如下:

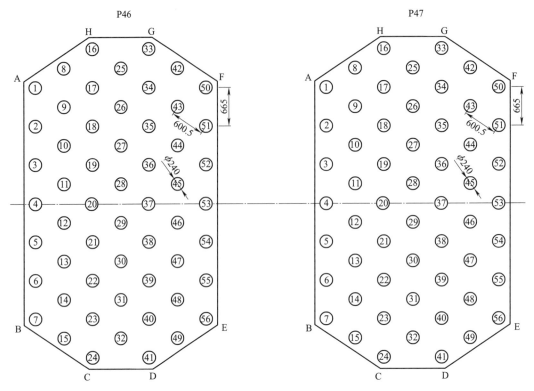

图 9-50 试桩布置图

(1) 地面上绑扎和焊接钢筋笼,位移棒外护管、声测管、压浆管连接用套筒围焊,确保管子不渗泥浆,位移棒采用丝扣连接,并用管子钳拧紧,与钢筋笼绑扎成整体,运到平台上。

(2) 严格按试桩图纸确定钢筋应变计在主筋上的位置,钢筋应变计直接绑焊于主筋上,绑扎过程中注意保护应变计导线,穿过荷载箱预留孔时,预留 20 cm 左右的导线于预留孔内。

(3) 荷载箱应立放在平整地上,吊车将上节钢筋笼(外钢管)吊起与荷载箱上顶板焊接(所有主筋围焊,并确保钢筋笼与荷载箱起吊时不会脱离),保证钢筋笼与荷载箱在同一水平线上,再点焊喇叭筋,喇叭筋上端与主筋、下端与内圆边缘点焊,保证荷载箱水平度小于 3‰;然后荷载箱下底板与下节钢筋笼连接,焊接下喇叭筋。

(4) 试桩混凝土标高同工程桩,导管通过荷载箱到达桩端浇捣混凝土,当混凝土接近荷载箱时,拔导管速度应放慢,当荷载箱上部混凝土大于 2.5 m 时,导管底端方可拔过荷载箱,浇混凝土至设计桩顶标高;荷载箱下部混凝土坍落度宜大于 220 mm,便于浮浆及混凝土在荷载箱处上翻。

(5) 埋完荷载箱,保护油管及钢管封头(用钢板焊,防止水泥浆漏入)。

(6) 灌注水下混凝土时,制作一定量的混凝土试块,待测试时作强度、弹性模量试验。

(7) 布置 HN450 平衡梁(基准梁)。海域试桩时,基准桩(采用 4 根 φ220 mm 钢管设置成基准塔架)打入土中,基准塔架利用相邻的两根 φ2 700 mm 钢护筒保护,防止水流对基准塔架的影响。基准梁一端与基准塔架铰接,另一端与基准塔架焊接,基准梁长度为 12 m。

(8) 为尽量减少试桩时外部因素的影响,测试时搭设了防风棚架(保护罩),确保测试时仪表不受外界环境的影响。

P46-28试桩的基本情况和成桩日期：桩径2 400 mm，桩顶标高−0.5 m，桩底标高−81.5 m，上荷载箱底标高−47.5 m，下荷载箱底标高−78.5 m，混凝土强度等级为C30。成桩日期2006年3月29日。

P47-32试桩的基本情况和成桩日期：桩径2 400 mm，桩顶标高−0.99 m，桩底标高−83.99 m，上荷载箱底标高−53.49 m，下荷载箱底标高−80.99 m，混凝土强度等级为C30。成桩日期2006年5月12日。

#### 9.3.3.2 荷载箱位置及加载等级

每根试桩荷载箱位置及各桩段预估承载力如图9-51所示。每根试桩预估加载分级荷载见表9-6。

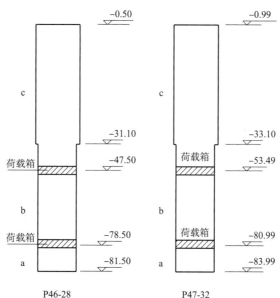

图9-51 试桩荷载箱位置（单位：m）

**表9-6 试桩加载分级表**

| 加载级数 | P46-28试桩 | | P47-32试桩 | |
| --- | --- | --- | --- | --- |
| | 上荷载箱荷载(kN) | 下荷载箱荷载(kN) | 上荷载箱荷载(kN) | 下荷载箱荷载(kN) |
| 1 | 2×1 400 | 2×800 | 2×1 400 | 2×800 |
| 2 | 2×2 800 | 2×1 600 | 2×2 800 | 2×1 600 |
| 3 | 2×4 200 | 2×2 400 | 2×4 200 | 2×2 400 |
| 4 | 2×5 600 | 2×3 200 | 2×5 600 | 2×3 200 |
| 5 | 2×7 000 | 2×4 000 | 2×7 000 | 2×4 000 |
| 6 | 2×8 400 | 2×4 800 | 2×8 400 | 2×4 800 |
| 7 | 2×9 800 | 2×5 600 | 2×9 800 | 2×5 600 |
| 8 | 2×11 200 | 2×6 400 | 2×11 200 | 2×6 400 |
| 9 | 2×12 600 | 2×7 200 | 2×12 600 | 2×7 200 |
| 10 | 2×14 000 | 2×8 000 | 2×14 000 | 2×8 000 |
| 11 | 2×15 400 | 2×8 800 | 2×15 400 | 2×8 800 |

续上表

| 加载级数 | P46-28 试桩 | | P47-32 试桩 | |
|---|---|---|---|---|
| | 上荷载箱荷载(kN) | 下荷载箱荷载(kN) | 上荷载箱荷载(kN) | 下荷载箱荷载(kN) |
| 12 | 2×16 800 | 2×9 600 | 2×16 800 | 2×9 600 |
| 13 | 2×18 200 | 2×10 400 | 2×18 200 | 2×10 400 |
| 14 | 2×19 600 | 2×11 200 | 2×19 600 | 2×11 200 |
| 15 | 2×21 000 | 2×12 000 | 2×21 000 | 2×12 000 |
| 16 | 2×16 800 | 2×9 600 | 2×16 800 | 2×9 600 |
| 17 | 2×12 600 | 2×7 200 | 2×12 600 | 2×7 200 |
| 18 | 2×8 400 | 2×4 800 | 2×8 400 | 2×4 800 |
| 19 | 2×4 200 | 2×2 400 | 2×4 200 | 2×2 400 |
| 20 | 0 | 0 | 0 | 0 |

### 9.3.4 测试结果与分析

#### 9.3.4.1 试验结果

测试前对桩身混凝土质量进行了声测检测,混凝土强度等级为 C30。测试的同时实验室进行了混凝土强度和弹性模量试验:P46-28 试桩混凝土强度为 46.1 MPa,弹模为 $2.91×10$ MPa,P47-32 试桩桩身强度为 41.8 MPa,弹模为 $2.39×10$ MPa。试桩测试时周围无较大振动,温度条件在 20℃~40℃,测试环境符合测试要求。

1. P46-28 试桩

(1) 下荷载箱测试

2006 年 4 月 13 日,准备工作完成,中午开始 P46-28 试桩的下荷载箱测试,测试工作一切正常。加载至第 11 级荷载($2×9 600$ kN),向下位移迅速增大,且压力无法稳定,持续补压时,位移迅速增大,最终达到加载极限。荷载箱位移量测试结果见表 9-7,荷载箱的 $Q$-$S$ 曲线如图 9-52 所示。下段桩(a 段)极限承载力取第 10 级荷载值 8 800 kN。

表 9-7 P46-28 下荷载箱位移量表

| 荷载编号 | 加载值(kN) | 加载历时(min) | | 向上位移(mm) | | 向下位移(mm) | | 桩顶位移(mm) | |
|---|---|---|---|---|---|---|---|---|---|
| | | 本级 | 累计 | 本级 | 累计 | 本级 | 累计 | 本级 | 累计 |
| 1 | 2×1 600 | 150 | 150 | 0.76 | 0.76 | −0.98 | −0.98 | 0.14 | 0.14 |
| 2 | 2×2 400 | 150 | 300 | 0.41 | 1.17 | −3.15 | −4.13 | 0.23 | 0.37 |
| 3 | 2×3 200 | 210 | 510 | 0.42 | 1.59 | −6.03 | −10.16 | 0.17 | 0.54 |
| 4 | 2×4 000 | 120 | 630 | 0.22 | 1.81 | −3.05 | −13.21 | 0.13 | 0.67 |
| 5 | 2×4 800 | 180 | 810 | 0.48 | 2.29 | −7.13 | −20.34 | 0.18 | 0.85 |
| 6 | 2×5 600 | 120 | 930 | 0.50 | 2.79 | −6.01 | −26.35 | 0.07 | 0.92 |
| 7 | 2×6 400 | 240 | 1 170 | 0.53 | 3.32 | −7.50 | −33.85 | 0.22 | 1.14 |
| 8 | 2×7 200 | 240 | 1 410 | 1.03 | 4.35 | −11.39 | −45.24 | 0.09 | 1.23 |
| 9 | 2×8 000 | 240 | 1 650 | 0.75 | 5.10 | −14.21 | −59.45 | 0.13 | 1.36 |
| 10 | 2×8 800 | 240 | 1 830 | 0.52 | 5.62 | −12.93 | −72.38 | 0.09 | 1.45 |
| 11 | 2×9 600 | 180 | 1 830 | 0.74 | 6.36 | −26.61 | −98.99 | 0.09 | 1.54 |

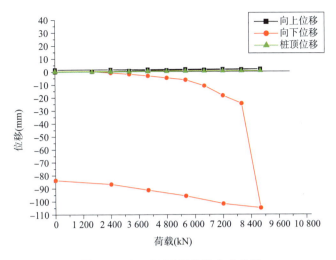

图 9-52　P46-28 下荷载箱 Q-S 曲线

(2)上荷载箱测试

2006 年 4 月 13 日,准备工作完成,夜里开始 P46-28 试桩的上荷载箱测试,此时下荷载箱打开。加载至第 9 级荷载(2×12 600 kN),向下 Q-S 曲线出现陡变,位移达 76.05 mm,中段桩(b 段)向下位移增大,此时关闭下荷载箱,继续进行测试,这样中段桩与下段桩连成一个整体共同提供反力来维持加载,加载至第 12 级荷载(2×16 800 kN),向 Q-S 曲线出现陡变,上段桩(c 段)被抬起来,向上位移为 117.60 mm。荷载箱位移量测试结果见表 9-8,上荷载箱的 Q-S 曲线如图 9-53 所示。中段桩(b 段)极限承载力取第 8 级荷载值 11 200 kN;上段桩(c 段)极限承载力取第 11 级荷载值 15 400 kN。

表 9-8　P46-28 上荷载箱位移量表

| 荷载编号 | 加载值(kN) | 加载历时(min) | | 向上位移(mm) | | 向下位移(mm) | | 桩顶位移(mm) | |
|---|---|---|---|---|---|---|---|---|---|
| | | 本级 | 累计 | 本级 | 累计 | 本级 | 累计 | 本级 | 累计 |
| 1 | 2×2 800 | 120 | 120 | 0.22 | 0.22 | −0.11 | −0.11 | 0.09 | 0.09 |
| 2 | 2×4 200 | 180 | 300 | 0.49 | 0.71 | −0.34 | −0.45 | 0.18 | 0.27 |
| 3 | 2×5 600 | 120 | 420 | 0.51 | 1.22 | −0.34 | −0.79 | 0.06 | 0.33 |
| 4 | 2×7 000 | 120 | 540 | 0.78 | 2.00 | −0.24 | −1.03 | 0.15 | 0.48 |
| 5 | 2×8 400 | 150 | 690 | 0.79 | 2.79 | −1.53 | −2.56 | 0.05 | 0.53 |
| 6 | 2×9 800 | 180 | 870 | 0.94 | 3.73 | −1.50 | −4.06 | 0.99 | 1.52 |
| 7 | 2×11 200 | 150 | 1 020 | 2.00 | 5.73 | −0.69 | −4.75 | 1.00 | 2.52 |
| 8 | 2×12 600 | 180 | 1 200 | 2.75 | 8.48 | −71.30 | −76.05 | 1.90 | 4.42 |
| 9 | 2×14 000 | 150 | 1 350 | 4.02 | 12.50 | −2.01 | −78.06 | 2.73 | 7.15 |
| 10 | 2×15 400 | 150 | 1 500 | 3.99 | 16.49 | −3.75 | −81.81 | 3.04 | 10.19 |
| 11 | 2×16 800 | 180 | 1 680 | 101.12 | 117.61 | −2.61 | −84.42 | 77.53 | 87.72 |

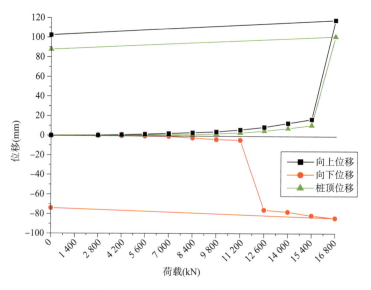

图 9-53　P46-28 上荷载箱 $Q$-$S$ 曲线

2. P47-32 试桩

(1) 下荷载箱测试

2006 年 5 月 26 日,开始 P47-32 试桩的下荷载箱测试。加载至第 12 级荷载($2\times 9\ 600$ kN),向下位移达到 98.99 mm,停止加载。荷载箱位移量测试结果见表 9-9。荷载箱的 $Q$-$S$ 曲线如图 9-54 所示。下段桩(a 段)极限承载力取第 12 级荷载值 9 600 kN。

表 9-9　P47-32 下荷载箱位移量表

| 荷载编号 | 加载值(kN) | 加载历时(min) | | 向上位移(mm) | | 向下位移(mm) | | 桩顶位移(mm) | |
|---|---|---|---|---|---|---|---|---|---|
| | | 本级 | 累计 | 本级 | 累计 | 本级 | 累计 | 本级 | 累计 |
| 1 | 2×1 600 | 150 | 150 | 0.76 | 0.76 | −0.98 | −0.98 | 0.14 | 0.14 |
| 2 | 2×2 400 | 150 | 300 | 0.41 | 1.17 | −3.15 | −4.13 | 0.23 | 0.37 |
| 3 | 2×3 200 | 210 | 510 | 0.42 | 1.59 | −6.03 | −10.16 | 0.17 | 0.54 |
| 4 | 2×4 000 | 120 | 630 | 0.22 | 1.81 | −3.05 | −13.21 | 0.13 | 0.67 |
| 5 | 2×4 800 | 180 | 810 | 0.48 | 2.29 | −7.13 | −20.34 | 0.18 | 0.85 |
| 6 | 2×5 600 | 120 | 930 | 0.50 | 2.79 | −6.01 | −26.35 | 0.07 | 0.92 |
| 7 | 2×6 400 | 240 | 1 170 | 0.53 | 3.32 | −7.50 | −33.85 | 0.22 | 1.14 |
| 8 | 2×7 200 | 240 | 1 410 | 1.03 | 4.35 | −11.39 | −45.24 | 0.09 | 1.23 |
| 9 | 2×8 000 | 240 | 1 650 | 0.75 | 5.10 | −14.21 | −59.45 | 0.13 | 1.36 |
| 10 | 2×8 800 | 240 | 1 830 | 0.52 | 5.62 | −12.93 | −72.38 | 0.09 | 1.45 |
| 11 | 2×9 600 | 180 | 1 830 | 0.74 | 6.36 | −26.61 | −98.99 | 0.09 | 1.54 |

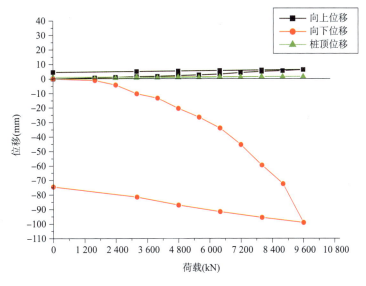

图 9-54　P47-32 下荷载箱 $Q$-$S$ 曲线

(2)上荷载箱测试

2006 年 5 月 28 日,准备工作完成,开始 P47-32 试桩的上荷载箱测试,此时下荷载箱已经打开。加载至第 6 级荷载($2\times8\,400$ kN),向下出现陡变位移较大 74.19 mm。此时关闭下荷载箱继续加载,这样中段桩与下段桩连成一个整体共同提供反力来维持加载。继续加载至第 10 级荷载($2\times14\,000$ kN),上段桩(c 段)向上位移增大出现陡变,把上段桩抬起来,向上位移达到 114.11 mm,向下位移达到 85.15 mm,达到荷载箱行程,故停止加载。荷载箱位移量测试结果见表 9-10。荷载箱的 $S$-lg$t$ 曲线和 $Q$-$S$ 曲线如图 9-55 所示,中段桩(b 段)极限承载力取第 5 级荷载值 7 000 kN;上段桩(c 段)极限承载力取第 9 级荷载值 12 600 kN。

表 9-10　P47-32 上荷载箱位移量表

| 荷载编号 | 加载值(kN) | 加载历时(min) | | 向上位移(mm) | | 向下位移(mm) | | 桩顶位移(mm) | |
|---|---|---|---|---|---|---|---|---|---|
| | | 本级 | 累计 | 本级 | 累计 | 本级 | 累计 | 本级 | 累计 |
| 1 | 2×2 800 | 120 | 120 | 0.24 | 0.24 | −0.34 | −0.34 | 0.15 | 0.15 |
| 2 | 2×4 200 | 120 | 240 | 0.21 | 0.45 | −0.43 | −0.77 | 0.11 | 0.26 |
| 3 | 2×5 600 | 120 | 360 | 0.53 | 0.98 | −0.68 | −1.45 | 0.09 | 0.35 |
| 4 | 2×7 000 | 120 | 480 | 0.93 | 1.91 | −0.84 | −2.29 | 0.09 | 0.44 |
| 5 | 2×8 400 | 120 | 600 | 1.14 | 3.05 | −71.97 | −74.26 | 0.44 | 0.88 |
| 6 | 2×9 800 | 120 | 720 | 2.55 | 5.60 | −1.82 | −76.08 | 3.57 | 4.45 |
| 7 | 2×11 200 | 120 | 840 | 4.47 | 10.07 | −3.37 | −79.45 | 3.09 | 7.54 |
| 8 | 2×12 600 | 180 | 1 020 | 7.30 | 17.37 | −3.13 | −82.58 | 5.86 | 13.40 |
| 9 | 2×14 000 | 180 | 1 200 | 96.74 | 114.11 | −2.65 | −85.23 | 93.84 | 107.24 |

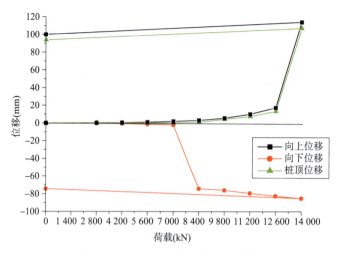

图 9-55　P47-32 上荷载箱 $Q$-$S$ 曲线

3. 试桩实测结果(表 9-11)

表 9-11　试桩实测结果

| 试桩编号 | P46-28 | | P47-32 | |
|---|---|---|---|---|
| | 下荷载箱 | 上荷载箱 | 下荷载箱 | 上荷载箱 |
| 预定加载值(kN) | 2×12 000 | 2×21 000 | 2×12 000 | 2×21 000 |
| 最终加载值(kN) | 2×8 800 | 2×16 800 | 2×9 600 | 2×14 000 |
| 荷载箱处最大向上位移(mm) | 2.02 | 117.6 | 6.36 | 114.11 |
| 荷载箱处最大向下位移(mm) | 73.4 | 84.42 | 98.99 | 85.15 |
| 桩顶向上位移(mm) | 0.62 | 87.73 | 1.53 | 107.24 |

### 9.3.4.2　数据处理分析原理

通过应变计上的读数计算应变值 $\varepsilon_s$ 的公式如下：

$$\varepsilon_s = K\varepsilon_R + B \tag{9-7}$$

式中　$\varepsilon_R$——应变计的读数；

$K$——应变计的标定系数；

$B$——计算时的一个标准值。

在一定荷载下，混凝土中的应变值 $\varepsilon_c$ 与钢筋中的应变值 $\varepsilon_s$ 是相等的。因而桩的轴力 $P_z$ 计算公式如下：

$$\varepsilon_c = \varepsilon_s \tag{9-8}$$

$$\sigma_c = \varepsilon_c E_c \tag{9-9}$$

$$\sigma_s = \varepsilon_s E_s \tag{9-10}$$

$$P_z = \sigma_c A_c + \sigma_s A_s \tag{9-11}$$

式中　$\sigma_c$、$\sigma_s$——在某一荷载下相应的混凝土、钢筋应力值；

$A_c$、$A_s$——某一截面时的混凝土、钢筋面积值；

$E_c$、$E_s$——相应的混凝土、钢筋弹性模量。

而在某一土层中摩擦力可由以下公式求得：

$$q_s = \frac{\Delta P_z}{\Delta F} \tag{9-12}$$

式中　$q_s$——某一土层的摩擦力值（kN/m）；

　　　$\Delta P_z$——两个土层处桩截面轴力值之差；

　　　$\Delta F$——两个桩截面之间的桩侧面积。

为获得桩侧摩阻力与桩竖向位移 $q_s$-$S$ 的关系，在不同土层深度处的位移必须获得，其计算方法如下：

$$S_i = S_{i+1} - \Delta \tag{9-13}$$

式中　$S_i$、$S_{i+1}$——$i$、$i+1$ 截面处的位移；

　　　$\Delta$——$i$、$i+1$ 二个截面之间的弹性位移值，其计算公式如下：

$$\Delta = \frac{(P_{z,i} + P_{z,i+1})L_i}{(2A_n E_c)} \tag{9-14}$$

其中　$P_{z,i}$、$P_{z,i+1}$——$i$、$i+1$ 截面处轴力值，

　　　$L_i$——二截面之间的竖向长度，

　　　$A_n$——换算桩截面积，为 $\frac{\pi d^2}{4} + nA_s(\frac{E_s}{E_c} - 1)$，

　　　$n$——截面主筋数量，$A$ 为单桩中主筋截面积。

荷载箱上下部板的位移与应变都是通过自平衡试验的应变计量测取得。轴力是通过应变与桩的截面刚度计算得到。侧摩阻力因此能通过这个而导出。桩端荷载位移曲线能依据侧摩阻力与桩侧土位移的关系和底部荷载箱的荷载位移曲线的关系得出。

在这个分析中做了如下的假定：

(1)桩体材料的本构关系采用理想弹性；

(2)每一截面的应变能由上下截面的轴力和平均刚度得到；

(3)桩基的荷载与位移曲线和桩侧摩阻力与桩侧土位移曲线与转换试验是相同的。

把上部桩竖向分为 $n$ 个单元，如图 9-56 所示，在自平衡理论中单元 $i$ 中的轴力 $P_i$ 与位移 $S_i$ 计算公式如下：

$$P(i) = P_j + \sum_{m=i}^{n} f(m)\{U(m) + U(m+1)\}h(m)/2 \tag{9-15}$$

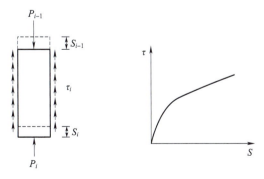

图 9-56　数据分析处理原理示意图

$$S(i) = S_j + \sum_{m=i}^{n} \frac{P(m)+P(m+1)}{A(m)E(m)+A(m+1)E(m+1)} h(m)$$
$$= S(i+1) + \frac{P(i)+P(i+1)}{A(i)E(i)+A(i+1)E(i+1)} h(i) \tag{9-16}$$

式中　$P_i$——在单元 $i+1$ 上的轴力值；

　　　$S_j$——单元 $i+1$ 的位移；

　　　$f(m)$——单元 $m$ 处的桩土界面侧阻力（向上为正）；

　　　$U(m)$——桩在单元 $m$ 的周长；

　　　$A(m)$——在单元 $m$ 处的截面积；

　　　$E(m)$——桩的弹性模量；

　　　$h(m)$——在单元 $m$ 的长度；

　　　$S_m(i)$——在单元 $i$ 的中点位移值。其表达式如下：

$$S_m(i) = S_m(i+1) + \frac{P(i)+3P(i+1)}{A(i)E(i)+3A(i+1)E(i+1)} \times \frac{h(i)}{2} \tag{9-17}$$

将式(9-14)代入式(9-15)、式(9-16)，则可得到：

$$S(i) = S(i+1) + \frac{h(i)}{A(i)E(i)+A(i+1)E(i+1)} \times$$
$$\left\{ 2P_j + \sum_{m=i+1}^{n} f(m)[U(m)+U(m+1)]h(m) + f(i)[U(i)+U(i+1)]h(i)/2 \right\}$$
$$\tag{9-18}$$

$$S_m(i) = S(i+1) + \frac{h(i)}{A(i)E(i)+3A(i+1)E(i+1)} \times$$
$$\left\{ 2P_j + \sum_{m=i+1}^{n} f(m)[U(m)+U(m+1)]h(m) + f(i)[U(i)+U(i+1)]h(i)/4 \right\}$$
$$\tag{9-19}$$

当 $i=n$ 时，

$$S(n) = S_j + \frac{h(n)}{A(n)E(n)+A(n+1)E(n+1)} \left\{ 2P_j + f(n)[U(n)+U(n+1)]h(n)/2 \right\} \tag{9-20}$$

$$S_m(n) = S_j + \frac{h(n)}{A(n)E(n)+3A(n+1)E(n+1)} \left\{ 2P_j + f(n)[U(n)+U(n+1)]h(n)/4 \right\} \tag{9-21}$$

通过式(9-15)~式(9-21)和 $\tau(i)$ 与 $y(i)$ 的关系，$f(i)$ 能使用一个 $y_m(i) = S_m(i)$ 的函数来表示。而 $\tau(i)$ 能被测得，$f(i)$ 能通过 $f(i) = -\tau(i)$ 导出。$P(i)$ 能通过 $Q(i)$-$S(i)$ 关系获得。由此，$2n$ 个关于 $S(i)$ 和 $S_m(i)$ 的方程建立起来。其迭代计算编成程序，其计算思路流程如图 9-57 所示。

#### 9.3.4.3　轴力分析

在进行上荷载箱测试时，根据埋置在桩身内的钢筋应力计，利用上述原理编制的程序可推算出沿桩身深度方向各级荷载下的桩身轴力。绘制各级荷载下沿深度方向的桩身轴力图如图 9-58 及图 9-59 所示。

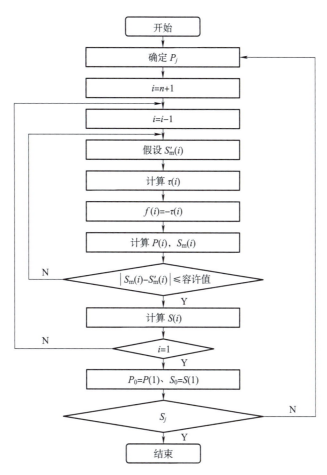

图 9-57 利用测试数据进行转化程序编制流程图

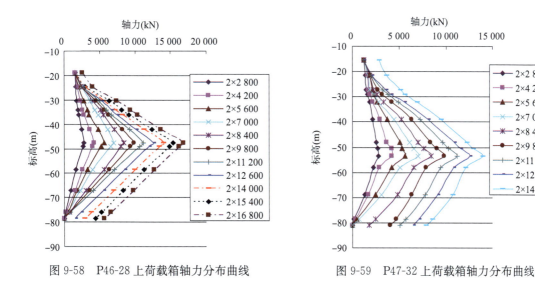

图 9-58 P46-28 上荷载箱轴力分布曲线     图 9-59 P47-32 上荷载箱轴力分布曲线

桩 P46-28 上荷载箱的标高为 $-47.5$ m,下荷载箱的标高为 $-78.5$ m。上荷载箱加压时,压力向荷载箱的上下部分传递。从图 9-59 可以看出,随着荷载等级的增加,上下段桩身轴力均呈现从荷载箱位置到远离荷载箱位置逐渐减小的趋势。桩身轴力的变化是由于桩周摩阻力的影响而引起的。在施加第一级荷载2×2 800 kN至第十级荷载2×15 400 kN时,标高−19 m处的桩身轴力为1 537 kN左右,由于此部分在土体之上,此时的轴力并不是荷载箱加载引起的,而是由桩顶平衡梁及桩体自重引起的。当荷载大于2×15 400 kN时,荷载已传递到桩顶,随着荷载等级的增加,桩顶轴力增加传递至平衡梁。当荷载箱加载级数为2×16 800 kN时,荷载箱箱上行程为100.73 mm。对于荷载箱以下的桩体,荷载等级从2×2 800 kN至2×11 200 kN时,下荷载箱位置处的桩身轴力均为零,说明在此荷载范围内,荷载压力全部为桩周摩阻力承担未传递到桩端。当荷载大于2×11 200 kN时,随着荷载的增加桩端阻力逐渐加大。当荷载级数为2×16 800 kN时,荷载箱下行程为84.42 mm,此时的桩端阻力为5 685.58 kN。

桩P47-32上荷载箱的标高为−53.49 m,下荷载箱的标高为−80.99 m。上荷载箱的荷载等级从2×2 800 kN至2×12 600 kN时,标高−15.33 m处的桩身轴力均为1 244 kN左右。当荷载为2×12 600 kN时,荷载箱的上位移为13.4 mm,当荷载为2×14 000 kN时,荷载箱的上位移为107.24 mm,荷载增加11%,位移增加7倍,说明在此荷载下,上荷载箱上部已到极限摩阻力。当荷载等级小于2×7 000 kN时,桩端处的轴力均为零,此时的荷载箱下位移为0.84 mm,当荷载等级大于2×7 000 kN时,桩端轴力逐渐增大,荷载箱的下位移也逐渐增大。荷载为2×14 000 kN时,桩端轴力为7 866.64 kN,荷载箱下位移为−85.15 mm,小于荷载箱的上位移。由此推出荷载箱的埋置位移偏上。

综合分析两根桩的荷载轴力曲线,可见桩的竖向承载力的发挥首先是侧摩阻力的充分发挥,然后才是端阻力的发挥。随着上荷载箱加载等级的增加,桩身轴力均沿着远离荷载箱位置方向逐渐减小,未出现明显的拐点。当荷载较小时,下段桩身斜率大于上段桩身斜率,说明下段桩侧摩阻力的发挥较充分。当荷载较大时,上段斜率大于下段斜率,这是由于桩顶为自由段,桩侧摩阻力可以充分发挥,而随着荷载增加下段桩身向下位移,桩不但承受桩侧摩阻力还承受桩端阻力,荷载的增加量大部分由桩端阻力承担。

#### 9.3.4.4 摩阻力分析

在进行上荷载箱测试时候,根据埋置在桩身内的钢筋应力计,推算出沿桩身深度方向各级荷载下的桩身轴力。根据桩身轴力逐段计算桩侧摩阻力,从而绘制各级荷载下沿深度方向的桩侧摩阻力图,结果如图9-60及图9-61所示。

由图9-60可以看出P46-28桩的桩侧摩阻力分布情况。对于上段桩身,在最后一级荷载时荷载箱的上位移为100.73 mm,下位移为85.15 mm,桩侧摩阻力已经完全达到极限。由于地质条件的差异桩侧土体的极限摩阻力也呈现较大差异,对比地质柱状图及摩阻力推荐值,上层浅灰色含珊瑚与有机物土体的极限摩阻力试验值为65 kPa,地质资料的推荐值为75 kPa;下层黑灰色含珊瑚与有机物土体的极限摩阻力试验值为70 kPa,地质资料的推荐值为60～80 kPa,基本相符;荷载箱以下土体为暗灰色粉质黏土,地质资料的推荐值为45 kPa,试验值为43～47 kPa和推荐值基本相符。

从图9-61可以看出,P47-32桩周各土层达到极限时摩阻力差别较大。桩周摩阻力偏小,深度范围在9～11 m处上层绿暗灰色砂质黏土的极限摩阻力为40 kPa;摩阻力最大的深度范围在13～16 m处的棕灰色黏质粉土的最大摩阻力为52 kPa,远远小于P46墩的极限摩阻力;其他极限侧摩阻力均小于40 kPa,而且存在深度42～52.5 m范围内的极限摩阻力小于20 kPa的夹层,这在地质资料内没有反映。

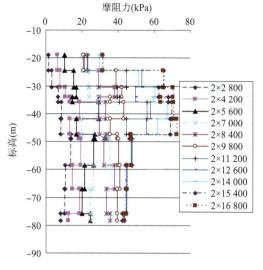

图 9-60　P46-28 上荷载箱摩阻力分布曲线

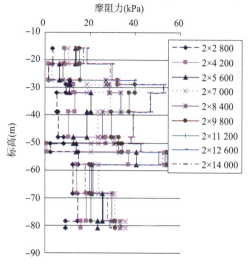

图 9-61　P47-32 上荷载箱摩阻力分布曲线

从图 9-62 中桩侧摩阻力与桩土相对位移可以看出,虽然不同土体的极限摩阻力差别较大,但是到达极限摩阻力时的桩土位移基本一致,即小于 10 mm。当桩土的相对位移大于 10 mm 时,随着桩土位移的增加摩阻力不再增加或增加很少。

由图 9-63 可以看出 P47 桩与 P46 桩的结论相同,当桩土相对位移小于 20 mm 时桩侧摩阻力随着桩体位移的增加而增加,当相对位移大于 20 mm 时,桩侧摩阻力不再增加,部分甚至出现减小现象。

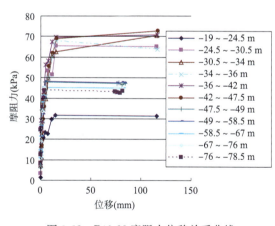

图 9-62　P46-28 摩阻力位移关系曲线

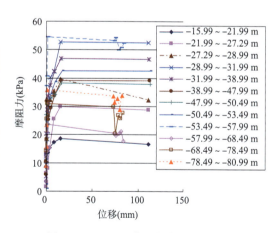

图 9-63　P47-32 摩阻力位移关系曲线

综合分析两桩桩侧摩阻力的发挥性状。两桩施工工艺相同,由于土体的差异造成桩侧摩阻力有较大不同。P46 墩上层黑暗灰色含有珊瑚和生物土体的极限摩阻力超过 70 kPa,下层暗灰色粉质黏土仅为 40 kPa 左右;P47 墩的桩侧摩阻力小于 P46 墩,且在桩底部出现极限摩阻力为 20 kPa 的夹层。但是所有土体达到极限摩阻力时的桩土相对位移基本一致,均小于 20 mm。

#### 9.3.4.5 桩端阻力与总承载力分析

由下荷载箱测定桩端荷载沉降关系,并根据前述转换方法绘制单桩的荷载沉降曲线结果如图9-64所示,确定各桩的极限承载力结果见表9-12。

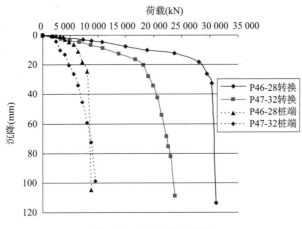

图 9-64　$Q$-$S$ 关系曲线

表 9-12　试桩自平衡分析结果

| 试桩编号 | c段桩的实测极限承载力 $Q_{u上}$(kN) | b段桩的实测极限承载力 $Q_{u下}$(kN) | a段桩的实测极限承载力 $Q_{u下}$(kN) | 单桩竖向抗压极限承载力 $Q_u$(kN) |
|---|---|---|---|---|
| P46-28 | 15 400 | 11 200 | 8 000 | (15 400−6 262)/0.8+11 200+8 000=30 623 |
| P47−32 | 12 600 | 7 000 | 9 600 | (12 600−6 953)/0.8+7 000+9 600=23 658 |

自平衡试验时,下荷载箱靠近桩的下端,测试荷载箱下桩侧摩阻力和桩端阻力的发挥性状。由单桩的承载力性状可知,桩侧摩阻力和桩端阻力相互影响,很难机械的分开,本节在分析时将荷载箱下桩侧摩阻力和桩端阻力一同考虑。

从图9-64可以看出,桩P46-28和桩P47-32的桩端荷载沉降曲线变化趋势基本一致,均呈双曲线状。曲线后一段沉降在20 mm后转换曲线与桩端曲线基本一致,这说明桩土侧摩阻力充分发挥后,桩端阻力才进一步发挥。并且,比较桩46-28与桩47-32桩端阻力与沉降后段曲线,可发现桩47-32的后段突然变陡,而桩46-28变化较缓,说明桩46-28其桩端阻力发挥过程产生的沉降量比较大,而且过程比较长。估计这主要是由于钻孔灌注桩的施工工艺缺陷和桩端沉渣影响所致,沉渣的存在影响桩端阻力的发挥及沉降量的大小。

根据摩阻力的计算公式,将上荷载箱上部的摩阻力转换为向下,计算单桩在桩顶荷载作用下的荷载沉降关系。由图9-64可以看出,由于桩长较长,且桩端土层为黏性土,两桩的荷载沉降曲线均呈现摩擦桩的性质。当桩顶沉降为20 mm时,P46-28桩的桩端荷载占总荷载的25%,P47-32的桩端荷载占26%。由于自平衡试验时是下荷载箱加压时上段桩身不受影响,在实际工程中,荷载从桩顶向下传递,由于桩体压缩,传递至桩端的荷载将更小。

P47-32桩周土体的极限摩阻力较小,承载力小于P46-28。P46-28在桩顶荷载为10 846 kN,沉降为20.34 mm时,$Q$-$S$曲线即出现明显的拐点。P47-32在桩顶荷载为27 992 kN,沉降为18.21 mm时,$Q$-$S$曲线出现明显的拐点,荷载比P46-28桩大16%。

从图 9-64 中曲线可以看出,软弱地基中超长大直径钻孔灌注桩均呈现摩擦桩的性质,但也必须考虑端阻力的的作用,属于端承摩擦桩。

## 9.3.5 小　　结

本节通过自平衡试验测试了两根桩的单桩竖向承载力,并通过编程得出各截面处的轴力、位移与侧摩阻力之间的关系曲线,通过对自平衡试验曲线的换转,得出桩顶 $P$-$S$ 与桩端 $P$-$S$ 曲线,得出以下结论:

(1)得出苏拉马都火山灰沉积岩各土层在钻孔灌注工艺下的极限承载力,这为仿真模拟提供参数。

(2)各土层达到极限摩阻力时的桩土相对位移小于 20 mm,并且侧摩阻力与桩土位移之间可近似拟合为双曲线关系,为仿真计算机模型的选取,以及侧摩阻力取常值提供重要参数。

(3)从试验结果中的桩顶与桩端 $P$-$S$ 曲线可以得出,在软基工程中大直径超长桩其在达到极限承载力时,其桩端承载力值占比较大的成分,此时桩为摩擦端承型桩,计算桩极限承载力时必须考虑桩端阻力。

(4)在桩土相互作用中,首先是桩土之间的侧摩阻力充分发挥作用,之后桩端阻力才发挥作用,此时桩的竖向极限承载力控制因素是两个,一个是桩端土的容许承载力,另一个是桩顶位移。在本工程中桩顶沉降起控制作用,这为桩端阻力的计算提供计算理论依据。

(5)钻孔灌注桩的成孔工艺与孔底清渣质量影响桩竖向承载力的发挥,必须保证成孔与清渣质量。

# 10 长大直径桥梁桩基有限元仿真分析

## 10.1 长大直径钻孔灌注桩承载力仿真分析

### 10.1.1 仿真软件

有限元法诞生于二十世纪中叶,主要是为了分析复杂的结构系统而发展起来的。随着计算机技术和计算方法的发展,这一技术通过数学关系延伸发展到其他领域,例如流体力学、热力学、气体动力学等,已经成为计算力学和计算工程科学领域里最有效地计算方法。有限元法的突出优点是适于处理非线性、非均质和复杂边界条件等问题,而土体的应力和变形分析即具有典型的非线性、复杂边界等特点。因此自从1966年美国的克拉夫(Clough)和伍德沃德(Woodward)首先利用有限元法分析土坝的受力变形问题以来,有限元法在岩土工程中的应用迅速发展,本章则利用大型有限元软件MARC对桩基进行建模计算。

MARC是国际上通用的先进的非线性有限元分析软件,是MARC Analysis Corporation (简称MARC)的研发产品。从其诞生的20世纪70年代至今的几十年里,MARC已发展成为功能强大、界面友好的有限元软件系统。它拥有丰富和完善的单元库、材料模型库和求解器,保证其能够高效地求解各类结构的静力和动力线性与高度非线性、稳态与瞬态热分析及热—结构耦合问题、电磁场问题、流体力学问题等。自20世纪90年代进入我国以来,在我国的航空航天、核工业、铁路运输、石油化工、能源、汽车、电子、土木工程、生物医学、地质等领域得到广泛应用,为各领域的产品设计、科学研究做出了贡献。

MARC是基于位移法的有限元程序,该软件具有极强的结构分析能力,它提供了丰富的结构单元、连续单元和特殊单元的单元库,具有处理大变形几何非线性、材料非线性和包括接触在内的边界条件以及组合的高度非线性的超强能力。可以进行各种非线性结构分析,包括线性/非线性静力分析、模态分析、简谐响应分析、频谱分析、随机振动分析和动力响应、自动的静/动力接触、屈曲/失稳、失效和破坏分析等。其结构分析材料库提供了模拟金属、非金属、聚合物、岩土、复合材料等多种线性、非线性复杂材料行为。分析采用高数值稳定性、高精度和快速收敛的高度非线性问题求解技术。程序按模块化编程,工作空间可根据计算机内存大小自动调整。MARC对非线性问题采用增量解法,在各增量步内对非线性代数方程组进行迭代以满足收敛判定条件。MARC单元刚度矩阵采用数值积分法生成。连续体单元及梁、板、壳单元的面内区域采用高斯积分法,而梁、板、壳单元厚度方向则采用任意奇数个点的Simpson积分法,应变—位移函数根据高斯点来评价。MARC程序的单元库提供了近160种单元,例如平面应力单元、平面应变单元、三维实体单元、三维杆单元、不可压缩单元等,分析中单元数和单元类型可自由选择,不同类型单元可组合使用。MARC 程序的功能库包含了对分析目标进行准确模拟、快速生成输入数据、准确高效进行分析,以及多种结果输出的众多功能。MARC 程序的分析库包含多种分析类型,例如线性分析、弹塑性分析、大变形分析等等,用户根据具体情况和需要进行选择运用。MARC 材料库包含 30 多种材料本构模型,例如弹性、塑性、蠕变、黏弹性等等,可以考虑材料的线性和多种非线性材料特性的温度相关性、各向异性等。另外,MARC 程序拥有许多对用户开放的子程序,用户可根据需要用 Fortran 语言编制用户子程序,实现对输入数据的修改、材料本构关系定义、载荷条件、边界条件、约束条件的变更,甚至扩展 MARC 程序的功能。

在中国,MARC 软件已通过了全国压力容器分析设计标准(JB 4732—95)认可并已受到土木工程界科研人员和工程技术人员的关注并逐渐被采纳,例如:长安大学曾利用该软件进行了柔性基础下复合地基的分析(2000)、桥头楔性柔性搭板的分析(2002)、大直径空心桩的数值仿真(2002)等分析,并取得良好的效果。

### 10.1.2 材料本构模型

#### 10.1.2.1 土体的本构模型

在桩基工程中,地基土对桩基的工作性能有直接影响。土体种类繁多、性状十分复杂。大量的三轴试验表明土体材料的总应变是由不同性质的应变组成的,即把总应变分解成几个部分,由如下的增量形式组成:

$$d\varepsilon_{ij} = d\varepsilon_{ij}^e + d\varepsilon_{ij}^P + d\varepsilon_{ij}^c \tag{10-1}$$

式中　$d\varepsilon_{ij}$——总应变增量;

　　　$d\varepsilon_{ij}^e$——弹性应变增量;

　　　$d\varepsilon_{ij}^P$——塑性应变增量;

　　　$d\varepsilon_{ij}^c$——蠕变应变增量。

各部分的应变增量根据它们不同的性质采用相应的理论进行计算。

在岩土工程问题分析中,一般需要由加载的特点确定土体变形计算的主要部分。此外,土体的围压、应力路径、各向异性和排水条件对土体的变形特性也有影响,加载速率不同,土体的应力—应变关系也会不同。由此可见,对于岩土工程问题的分析,应根据具体的加荷特点和边界条件等,确定影响土体变形的主导因素,从而选用具有针对性的本构模型以恰当描述所要分析问题的变形特性,以便为工程设计提供较为合理和客观的依据。

描述岩土类材料的应力—应变性质最简单、最古老的方法是各向同性线弹性理论和广义虎克定律。采用弹性本构模型,其基本特点是应力与应变的可逆性,或者在增量意义上可逆。通常弹性本构模型用于单调加载且应力水平较低时,即偏离试验条件较近的情况下,会取得较好、较精确的结果,但对于复杂的加载条件,如周期循环加荷的情况,往往会导致能量不守恒。

采用塑性理论的概念解决土工计算问题是岩土工程研究上的一大进步,其历史可以追溯到 1774 年 Columnb 提出 Columnb 屈服准则。建立在弹性理论和塑性理论基础上的各种非线性弹性和弹塑性本构模型构成了岩土类材料本构模型的主体,并在许多岩土工程中得到了普遍的应用以及不断地发展。在弹塑性模型的分析中把总应变分成弹性应变和塑性应变两部分,弹性应变用虎克定律计算,塑性应变由塑性理论求解。对于塑性应变作三个方面的假设:

破坏准则和屈服准则、硬化规律、流动法则。目前常用的本构模型有：Moher-Colomn 模型、Duncan-Chang 模型、剑桥模型等。本书选用适用于土性材料的 Mohr-Coulomb 屈服准则。Mohr-Coulomb 屈服准则分为两类，分别是线性的 Mohr-Coulomb 屈服准则和抛物线型的 Mohr-Coulomb 屈服准则。

线性 Mohr-Coulomb 偏应力屈服函数为线性 Drucker-Prager 屈服函数。其平面应变条件下的屈服面如图 10-1 所示。假设屈服应力是静水压力的线性函数，其屈服函数表达式是：

$$F = \alpha I_1 + \sqrt{J_2} - \frac{\bar{\sigma}}{\sqrt{3}} = 0 \tag{10-2}$$

式中　$I_1$——应力张量第一不变量，$I_1 = \sigma_{ii}$；

$J_2$——应力偏量第二不变量，$J_2 = \frac{1}{2}\sigma_{ij}\sigma_{ij}$；

$\alpha$、$\bar{\sigma}$——参数值由土性材料参数来确定，可据以下关系式求出：

$$c = \frac{\bar{\sigma}}{3(1-12\alpha^2)^{\frac{1}{2}}} \tag{10-3}$$

$$\sin\varphi = \frac{3\alpha}{(1-3\alpha^2)^{\frac{1}{2}}} \tag{10-4}$$

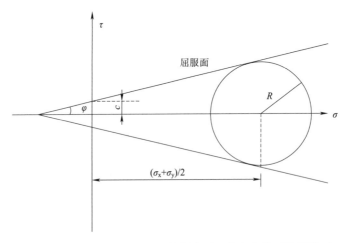

图 10-1　线性 Mohr-Coulomb 材料在平面应变条件下的屈服面

在 MARC 有限元计算中采用：

$$\alpha = \frac{\sin\varphi}{\sqrt{9+3\sin^2\varphi}} \tag{10-5}$$

$$\bar{\sigma} = \frac{9c\cos\varphi}{\sqrt{9+3\sin^2\varphi}} \tag{10-6}$$

式中　$c$——土的黏聚力；

$\varphi$——土的内摩擦角。

线性 Drucker-Prager 屈服函数与线性 Mohr-Coulomb 屈服函数类似，对主应力 $\sigma_1 > \sigma_2 > \sigma_3$，后一个函数可写成：

$$F = \frac{1}{2}(\sigma_3 - \sigma_1) + \frac{1}{2}(\sigma_3 + \sigma_1)\sin\varphi - \cos\varphi = 0 \tag{10-7}$$

Mohr-Coulomb 表面与 π 平面 $\sigma_1+\sigma_2+\sigma_3=0$ 相交线为六边形。

抛物线 Mohr-Coulomb 屈服函数与静水压力相关,可广义化为一个特定的屈服包络面,在平面应变状态下是一条抛物线。具体如图 10-2 所示。其屈服函数表达式为：

$$F=(3J_2+\sqrt{3}\beta\bar{\sigma}J_1)^{\frac{1}{2}}-\bar{\sigma}=0 \tag{10-8}$$

$$\beta\bar{\sigma}=\frac{\alpha}{\sqrt{3}} \tag{10-9}$$

本书选用线性的 Mohr-Coulomb 屈服准则对土性材料进行计算。

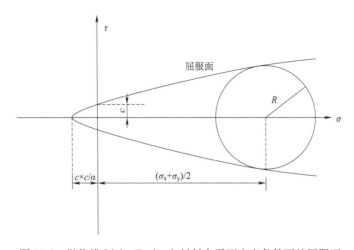

图 10-2 抛物线 Mohr-Coulomb 材料在平面应变条件下的屈服面

#### 10.1.2.2 钢筋混凝土材料本构模型

钢筋混凝土结构是土木工程中应用最为广泛的一种结构。因此人们对其进行了大量的研究,并在混凝土的本构模型和钢筋的相关理论领域均取得较大的成就。混凝土的本构关系是指混凝土的应力—应变关系。如何建立数学模型,既能很好反映各种受力情况下混凝土的应力应变关系,又便于应用,这是研究混凝土本构模型的目的。目前,在小变形的情况下,比较常用的混凝土本构关系是线弹性关系。而针对桩基础,虽然其桩身一般都在弹性范围内进行工作,但是桩为长细的杆件结构,在受到轴向荷载较大的时候,其本构关系就会表现为非线性。另外,桩顶沉降主要是由于桩身压缩引起的。在同一荷载水平下,随着桩长的增加,桩总压缩量加大,且弹性压缩量和塑性压缩量均增大;同时,在最大荷载水平下,随着桩长的增加,桩身混凝土弹性压缩量占总压缩量的比例下降,而塑性压缩量所占的比例增加。这是因为超长桩承受的荷载很大,在桩身上段钢筋混凝土应力—应变往往处于非线性弹性状态。采用单向受压情况下的本构关系可以反映桩身的钢筋混凝土受力特征。据此,本书混凝土的本构关系采用非线性弹性模型。按照《混凝土结构设计规范》(GB 50010—2002)中对于混凝土受压的应力—应变曲线,有如下规定：

当 $\varepsilon_c \leqslant \varepsilon_0$ 时：

$$\sigma_c=f_0\left[1-\left(1-\frac{\varepsilon_c}{\varepsilon_0}\right)^n\right] \tag{10-10}$$

当 $\varepsilon_0<\varepsilon_c\leqslant\varepsilon_{cu}$ 时：

$$\sigma_c=f_c \tag{10-11}$$

式中 $\sigma_c$——混凝土压应变为 $\varepsilon_c$ 时的混凝土压应力；

$f_c$——混凝土轴心抗压强度设计值；

$\varepsilon_0$——混凝土压应力刚达到 $f_c$ 时的混凝土压应变，一般取为 0.002；

$\varepsilon_{cu}$——正截面的混凝土极限压应变，取为 0.003 3；

$n$——系数，取为 2.0。

将式(10-10)变换，并对 $\varepsilon_c$ 求导数可以得到切线弹性模量 $E_t$：

$$E_t = E_0 \sqrt{1 - \frac{\sigma}{f_c}} ; E_0 = \frac{2f_c}{\varepsilon_0} \tag{10-12}$$

一般桩基工作荷载均达不到其极限承载力，因此可以采用式(10-10)、式(10-11)作为混凝土的本构关系。

### 10.1.3 桩—土接触面本构关系

桩土两种材料性质相差很远，当桩顶竖向荷载达到某一临界值时，就可能在其接触面上产生错动或开裂。因此从数值模拟的合理性及精度考虑需要定义桩、土间的接触。

从力学分析角度看，接触是边界条件高度非线性的复杂问题，需要准确追踪接触前多个物体的运动以及接触发生后这些物体之间的相互作用，同时包括正确模拟接触面之间的摩擦行为。因此，要解决两方面的问题：一是接触上的本构行为，尤其是剪应力与剪切变形之间的关系；二是接触面单元的数值模型的选择。MARC 软件对于解决接触问题有三种途径：一是通过基于拉格朗日乘子法或罚函数法的接触界面 gap/friction 单元；二是接触迭代算法；对于直接约束的接触算法，是解决所有问题的通用方法，特别是对大面积接触以及事先无法预知接触发生区域的接触问题，程序能根据物体的运动约束和相互作用自动探测接触区域，施加接触约束，这是 MARC 为解决非线性接触问题而提出的一种独特的解决方法，也是该程序的特点之一；三是全面通过用户子程序 USPRUG 来自定义接触算法。

对于第一种方法类似于上面提到的接触面单元，应用起来非常繁琐，且需要在 DAT 文件中进行定义，但对三维问题几乎无法定义，效果不理想。本节中桩—土之间接触的处理是通过第二种方法，将桩、桩周土定义为可变形接触体，并在接触表中定义接触体之间的摩擦系数，接触后所需的分离力，接触容差及可能的过盈配合值。两个接触体在受力后可能出现分离或嵌入，可通过分离力及过盈配合值来控制，当荷载增加到一定程度时，桩土之间既不应该出现分离也不应该嵌入，这时可以通过输入一个很大的分离力和一个很小的过盈配合值来控制，从而实现桩与土在接触面上只有滑移的模拟。摩擦系数则要根据桩土的性质来确定。关于第三种定义用户子程序的方法本书没有涉及。

MARC 中提供的较适用的摩擦模型有 Coulomb 摩擦模型、stick-slip 模型、shear 模型。

本书经过比选，采用 Coulomb 摩擦模型，如图 10-3 及图 10-4 所示。Coulomb 模型可以用应力表示为：

$$\sigma_{fr} \leqslant -\mu \sigma_n \cdot t \tag{10-13}$$

式中 $\sigma_n$——法向应力；

$\sigma_{fr}$——切向应力(摩擦力)；

$\mu$——摩擦系数；

$t$ ——相对滑动速度方向上的切向量，$t = V_r/|V_r|$；

$V_r$ ——相对滑动速度。

Coulomb 模型也可以用力表示，即：

$$f_r \leqslant -\mu f_n \cdot t \tag{10-14}$$

式中　$f_r$ ——切向力；

　　　$f_n$ ——法向力。

对于给定的法向力，摩擦力是相对位移速度的阶跃函数，这一不连续性给数学处理带来了困难，为此采用了一种修正的库仑模型，其表达式为：

$$\sigma_{fr} \leqslant -\mu\sigma_n \cdot \frac{2}{\pi}\arctan\left(\frac{V_r}{RVCNST}\right) \cdot t \tag{10-15}$$

式中　RVCNST——相对位移速度。

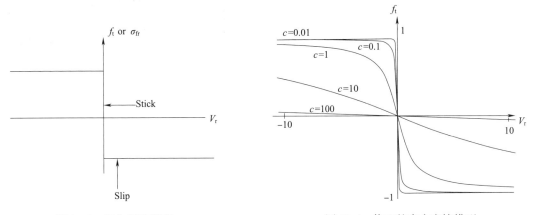

图 10-3　库仑摩擦模型　　　　图 10-4　修正的库仑摩擦模型

为解决工程中的硬土软岩这一特殊情况，在仿真计算中动静摩擦系数的确定采用了摩擦衰减模型。

$$\mu = MU \times (1 + (FACT-1)\exp(-DC \times V_{ref})) \tag{10-16}$$

在计算中首先采用确定一初始衰减系数 $DC$，之后通过多次计算调整 $DC$ 值以吻合现场试验值，最终确定计算所取的 $DC$ 值；FACT 值取现场试验中所取得的侧摩阻力曲线的峰值与衰减终值之比。

### 10.1.4　计算模型的建立

计算模型包括材料模型与几何模型，模型选用得当与否，直接影响到计算结果的精度及能否反映实际真实的受力情况。因此，计算模型的选用非常重要。

桩基是轴对称结构，故在竖向荷载下完全可以采用空间轴对称模型来模拟其力学性状。其几何模型如图 10-5 所示。

MARC 单元库提供了近 160 种单元，除了少部分单元外，其他单元均可用于线性和非线性分析。在轴对称实体单元中主要有：3 节点、4 节点、8 节点等参单元，考虑扭转的 4 节点单元，任意加载 8 节点单元。本书采用了精度较高的 8 节点等参轴对称单元。

从桩—土相互作用的角度来看，桩土相互作用力沿整个结构（桩）表面分布，分布规律未知,且取决于两者的共同作用。因此,为了较好的模拟这种相互作用机理,尽可能地加密桩土接触区域的离散网格,由近到远,由密到疏的过渡,这样既可确保计算精度,又易于收敛,节省运算时间。桩与桩侧土体关系细部扩大图如图 10-5 所示。

计算模型中需要确定的几何尺寸主要是地基厚度和土体的计算宽度。桩端及桩侧土体在桩的外荷载下发生变形,根据资料提供的数据确定地基厚度和土体的计算宽度分别取 20 m、40 m,完全满足变形计算精度的要求。

### 10.1.5 材料计算参数确定

对印尼苏拉马都大桥 P47-32 桩进行仿真计算时,各种材料均来自现场试验得到的材料参数,各参数取值采用现场试验所得值的平均值。计算中材料参数的取值见表 10-1。

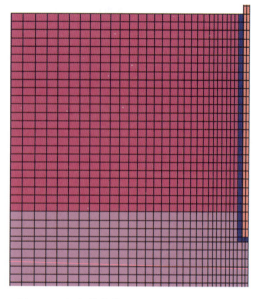

图 10-5 竖向荷载作用下空间轴对称模型

表 10-1 材料计算参数

| 材　料 | 厚度(长度)<br>$L$(m) | 容重<br>$\gamma$(kN/m) | 弹性模量<br>$E$(kPa) | 压缩模量<br>$E_s$(MPa) | 泊松比<br>$\mu$ | 内摩擦角<br>(°) | 黏聚力<br>$c$(kPa) |
|---|---|---|---|---|---|---|---|
| 软黏土 | 0~9 | 17.3 | | 5.72 | 0.45 | 41.6 | 14.6 |
| 中硬砂质~粉质黏土 | 9~11.55 | 20.1 | | 6.33 | 0.3 | 3.5 | 1.2 |
| 硬的砂质粉土 | 11.55~13 | 17.4 | | 6.33 | 0.28 | 73 | 12.1 |
| 坚硬~非常坚硬的黏质粉土 | 13~16 | 17.4 | | 14.73 | 0.31 | 106.8 | 7.9 |
| 坚硬的砂质粉土 | 16~23 | 17.2 | | 7.22 | 0.26 | 70.5 | 7.5 |
| 硬~坚硬的黏质粉土 | 23~34.5 | 15.9 | | 12.01 | 0.2 | 83 | 11.7 |
| 坚硬~非常坚硬的粉质黏土 | 34.5~100 | 15.8 | | 11.35 | 0.15 | 26.3 | 4.7 |
| 坚硬~非常坚硬的粉质黏土 | 41.55~100 | 15.9 | | 9.37 | 0.18 | 98.6 | 10.2 |
| C30 钢筋混凝土 | | 26 | 30 | | | | |

### 10.1.6 计算结果及分析

#### 10.1.6.1 桩土相互作用的模拟

桩土的模拟首要的是研究桩土接触面之间的关系,为简单起见,首先考虑采用单一土层进行模拟计算。在进行计算时又分桩土侧摩阻力不设最大值与设最大值两种情况,计算结果如图 10-6、图 10-7 所示。

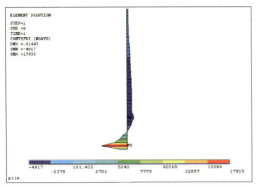
(a) 第1加载步

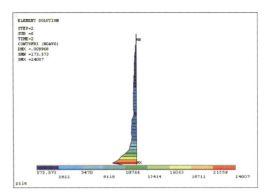
(b) 第2加载步

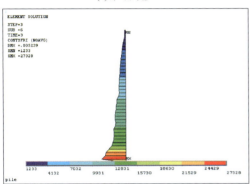
(c) 第3加载步

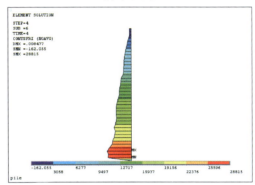
(d) 第4加载步

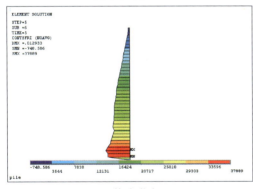
(e) 第5加载步

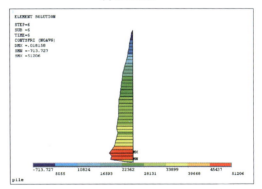
(f) 第6加载步

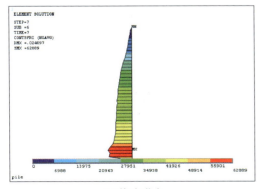
(g) 第7加载步

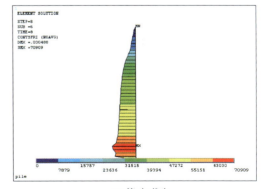
(h) 第8加载步

图 10-6

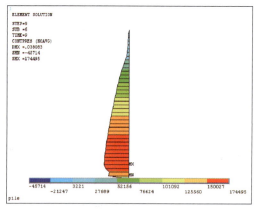

(i) 第9加载步

图 10-6  没有设定侧摩阻力最大值时桩土之间的侧摩阻力

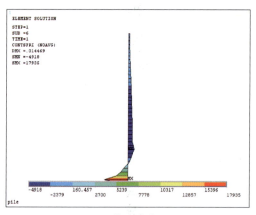

(a) 第1加载步

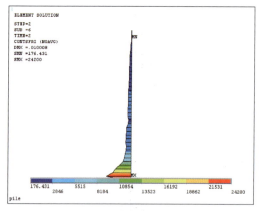

(b) 第2加载步

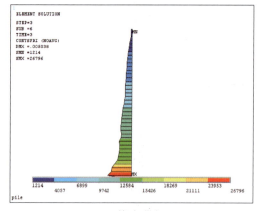

(c) 第3加载步

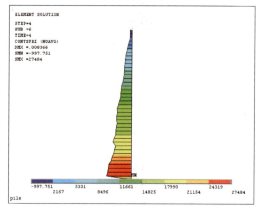

(d) 第4加载步

图 10-7

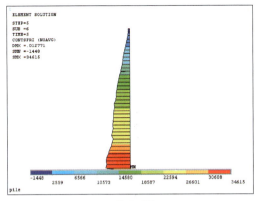 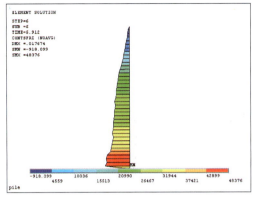

(e) 第5加载步　　　　　　　　　　　(f) 第6加载步

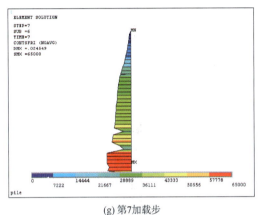 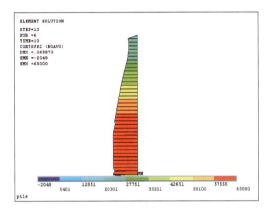

(g) 第7加载步　　　　　　　　　　　(h) 第10加载步

图 10-7　设定侧摩阻力最大值时桩土之间的侧摩阻力

从图 10-6、图 10-7 可以看出：

(1)沿桩长方向其侧摩阻力增大，也就是说桩土的侧摩阻力是从桩底逐渐向上发挥的，桩底先达到极限侧摩阻力，桩端阻力在桩侧摩阻力的发挥之后逐渐发挥。

(2)桩侧摩阻力由下向上发挥是由于桩侧土压随深度增加而引起的。

(3)对于设摩阻力限值与没有设摩阻力限值的情况，从图 10-6、图 10-7 可以看出，在同等条件下前几步加载比较小时二者的桩土接触力是基本一致的(1~3)；而在后面几步(4~6)加载比较大而又没有达到设定的极限侧摩阻力时，设定侧摩阻力的其桩侧摩阻力相应比较小，也即在同等加载情况下其桩端阻力相应要大，就是说设定侧摩阻力的桩端阻力发挥相应要早。这从理论上来解释也就是说桩侧土性越差，桩土接触所能提供的侧摩阻力就要小，其桩端阻力发挥越早。

(4)从最后几步加载情况来看，设定限值的在加载相对比较大的情况下其沿桩长方向侧摩阻力发挥程度相对要高，桩端阻力发挥程度也要高些。没有设定限值的可以视为其摩阻力限值比现达到的程度要高，也就是说桩侧土要好，从这一点来说，桩侧土越好，其能提供的桩侧摩阻力越大。这在工程应用上就提供了一种新的思路，如果桩侧土相对比较好，而达到基岩所需桩长要求相当长时，可以考虑不采用端承桩而采用比较经济适用的摩擦桩。

进一步，考虑多层土之间的桩土接触，按照本工程的现场试验参数情况，应用在第 4 章中提出的两种侧摩阻力模型,参照第 9 章中现场试验所取得的摩阻力与位移关系(图 9-63)进行建模。进行模拟时,桩顶荷载按现场试验中的情况分十步加载,得出考虑多层土的桩土接触模型。以下是计算所得出的一些结果。

在桩顶加载情况下,桩土的相对滑移情况如图 10-8 所示(取第 5 步至第 10 步)。

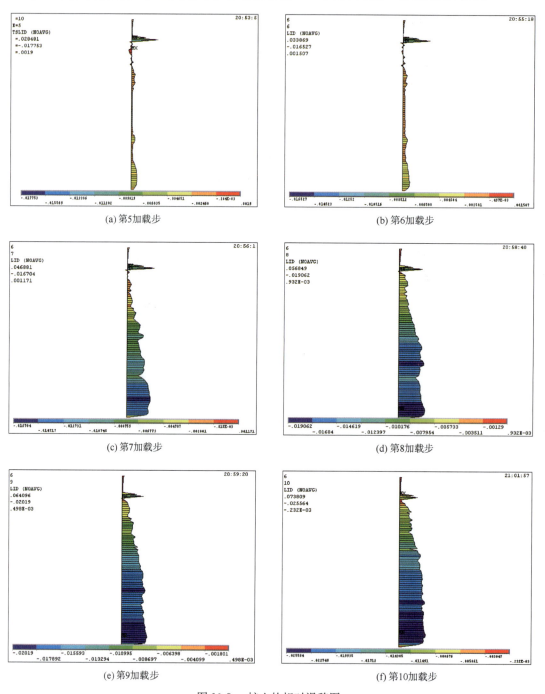

图 10-8  桩土的相对滑移图

在桩顶加载时,桩土的侧摩阻力情况如图 10-9 所示。

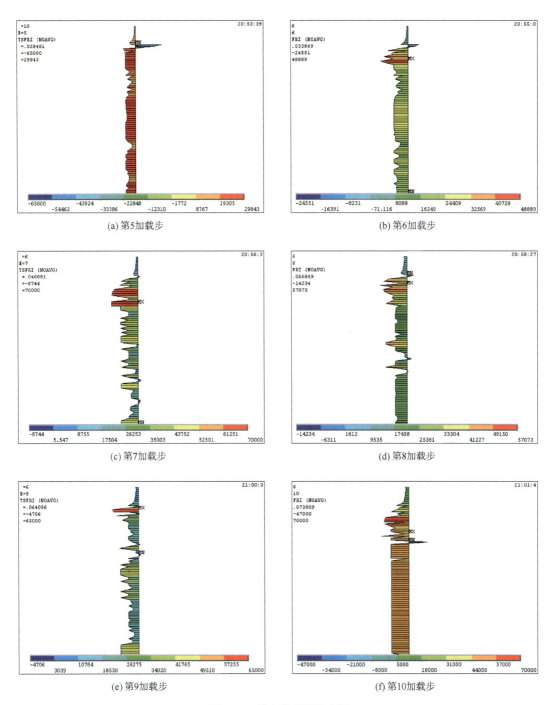

图 10-9 桩土的侧摩阻力图

在桩顶加载时,桩土的位移情况如图 10-10 所示(取第 6、8 及 10 步)。

从图 10-8 中可以看出,随着荷载的增加桩土之间的相对位移增加,桩侧摩阻力逐渐增大,但对于一定的土层,当桩侧摩阻力达到其限值时,桩侧摩阻力不再随桩土位移而增加,此时桩侧摩阻力逐渐由下向上发挥,各层桩侧土的侧摩阻力先后得到充分发挥,然后才是桩端阻力的发挥。另外从图10-8与图10-10可以看出,从第5步开始桩土相对滑移有1 cm多,各层土的侧摩阻力相继发挥,在模拟中的第二层土质相对较好,其侧摩阻力比较大,因而从第6步开始其侧摩阻力基本达到极限值,之后各层土相继发挥桩侧土摩擦力,下部各层土土质相差不大,于桩端由下向上桩侧摩阻力逐渐发挥至极限值。至加载到第10步时可以看出与第9章现场试验所得结果基本一致。

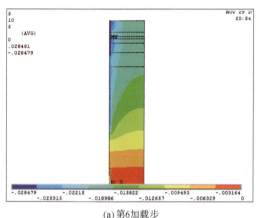

(a) 第6加载步

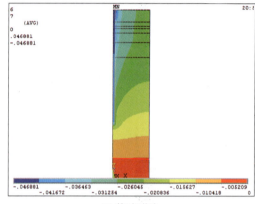

(b) 第8加载步

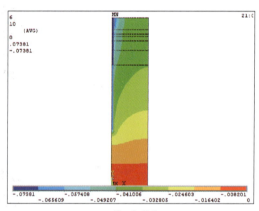

(c) 第10加载步

图10-10　桩土的位移图

从上面的桩土位移图可以看出,要使桩端阻力得到充分发挥,其桩顶位移相对来说要比较大,在本计算中加到第10步荷载时桩顶位移达到近8 cm,在第5步时才2.8 cm,在第7步时达到4.6 cm。这说明要完全发挥桩端阻力以提高桩的竖向承载力,桩顶位移要达到比较大的值。而在很多工程中,桩顶位移要求不超过4 cm甚至于更小,这就说明有很多时候是由沉降决定桩的竖向承载力的取值而不是完全由材料及桩土的侧摩阻力值决定。因此,可以考虑在做桩时加大桩的半径,但将桩做成空心的,因此桩侧摩阻力增大,而不必要考虑桩端阻力的发挥,这样的话就不需要产生很大的沉降。

另外,从上面位移图还可以看出,靠近桩侧的土的位移是一环一环沿径向向外扩散,这说明桩身受竖向荷载向下位移时桩土间的摩阻力带动桩周土位移,相应地,在桩周环形土体中产生剪应变和剪应力。

从计算得出的桩侧摩阻力值来看,与第9章现场试验所得的结果基本一致,这说明所采用的计算模型是正确的,所选取的两种摩侧力模型能很好地反应实际情况。是因为其中的硬土软岩的摩擦衰减模型能很好地解决本工程的实际问题。

#### 10.1.6.2 原位桩承载力仿真

在仿真计算时以9.3节现场试验中提到的原位桩P47-32为仿真对象,桩的几何尺寸采用孔径仪测量的实际尺寸,在计算时各土层的厚度采用桩基现场实际钻孔记录中的厚度。由仿真计算所得到的荷载($Q$)—沉降($S$)曲线与现场自平衡试验得到的$Q$-$S$曲线的对比结果如图10-11所示。

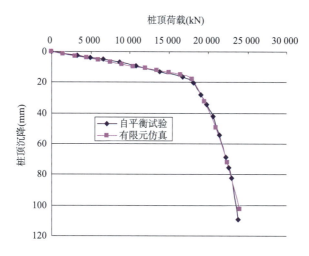

图 10-11 原位桩现场试验与数值仿真 $Q$-$S$ 对比图

从图10-11可以看出,数值仿真曲线较好的拟合了现场静载试验所得到的$Q$-$S$曲线。由此可见,有限元分析软件MARC的单桩仿真计算结果较精确的反映了桩基在现场的受力性状。根据《建筑基桩检测技术规范》(JGJ 106—2003)的规定,以5%桩径的沉降量时所得的桩顶荷载为极限承载力,由现场试验所得的$Q$-$S$曲线,确定P47-32的极限承载力为23 852 kN,由仿真计算所得的$Q$-$S$曲线,确定极限承载力为24 000 kN。

由图10-11可以看出,在加载的开始阶段,桩—土相对位移较小,荷载与沉降曲线呈直线关系。当桩顶荷载超过18 000 kN时,$Q$-$S$曲线出现明显的下拐点,随着桩顶荷载的增加,桩的沉降量增加趋势增大,$Q$-$S$曲线呈抛物线。桩顶荷载为18 000 kN时,桩顶沉降为20.34 mm,当桩顶荷载为23 852 kN时,桩顶沉降为109.16 mm,荷载增加32.5%,沉降量增加437%。在此阶段桩土间出现相对滑动,剪应力不再增加而趋于定值。

#### 10.1.6.3 桩周土体变形模量对承载力的影响

土的变形模量是土体在无侧限条件下应力与应变之比值,相当于弹性模量。由于土体不是理想的弹性体,故称为变形模量。如果把土体看作为理想的弹塑性体,变形模量反映了土体抵抗弹塑性变形的能力,变形模量对相同荷载下的桩顶沉降有决定性作用。将P47-32桩的各土层几何平均为均质土体,土体的变形模量$E_s$=30 MPa。分别取$E_s$=5 MPa、10 MPa、15 MPa、30 MPa、60 MPa进行仿真分析,计算结果如图10-12所示。

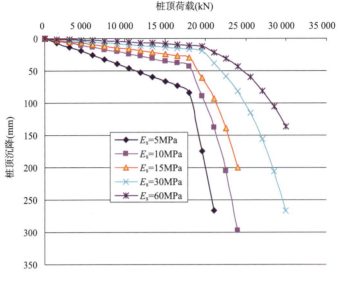

图 10-12 桩周土体不同变形模量下 $Q$-$S$ 曲线对比

从图 10-12 可以看出,当桩周土体为不同的变形模量时,$Q$-$S$ 曲线是显著不同的。在弹性阶段,所有的荷载与沉降曲线均呈现直线关系,由于变形模量的不同,使 $Q$-$S$ 曲线斜率不同,曲线斜率的倒数约等于土体的变形模量。当桩顶荷载为 18 000 kN,各曲线均出现拐点,在拐点处,当变形模量分别为 5 MPa、10 MPa、15 MPa、30 MPa、60 MPa,其对应的沉降量分别为 83.3 mm、43.0 mm、29.8 mm、16.0 mm、10.2 mm。当桩顶荷载逐渐增加时,沉降量迅速增加,在同等荷载增量下桩周土体变形模量小的桩基沉降量增加最大。变形模量为 5 MPa 的土体,当荷载增加到 21 000kN 时,桩顶沉降量从 83.3 mm 增加到 266.0 mm,荷载增加 17%,桩顶沉降增加 219%,根据《建筑基桩检测技术规范》(JGJ 106—2003)判断桩的极限承载力为 18 000 kN。变形模量为 60 MPa 的土体,桩顶荷载超过拐点后,$Q$-$S$ 曲线下降趋势要小于变形模量小的土体,当荷载从 18 000 kN 增加到 30 000 kN 时,桩顶沉降量从 10.2 mm 增加到 135.8 mm,荷载增加 67%,桩顶沉降增加 12.3 倍,判断桩的极限承载力为 28 500 kN。土体变形模量为 30 MPa 的桩基,其荷载曲线介于变形模量为 5 MPa 和 60 MPa 之间,判断其极限承载力为 25 500 kN。

#### 10.1.6.4　桩周土体黏聚力对承载力的影响

土体的抗剪强度是指土体抵抗剪切破坏的极限能力。工程中的地基承载力、作用在挡土结构物上的土压力、土坡稳定等都与土的抗剪强度直接相关。当地基受到荷载作用后,土中各点产生法向应力和切应力,若某点的切应力达到该点的抗剪强度时,土即沿着切应力作用方向产生相对滑动,即该点发生剪切破坏。如荷载继续增加,则切应力达到抗剪强度的区域(亦即塑性区)越来越大,最后形成连续的滑动面,一部分土体相对另一部分土体产生滑动,地基丧失稳定性。为了研究土体的抗剪强度,法国科学家库伦在 1776 年对土体进行了一系列实验,提出土体抗剪强度的表达式为:

对于无黏性土　　$\tau_f = \sigma \tan\varphi$;

对于黏性土　　$\tau_f = c + \sigma \tan\varphi$。

由剪切试验可得出,抗剪强度与法向应力关系曲线,无黏性土的曲线通过坐标原点,它与横坐标的夹角即为内摩擦角 $\varphi$ 值。黏性土抗剪强度曲线在 $\tau_f$ 轴上的截距为黏聚力 $c$ 值,它与水平坐标轴的夹角为 $\varphi$ 值。由库仑公式可以看出,土的抗剪强度与剪切面上的法向应力成正比。无黏性土的抗剪强度取决于颗粒间的摩擦阻力,它包括土颗粒间滑动摩擦阻力和土颗粒表面凸凹不平所形成的机械咬合力,其大小取决于颗粒大小、级配状况、密实度、颗粒形状以及粗糙程度等因素。黏性土的抗剪强度除与摩擦力有关外,在较大程度上还取决于土的黏聚力。黏聚力是土粒间胶结作用和各种物理化学键作用的结果,其大小与土矿物成分和压密程度有关。

在仿真分析时,为确定桩周土体黏结力 $c$ 对桩基承载力的影响,桩周土体及加载条件不变,依次计算 $c=0$ kPa、5 kPa、10 kPa、20 kPa、30 kPa、40 kPa 桩基的荷载沉降曲线,计算结果如图 10-13 所示。

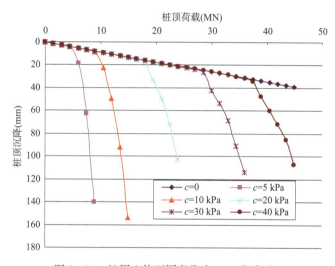

图 10-13 桩周土体不同黏聚力 $Q$-$S$ 曲线对比

从图 10-13 可以看出,$c$ 值的大小对荷载沉降曲线的拐点有决定性的影响。在加载初期,荷载沉降呈现线性关系。当 $c=0$ 时,荷载沉降曲线为一直线,没有拐点,这和工程实际不符,主要是因为对于摩尔库仑理论,当 $c=0$ 时,是不能屈服的。除此外,较大的黏聚力其拐点时的桩顶荷载和沉降均较大,且各荷载沉降曲线在出现拐点前即在直线段均完全重合。当桩顶荷载继续增加时,桩顶沉降迅速增加,且不同黏聚力的土体,其下降趋势基本一致。当 $c=5$ kPa 时,当桩顶荷载为 6 000 kN 时,$Q$-$S$ 曲线就出现明显拐点,桩周土体进入塑性状态,而此时的沉降仅为 3.9 mm;当 $c=30$ kPa 时,当桩顶荷载为 28 500 kN 时,$Q$-$S$ 曲线出现明显拐点,桩顶沉降为 24.6 mm,相对于 $c=0$ 时荷载增加 375%,沉降量增加 503%。桩周土体黏聚力 $c$ 值的大小决定桩周土体进入塑性状态的时的荷载和沉降。黏聚力越大,桩周土体进入塑性状态时的荷载和沉降量越大。

#### 10.1.6.5 桩周土体内摩擦角对承载力的影响

为确定桩周土体内摩擦角 $\varphi$ 对桩基承载力的影响,桩周均质土体中其他参数及加载条件不变,依次计算 $\varphi=5°$、10°、20°、30°桩基的荷载沉降曲线,计算结果如图 10-14 所示。

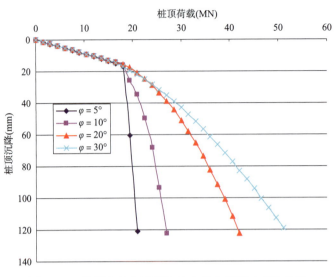

图 10-14　桩周土体内摩擦角对 $Q$-$S$ 曲线影响对比曲线

从图 10-14 可以看出,在加载初期,桩顶沉降随着桩顶荷载呈线性增加,不同内摩擦角的土体的荷载沉降曲线基本重合。可以得出结论,在加载初期,桩周土体达到塑性状态之前,桩基和荷载与沉降变形关系与桩周土体的内摩擦角无关。

荷载继续增加,当桩顶荷载达到 18 000 kN,桩顶沉降为 17 mm 时,所有的 $Q$-$S$ 曲线均出现拐点。并且随着桩顶荷载的增加,小内摩擦角土体中的桩基的沉降量远远大于大内摩擦角土体中的桩基。在 $\varphi=5°$ 的土体中,当桩顶荷载为 21 000 kN 时,其桩顶沉降量为 121.1 mm,荷载增加 17%,沉降量增加 612%;在 $\varphi=30°$ 的土体中,当桩顶荷载为 51 000 kN 时,其桩顶沉降量为 119.3 mm,荷载增加 183%,沉降量增加 601%。由以上分析可以得出,在弹性阶段,荷载与沉降关系与桩周土体的内摩擦角 $\varphi$ 无关;当桩周土体达到塑性阶段后,同等荷载增量下桩周土体的内摩擦角越大桩顶沉降量越小。

#### 10.1.6.6　桩长对承载力的影响

无论现场试验还是理论分析都能得出结论,桩长对摩擦桩的承载力有较大影响。本书主要分析在均质土体下,桩长与摩擦桩的承载力之间的关系,以期确定在此土体条件下的最佳桩长。将 P47-32 桩的力学指标几何平均为均质土体,分别取入土深度 $h=45$ m、60 m、75 m、90 m、105 m 仿真计算各条件下单桩的荷载沉降曲线,结果如图 10-15 所示。

从图 10-15 可以看出,在加载初期不同桩长的荷载—沉降曲线基本保持一致,这是因为加载初期桩顶荷载较小,桩身轴力由于桩侧摩阻力的存在而沿深度减小,加之桩身压缩,桩顶阻力传递不到桩底或者传递很少。所以在桩顶荷载较小的情况下,长短桩表现出相同的荷载沉降特性。当桩顶荷载增加到 12 000 kN 时,入土深度为 45 m 的桩的荷载沉降曲线出现明显的拐点,桩周土体进入塑性状态,此时的桩顶沉降为 13.9 mm。桩身较长的桩的荷载沉降曲线仍然保持线性增长状态。桩长 $L=60$ m、75 m、90 m、105 m 的摩擦桩的 $Q$-$S$ 曲线出现明显拐点的桩顶荷载为 16 500 kN、21 000 kN、25 500 kN、30 000 kN,其对应的沉降量分别为 16.3 mm、18.2 mm、22.0 mm、26.4 mm。可见桩长分别增加 33%、67%、100% 及 133%,桩周土体达到塑性状态时的桩顶荷载增加 37.5%、75%、113% 及 150%,对应的沉降量增加 14.7%、31%、58% 及 89%。

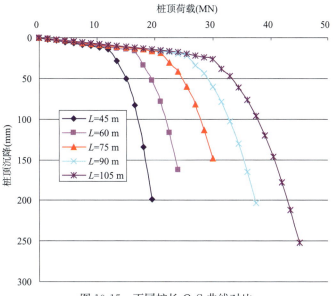

图 10-15　不同桩长 Q-S 曲线对比

根据《建筑基桩检测技术规范》(JGJ 106-2003)，以桩顶沉降达到 5％桩径时的桩顶荷载为桩的极限承载力，确定长 $L$＝45 m、60 m、75 m、90 m、105 m 的摩擦桩的极限承载力分别为 16 500 kN、22 500 kN、28 500 kN、33 000 kN、39 000 kN。与桩长为 45 m 的摩擦桩相对比，桩长分别增加 33％、67％、100％及 133％，达到极限承载力时的桩顶荷载增加 37.5％、72.7％、100％、136％，对比发现极限荷载的增加量和桩长的增加量基本一致。

#### 10.1.6.7　桩径对承载力的影响

摩擦桩的桩径和桩长一样，对单桩的承载力有较大影响。以现场 P47-32 工程桩桩周土体为仿真对象，桩身入土深度 66 m，分别取桩径 1.6 m、2.0 m、2.4 m、2.8 m、3.2 m 进行仿真计算，计算结果如图 10-16 所示。

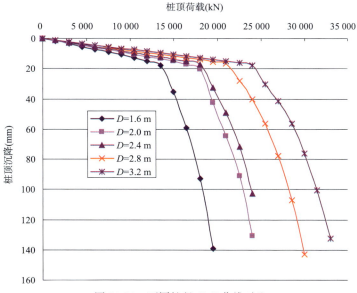

图 10-16　不同桩径 Q-S 曲线对比

从图 10-16 可以看出,在加载初期不同直径桩基的荷载沉降均呈现线性关系,大直径桩的 $Q$-$S$ 曲线斜率略大于小直径桩的曲线斜率。继续加载各曲线均出现拐点,但不同桩径的荷载沉降曲线出现拐点时的桩顶荷载差异较大,而桩顶沉降量基本相同。桩直径 $D=1.6$ m、2.0 m、2.4 m、2.8 m、3.2 m,在拐点时的桩顶荷载是 13 500 kN、18 000 kN、18 000 kN、21 000 kN、24 000 kN,相对应的桩顶沉降介于 16～18 mm。相对于直径为 1.6 m 的桩,相同地质条件下、相同桩长的摩擦桩,桩径增加 25%、50%、75%、100%,桩身混凝土用量增加 56%、125%、206%、300%,$Q$-$S$ 曲线出现明显拐点时的桩顶荷载增加 33%、33%、56%、78%。

不同直径桩的桩周土体进入塑性状态后,$Q$-$S$ 曲线下降趋势基本一致,曲线基本平行发展。以 5%桩径的沉降时的桩顶荷载为单桩的极限荷载,确定桩直径 $D=1.6$ m、2.0 m、2.4 m、2.8 m、3.2 m 的极限承载力为 16 500 kN、22 500 kN、24 000 kN、28 500 kN、33 000 kN。相同地质条件下、相同桩长的摩擦桩,桩径增加 25%、50%、75%、100%,桩身混凝土用量增加 56%、125%、206%、300%,单桩的极限荷载增加 36.3%、45.5%、72.3%、100%。由此可见,单桩的极限承载力和桩径的增长基本呈正比。但由于桩身混凝土的用量是桩径的二次幂关系,导致混凝土的用量增加较多,自重增加,加大成本,所以确定单桩直径时要综合考虑由于混凝土用量的增加导致的桩自重和价格成本。大直径空心桩能很好地解决这个问题,既增加了桩周摩阻力又有效减小桩身自重、降低成本。所以大直径空心桩是钻孔桩的发展趋势之一。

### 10.1.7 小　节

通过对原位试桩的仿真分析,并对不同桩周土体变形模量、黏聚力、内摩擦角、桩长、桩径等对单桩竖向承载力影响的仿真结果分析可以得出以下结论:

(1)将土体看成弹塑性体,采用线性 Mohr-Coulomb 屈服准则,桩土接触采用 Coulomb 摩擦模型,能较好地模拟原位桩的竖向受力特征。

(2)桩周土体的变形模量对加载初期的桩顶沉降影响较大,变形模量越大沉降越小,桩基的竖向承载力越大。

(3)桩周土体黏聚力对荷载沉降曲线的拐点有决定性影响,黏聚力越大,出现拐点时的桩顶荷载越大,桩的竖向承载力也就越大。

(4)桩周土体的内摩擦角,对加载初期即土体达到塑性之前的荷载沉降曲线影响不大,当桩周土体达到塑性状态后,内摩擦角越大,荷载沉降曲线下降幅度越小,单桩的竖向承载力越大。

(5)相同土质条件下,桩长越长竖向承载力越大。在加载初期,相同桩顶荷载,桩长越长桩顶沉降越小。但桩长和桩顶沉降并不成反比,桩长越长对桩顶沉降的影响量逐渐减小。相同土质条件下,桩径相同的单桩,其极限荷载和桩长基本成正比。

(6)相同荷载条件下,桩径越大,桩顶沉降越小,单桩的极限承载力越大,基本成正比关系。但混凝土用量与桩身自重成二次幂关系,价格成本增加,使用时要综合考虑。

## 10.2　红层软岩中嵌岩桩工作性状有限元分析

### 10.2.1　单桩有限元分析机理

#### 10.2.1.1　轴对称问题的有限元基本方程

(1)轴对称变形

由于单桩几何形状和变形对称于桩的垂直轴线等特点,因此可简化为二维轴对称问题来研究。由于结构的变形是对称于中心轴的，因而子午面内各点都只有沿径向 $r$ 的位移 $u$ 和沿轴向 $z$ 的位移 $w$，一般应为截面坐标 $r,z$ 的函数，即 $u=u(r,z),w=w(r,z)$。

对称单元的几何关系以矩阵表示如下：

$$\{\varepsilon\}=\begin{Bmatrix}\varepsilon_r\\ \varepsilon_\theta\\ \varepsilon_z\\ \gamma_{rz}\end{Bmatrix}=\begin{Bmatrix}\dfrac{\partial u}{\partial r}\\ \dfrac{u}{r}\\ \dfrac{\partial w}{\partial z}\\ \dfrac{\partial u}{\partial z}+\dfrac{\partial w}{\partial r}\end{Bmatrix}=\begin{bmatrix}\dfrac{\partial}{\partial r} & 0\\ \dfrac{1}{r} & 0\\ 0 & \dfrac{\partial}{\partial z}\\ \dfrac{\partial}{\partial z} & \dfrac{\partial}{\partial r}\end{bmatrix}\begin{Bmatrix}u\\ w\end{Bmatrix} \tag{10-17}$$

式中　$\{\varepsilon\}$——应变矢量。

方括号部分为轴对称变形的算子矩阵。

对于弹塑性问题，此应力与应变的物理关系可以用增量形式表示：

$$\{d\sigma\}=[D_{ep}]\{d\varepsilon\} \tag{10-18}$$

式中　$\{d\varepsilon\}=\{d\varepsilon^e\}+\{d\varepsilon^p\}$。

弹性应变与应力之间的关系为：

$$\{d\sigma\}=[D]\{d\varepsilon^e\} \tag{10-19}$$

而塑性应变与应力之间的关系则要从屈服准则和硬化规律中推导。对屈服准则式 $f(\sigma_{ij})=F(H)$ 两边取微分：

$$\left\{\frac{\partial f(\sigma)}{\partial \sigma}\right\}^T\{d\sigma\}=\frac{dF}{dH}\left\{\frac{\partial H}{\partial \varepsilon^p}\right\}^T\{d\varepsilon^p\} \tag{10-20}$$

由式(10-18)和式(10-19)得：

$$\{d\sigma\}=[D]\{d\varepsilon\}-[D]\{d\varepsilon^p\} \tag{10-21}$$

将式(10-21)代入式(10-20)，整理后得：

$$\left\{\frac{\partial f(\sigma)}{\partial \sigma}\right\}^T[D]\{d\varepsilon\}=\left(\frac{dF}{dH}\left\{\frac{\partial H}{\partial \varepsilon^p}\right\}^T+\left\{\frac{\partial f(\sigma)}{\partial \sigma}\right\}^T[D]\right)\{d\varepsilon^p\} \tag{10-22}$$

将流动规则式 $\{d\varepsilon^p\}=d\lambda\left\{\dfrac{\partial g}{\partial \sigma}\right\}$ 代入式(10-22)中，得：

$$\left\{\frac{\partial f(\sigma)}{\partial \sigma}\right\}^T[D]\{d\varepsilon\}=d\lambda\left(\frac{dF}{dH}\left\{\frac{\partial H}{\partial \varepsilon^p}\right\}^T+\left\{\frac{\partial f(\sigma)}{\partial \sigma}\right\}^T[D]\right)\left\{\frac{\partial g(\sigma)}{\partial \sigma}\right\} \tag{10-23}$$

则

$$d\lambda=\frac{\left\{\dfrac{\partial f(\sigma)}{\partial \sigma}\right\}^T[D]\{d\varepsilon\}}{\left(\dfrac{dF}{dH}\left\{\dfrac{\partial H}{\partial \varepsilon^p}\right\}^T+\left\{\dfrac{\partial f(\sigma)}{\partial \sigma}\right\}^T[D]\right)\{d\varepsilon^p\}} \tag{10-24}$$

将式(10-24)代入流动规则式中得：

$$\{d\varepsilon^p\}=d\lambda\left\{\frac{\partial g}{\partial \sigma}\right\}=\frac{\left\{\dfrac{\partial g(\sigma)}{\partial \sigma}\right\}\left\{\dfrac{\partial f(\sigma)}{\partial \sigma}\right\}^T[D]}{\left(\dfrac{dF}{dH}\left\{\dfrac{\partial H}{\partial \varepsilon^p}\right\}^T+\left\{\dfrac{\partial f(\sigma)}{\partial \sigma}\right\}^T[D]\right)\left\{\dfrac{\partial g(\sigma)}{\partial \sigma}\right\}}\{d\varepsilon\} \tag{10-25}$$

式(10-25)给出了塑性应变增量各分量与总的应变增量各分量之间的对应关系，将它代入式(10-21)就得到式(10-17)，其中：

$$[D_{ep}]=[D]-\frac{[D]\left\{\frac{\partial g(\sigma)}{\partial \omega}\right\}\left\{\frac{\partial f(\sigma)}{\partial \sigma}\right\}^{T}[D]}{\frac{dF}{dH}\left\{\frac{\partial H}{\partial \varepsilon^{p}}\right\}^{T}\left\{\frac{\partial g(\sigma)}{\partial \sigma}\right\}+\left\{\frac{\partial f(\sigma)}{\partial \sigma}\right\}^{T}[D]\left\{\frac{\partial g(\sigma)}{\partial \sigma}\right\}}$$

(2) 四节点四边形环状单元的插值函数及应力应变矩阵

① 位移模式和插值函数

单元中心点坐标为 $(r_0,z_0)$ 单元的节点位移为：

$$\{\delta\}^{e}=[u_k,w_k,u_l,w_l,u_m,w_m,u_n,w_n]^{T} \tag{10-26}$$

单元内部任一点的位移 $u,w$ 都可以假设为双线性的。位移模式取为：

$$\left.\begin{array}{l} u=a_1+a_2 r+a_3 z+a_4 rz \\ w=a_5+a_6 r+a_7 z+a_8 rz \end{array}\right\} \tag{10-27}$$

将 4 个节点的坐标值代入上式，可得到四个节点位移分量的值，然后分别解出 $a_1 \sim a_8$ 得到：

$$u=N_k u_k+N_l u_l+N_m u_m+N_n u_n$$
$$w=N_k w_k+N_l w_l+N_m w_m+N_n w_n$$

将上式写成矩阵形式，为：

$$\{\delta\}=\left\{\begin{array}{c} u \\ w \end{array}\right\}=[N]\{\delta\}^{e} \tag{10-28}$$

其中 $[N]$ 为形状函数矩阵，由于位移 $u,w$ 采用同样的插值形式，故有

$$[N]=\begin{bmatrix} N_k & 0 & N_l & 0 & N_m & 0 & N_n & 0 \\ 0 & N_k & 0 & N_l & 0 & N_m & 0 & N_n \end{bmatrix}$$

上式中，各形状函数为：

$$\left.\begin{array}{l} N_k=\dfrac{1}{4}\left(1-\dfrac{r-r_0}{a}\right)\left(1-\dfrac{z-z_0}{b}\right) \\ N_l=\dfrac{1}{4}\left(1+\dfrac{r-r_0}{a}\right)\left(1-\dfrac{z-z_0}{b}\right) \\ N_m=\dfrac{1}{4}\left(1+\dfrac{r-r_0}{a}\right)\left(1+\dfrac{z-z_0}{b}\right) \\ N_n=\dfrac{1}{4}\left(1-\dfrac{r-r_0}{a}\right)\left(1+\dfrac{z-z_0}{b}\right) \end{array}\right\} \tag{10-29}$$

对应于轴向对称单元的位移形式，单元的平面变形的应变为：

$$\{\varepsilon\}=\left\{\begin{array}{c} \varepsilon_r \\ \varepsilon_\theta \\ \varepsilon_z \\ \gamma_{rz} \end{array}\right\}=\left\{\begin{array}{c} \dfrac{\partial u}{\partial r} \\ \dfrac{u}{r} \\ \dfrac{\partial w}{\partial z} \\ \dfrac{\partial u}{\partial z}+\dfrac{\partial w}{\partial r} \end{array}\right\}=\begin{bmatrix} \dfrac{\partial}{\partial r} & 0 \\ \dfrac{1}{r} & 0 \\ 0 & \dfrac{\partial}{\partial z} \\ \dfrac{\partial}{\partial z} & \dfrac{\partial}{\partial r} \end{bmatrix}\left\{\begin{array}{c} u \\ w \end{array}\right\}=\begin{bmatrix} \dfrac{\partial}{\partial r} & 0 \\ \dfrac{1}{r} & 0 \\ 0 & \dfrac{\partial}{\partial z} \\ \dfrac{\partial}{\partial z} & \dfrac{\partial}{\partial r} \end{bmatrix}[N]\{\delta\}^{e}=[B]\{\delta\}^{e}$$

式 (10-29) 经过上述微分算子后，得到的应变矩阵为 $4\times 8$ 的矩阵，有：

$$[B]=\frac{1}{4ab}\begin{bmatrix} -b+z & 0 & b-z & 0 & b+z & 0 & -b-z & 0 \\ f_k & 0 & f_l & 0 & f_m & 0 & f_n & 0 \\ 0 & -a+r & 0 & -a-r & 0 & a+r & 0 & a-r \\ -a+r & -b+z & -a-r & b-z & a+r & b+z & a-r & -b-z \end{bmatrix}$$

(10-30)

式中　$f_i=\frac{1}{r}N_i(k,l,m,n)$。

由上面的式子知道,单元中的应变分量 $\varepsilon_r,\varepsilon_z,\gamma_{rz}$ 都是常量;但是环向变量 $\varepsilon_\theta$ 不是常量,与单元中各点的位置有关。

单元应力可用应变代入式(10-18)中得到。

② 单元刚度矩阵

单元刚度矩阵可化为面积积分,即:

$$[k]^e = 2\pi \int_{S^e} [B]^T [D] [B] r\,dr\,dz \tag{10-31}$$

而 $S^e$ 为子午截面内单元四变形的面积域。

③ 节点荷载

若旋转对称轴 $z$ 垂直于地面,此时重力只有 $z$ 方向的分量。设单元体积的重量为 $\rho$,则体积力:

$$f=\begin{Bmatrix} f_r \\ f_z \end{Bmatrix}=\begin{Bmatrix} 0 \\ -\rho \end{Bmatrix} \tag{10-32}$$

对于节点上有:

$$P^e_{if} = 2\pi \iint_{S^e} N_i \begin{Bmatrix} 0 \\ -\rho \end{Bmatrix} r\,dr\,dz \qquad (k,l,m,n) \tag{10-33}$$

表面压力:

$$\{Q\}^e = \int_{S^e_\sigma} [N]^T \begin{Bmatrix} p_r \\ p_z \end{Bmatrix} dS = \int_{L^e_\sigma} [N]^T \begin{Bmatrix} p_r \\ p_z \end{Bmatrix} r\,dl \tag{10-34}$$

#### 10.2.1.2　有限元材料模式及设计参数

(1)概述

材料应力—应变关系的确定,直接关系到计算结果的正确与否。岩土体的应力应变关系比较复杂,具有非线性、弹塑性、黏弹性及流变性等特征,同时受到岩体节理裂隙影响,在计算中充分考虑到各种因素十分困难。国内外专家学者提出了大量的本构模型,常用的有 Duncan 模型、剑桥模型、Drucker-Prager 模型等。Duncan 模型为非线性弹性模型,大量应用于土工计算中,但该模型会引入局部误差。对软质岩石无论其桩的 $Q$-$S$ 曲线还是岩体的应力应变关系都具有明显的非线性特征,从已有的软岩强度模型研究成果不难发现,弹塑性模型能较好地反映软岩的非线性特征。本文基于大型软件包 ANSYS 中已有的岩体本构模型,采用 Drucker-Prager 模型(简称 D-P 模型)来模拟桩周岩石,桩体采用子线弹性模型来模拟。

(2)Drucker-rager 屈服准则及材料模式

Drucker-Prager 准则是对 Mises 准则的修订,即在 Mises 的表达式中加一个附加项,其流动准则可以使用相关联流动准则,也可用不相关联流动准则,其屈服面不随材料的逐渐屈服而改变,因此没有强化准则。然而其屈服面随着侧限压力(静水压力)增加而增加,其塑性行为被假定为理想弹塑性,其屈服曲面为圆锥面(图 10-17),在 π 平面上的屈服曲线图仍为一个圆(图 10-18)。另外,这种材料考虑了由于屈服而引起的体积膨胀,但不考虑温度变化的影响。适用于混凝土、岩石和土壤等颗粒材料。

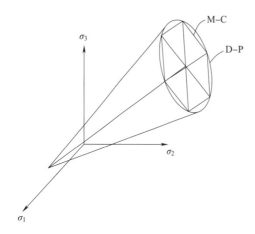
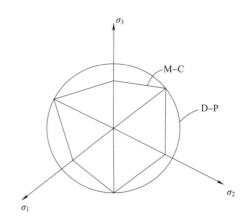

图 10-17 空间 Mohr-Coulomb 屈服面和 Drucker-Prage 屈服面

10-18 π 平面上的 Mohr-Coulomb 屈服面和 Drucker-Prage 屈服面

Drucker-Prager 模型的等效应力表达式为:

$$\sigma_e = 3\beta\sigma_m + \left[\frac{1}{2}\{s\}^T[M]\{s\}\right]^{\frac{1}{2}} \tag{10-35}$$

式中 $\sigma_m = \frac{1}{3}(\sigma_x + \sigma_y + \sigma_z)$ ——平均压力或静水压力;

$[M]$ ——Mises 中的 $[M]$;

$\{s\}$ ——偏应力;

$\beta$ ——材料常数;

$$\beta = \frac{2\sin\varphi}{\sqrt{3}(3-\sin\varphi)} \tag{10-36}$$

$c$ ——岩土类材料的黏聚力;

$\varphi$ ——岩土类材料的内摩擦角。

D-P 材料的屈服准则表达如下:

$$F = 3\beta\sigma_m + \left[\frac{1}{2}\{s\}^T[M]\{s\}\right]^{\frac{1}{2}} - \sigma_y = 0 \tag{10-37}$$

式中 $\sigma_y$ ——材料的屈服参数。

$$\sigma_y = \frac{6c\cos\varphi}{\sqrt{3}(3-\sin\varphi)} \tag{10-38}$$

ANSYS 中的 D-P 材料模式需要输入三个参数:黏聚力 $c$、内摩擦角 $\varphi$、膨胀角 $\varphi_f$。其中膨胀角用来考虑体积膨胀的大小,对压实的颗粒状材料,当材料受剪时,颗粒将会膨胀,如果膨胀角 $\varphi_f = 0$,则不发生体积膨胀。如果 $\varphi_f = \varphi$,将发生严重的体积膨胀。

(3)基本假定及设计参数

为简化计算,在建立有限元模型时作如下假定:

①同一岩/土层均质、各向同性;

②桩的受力变形性质由线弹性模型描述,土体则考虑弹塑性,采用 Drucker-Prager 弹塑性模型;

③桩及桩周土体采用轴对称模型。根据对称性,取轴对称平面的一半进行分析,考虑到桩周和桩端土的影响范围,土层水平范围取 1 倍桩长,土层深度取桩端下 2 倍桩长;

④由于土体自重产生的变形在桩施工前已经完成,计算时不计入自重应力;

⑤桩与岩土体的变形相协调,即交界面无滑移。为考虑桩土接触面单元特性,设 0.5 m 接触带。适当降低其强度参数。

主要设计参数有弹性模量、岩土体单元抗剪强度参数。

①弹性模量

弹性模量 $E(\mathrm{kPa})$ 为侧向不受约束条件下竖向应力 $\sigma$ 与竖向应变 $\varepsilon$ 之比。桩身混凝土弹性模量可按混凝土强度取值;对于土体,由于土体中的变形包括了弹性变形和残余变形,土体应力和应变之比称为变形模量。由于土工试验给出的是在无侧限条件下,压缩时垂直压力增量与垂直应变之比(即压缩模量 $E_s$),二者可结合土层泊松比 $\mu$,泊松比 $\mu$ 随土层变化不明显,且对土的应力和应变影响不大,一般取 $\mu = 0.35 \pm 0.05$,按下式换算:

$$E = \left(1 - \frac{2\mu^2}{1-\mu}\right) E_s \tag{10-39}$$

②岩土体单元抗剪强度参数

抗剪强度参数 $c$、$\varphi$ 是决定计算结果的主要参数。它的确定与试验方法有密切关系,试验方法原则上应尽可能与现场实际受力情况及排水条件一致。计算模型参数取值参考试验参数。

(4)桩土接触单元

随着人们对桩与桩周岩/土之间相互作用的不断研究,进一步加深了人们对桩—土界面的认识。Clough 和 Duncan 利用直剪试验研究了土和混凝土接触面的力学特性,认为接触面剪应力和相对剪切位移为双曲线关系,并为后来的工程实践所证实。但对桩—岩接触面的认识,由于施工工艺及围岩的风化程度不同,认为其界面应有不同的接触方式。本章基于有限元计算,把桩—岩接触面分为理想界面和非理想界面。

理想界面示意如图 10-19(a)所示,桩身混凝土与岩石胶结良好,桩与岩壁不存任何软弱充填物,嵌岩段形成共同受力的整体结构,桩体受力后,通过桩与岩石间的抗剪强度来传递应力。硬质岩石中的理想接触面的接触形式认为是黏聚—摩擦型接触,交界面的法向刚度和初始切向刚度都趋于无穷大,表现为刚性特征。非理想界面如图 10-19(b)所示,桩身与岩土介质间含有一定的软弱充填物或桩底有一定厚度的沉渣,其交界面表现为摩擦型接触特性,可用一薄层交界层来反映交界面的特性。由于本章的研究主体为软质岩石,其刚度小于混凝土,故在计算时采用考虑了桩—岩接触面的这种摩擦特征。

桩土接触面本构模型是国内外研究的热门问题,界面变形本构模型大致分为:整体滑动、局部滑动剪切和连续剪切变形三种。目前较为常用的是对应于第一种的无厚度 Goodman 单元,它是 Goodman 等人于 1968 年提出的岩石节理单元,为无厚度的四结点单元,被广泛用作接触面单元。该模型假设单元承受切向剪应力 $\tau_s$ 和法向正应力 $\sigma_n$,接触面单元的应力—应变

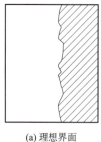 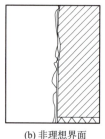

(a) 理想界面　　　　　　(b) 非理想界面

图 10-19　桩岩界面

关系对于局部坐标系 $s$、$n$ 可写成：

$$\begin{Bmatrix} \tau_s \\ \sigma_n \end{Bmatrix} = \begin{bmatrix} K_s & 0 \\ 0 & K_n \end{bmatrix} \begin{Bmatrix} \Delta u_s \\ \Delta u_n \end{Bmatrix} \tag{10-40}$$

式中　$K_s$、$K_n$——接触单元的切向和法向刚度；

$\Delta u_s$、$\Delta u_n$——单元两侧对应点的相对切向和法向位移。

假定位移沿接触面单元成线性变化，可推导出 Goodman 单元对于局部坐标系 $s$、$n$ 的单元刚度矩阵。

$$[K_e^1] = \frac{l}{6} \begin{bmatrix} 2K_s & & & & & & & \\ 0 & 2K_n & & & & & & \\ K_s & 0 & 2K_s & & & 对 & & \\ 0 & K_n & 0 & 2K_n & & & & \\ -K_s & 0 & -K_s & 0 & 2K_s & & 称 & \\ 0 & -K_n & 0 & -2K_n & 0 & 2K_n & & \\ -2K_s & 0 & -2K_s & 0 & K_s & 0 & 2K_s & \\ 0 & -2K_n & 0 & -K_n & 0 & K_n & 0 & 2K_n \end{bmatrix} \tag{10-41}$$

式中　$l$——单元长度。

Goodman 单元可能不在水平向，需要做坐标变换，以整体坐标表示的单元刚度矩阵为：

$$[K_e] = [Q]^{-1}[K_e^1][Q] \tag{10-42}$$

其中，

$$[Q] = \begin{bmatrix} \alpha & 0 & 0 & 0 \\ 0 & \alpha & 0 & 0 \\ 0 & 0 & \alpha & 0 \\ 0 & 0 & 0 & \alpha \end{bmatrix} \tag{10-43}$$

$$[\alpha] = \begin{bmatrix} \cos\beta & \sin\beta \\ -\sin\beta & \cos\beta \end{bmatrix} \tag{10-44}$$

将此单元刚度矩阵加入整个体系的总体刚度矩阵即为考虑接触面性能的总体刚度矩阵。

Goodman 单元能够较好的模拟接触面上的错动滑移或张开，能够考虑接触面变形的非线性特性，可用来模拟嵌岩桩桩侧与岩石的接触面。但它存在两大缺点：①单元无厚度在受压时会使两侧不同材料的单元互相嵌入；②当 $K_n$ 取大值后，法向相对位移的微小误差都会使计算得到的 $\sigma_H$ 产生较大误差。

#### 10.2.1.3 非线性分析方法

岩土体作为一类特殊的材料,除了弹塑性外,还具有不同于金属材料的特殊性质,如:压硬性、剪胀性、流变性等等。因而,在进行数值分析时,非线性分析是至关重要的。下面介绍几种非线性近似解法,重点介绍增量法。

1. 直接迭代法

直接迭代法是将荷载一次施加于结构,不断地修正劲度或调整荷载,来逐步接近真实解,而每次迭代做了一次线性有限元计算。迭代法又可分为割线迭代、余量迭代、初应力迭代等。通常弹塑性计算中,很少用到该方法求解。

2. 增量法

增量法是将全荷载分成若干级增量逐级施加,对于每一级增量,都假定材料性质不变而进行有限元计算。解得位移、应变和应力的增量,累加起来就是所求解答。各级荷载之间,考虑材料力学性质的变化,以反映非线性的应力应变关系。这种方法实际上是用分段直线来逼近曲线。增量法又分为以下几种。

(1) 基本增量法

各级荷载下的材料性质是由矩阵$[D]$来体现的。无论弹性矩阵还是弹塑性矩阵,都决定于应力状态。基本增量法是根据初始应力来确定矩阵$[D]$。对第1级荷载,增量的计算步骤为:

① 用前级终了时的应力,也就是本级的初始应力$\{\sigma\}_{i-1}$,确定矩阵$[D]$。对于弹性非线性问题,就是确定切线弹性常数$E_\mu$和$\nu_\mu$,从而形成$[D]$;

② 由$[D]$形成劲度矩阵$[K]$;

③ 解线性方程组$[K]_i \{\Delta\delta\}_i = \{\Delta R\}_i$得位移增量$\{\Delta\delta\}_i$,相应得位移总量$\{\delta\} = \{\delta\}_{i-1} + \{\Delta\delta\}_i$;

④ 由$\{\Delta\delta\}_i$求各单元应变增量$\{\Delta\varepsilon\}_i$,则$\{\varepsilon\} = \{\varepsilon\}_{i-1} + \{\Delta\varepsilon\}_i$、$\{\sigma\} = \{\sigma\}_{i-1} + \{\Delta\sigma\}_i$。

对各级荷载重复上述步骤,可得最后解答。

(2) 中点增量法

基本增量法由于用初始应力求$[D]$,每级荷载都有一定的误差,累计起来有较大的误差。事实上,对于某一级荷载,应力从初始状态变化到终了状态,弹性常数也是变化的,设想用该级荷载下的平均应力所对应的$[D]$进行计算,将会使结果有所改善,这就是中点增量法。为了求平均应力,要作一次试算。按基本增量法先算一次,得出的应力与初始应力平均,就得到该级荷载的平均应力(中点应力),再求$[D]$,重新算一次。

第1级荷载计算步骤为:

① ~ ④ 同基本增量法;

⑤ $\{\bar{\sigma}\}_i = (\{\sigma\}_{i-1} + \{\sigma\})/2$;

⑥ 平均应力$\{\bar{\sigma}\}_i$求$[D]$,再形成$\{\bar{K}\}_i$;

⑦ 解方程组$[\bar{K}]_i \{\Delta\delta\}_i = \{\Delta R\}_i$,得位移增量$\{\Delta\delta\}_i$,相应得位移总量为$\{\delta\} = \{\delta\}_{i-1} + \{\Delta\delta\}_i$;

⑧ 由$\{\Delta\delta\}_i$求应变增量$\{\Delta\varepsilon\}_i$和应力增量$\{\Delta\sigma\}_i$,则有:$\{\varepsilon\} = \{\varepsilon\}_{i-1} + \{\Delta\varepsilon\}_i$,$\{\sigma\} = \{\sigma\}_{i-1} + \{\Delta\sigma\}_i$。

中点增量法并不能使计算结果收敛于真实解,只是计算方法有了改进。

**(3)增量迭代法**

对每一级荷载增量,用迭代法多次计算,使其收敛于真实解,再加下一级荷载。迭代的方法可以用任一种迭代法,也可以反复使用中点增量法,直到前后两次计算结果相当接近。

岩土体的弹塑性本构关系,都是用增量形式来表示的。因此,计算方法宜用增量法。在某级荷载增量$\{\Delta R\}$下,各单元应力状态不同。有些可能处于弹性区,则要用弹性矩阵$[D]$;有些可能产生塑性屈服,则须用弹塑性矩阵$[D_{ep}]$。

用增量迭代法作弹塑性计算的步骤如下:

①假定材料为弹性材料,用弹性矩阵$[D]$形成$[K]$,求位移增量,进而求得弹性应力增量及该级终了应力;

②用屈服准则判别应力的变化属于卸载还是加载,以便再作进一步计算时区别使用$[D]$,还是$[D_{ep}]$;

③作弹塑性有限元计算,可以用中点增量法,也可以用初应力法。若用中点增量法,则以平均应力求$[D]$或$[D_{ep}]$。

在总的加荷过程大体一致的情况下,也可近似地采用基本增量法。这时各单元根据前级荷载是卸载还是加载来确定本级荷载是选用$[D]$,还是选用$[D_{ep}]$。计算$[D_{ep}]$可根据本级荷载的初始应力。

#### 10.2.1.4 收敛准则

在每个增量步中,每进行一步迭代都要根据所设定的收敛准则检验解是否满足收敛要求,并对迭代步数设定限值,迭代步数达到限值时计算结果仍不能达到收敛标准,则认为当前增量步中的计算已不收敛而停止计算,所以收敛准则的选择对非线性有限元方程组的求解很重要。在 ANSYS 软件包中采用常用的几种收敛准则,如下所示:

位移收敛准则: $\quad\quad\quad \|\{\Delta\delta_i\}\| \leq er_D \|\{\delta\}^T\| \quad\quad\quad$ (10-45)

不平衡力收敛准则: $\quad\quad\quad \|\{\Delta R_i\}\| \leq er_F \|\{\Delta R_0\}\| \quad\quad\quad$ (10-46)

能量收敛准则: $\quad\quad\quad \{\Delta\delta_i\}^T\{\Delta R_i\} \leq er_E \{\Delta\delta_i\}^T\{\Delta R_0\} \quad\quad\quad$ (10-47)

式中 $er_D, er_F, er_E$——规定的容许误差。

收敛准则的选择和容许误差的规定需要考虑具体问题的特点和精度要求。当结构或构件硬化严重时,很小的结构变形将引起相当大的外部荷载,或者当相邻两次迭代的位移增量范数之比跳动较大时将会把一个本来收敛的问题判定为收敛,此时不能采用位移收敛准则;当物体软化严重或材料为理想塑性时,结构在很小的荷载下将产生较大的变形,此时不能采用不平衡力收敛准则。而岩土材料一般具有明显的软化特性,推荐使用位移收敛准则。

### 10.2.2 嵌岩桩非线性有限元分析

#### 10.2.2.1 网格划分

单桩侧摩擦力问题可以简化为轴对称问题来进行分析。在轴对称问题中,通常采用圆柱坐标$(r,\theta,z)$。以对称轴作为$z$轴,所以应力、应变和位移都与$\theta$方向无关,只是$r$和$z$的函数,任一点的位移只有两个方向的分量,即沿$r$方向的径向位移$u$和沿$z$方向的轴向位移$w$。由于轴对称,$\theta$方向的位移$v$等于零。因此轴对称问题是二维问题。

桩身混凝土采用弹性模型,假定地基岩石是水平成层的,对不同的岩层可以分别描述其物理力学特性;对同一岩层,可认为是均质、各向同性的半无限体,岩石的参数取值依据岩层的变化有所不同,服从德鲁克—普拉格屈服准则,此材料适用于模拟岩石材料的非线性。桩—岩间相互作用采用接触单元来进行模拟,桩岩之间的界面单元参数进行单独设置,当考虑层渣影响时,在桩底设置一单独接触层。与剪切变形传递法假定的桩身荷载传递模型相反,桩周岩体在荷载作用下下沉,剪应力沿径向方向从四周向桩中轴线逐渐递减。通过有限元试算,桩周岩石在 $6R$（$R$ 为桩的半径）以外,应力变化已非常小,因此将岩石应力影响半径定为 $6R$,而桩端应力影响深度定为 $4R$。

模拟时岩体和桩体都采用平面四边形四节点轴对称单元。桩岩相互作用轴对称有限元分析网格图如图10-20所示。桩单元和岩石单元边长都为 0.5 m,在离桩较近、应力和应变变化较大的区域将网格划分的密一些,离桩越远网格越疏。共 1 331 个轴对称单元,1 492 个节点,六个接触组。

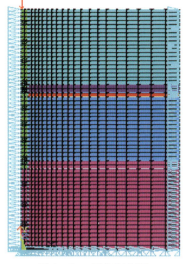

图 10-20 网格划分图

#### 10.2.2.2 数值试验模型参数

数值模拟中,岩体采用 Drucker-Prager 弹塑性模型材料来模拟,桩体采用各向同性弹性材料来模拟,为了增加可比性,本节的有限元计算参数采用第 9 章中的地质报告所提供的桩基数据,未扩底,各岩土层物理力学参数见表 10-2。

表 10-2 材料的物理性质参数

| 材 料 | 重度(kN/m³) | 压缩模量(MPa) | 泊松比 | 黏聚力(kPa) | 摩擦角(°) | 剪胀角(°) |
|---|---|---|---|---|---|---|
| 素填土 | 18.5 | 3.0 | 0.60 | 8 | 10 | |
| 粉质黏土 | 19.0 | 7.5 | 0.35 | 45 | 20 | |
| 卵石 | 19.5 | 60 | 0.30 | 2.0 | 40 | |
| 强风化泥质粉砂岩 | 21.0 | 200 | 0.25 | 250 | 35 | 10 |
| 中风化泥质粉砂岩 | 22.5 | 600 | 0.20 | 800 | 45 | 15 |
| 混凝土 | 25.0 | 30 000 | 0.18 | 2 000 | 45 | |

#### 10.2.2.3 边界条件及模型求解

模型边界条件设置如下:上表面取地表自由边界;下表面取 $Z$ 向位移固定边界;土体侧向采用 $Y$ 向约束,桩体一侧采用轴对称约束。在分析求解时,首先计算岩体自重产生的初始应力场,不考虑构造应力,输出单元应力并作为初始应力文件保存;第二步引入单元初始应力,然后计算对桩施加均布荷载,计算并保存结果文件;第三步,对第二步计算结果进行有限元后处理;最后,分别改变模型中桩、岩体力学性质参数,重新运行命令流文件,重复前面三步即可以进行多方案对比分析。

#### 10.2.2.4 预期目的

本节进行计算机模拟主要针对长株潭地区的红层嵌岩桩,以探讨红层地区嵌岩桩的荷载传递机理,进一步了解影响红层嵌岩桩承载性能的主要因素,预期目标如下:

(1)对原型桩的实测结果与模拟结果进行对比分析,以检验该分析模型的可靠性;

(2)改变桩身模量,分析在相同竖向载荷下,桩顶沉降的变化规律;然后,通过变化桩岩模量比来探讨桩岩相对刚度变化对桩顶荷载传递率的影响;

（3）考虑到红层中受相对软弱夹层制约，其桩长受到限制。在保持嵌岩深度、所加荷载及岩土性质不变条件下，以 0.5 m 半径增量调整桩径大小，从 1.0 m 增加至 2.5 m，分析不同长径比对单桩承载力的影响；

（4）假定桩径不变，以 2.0 m 的嵌岩深度增量，从 1.0 m 增加到 10.0 m，通过不同嵌岩桩长径比下的 $Q$-$S$ 曲线，分析嵌岩桩的承载力变化规律，确定红层软岩嵌岩桩的最佳嵌岩深度。

#### 10.2.2.5 数值试验结果分析

有限元模拟的在轴力作用下嵌岩单桩的轴力、位移和桩侧摩阻力及桩顶沉降的云图如图 10-21～图 10-24 所示。由有限元计算的荷载沉降曲线与实测曲线基本吻合，不同之处在于有限元计算的沉降量略大于实测值。

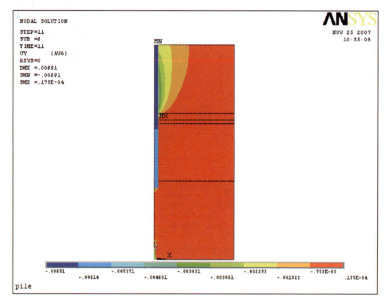

图 10-21　桩顶沉降图

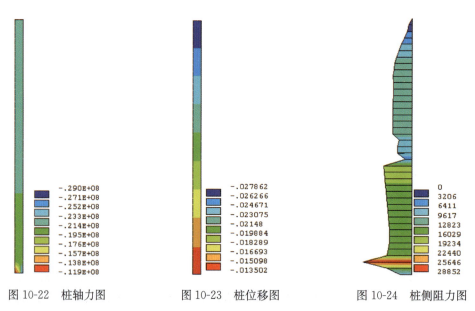

图 10-22　桩轴力图　　图 10-23　桩位移图　　图 10-24　桩侧阻力图

### 10.2.3 影响嵌岩桩承载力桩各因素的有限元分析

#### 10.2.3.1 桩身模量的影响

图 10-25 为桩在 $E_p=2×10^4$ MPa、$E_p=3×10^4$ MPa、$E_p=4×10^4$ MPa、$E_p=5×10^4$ MPa 四种桩身模量下荷载—沉降曲线变化图。从图中不难发现,随着桩身模量的提高,桩顶沉降显著减少。图 10-26,图 10-27 为 $A$、$B$ 桩的 $Q$-$S$ 实测曲线与计算曲线对比图,由图 10-26 可见,试验桩 $A_1$ 的桩身弹性模量与 $3×10^4$ MPa 相近,二者的荷载—沉降曲线的最终沉降量相差甚小。由同级荷载水平下的桩身模量与桩顶沉降关系曲线(图 10-28)可见,在低荷载水平作用下,桩顶沉降的变化幅度较小,随着桩顶荷载的增加,桩顶沉降量的增加幅度随桩身模量的增加而减少。这一现象说明,对大直径嵌岩桩,在工作荷载下,其承载力主要由桩身强度控制,桩顶沉降主要为桩身的压缩变形,桩端变形甚微,与原型试验结果一致。

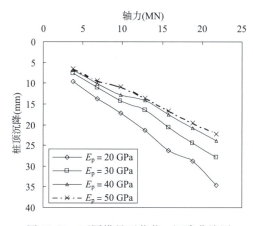

图 10-25 不同模量下荷载—沉降曲线图

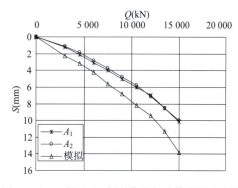

图 10-26 $A$ 桩 $Q$-$S$ 实测曲线与计算曲线对比图

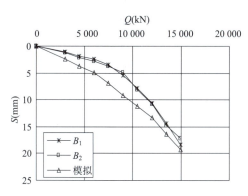

图 10-27 $B$ 桩 $Q$-$S$ 实测曲线与计算曲线对比图

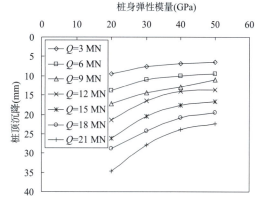

图 10-28 不同荷载下桩身模量与桩顶荷沉降曲线图

#### 10.2.3.2 基岩强度的影响

图 10-29 为不同桩身刚度与基岩刚度比($E_p/E_r$)的情况下,桩顶沉降与荷载的关系曲线。从图中可以看出,随着 $E_p/E_r$ 的增加,桩顶沉降增加,说明桩身模量的提高,在同级荷载作用下,桩身压缩变形减少,桩端压缩量增加,有利于端阻力的发挥。桩岩模量一致时,其 $Q$-$S$ 曲

线最为平稳。换言之,桩端强度的提高,有助于减少桩顶沉降。从表 10-3 可知,在初始荷载下,随着 $E_p/E_r$ 增加,端阻值增加,而侧阻力则有降低。

表 10-3　石强度对荷载传递率的影响计算值($Q=3$ MN)

| $E_p/E_r$ | 1 | 5 | 10 | 15 | 20 |
|---|---|---|---|---|---|
| $Q_s$(MN) | 0.81 | 0.84 | 0.80 | 0.74 | 0.78 |
| $Q_b$(MN) | 2.13 | 2.16 | 2.20 | 2.26 | 2.22 |
| $Q_b/Q$(%) | 70.1 | 72.3 | 73.6 | 75.7 | 74.4 |
| $S$(mm) | 5.60 | 6.70 | 7.71 | 6.74 | 7.55 |

#### 10.2.3.3　桩径影响

在当前嵌岩桩工程应用中很多是采用大直径的嵌岩桩,而目前大多数相关文献一般都是假定桩径一定(通常假设桩径为 1 m),改变不同的嵌岩深度来讨论嵌岩深径比($h_r/d$)对桩承载性状的影响。一些情况下,如考虑岩层情况、施工设备及施工工艺等因素,只能设计成一定桩长,研究不同桩径时桩的承载性状。本节分别按 1.0 m、1.5 m、2 m、2.5 m 四种情况来分析。

桩顶荷载—沉降曲线表明,在同一水平荷载作用下,桩顶沉降的增长幅度随桩径的增大而降低,总沉降量的发展趋势则随桩径的减小而增加,说明后期的变形更多地由桩端土的压缩形成(图 10-30)。随着荷载水平的提

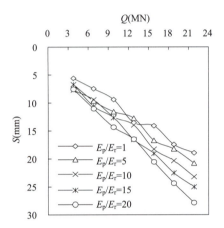

图 10-29　不同基岩强度的 $Q$-$S$ 曲线

高,桩端总阻力近线性增加,其增加幅度与桩径的增大并无明显规律(图 10-31)。桩侧总阻力随桩顶荷载的增加而增加,但不同的桩径其增加规律不同,除 $d=2.5$ m 直径桩外,其他各桩在最后两级荷载下已呈弱化趋势(图 10-32)。从端阻力—桩顶荷载关系曲线(图 10-33)不难发现,虽然总体规律随桩顶荷载增加而增加,但其增加幅度并不同步,呈现随桩径的增大而降低趋势。由此说明,总端阻力的增加主要在于桩端面积的增加而非端阻力发挥程度的提高。端阻比($Q_b/Q$)与桩顶荷载关系曲线(图 10-34)也反映了这一规律。可见,无谓地增加桩径并不利于桩端阻力的发挥。

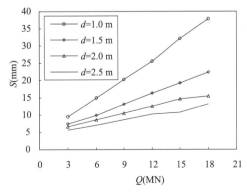

图 10-30　桩顶荷载—沉降曲线

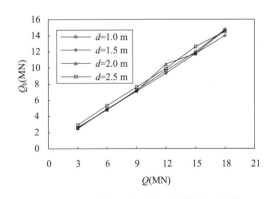

图 10-31　总端阻力—桩顶荷载关系曲线

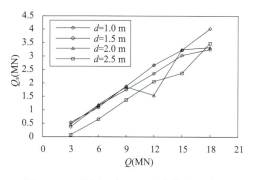

图 10-32 总侧阻力—桩顶荷载关系曲线

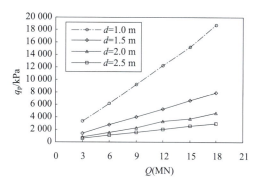

图 10-33 端阻力—桩顶荷载关系曲线

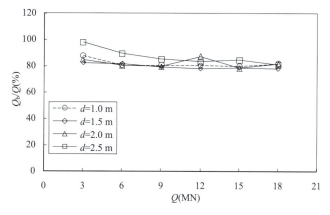

图 10-34 端阻力比—桩端位移关系曲线

#### 10.2.3.4 嵌岩深度的影响

以 $A_1$ 桩为例,利用有限元计算得到不同嵌岩深度下的计算结果见表 10-4。计算时桩径取 $d=1.0$ m,桩身混凝土为 C30,弹性模量 $E=3\times10^4$ MPa,地层参数见表 10-5。

表 10-4 不同直径嵌岩桩有限元计算结果

| 桩号 | 桩径 $d$ (m) | 嵌岩比 ($h_r/d$) | 计算指标 | 桩顶荷载 $Q$(MN) | | | | | |
|---|---|---|---|---|---|---|---|---|---|
| | | | | 3 | 6 | 9 | 12 | 15 | 18 |
| 1 | 1.0 | 5 | 桩端阻力 $Q_b$ | 2.63 | 4.84 | 7.25 | 9.64 | 11.97 | 14.74 |
| | | | 桩侧阻力 $Q_s$ | 0.37 | 1.16 | 1.75 | 2.36 | 3.03 | 3.26 |
| | | | 桩顶沉降 $S$(mm) | 9.48 | 14.98 | 20.29 | 25.54 | 32.11 | 37.85 |
| | | | 端阻比 $Q_b/Q$ | 87.67 | 80.67 | 80.56 | 80.33 | 79.8 | 81.89 |
| 2 | 1.5 | 5 | 桩端阻力 $Q_b$ | 2.47 | 4.91 | 7.12 | 9.33 | 11.77 | 13.98 |
| | | | 桩侧阻力 $Q_s$ | 0.53 | 1.09 | 1.88 | 2.67 | 3.23 | 4.02 |
| | | | 桩顶沉降 $S$(mm) | 7.42 | 9.91 | 13.14 | 16.35 | 19.28 | 22.40 |
| | | | 端阻比 $Q_b/Q$ | 82.33 | 81.83 | 79.11 | 77.75 | 78.47 | 77.67 |
| 3 | 2.0 | 5 | 桩端阻力 $Q_b$ | 2.54 | 4.81 | 7.19 | 10.46 | 11.75 | 14.67 |
| | | | 桩侧阻力 $Q_s$ | 0.46 | 1.19 | 1.85 | 1.54 | 3.25 | 3.33 |

续上表

| 桩号 | 桩径 $d$ (m) | 嵌岩比 $h_r/d$ | 计算指标 | 桩顶荷载 $Q$(MN) | | | | | |
|---|---|---|---|---|---|---|---|---|---|
| | | | | 3 | 6 | 9 | 12 | 15 | 18 |
| 3 | 2.0 | 5 | 桩顶沉降 $S$(mm) | 6.63 | 8.63 | 10.53 | 12.53 | 14.68 | 15.49 |
| | | | 端阻比 $Q_b/Q$ | 84.67 | 80.17 | 79.44 | 87.17 | 78.33 | 81.5 |
| 4 | 2.5 | 5 | 桩端阻力 $Q_b$ | 2.93 | 5.35 | 7.63 | 9.94 | 12.63 | 14.52 |
| | | | 桩侧阻力 $Q_s$ | 0.07 | 0.65 | 1.37 | 2.06 | 2.37 | 3.48 |
| | | | 桩顶沉降 $S$(mm) | 5.66 | 7.10 | 8.66 | 10.27 | 10.78 | 13.19 |
| | | | 端阻比 $Q_b/Q$(%) | 97.67 | 89.17 | 84.78 | 82.83 | 84.20 | 80.67 |

表 10-5 不同嵌岩深度有限元计算结果

| 桩径 $d$ (m) | 嵌岩比 $h_r/d$ | 计算指标 | 桩顶荷载 $Q$(MN) | | | | | |
|---|---|---|---|---|---|---|---|---|
| | | | 3 | 6 | 9 | 12 | 15 | 18 |
| 1.0 | 1 | 桩端阻力 $Q_b$ | 2.56 | 4.99 | 7.55 | 9.93 | 12.37 | 15.13 |
| | | 桩侧阻力 $Q_s$ | 0.44 | 1.01 | 1.45 | 2.07 | 2.63 | 2.87 |
| | | 桩顶沉降 $S$(mm) | 9.16 | 14.44 | 19.53 | 24.75 | 30.84 | 36.16 |
| | | 端阻比 $Q_b/Q$(%) | 85.33 | 83.17 | 83.89 | 82.75 | 82.47 | 84.06 |
| | 3 | 桩端阻力 $Q_b$ | 2.60 | 4.93 | 7.32 | 9.77 | 12.18 | 14.78 |
| | | 桩侧阻力 $Q_s$ | 0.40 | 1.07 | 1.68 | 2.23 | 2.82 | 3.22 |
| | | 桩顶沉降 $S$(mm) | 9.26 | 14.60 | 19.80 | 24.88 | 31.30 | 37.46 |
| | | 端阻比 $Q_b/Q$(%) | 86.67 | 82.17 | 81.33 | 81.42 | 81.20 | 82.11 |
| | 5 | 桩端阻力 $Q_b$ | 2.63 | 4.84 | 7.25 | 9.64 | 11.97 | 14.74 |
| | | 桩侧阻力 $Q_s$ | 0.37 | 1.16 | 1.75 | 2.36 | 3.03 | 3.26 |
| | | 桩顶沉降 $S$(mm) | 9.48 | 14.98 | 20.29 | 25.54 | 32.11 | 37.85 |
| | | 端阻比 $Q_b/Q$(%) | 87.67 | 80.67 | 80.56 | 80.33 | 79.8 | 81.89 |
| | 7 | 桩端阻力 $Q_b$ | 2.5 | 4.78 | 7.20 | 9.41 | 11.77 | 14.44 |
| | | 桩侧阻力 $Q_s$ | 0.5 | 1.22 | 1.80 | 2.59 | 3.23 | 3.56 |
| | | 桩顶沉降 $S$(mm) | 9.71 | 15.32 | 20.45 | 26.22 | 32.63 | 39.79 |
| | | 端阻比 $Q_b/Q$(%) | 83.3 | 79.67 | 80.00 | 78.42 | 78.47 | 80.22 |
| | 10 | 桩端阻力 $Q_b$ | 2.48 | 4.73 | 6.88 | 9.20 | 11.56 | 14.31 |
| | | 桩侧阻力 $Q_s$ | 0.52 | 1.27 | 2.12 | 2.80 | 3.44 | 3.69 |
| | | 桩顶沉降 $S$(mm) | 9.78 | 15.67 | 21.46 | 26.91 | 33.47 | 41.37 |
| | | 端阻比 $Q_b/Q$(%) | 82.7 | 78.8 | 76.4 | 76.7 | 77.07 | 79.5 |

桩顶荷载—沉降曲线(图 10-35)表明,在同一水平荷载作用下,桩顶沉降的增长幅度随嵌岩深度的增大而增加,总沉降量的发展趋势与每级荷载下的沉降基本一致。这一规律并不与通常嵌岩桩所揭示的嵌岩深度越短、桩端承担荷载越大,沉降值相对增大的规律一致,反映桩顶沉降主要由桩身压缩所致。随着荷载水平的提高,桩端总阻力近线性增加,其增加幅度随嵌岩深度的增大而降低(图 10-36)。桩总侧阻力随桩顶荷载的增加而增加,其增加幅度随嵌岩

深度增大而加剧,在最后一级加载其增加趋势有所弱化(图 10-37)。端阻比($Q_b/Q$)与桩顶荷载关系曲线(图 10-38)反映随着嵌岩深度的增加,桩端承担的荷载将减少,并随着荷载的增加而又有所弱化,最后又呈现硬化趋势,反映了软岩在加载过程中桩侧阻与端阻的相互协调变化规律。在 $1d$ 嵌岩条件下,随着桩顶荷载增加,端阻力的调整幅度甚微,随嵌岩深径比增加,其变化幅度最大,说明嵌岩深度的增大,主要为桩侧面积的增加和桩侧阻力承压量的增加,并不利于桩端阻力的发挥。从发挥桩端阻力的作用来看,5 倍桩径不失为一个理想深度,但从最终荷载下的桩端阻力发挥分析,企图以增加嵌岩深度来提高承载力是不合适的,应综合考虑桩侧阻力的发挥。

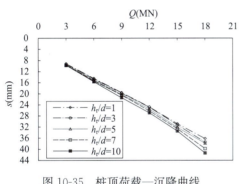

图 10-35 桩顶荷载—沉降曲线

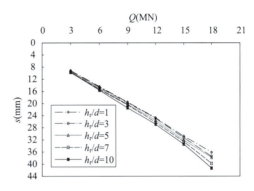

图 10-36 总端阻力—桩顶荷载关系曲线

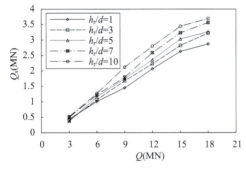

图 10-37 总侧阻力—桩顶荷载关系曲线图

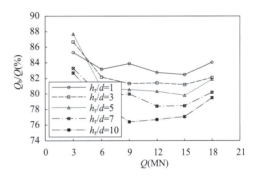

图 10-38 端阻力—桩顶荷载关系曲线

### 10.2.4 小　　结

本节通过有限元方法对红层软岩中嵌岩桩的受荷过程进行了比较详细的数值分析,计算了红层嵌岩单桩在桩顶不同荷载作用下的轴向应力、桩侧摩阻力、桩顶桩端位移变化情况,并通过改变嵌岩桩的桩身模量、基岩强度、桩径和嵌岩深度的影响参数,分析了桩的受力特性,得到以下几点认识:

(1)在模型建立时,针对计算中最为关键的桩岩界面问题,进行了比较详细的论述,本节有限元界面采用了弹塑性模型,并对模型建立时的假定条件进行了说明。

(2)在进行详细的数值分析前,将原型试验的四根嵌岩桩的试验资料与有限元计算进行了比较分析发现,在参数比较合理的情况下,采用有限元能比较真实地反映桩身实际情况。

(3)不同桩身模量下荷载—沉降曲线变化表明,随着桩身模量的提高,桩顶沉降显著减少;低荷载水平下,桩身模量对桩顶沉降的影响程度较小,随着桩顶荷载的增加,桩顶沉降量的增加幅度随桩身模量的增加而减少。这一现象说明,在工作荷载下,大直径嵌岩桩的承载力主要由桩身强度控制,桩顶沉降主要为桩身的压缩变形,桩端变形甚微,与原型试验结果一致。

(4)桩岩刚度比($E_p/E_r$)与桩顶沉降及荷载的关系研究表明:随着$E_p/E_r$的增加,桩顶沉降增加;在同级荷载作用下,随着桩身模量提高,桩身压缩变形减少,桩端压缩量增加,有利于端阻力的发挥;桩岩模量差别不大时,其$Q$-$S$曲线最为平稳;从侧面反映了选择强度较高的岩石作为桩端持力层,有助于减少桩顶沉降。如何选择合适的桩岩模量比是值得研究的课题。

(5)在桩长及岩土条件不变前提下,分析了不同荷载作用下,桩径分别为 1.0 m、1.5 m、2 m、2.5 m 四种情况的受力特性发现:①同一荷载水平作用下,桩顶沉降的增长幅度随桩径的增大而降低,总沉降量的发展趋势则随桩径的减小而增加,说明后期的变形更多地由桩端土的压缩形成;②随着荷载水平的提高,桩端总阻力成线性增加,其增加幅度与桩径的增大并无明显规律;③桩侧总阻力随桩顶荷载的增加而增加,但其增加幅度并随桩径同步增加,增加幅度总体上随桩径增大而降低趋势。说明总端阻力的增加主要在于桩端面积的增加而非端阻力发挥程度的提高,增加桩径并不利于桩端阻力的发挥。

(6)其他条件不变,改变嵌岩深度得到的荷载—沉降曲线表明:①在同一荷载水平下,桩顶沉降增长幅度随嵌岩深度增大而增加,总沉降量的发展趋势与每级荷载下的沉降基本一致。这一规律并不与通常嵌岩桩所揭示的嵌岩深度越短、桩端承担荷载越大,沉降值相对增大的规律一致,反映桩顶沉降主要由桩身压缩所致;②随着荷载水平的提高,桩端总阻力近线性增加,其增加幅度随嵌岩深度的增大而降低。总侧阻力随桩顶荷载的增加而增加,其增加幅度随嵌岩深度增大而加剧,但在最后加载阶段其增加趋势有所弱化;③端阻比($Q_b/Q$)随嵌岩深度的增加,呈现"硬化—弱化—硬化"趋势,反映了软岩在加载过程中桩侧阻与端阻的相互协调变化规律。从发挥桩端阻力的作用来看,5倍桩径不失为一个理想深度。

## 10.3 硬土软岩中考虑粗糙度影响的单桩和群桩

### 10.3.1 考虑粗糙度的大直径嵌岩桩单桩有限元分析

目前对于大直径嵌岩桩单桩承载力的考虑因素有嵌岩段岩石的强度和孔底沉渣的清理状况。但在一般的中长嵌岩桩中,桩侧阻力所发挥的作用要大得多,其作用机理也很复杂,这其中孔壁粗糙度是十分关键的一个因素,因此,深入研究孔壁粗糙度对其承载力的影响就显得十分重要。

#### 10.3.1.1 嵌岩桩粗糙度的研究现状

Pells 和 Rowe(1980)较早地认识到嵌岩桩孔壁粗糙度对桩侧阻力的影响,并提出了一整套划分孔壁岩石粗糙度的方法,Rowe 和 Armitage 在 Pells 基础上建立了不同岩石中粗糙度的数据库。20 世纪 80 年代初,Matich,Kozicki,Pells 和 Williams 等人都曾进行过在孔壁施工凹凸槽来提高嵌岩桩承载力的试验,尽管在定量评价上存在一定差异,但他们都肯定了孔壁的凹凸对桩侧阻力和 Q-S 曲线有很大的影响。

直到 1987 年，Horvath 和 Kenny(1983)才提出了用凹凸度因子 RF 来描述孔壁粗糙度的定量方法：

$$RF = \frac{\Delta \bar{r}}{r_s} \frac{L_1}{L_s} \tag{10-48}$$

式中 $\Delta \bar{r}$——突出部分径向扩大尺寸的平均值(mm)；

$r_s$——孔壁半径的平均值(mm)；

$L_s$——钻孔的深度(mm)；

$L_1$——沿着钻孔深度方向剖面曲线的总长度(mm)。

其中 $\frac{\Delta \bar{r}}{r_s}$ 是孔壁凹凸的相对深度，表示孔壁沿径向的变化情况；$\frac{L_1}{L_s}$ 是孔壁沿深度方向的变化情况，表示孔壁总的形状。确定 RF 的基本方法是：在清孔完毕后，使用测孔仪测量孔壁四个竖向剖面长度，取其平均值作为 $L_s$，另外用测量仪器沿其中一个剖面轨迹量测，其结果为 $L_1$；$\Delta \bar{r}$ 是孔壁半径变化的平均值。利用这两个参数就可以完整地描述孔壁情况的空间变化情况。从 Horvath 的定义可以看出，凹凸度因子越大，孔壁就越粗糙。

通过模型试验的对比，Horvath 又进一步提出桩侧阻力与凹凸度因子的关系：

$$f_s = 0.8 \sigma_{cw} [RF]^{0.45} \tag{10-49}$$

式中 $f_s$——桩侧阻力(kPa)；

$\sigma_{cw}$——岩石强度(kPa)。

在国内，洪南福等(1999)对软质岩石人工挖孔桩承载性状进行研究，分析了嵌岩凹凸段的作用与破坏机理，文中不仅考虑了单个粗糙突起形状对摩阻力的影响，还分析了孔壁的整体形状对摩阻力的影响。刘利民等(2000)和张建新等(2003)通过试验结果的分析认为改善孔壁粗糙度是提高钻孔灌注桩承载力的有效途径。

#### 10.3.1.2 嵌岩桩有限元分析的目的

目前，利用有限元模拟嵌岩桩桩侧阻力时都是采用调节接触单元的系数来模拟孔壁的粗糙程度，这与实际情况有很大的差距。本节利用 ANSYS 有限元建模方法，直接构造孔壁的粗糙面，并通过 ANSYS 自有的 APDL 语言编制程序，模拟了不同粗糙程度时嵌岩桩的承载性状，得到了与承载性状直接相关的参数，加深了对嵌岩桩承载机理的认识。

#### 10.3.1.3 嵌岩桩有限元分析的模型

假设嵌岩桩中的孔壁突起是周期曲线(图 10-39)，突起长度 $\Delta r$ 和突起的间距 $\Delta L$ 分别为周期曲线的幅值和波长，这样便于在有限元中建模，并可通过调节的 $\Delta r$ 和 $\Delta L$ 的值来分析嵌岩桩的承载性状。图 10-40 中是嵌岩桩模型和有限元网格，其中桩长 32 m，直径 2.5 m，地基岩石的水平向宽度为 12.5 m，竖向深度为 64 m。在有限元模型中，桩和岩石都采用 Pland42 单元，单元属性为轴对称；岩石的弹性模量为 3 GPa，泊松比 0.337 5，桩身混凝土的弹性模量 33 GPa，泊松比 0.17；桩顶承受 1 MPa 均布荷载。在计算时，分别取 $\Delta r = 0.0001$ m、0.025 m、0.05 m、0.075 m、0.1 m 和 $\Delta L/2 = 0.16$ m、0.21 m、0.29 m、0.48 m、1.45 m 进行模拟正交试验。

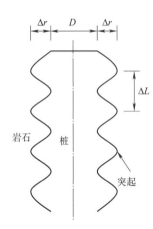

图 10-39　嵌岩桩接触面突起示意图

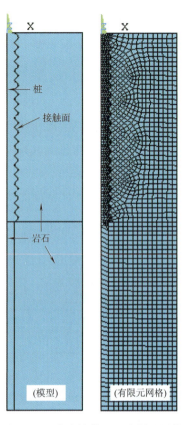

图 10-40　嵌岩桩模型和有限元网格

## 10.3.2　嵌岩桩有限元分析的结果

### 10.3.2.1　突起半波长的影响

如图 10-41 所示,桩顶位移的绝对值随突起半波长的增大而增大,但是增幅不大,且受到突起高度的影响。在桩顶应力一定的情况下,桩底应力大小是反映桩侧阻力的一个指标,桩底应力与桩侧阻力成反比。如图 10-42 所示,桩底中心点的应力绝对值随突起半波长的变化曲线并非线性变化,而是有两个明显的峰值,而且突起高度越小,其峰值的绝对值越大。当突起半波长大于 0.5 m 左右时,应力值的绝对值随突起高度减小而减小。总的来说,当桩长一定时,桩顶位移随突起半波长变化不大,随突起高度的变化反而比较显著;桩底中心点的应力随突起半波长的变化也没有明显规律,但是有一个半波长的临界区域(0.2~0.3 m),在这个区域内,应力绝对值由最小变为最大。

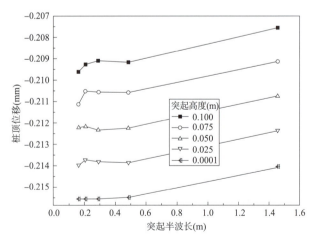

图 10-41　桩顶位移随突起半波长的变化

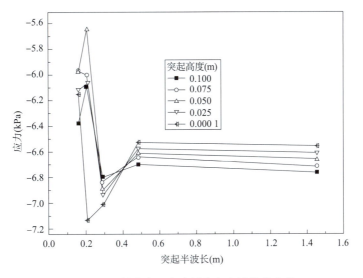

图 10-42 桩底中心应力随突起半波长的变化

#### 10.3.2.2 突起高度的影响

如图 10-43 所示,在任何突起半波长下,桩顶位移的绝对值随突起高度都是近似线性减小。当突起半波长为 1.45 m 时,桩顶位移的绝对值相对于其他突起半波长时最小,而其他半波长对桩顶位移几乎没有影响。当突起半波长为 0.16 m,且突起高度为 0.06~0.1 m 时,桩顶位移绝对值比其他突起半波长时大一些,这说明当突起高度很大但半波长很小时,桩侧阻力反而弱化了。总的来说,在其他条件不变时,增大突起高度可以显著减小桩顶位移绝对值,并且突起半波长愈大,桩顶位移绝对值越小,这说明增大突起个数并不是减小桩顶位移的好措施。

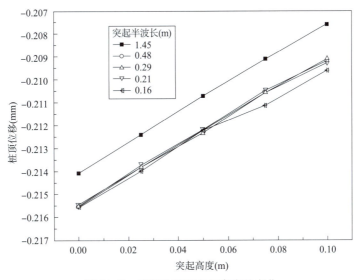

图 10-43 桩顶位移随突起高度的变化

如图 10-44 所示,桩底中心的应力与突起高度的关系没有明显的规律,当突起半波长度为 1.45 m 和 0.48 m 时,应力绝对值随突起高度线性增大;当突起半波长度为 0.29 m,应力绝对值随突起高度线性减小;当突起半波长度为 0.21 m 和 0.16 m 时,应力绝对值随突起高度呈抛物线变化,特别是突起半波长为 0.21 m 时,抛物线的非线性特征非常显著。由于桩底应力从反面反映了桩侧阻力,可见影响桩侧阻力发挥的因素还很复杂。

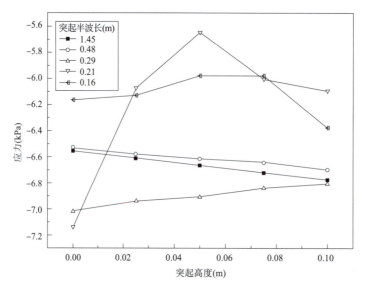

图 10-44　桩底中心应力随突起高度的变化

#### 10.3.2.3　凹凸度因子的影响

桩顶的位移是一个宏观量,它不仅受到突起半波长和突起高度影响,而且还与桩的长度和直径有关,而凹凸度因子包含了这些影响因素,而且是无量纲指数,能够反映粗糙度的本质属性,所以适用于不同的情况。如果把前文 10.3.1.3 中正交分析的 25 个结果作为样本点,构成样本空间,这样便可以得到该样本空间中桩顶位移和凹凸度因子的关系,如图 10-45。由图 10-45 可见,桩顶位移的绝对值与凹凸度因子大致成反比,这与式(10-48)的结果一致,因为凹凸度因子越大,侧阻力越大,则桩顶沉降越小。

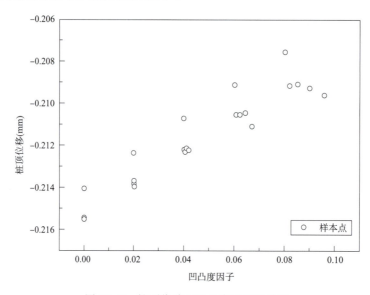

图 10-45　桩顶位移和凹凸度因子的关系

由式(10-47)可见,在本节中,凹凸度因子与突起高度 $\Delta r$ 和桩侧突起纵向总长度 $L_1$ 都成正比,但是单个突起的几何特征主要是由突起高度 $\Delta r$ 和突起半波长 $\Delta L/2$ 决定的,实际工作中也是利用改变这两个值来改变粗糙度的,所以有必要弄清楚凹凸度因子与突起高度和突起半波长的关系。实际上,由于突起的形状差异(如由波浪形变为三角形),在相同突起高度和突起半波长情况下,$L_1$ 的值也是有差异的。在本节中,也可以直观的得到上述样本空间中凹凸度因子和突起高度、突起半波长的关系,如图 10-46 所示。由图 10-46 可见,在本例中,凹凸度因子随突起高度的增大而增大,随突起半波长的增大而略有减小。总的来说,要减小桩顶沉降,就要增大凹凸度因子,要增大凹凸度因子,比较经济的手段是增大突起高度。

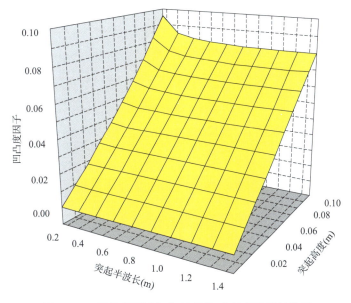

图 10-46　凹凸度因子与突起高度、突起半波长的关系

#### 10.3.2.4　突起形状因子的影响

在这里,引进了突起形状因子 $FF$ 的概念,其表达式为:

$$FF = \frac{L_1}{L_s} \Big/ \frac{\Delta \bar{r}}{r_s} \qquad (10\text{-}50)$$

在样本空间中,桩顶位移的绝对值随突起形状因子增大而增大(图 10-47)。突起形状因子是通过试算得到的,笔者最初是想分析突起高度与突起半波长的比与桩顶位移的关系,结果他们之间的关系不明显,然后考虑到了桩长和桩径的因素,构造出了突起形状因子这个无量纲的参数,发现它与桩顶位移的关系很明显。进一步分析发现,在本例中桩的长度和桩径不变,则突起形状因子是由 $L_1/\Delta r$ 控制的,突起形状因子越大,则接触面的突起密度越大,突起高度越小,直观的表现是接触面更加平滑,桩顶位移就越大。

### 10.3.3　小　　结

综上所述,桩顶位移绝对值与凹凸度因子成反比,与突起形状因子成正比,突起高度的影响比突起半波长的影响显著。桩顶位移实际上是随桩顶荷载的增大而增大的,所以在相同的荷载下减少桩顶位移就是提高承载力,利用提高嵌岩桩接触面突起高度的方法来提高承载力

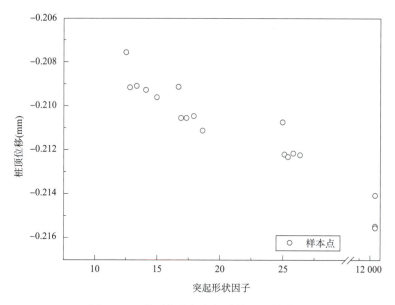

图 10-47　桩顶位移与突起形状因子的关系

比较经济。本书 10.3.1.3 中还进行了桩顶均布荷载为 4 MPa,岩石弹性模量分别为 3 GPa 和 2 GPa 两种情况下的数值正交分析,除了桩顶位移和桩底中心的应力数值上有变化外,其他的变化趋势都大致相同。

## 10.4　高墩长大直径群桩基础仿真分析

### 10.4.1　高墩大跨连续刚构桥的技术特点

#### 10.4.1.1　高墩大跨连续刚构桥的发展现状

T 形刚构技术起源于 1953 年原联邦德国建成沃伦姆斯桥(Worms),该桥主跨 114.2 m,施工时引进了现在标志着钢桥传统施工方法的悬臂施工法,这种创造性的引进,基本解决了施工中的难题,而且更重要的是发展了预应力混凝土结构的一种新体系,并对其他体系桥梁产生了深远影响。1964 年原联邦德国建成了主跨为 208 m 的本道夫(Bendorf)桥,不仅再一次成功显示出悬臂施工方法的优越性,而且在结构上又有新的创新,薄型的主墩与上部连续梁固结,形成了带铰的连续刚构体系。随着高速交通的迅速发展,要求行车平顺舒适,多伸缩缝的 T 形刚构也不能很好地满足要求,于是大跨径连续刚构体系应运而生并且得到很大发展,1985 年澳大利亚建成主跨为 260 m 的门道(Gate-way)桥将连续刚构—连续体系的优点充分表现出来。连续刚构桥的结构特点是梁体连续、梁墩固结,既保持了连续梁的无伸缩缝、行车平顺的优点,又保持了 T 形刚构不设支座、不需转换体系的优点,方便施工,且有很大的顺桥向抗弯刚度和横向抗扭刚度,能满足特大跨径桥梁的受力要求。

1988 年,我国开始从国外引进连续刚构技术,1990 年建成我国第一座跨径为 180 m 的广州洛溪大桥,以后这种桥型在我国得到了广泛的推广和应用。1997 年我国建成了主跨为 270 m 的虎门大桥辅航道桥(150 m+270 m+150 m)将连续刚构—连续体系的跨越能力体现到极致。目前,连续刚构桥的发展趋势是:更大跨径;上部结构轻型化;预应力束类型简化;取消边跨合龙的落地支架。

#### 10.4.1.2　高墩大跨连续刚构桥的结构特点

在广东洛溪大桥建成以前,大跨径预应力梁式桥只有 T 形刚构和连续梁两种桥型,它们都存在一定的缺点,而连续刚构这一桥型将 T 形刚构和连续梁的优点全部体现出来,且回避了它们的缺点,因此在全国范围推广应用。高墩大跨连续刚构桥与其他桥梁相比其结构特点主要为:其墩、梁、基础三者固结连为一体共同受力;墩身形式、高度等对结构受力有影响。

具体来说,高墩大跨连续刚构桥的总体受力特点为:

(1)墩梁固结,上部结构、下部结构共同承受荷载,减少墩顶负弯矩。

(2)墩的刚度较柔,墩允许较大变位。

(3)结构为多次超静定结构,混凝土收缩、徐变、温度变化、预应力作用、墩台不均匀沉降等引起的附加内力对结构影响较大。

(4)连续刚构桥具有结构整体性好,抗震性能优,抗扭潜力大,结构受力合理,桥型简洁明快等优点。

马保林等对跨径分布相同的连续刚构桥与连续梁桥进行了认真分析后得到如下结论:

(1)连续刚构桥的梁部结构受弯性能基本上与连续梁相似,连续刚构以墩梁固结,中跨梁体受主墩约束区别于连续梁。当主墩纵向较柔时,则两者具有相似的结构行为。当主墩刚度较大时多跨荷载产生的内力大都限于本跨内,对相邻跨内力影响较小,因此若边跨较短,也不至于像连续梁那样在端支座出现负反力。一般连续刚构无论主墩采用双臂还是单臂墩,由于减小了主梁支墩间的净距,因此与连续梁相比,消减了梁体内力峰值,可以相应降低梁高,使结构更为轻巧。此外,连续刚构省去了主墩大吨位支座,有利用养护维修。在施工阶段,避免设置临时支座,施工稳固性好,可采用不平衡长度悬臂浇筑,减少或避免边跨梁端灌注支架。在一般情况下连续刚构的优越性是显而易见的,但连续刚构对地基承载力的要求更高,若地基发生过大的不均匀沉降,连续梁可通过顶高支座、调整标高、抵消下沉来补救,而连续刚构则做不到。对于大跨度连续刚构,当其主墩刚度过大时,中跨梁体由于主墩的约束而产生过大的温度应力。此外,梁墩联结处应力复杂也是连续刚构的一个缺点。

(2)中跨跨中截面的活载弯矩与连续梁的相应内力比值较大,但在梁纵向墩高大于 40 m 时,很快趋近于 1。

(3)连续梁纵向内力不随温度升降而变化,但连续刚构的内力因温度升降而有较大的影响。当不计温度变化时,连续刚构的内力较小,而连续梁内力较大。

(4)梁体内的轴向拉力随着墩高增加其值骤然减小。

(5)薄壁墩根部弯矩随着墩高骤然降低。

(6)基础转动对连续梁内力无大的影响,但对连续刚构的内力影响较大。

(7)端支点反力连续梁比连续刚构大。

#### 10.4.1.3　高墩大跨连续刚构桥基础、墩台的类型和特点

(1)基础的类型和特点

高墩大跨连续刚构桥的基础部分构造形式与其他桥梁形式相比没有大的区别,但其对地基不均匀沉降控制较严格。根据桥位处的地质情况不同常采用不同的形式,但最常采用的是桩基础。在地基承载力大,跨径较小时也可采用刚性扩大基础。

(2)墩台的类型和特点

高墩大跨连续刚构桥的桥墩不仅应满足施工、运营等各阶段支撑上部结构重量和稳定性

等方面的要求,而且桥墩的柔度应适应由于温度变化、混凝土收缩、徐变以及制动力等因素引起的水平位移。在施工中,特别是在挂篮浇筑混凝土的过程中,要采取一些措施来增加墩身的稳定性。

连续刚构桥的桥墩与连续梁要共同承受内力,且结构内力是按桥墩与连续梁的刚度比来分配的。桥墩的刚度大则其分得的内力大,不能有效地发挥梁身的抗弯能力,而连续梁在墩顶处的受力很大,也达不到降低墩顶负弯矩的目的,且纵桥向允许的变位小,不能消除附加内力引起的变形。可见连续刚构桥桥墩,纵桥向刚度在满足桥梁施工、运行稳定性要求的前提下要尽量小。相反高墩大跨连续刚构桥在横桥向的约束很弱,桥梁在横向不平衡荷载或风载作用下,易产生扭曲、变位,为了增大其横向稳定性,桥墩在横向的刚度应大些。

### 10.4.2 国内铁路规范中桥梁群桩基础承载力计算方法

在《铁路桥涵地基和基础设计规范》(TB 10093—2017)中利用"m"法计算桩基础全部为竖直构件且对称的情况时(图 10-48),任一构件的内力计算见下式:

$$\left.\begin{array}{l} N_i = (b+\beta x)\rho_1 \\ Q_i = a\rho_2 - \beta\rho_3 \\ M_i = \beta\rho_4 - a\rho_3 \end{array}\right\} \quad (10\text{-}51)$$

式中 $N_i$、$Q_i$、$M_i$——第 $i$ 根构件顶面处的轴向力、剪力和弯矩,单位分别为 kN、kN 和 kN·m;

$b$、$a$、$\beta$——承台板竖直位移、水平位移、绕 $O$ 点的转角,单位分别为 m、m、rad;

$\rho_1$——承台板沿构件轴线方向产生单位位移时所引起构件顶面处的轴向力 (kN/m);

$\rho_2$——承台板沿垂直构件轴线方向产生单位横向位移时所引起构件顶面处的横向力 (kN/m);

$\rho_3$——承台板沿垂直构件轴线方向产生单位横向位移时所引起构件顶面处的弯矩 (kN·m/m)或承台板顺构件顶面弯矩方向产生单位转角时所引起构件顶面处的横向力 (kN/rad);

$\rho_4$——承台板顺构件顶面弯矩方向产生单位转角时所引起构件顶面处的弯矩 (kN·m/rad)。

在式(10-51)中:

$$\left.\begin{array}{l} b = \dfrac{N}{\gamma_{bb}} \\ a = \dfrac{\gamma_{\beta\beta} H - \gamma_{a\beta} M}{\gamma_{aa}\gamma_{\beta\beta} - \gamma_{a\beta}\gamma_{\beta a}} \\ \beta = \dfrac{\gamma_{aa} H - \gamma_{\beta a} M}{\gamma_{aa}\gamma_{\beta\beta} - \gamma_{a\beta}\gamma_{\beta a}} \end{array}\right\} \quad (10\text{-}52)$$

当承台底板面位于地面或局部冲刷线以上时[图 10-48(a)]:

$$\left.\begin{array}{l} \gamma_{bb} = \sum \rho_1 \\ \gamma_{aa} = \sum \rho_2 \\ \gamma_{\beta\beta} = \sum \rho_4 + \sum x^2 \rho_1 \\ \gamma_{a\beta} = \gamma_{\beta a} = -\sum \rho_3 \end{array}\right\} \quad (10\text{-}53)$$

当承台底板面位于地面或局部冲刷线以下时[图 10-48(b)]:

$$\left.\begin{array}{l}\gamma_{bb}=\sum\rho_1\\ \gamma_{aa}=\sum\rho_2+b_0 A_c\\ \gamma_{\beta\beta}=\sum\rho_4+\sum x^2\rho_1+b_0 I_c\\ \gamma_{a\beta}=\gamma_{\beta a}=-\sum\rho_3+b_0 S_c\end{array}\right\} \quad (10\text{-}54)$$

式中 $N$、$Q$、$M$——作用于承台底板面坐标原点 $O$ 上的外力；

$\gamma_{aa}$、$\gamma_{\beta a}$——由于承台底板面产生单位水平位移时，所有构件顶产生的水平反力之和和它们对坐标原点 $O$ 的反弯矩之和，单位分别为 kN/m、kN·m/m；

$\gamma_{bb}$——由于承台底板面产生单位竖向位移时，所有构件顶产生的竖向反力之和 (kN/m)；

$\gamma_{a\beta}$、$\gamma_{\beta\beta}$——由于承台板绕 $O$ 点产生单位转角时，所有构件顶产生的水平反力之和和它们对坐标原点 $O$ 的反弯矩之和，单位分别为 kN/rad、kN·m/rad；

$b_0$——垂直于 $xy$ 平面的承台板侧面土抗力的计算宽度(m)；

$A_c$、$S_c$、$I_c$——承台板侧面地基系数 $C$ 图形面积和对底面的面积矩、惯性矩，$A_c=\dfrac{C_n h_n}{2}$，$S_c=\dfrac{C_n h_n^2}{6}$，$I_c=\dfrac{C_n h_n^3}{12}$，这里 $C_n$ 和 $h_n$ 为承台底面处的地基系数和承台埋置深度。

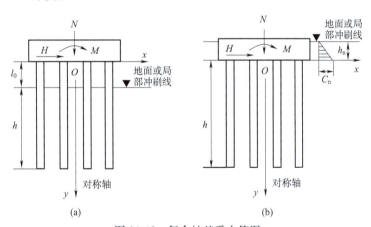

图 10-48　复合桩基受力简图

《铁路桥涵地基和基础设计规范》(TB 10093—2017)对于桩基承载力的计算还存在以下问题：(1)综合式(10-50)、式(10-53)可见，当承台只受轴力作用时，构件顶没有剪力和弯矩作用，这与本文第九章实际监测结果不符，监测结果显示 5-19 号桩桩顶明显受弯矩作用。(2)没有考虑承台底岩石抗力的作用，其理由是"在旧桥开挖中，往往发现桩基础承台板底面与土之间有脱离现象，这是由于桩间的土体受到桩壁摩擦力传来的压缩应力，对于黏性土来说就会发生长期的固结变形"，相关文献同时指出"至于砂类土和柱桩(或岩石支撑管柱)是否有脱离现象，尚难肯定。可能其脱离的程度要比黏性土稍好一些"。(3)没有考虑地基不均匀的影响，按照理论分析，桩顶内力分布应该是中间小、四周大，而在本项目中桩顶的内力分布与理论分析的情况有很大差异，5-19 号桩的桩顶内力明显小于中间桩(5-8、15 号桩)，由于缺乏 5-1、6 号桩的数据，所以不能确定群桩总的分布形式是四周小中间大，还是由于河水浸泡地基使得桩顶内力距离河远的地方小，而距离河近的地方大。(4)当单桩的直径很大时，桩侧与承台构成的转角处应力集中以及桩顶受弯矩剪力作用的影响,使得桩顶平面的内力分布差异显著,在本项目所监测的每个桩的桩顶都有这种情况,所以对于大直径桩需要在桩顶构造上采取相应的措施以分散应力集中的影响。

要解决以上问题,采用实际监测的方法存在花费巨大且所测数据有限的局限性,而且传感器容易受到埋设环境的影响,而监测点的水文地质情况复杂且经常有施工扰动,所以在分析监测数据时要考虑的因素很多,再加上各因素之间的耦合作用,以至有时无法给予监测结果合理的解释。而用数值模拟的方法对各种影响因素先做定性的分析,然后在关键的点位埋设监测设备加以验证,就不失为一种经济有效的方法。

### 10.4.3 高墩大跨连续刚构桥的稳定性分析方法

世界上曾经有不少桥梁因失稳而丧失承载能力的事故。例如,俄罗斯的 Kebfa 敞开式桥,于 1875 年因上弦压杆失稳而引起全桥破坏;加拿大的 Quebec 桥于 1907 年在架设过程中由于悬臂端下弦杆的腹板翘曲而引起严重破坏事故;苏联的莫兹尔桥,于 1925 年试车时由于压杆失稳而发生事故;澳大利亚墨尔本附近的 West Gate 桥,于 1970 年在架设拼装合龙整孔左右两半(截面)钢筋混凝土梁时,上翼板在跨中央失稳,导致 112 m 的整垮倒塌。以上这些只是桥梁失稳事件中的一部分,但它们所造成的损失及影响是重大和长远的。可见桥梁结构的稳定性是关系其安全与经济的主要问题之一,它与强度问题有同等重要的意义。

由于高墩大跨连续刚构桥日益广泛地采用高强材料和薄壁结构,因此其稳定问题也就更显重要。前人经调研和查阅有关资料发现,我国现有的连续刚构桥墩高度绝大多数在 40 m 以内,对于高墩连续刚构桥,不同墩高的自体稳定性、全桥稳定性及墩身在各个阶段的最大内力都需要进行详细的研究。

桥梁结构的失稳现象可分为下列几类:(1)个别构件的失稳,列入压杆的失稳和梁的侧倾;(2)部分结构或整个结构的失稳,例如桥门架或整个拱桥的失稳;(3)构件的局部失稳,例如组成压杆的板和板梁腹板的翘曲等;而局部失稳常导致整个体系的失稳。

结构失稳是指在外力作用下结构的平衡状态开始丧失稳定性,稍有挠动(实际上不可避免)则变形迅速增大,最后使结构遭到破坏。稳定问题有两类:第一类叫作呈现第二个平衡状态,例如轴心受压的直杆;第二类是结构保持一个平衡状态,随着荷载的增加在应力比较大的区域出现塑性变形,结构的变形很快增大;当荷载达到一定数值时,即使不再增加,结构变形也自行迅速增大而使结构破坏。这个荷载实质上是结构的极限荷载,但也称临界荷载,例如偏心受压的杆。实际上结构稳定都属于第二类。但是,因为第一类稳定问题的力学情况比较单纯明确,在数学上作为求本征解问题也比较容易处理,而它的临界荷载又近似地代表相应的第二类稳定的上限,所以在理论分析中占有重要地位。

因为桥梁系统很多情况下可被认为是杆件系统,所以现以杆件系统屈曲计算为例,介绍桥梁稳定性的特征值分析方法。在这里,杆件系统被认为是理想弹性材料构成,其失稳属于第一类失稳问题,所得到的杆件系统临界荷载 $P_{cr}$ 比实际弹塑性杆件系统的极限荷载大(第二类失稳问题),所以 $P_{cr}$ 是第二类失稳问题的上限。杆件系统屈曲计算的原理是利用变形连续条件(力法)或平衡条件(变形法)来建立方程;在屈曲计算中必须考虑杆件轴力 $N$ 对横向变形的影响,并且我们关心的并不是任意荷载作用下结构的变形值,而是当外载荷增大 $\lambda$ 倍时,结构发生随遇平衡时的荷载 $P$ 值。随着计算工具的发展,求解高阶线性方程组已不困难,因而有限元方法得到普遍的使用。而基于变位法的有限元,因其适合各种形状的结构,取代了传统的力法、变形法和其他近似方法,所以在以下的介绍中,有限元方法被用来分析高墩大跨连续刚构桥在施工、运营各阶段的杆件系统稳定性分析。

因为高墩大跨连续刚构桥基本属于刚接的平面杆件结构,运用有限元的分析方法,可得到其弹性单元刚度矩阵$[\overline{K}]$的表达式:

$$[\overline{K}] = [\overline{K}_D] + [\overline{K}_G] \tag{10-55}$$

式中

$$[\overline{K}_D] = \frac{E}{l} \begin{Bmatrix} \frac{12I}{l^2} & 0 & -\frac{6I}{l} & -\frac{12I}{l^2} & 0 & -\frac{6I}{l} \\ 0 & A & 0 & 0 & -A & 0 \\ -\frac{6I}{l} & 0 & 4I & \frac{6I}{l} & 0 & 2I \\ -\frac{12I}{l^2} & 0 & \frac{6I}{l} & \frac{12I}{l^2} & 0 & \frac{6I}{l} \\ 0 & -A & 0 & 0 & A & 0 \\ -\frac{6I}{l} & 0 & 2I & \frac{6I}{l} & 0 & 4I \end{Bmatrix} \tag{10-56}$$

从$[\overline{K}_D]$矩阵的表达式可以看出其值与杆件的几何尺寸($l$、$A$和$I$)有关,而与杆件所受的轴力无关,因而当杆件确定时就不会改变了。

$$[\overline{K}_G] = \frac{N}{l} \begin{Bmatrix} \frac{6}{5} & 0 & -\frac{l}{10} & -\frac{6}{5} & 0 & -\frac{l}{10} \\ 0 & 0 & 0 & 0 & 0 & 0 \\ -\frac{l}{10} & 0 & \frac{2}{15}l^2 & \frac{l}{10} & 0 & -\frac{l^2}{30} \\ -\frac{6}{5} & 0 & \frac{l}{10} & \frac{6}{5} & 0 & \frac{l}{10} \\ 0 & 0 & 0 & 0 & 0 & 0 \\ -\frac{l}{10} & 0 & -\frac{l^2}{30} & \frac{l}{10} & 0 & \frac{2}{15}l^2 \end{Bmatrix} \tag{10-57}$$

从$[\overline{K}_G]$矩阵的表达式可以得出其值与杆件截面刚度特征($A$、$E$)无关,只与杆件的几何长度$l$有关,故将$[\overline{K}_G]$称为单元几何刚度矩阵,而且$[\overline{K}_G]$与杆件所受初始轴力$N$有关,所以也有许多著作中称之为初始应力刚度矩阵。

单元刚度矩阵发生变化的主要原因是轴力在杆弯曲时所产生的效应,当轴力是拉力时,杆的刚度变大,当轴力是压力时,杆的刚度变小。这一点,当轴力较大时有较重要的意义。

所以由上可得结构变形与受力的基本公式:

$$\left([\overline{K}_D] + [\overline{K}_G]\right)\{\delta\} = \{F\} \tag{10-58}$$

解此线性方程组可以求出节点位移$\{\delta\}$,然后再求出杆件的内力。

因为与轴力有关,计算开始时,可以先不计几何刚度算出各杆轴力,然后用这些轴力来形成$[\overline{K}_G]$,用上式来求解,如此不断迭代,可以求出正确的内力和位移。

按上式可以求得在荷载$\{F\}$作用时的位移$\{\delta\}$,如果荷载不断增加,则结构的位移增大。由于$[\overline{K}_G]$与荷载大小有关,因而这时结构的力与位移的关系不再是线性的,如果$\{F\}$达到$\lambda_{cr}\{F\}$时,结构呈现随遇平衡,这就是我们所求的临界荷载点。

若$\{F\}$增加$\lambda$倍,则杆力和几何刚度矩阵也增大$\lambda$倍,因而式(10-57)可写作:

$$\left([\overline{K}_D]+\lambda[\overline{K}_G]\right)\{\delta\}=\lambda\{F\} \tag{10-58}$$

如果 $\lambda$ 足够大,使得结构达到随遇平衡状态,即当 $\{\delta\}$ 变为 $\{\delta\}+\{\Delta\delta\}$,式(10-58)的平衡方程变为:

$$\left([\overline{K}_D]+\lambda[\overline{K}_G]\right)\left(\{\delta\}+\{\Delta\delta\}\right)=\lambda\{F\} \tag{10-59}$$

则同时满足式和式的条件是:

$$\left([\overline{K}_D]+\lambda[\overline{K}_G]\right)\{\Delta\delta\}=0 \tag{10-60}$$

这就是计算稳定安全特征的特征方程式,如果方程有 $n$ 阶,那么理论上存在 $n$ 个特征值 $\lambda_1,\lambda_2,\lambda_3,\cdots,\lambda_n$。但是在工程问题中只有最低的特征值或最小的稳定安全系数才有实际意义,这时的特征值 $\lambda_{cr}$ 即最小稳定特征值,临界荷载值为 $\lambda_{cr}\{F\}$。

### 10.4.4 渡口河特大桥全桥设计基本情况

#### 10.4.4.1 路线情况

宜万铁路是国家Ⅰ级铁路,单线预留复线,设计行车速度 160 km/h。宜万线渡口河特大桥位于湖北恩施市屯堡乡罗针田村。主桥全部位于直线上,引桥位于直线或曲线上,线路纵坡为 $G=16.8‰$。

#### 10.4.4.2 地质与水文资料

(1)地貌特征

中山区,地形陡峻,宜昌台相对较缓。山体自然坡度 $20°\sim45°$,植被发育,多为旱地,广泛种植玉米、豆类等农作物,零星有村舍。该桥横跨渡口河,所跨河宽约 40 m,河水面宽约 20 m,水深约 0.4 m。

(2)地质构造

丘坡表层为 $Q^{el+dl}$ 粉质黏土夹碎石,黄褐色,硬塑~半干硬,层厚约 $0.5\sim1$ m;局部丘坡表层覆盖块石土,黄色,松散,稍湿,厚 $0\sim1.2$ m;谷地表层为 $Q^{al+pl}$ 卵石土,浅黄色,松散,饱和,厚 $0\sim1.0$ m;下伏基岩为 $S_{llr}$ 泥质石英粉砂岩,灰~黄绿色,薄~中厚层状,强~弱风化,风化面呈浅灰色,节理裂隙发育;泥岩,灰~青灰色,强~弱风化,表面呈碎片状。

(3)水文地质条件

地下水不发育,地表河水常年不干,随季节变化明显。地表水对混凝土无侵蚀性。

(4)工程地质条件

①地基基本承载力及土石等级见表 10-6。

表 10-6 地基基本承载力及土石等级

| 地质年代 | 定性特征 | 单轴抗压强度(kPa) | 岩体级别 |
| --- | --- | --- | --- |
| $Q^{el+dl}$ | 粉质黏土夹碎石,硬塑 | 180 | Ⅲ |
| $Q^{el+dl}$ | 碎石土,块石土,松散,稍湿 | 180 | Ⅲ |
| $Q^{al+pl}$ | 粉砂,松散,稍湿 | 80 | Ⅱ |
| $Q^{al+pl}$ | 卵石土,松散~稍密,饱和 | 150 | Ⅲ |
| $S_{llr}$ | 黏土岩 | $W_3$,300 | Ⅳ |
| | | $W_2$,450 | Ⅳ |
| — | 泥质粉细砂岩 | $W_3$,350 | Ⅳ |
| | | $W_2$,600 | Ⅳ |

②本区地震动峰值加速度为 0.05g,动反应谱周期为 0.35 s。
③万州台侧为高陡岸坡,岸坡稳定角为 53.03°,岸坡稳定。
④岩层局部夹有硬质粉细砂岩,软硬不均,施工时应引起注意。

(5)水文资料

汇水面积为 117.8 km,百年一遇设计流量为 1 521.54 m/s,百年一遇设计水位为 772.4 m,百年设计流速为 4.2 m/s。

#### 10.4.4.3 孔跨布置与墩台基础类型

孔跨布置采用 3-32 m 后张梁+(72+128+72)m 预应力混凝土连续刚构+7-32 m 后张梁+1-24 m 后张梁,中心里程 DK250+051.76,桥全长 634.71 m。

宜昌台采用双线 T 台,万州台采用两个单线挖方台,4、5 号墩(连续刚构主墩)为矩形空心墩,3、6 号墩(连续刚构边墩)为圆端形空心墩,2、7、8、9、10、11 号墩为圆端型空心墩,1、12、13 号墩为圆端形实体墩;13 号墩及桥台采用扩大基础,其余各墩均采用桩基础(图 10-49)。

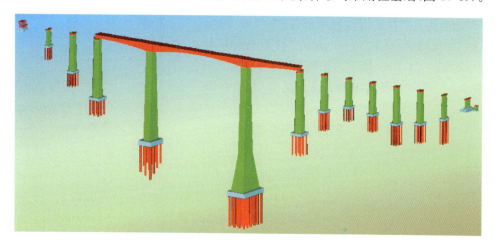

图 10-49 全桥布置图

#### 10.4.4.4 4 号和 5 号墩与基础的构造

(1)设计采用规范

《铁路桥涵设计基本规范》(TB 10002.1—99);

《铁路桥涵钢筋混凝土和预应力混凝土结构设计规范》(TB 10002.3—99);

《铁路工程抗震设计规范》(GBJ 111—87);

《铁路桥涵地基和基础设计规范》(TB 10002.5—99);

《铁路工程水文勘测设计规范》(TB 10017—99);

《铁路桥涵施工规范》(TB 10002.1—99)。

(2)主要建筑材料

①混凝土

主墩:墩顶 8 m 段采用 C50 混凝土,其余均采用 C30 混凝土。

承台及钻孔桩:采用 C25 混凝土。

混凝土碱含量应符合《混凝土碱含量限值标准》(CECS53)的要求。

② 普通钢筋

Ⅰ级(Q235)或Ⅱ级(HRB335)钢筋,符合 GB 13013 及 HRB335 标准。

(3) 墩柱与基础构造

主墩采用矩形截面单柱空心墩。在墩顶处沿桥纵向墩宽 8 m,壁厚 1.2 m;沿桥横向墩宽 7.4 m,壁厚 1.3 m,主墩沿桥纵向墩壁内侧坡度为直坡,外侧坡度 4 号墩为直坡,5 号墩在顶部 90 m 范围内为直坡,90 m 以下为 10∶1;主墩沿桥横向墩壁内侧坡度为 60∶1,外侧坡度 4 号墩为 20∶1,5 号墩在顶部 90 m 范围内为 20∶1,90 m 以下为 5∶1。4 号墩墩高 92 m,5 号墩墩高 128 m。另外,由于 5 号墩处于渡口河河床中,雨季洪水携带的泥沙及块石会对该墩产生撞击和磨耗。因此,在该墩承台顶以上 12.5 m 范围内设有一层 15 cm 厚的防磨钢筋混凝土。

主墩基础为人工挖孔灌注桩基础,行列式布置,承台厚 5 m。4 号墩承台(图 10-50、图10-51)平面尺寸为 16.7 m(纵向)×23.7 m(横向),采用 12 根直径 2.5 m 的桩,桩中心距纵向 6.25 m,横向 6.5 m;5 号墩承台(图 10-52、图 10-53)平面尺寸为 23.7 m(纵向)×36.7 m (横向),采用 24 根直径 2.5 m 的桩,桩中心距纵、横向均为 6.5 m。

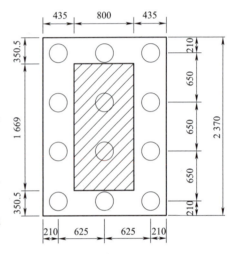

图 10-50 4 号墩群桩基础平面图(单位:cm)

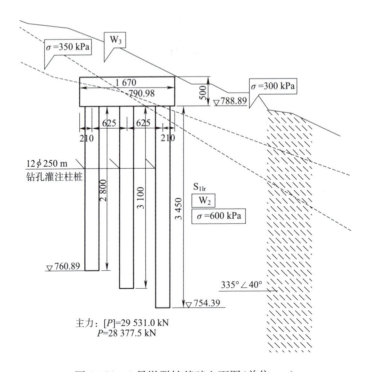

图 10-51 4 号墩群桩基础立面图(单位:cm)

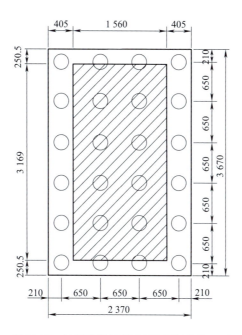

图 10-52　5 号墩群桩基础平面图(单位:cm)

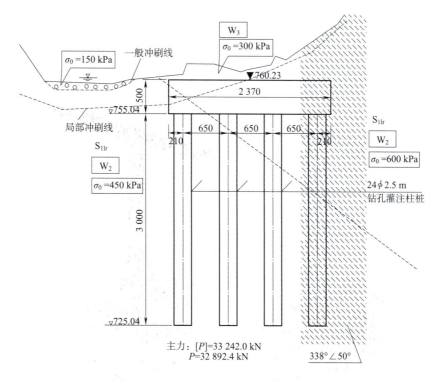

图 10-53　5 号墩群桩基础立面图(单位:cm)

### 10.4.5　高墩大跨连续刚构桥群桩基础有限元模型

由于本项目监测结果存在诸多与理论分析和规范有分歧的地方,所以本章的目的就是利

· 315 ·

用有限元软件对上述问题进行模拟,以期对监测结果给予合理的解释。本章仿真分析建立 5 号墩悬臂梁—桥墩—承台—群桩(简称 5 号墩 T 构)的整体模型,主要用来模拟不同工况下 5 号墩 T 构各构件(包括群桩基础)的受力和变形特征,以及不利工况下整体稳定性分析和局部地基软化对稳定性的影响。

高墩大跨连续刚构桥的有限元模型的几何和物理参数都是对照 5 号墩的 T 构设立。在模型中墩身、承台的高度以及桩长都采用实际尺寸;地基的横向和纵向尺寸都取相应的承台纵横向尺寸一半的 2.5 倍,深度取承台横向尺寸一半的 2 倍。承台与地基接触面处采用接触单元对 TARGET170/CONTACT174,桩周与桩周岩石采用黏结,桩顶与承台采用黏结。地基的纵横向和底部都采用全自由度约束。其他桥梁构件有限元计算参数见表 10-7。5 号墩 T 构的整体模型和有限元网格模型如图 10-54 所示。

表 10-7  有限元模型中桥梁各构件参数

| 桥梁各构件名称 | 采用单元 | 弹性模量(GPa) | 泊松比 | 密度(kg/m³) |
| --- | --- | --- | --- | --- |
| 地基 | SOLID65 | 4 | 0.33 | — |
| 桩 | SOLID65 | 24 | 0.2 | — |
| 承台 | SOLID65 | 33 | 0.2 | 2 500 |
| 墩身(0~120 m) | SOLID186 | 34 | 0.2 | 2 550 |
| 墩身(120~1 128 m) | SOLID186 | 50 | 0.2 | 2 650 |
| 悬臂梁 | SOLID186 | 50 | 0.2 | 2 650 |

图 10-54  5 号墩 T 构的整体模型和有限元网格模型

在计算时考虑的工况有：

(1)墩身、承台和悬臂梁的自重荷载；

(2)风荷载(包括全臂和半臂)；

(3)墩身风荷载；

(4)挂篮荷载(包括两个挂篮和一个挂篮)。

### 10.4.6 不同工况下 5 号墩 T 构的整体有限元分析

计算不同工况下 5 号墩 T 构的力学响应时，先分别计算不同工况下结构的响应，然后利用 ANSYS 的荷载工况组合运算功能，将不同的工况组合，在组合时还可以对工况进行载荷组合运算，如缩放、相加、相减、平方和、平方根等，进而得到不同工况组合下的荷载响应。载荷工况有一个前提条件，那就是只有线性系统的求解结果之间才可以执行载荷工况组合运算。

#### 10.4.6.1 重力荷载下 5 号墩 T 构的有限元分析

如图 10-55 所示是 5 号墩 T 构竖向应力分布图，图中最大竖向压应力为 17.6 MPa，最大竖向拉应力为 4.89 MPa，都在混凝土应力的允许范围内。

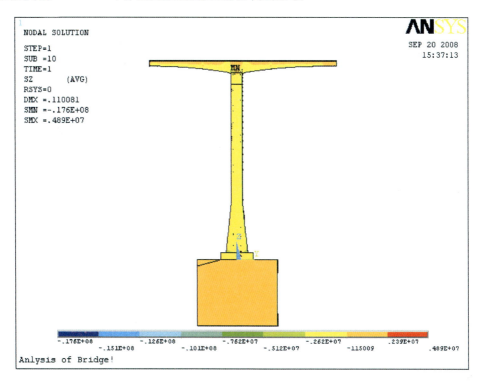

图 10-55　重力荷载下 5 号墩 T 构的竖向应力图

如图 10-56 所示是 5 号墩 T 构纵向应力分布图，图中悬臂梁部分上部受拉应力，下部受压应力都比较显著，其他部分的纵向应力较小。由于悬臂梁部分 0 号块的受力比较重要，所以特在图 10-57 和图 10-58 中详细显示。

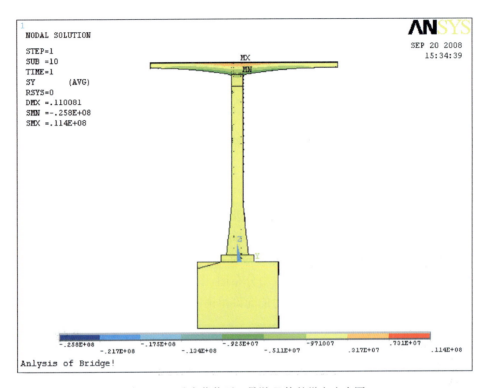

图 10-56　重力荷载下 5 号墩 T 构的纵向应力图

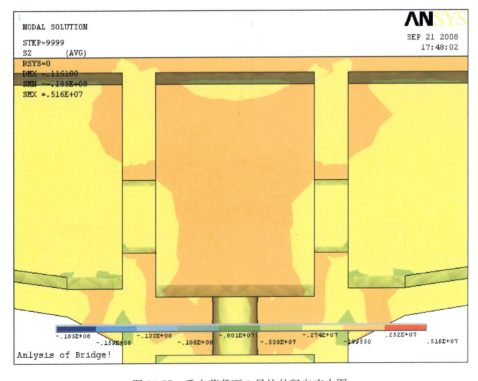

图 10-57　重力荷载下 0 号块的竖向应力图

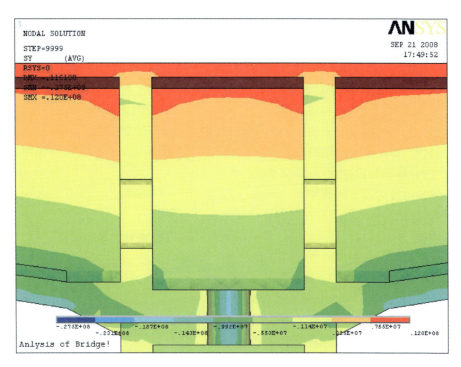

图 10-58 重力荷载下 0 号块的纵向应力图

如图 10-59 所示是 5 号墩 T 构的竖向位移图,图中最大竖向位移发生在悬臂端,位移值为 0.11 m,在变形允许范围内。

重力荷载引起的横向位移和横向应力都很小,在此不做分析。

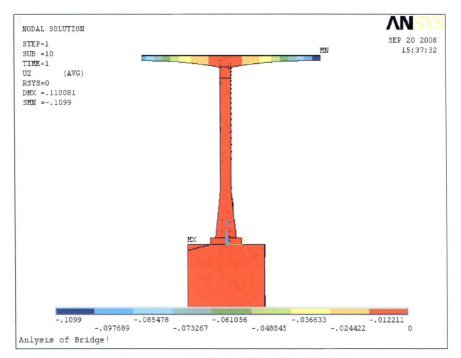

图 10-59 重力荷载下 5 号墩 T 构竖向位移图

#### 10.4.6.2 风荷载下 5 号墩 T 构的有限元分析

风对桥梁的作用是一个十分复杂的现象,它受到风的自然特性、结构的动力特性以及风与结构的相互作用三方面的制约。由于近地边界层的紊流影响,风的速度和方向及其空间分布都是非定常的(即随时间变化的)和随机的。当平均风速带着脉动风速绕过非流线形截面的桥梁结构时,就会产生旋涡和流动的分离,形成复杂的作用力(空气力)。这种作用力将引起桥梁的振动(风致振动),而振动起来的桥梁又将反过来影响流场,改变空气作用力,引起风与结构的相互作用机制,更加深了问题的复杂性。为了从本质上把握风对桥梁作用的各种特点,有必要进行科学的抽象和分析,然后再综合考虑。

首先,风速可分为以下两部分:
(1)平均风(稳定风),并假设在时间和空间上都是不变的。
(2)脉动风(紊流风),包括风(来流)本身的紊流和绕过桥梁时引起的紊流。
其次,按结构动力性能风的作用可分为两类:
(1)刚度很大,在风力作用下保持静止不动。
(2)柔性结构,必须作为一个振动体系来考虑。
最后,风与结构相互作用可分为:
(1)空气力受结构振动的影响很小,可忽略不计。
(2)空气力受结构振动的反馈制约,引起一种自激振动机制。
结构在风载作用下的破坏原因主要有两个方面:
(1)风压所形成的静力作用引起的破坏。结构在风的静力作用下有可能发生强度问题或稳定问题,作为强度问题,主要是阻力引起的侧向倾覆。
(2)风绕过桥梁时产生复杂的具有旋涡和分离特性的作用力(空气力),引起桥梁振动而造成的破坏。

大跨度预应力混凝土薄壁柔性墩刚构桥在成桥运营阶段刚度较大,具有较强的抗风能力,但在最大双悬臂阶段由于桥墩较柔、刚度较低,在风荷载作用下将在柔性墩的根部产生较大的内力。对于大跨度桥梁结构,在风荷载作用下的内力一般由两部分组成:一是平均风作用下在结构中的静风内力,二是由于风的紊流成分诱发结构抖振而产生的动内力。静风内力是基于桥梁设计基本风速之上的,该风速定义为 10 min 平均风速;动风内力是在考虑脉动风的空间相关和动力特征以及结构的振动特性、气动阻尼、气动刚度和气动导流等因素之一后,可采用以下方法得到:(1)通过风洞试验直接得到;(2)通过时域或频率的抖振分析。

但在初步设计阶段,采用以上两种方法往往是不经济的,并且也是不现实的。因此,对大跨度预应力混凝土薄壁柔性墩刚构桥在悬臂施工阶段的风荷载,建立一种正确和简便的估计方法是十分必要的。

《铁路桥涵设计规范》(TB 10002—2017)中把风荷载作为其他荷载,并按纵横向分别计算。

作用在桥梁上的风荷载强度可按下式计算:

$$W = K_1 K_2 K_3 W_0 \tag{10-61}$$

式中 $W$——风载荷强度(Pa);

$W_0$——基本风压值(Pa),$W_0 = \dfrac{1}{1.6} v^2$ 系按平坦空旷地面,离地面高度 20 m 高,频率

1/100的10 min平均最大风速$v$(m/s)计算确定；一般情况$W_0$可按《铁路桥涵设计规范》(TB 10002—2017)附录D"全国基本风压分布图"，并通过实地调查核实后采用；

$K_1$——风载体型系数，桥墩见《铁路桥涵设计规范》(TB 10002—2017)表4.4.1—1，其他构件为1.3；

$K_2$——风压高度变化系数，见《铁路桥涵设计规范》(TB 10002—2017)表4.4.1—2；风压随离地面或常水位的高度而异，除特殊高墩个别计算外，为简化计算，全桥均取轨顶高度处的风压值；

$K_3$——地形、地理条件系数，见《铁路桥涵设计基本规范》(TB 10002—2017)表4.4.1—3。

横向风力的受压面积应按桥跨结构理论轮廓面积乘以下列系数：钢桁梁及钢塔架0.4；钢拱两弦间的面积0.5；桁拱下弦与系杆间的面积或上弦与桥面间的面积0.2；整片的桥跨结构1.0。

纵向风力与横向风力计算方法相同。虽然桥墩的纵向风力受邻近墩台及梁部遮挡，可予折减，但与跨度大小有关。

在本节中，由于桥梁修建位置在湖北恩施地区，查阅规范得到基本风压$W_0=400$ Pa；桥墩横向风压的$K_1=1.3$，纵向风压的$K_1=0.9$，悬臂梁的横向风压的$K_1=1.3$；桥墩纵横向风压的$K_2=1.0\sim1.56$(随墩高变化，从$20\sim100$ m)，悬臂梁的$K_2=1.56$，纵横向风压的$K_3=1.3$。因此，根据公式(10-60)，悬臂梁的横向风压：

$$W_x=1.3\times1.56\times1.3\times400=1\ 054.56\ \text{Pa}$$

桥墩的横向风压：

$$W_{ph}=1.3\times(1.0\sim1.56)\times1.3\times400=676\sim1\ 054.56\ \text{Pa}$$

桥墩的纵向风压：

$$W_{pz}=0.9\times(1.0\sim1.56)\times1.3\times400=468\sim730.08\ \text{Pa}$$

在T构的两臂都受横向风荷载作用时，由图10-60可以看出，整个墩身部分几乎都受拉应力作用，特别是38 m以上墩身受拉应力较大，最大有0.18 MPa。由于墩身部分采用的混凝土标号不是很高，所以其混凝土抗拉强度不大，而且不像悬臂梁部分进行了三向预应力张拉，墩身部分没有预应力，且施工过程是分段施工(约3 m高一个施工段)，施工时在两个施工段间留有施工缝，所以墩身混凝土的抗拉效果不是很好。由图10-61可见，两臂都受横向风荷载时最大横向位移发生在悬臂端，其值是0.004 2 m，对桥梁横向变形影响不大。

由于高墩大跨连续刚构桥横向刚度大于纵向刚度，桥墩的受扭刚度也较大，通过有限元计算发现，横向半臂风荷载和横向桥墩风荷载对桥梁T构的应力和变形影响都很小，所以在此不再列出分析结果。

由于高墩大跨连续刚构桥在施工阶段的纵向刚度较柔，所以图10-62列出墩身受纵向风荷载时的竖向应力图，由图可见，最大拉压应力都发生在墩身横向截面形状改变处，所以这是一个需要注意的位置，但由于风荷载不大，应力的绝对值都很小。图10-63和图10-64分别列出了在墩身纵向风荷载作用下T构的竖向和纵向位移分布图，整个位移的绝对值相对墩身在重力荷载下的位移都不大。

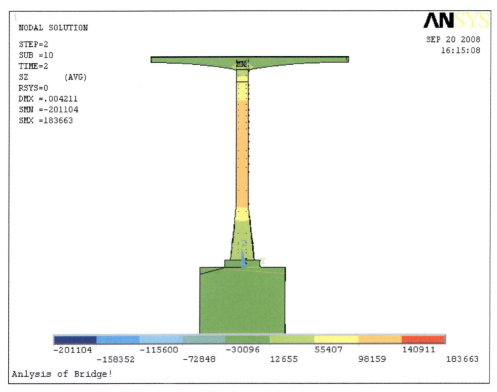

图 10-60　悬臂风荷载下 5 号墩 T 构竖向应力图

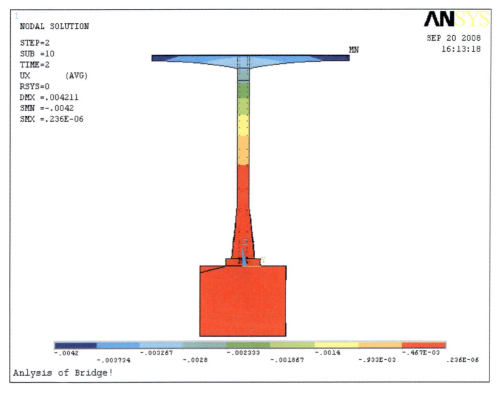

图 10-61　悬臂风荷载下 5 号墩 T 构横向位移图

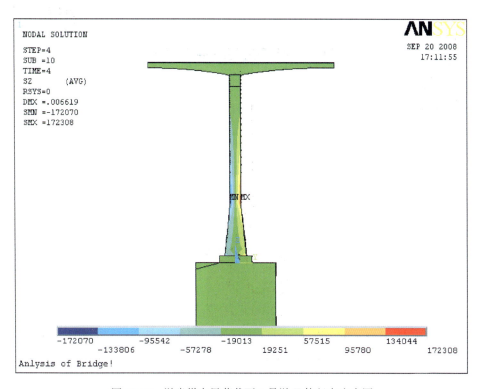

图 10-62　墩身纵向风荷载下 5 号墩 T 构竖向应力图

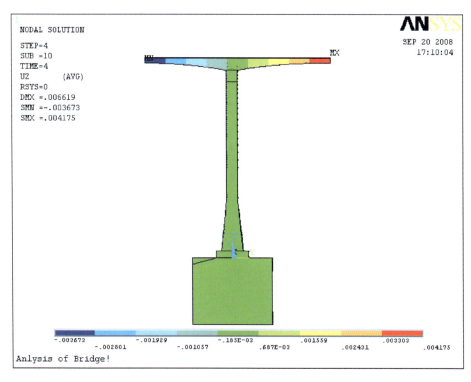

图 10-63　墩身纵向风荷载下 5 号墩 T 构竖向位移图

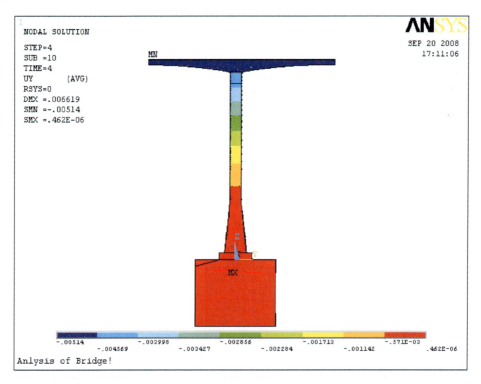

图 10-64 墩身纵向风荷载下 5 号墩 T 构纵向位移图

总的来说,高墩大跨连续刚构桥在静力风荷载作用下的力学响应最明显的是悬臂部分受横向风荷载时,影响最显著的位置是墩身,需要注意的是墩身混凝土抗拉能力。由于本节计算采用的是规范给的基本风压值,且规范的高度修正系数最大只到 100 m 墩高,而实际情况是渡口河特大桥地处峡口,施工过程中曾刮过十级大风,项目部的石棉瓦屋顶都被掀掉,并且 5 号墩高 128 m,所以大桥实际所受的风荷载取值应大于计算取值,因此风荷载的验算显得很重要。

#### 10.4.6.3 挂篮荷载下 5 号墩 T 构的有限元分析

19 世纪中期以前,各种桥梁均采用有支架的施工方法,有支架施工方法虽是最简单、最可靠的方法,但随着桥跨的不断增大,采用有支架施工方法则变得非常困难。随着钢铁工业的发展,19 世纪中期,随着悬臂桁梁技术的在美国的率先应用,无支架施工方法得到广泛的采用。1950 年有德国工程师率先采用挂篮悬臂浇筑混凝土,修建预应力混凝土连续梁桥。该方法应用 40 多年来得到蓬勃发展,20 世纪 70 年代,随着预应力混凝土工艺的完善,尤其是后张法学会于 1976 年的成立,使用于桥梁上的预应力混凝土工艺更加成熟,为至今仍采用的悬臂浇筑混凝土连续梁、T 形刚构、连续刚构桥和斜拉桥等无支架施工方法奠定了基础。

无支架施工方法的采用,促进了大跨度桥梁的建设,但是在施工中又将存在许多问题。本节主要分析了悬臂施工最危险时,也即是合龙前两个挂篮荷载对桥梁应力和变形的影响。渡口河特大桥采用的挂篮重 60 t,加载时将其均匀分布到最后一个浇筑梁块的顶面。由图 10-65～图 10-67 可见,挂篮荷载的影响范围主要是悬臂梁部分,虽然挂篮荷载不大,但在悬臂梁部分产生的应力和位移却比风荷载明显大一些,特别是悬臂梁根部的纵向压应力和悬臂端的竖向位移值。实际上挂篮移动时还会产生水平制动力和其他的挠动荷载,所以悬臂施工的安全必须特别注意。一个挂篮跌落的情况会在后面稳定性分析中考虑。

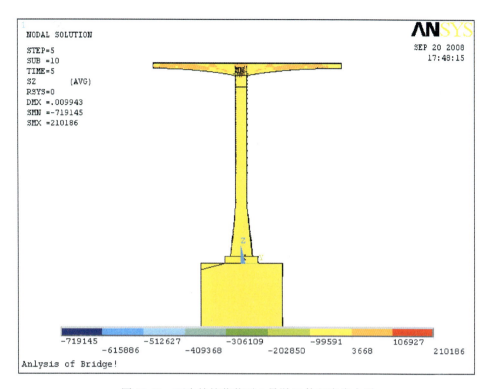

图 10-65 两个挂篮荷载下 5 号墩 T 构竖向应力图

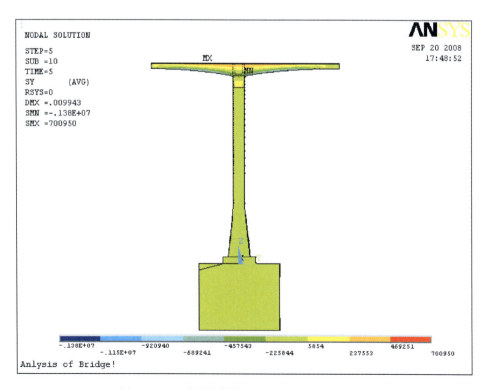

图 10-66 两个挂篮荷载下 5 号墩 T 构纵向应力图

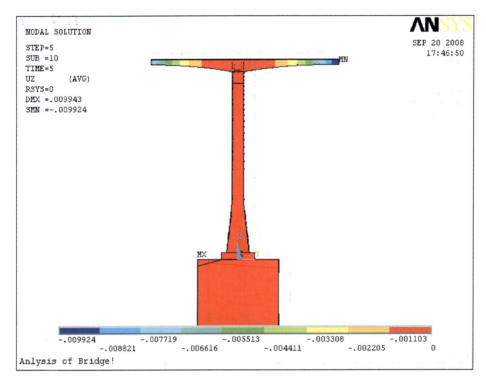

图 10-67　两个挂篮荷载下 5 号墩 T 构竖向位移图

#### 10.4.6.4　综合荷载下 5 号墩群桩的有限元分析

为了得到综合荷载下的桥梁应力和变形,本节将自重、全臂风荷载、墩身风荷载和两个挂篮荷载的工况下的有限元结构进行工况组合运算,得到了综合荷载作用下 5 号墩 T 构的有限元综合结果。通过组合工况的有限元结果发现,所有的上部荷载中,只有桥身自重对群桩基础的应力和变形影响最大,所以在此不再列出有限元分析结果,只列出综合荷载作用下 5 号墩群桩的有限元分析结果。

图 10-68 和图 10-69 分别是综合荷载下 5 号墩群桩基础的竖向应力分布图,综合两图的有限元结果可见:桩顶轴力分布是中间大,四周小;就单桩而言,桩身轴力是上大下小;最大桩身应力出现在桩顶,最大值压应力为 4.19 MPa。以上有限元结果与监测结果基本一致,所以用有限元工具分析桥梁群桩基础的力学响应是个有益的补充。但是由于计算机硬件的限制,进行这样一个计算需要高配置的计算工具,而且随着问题的复杂程度增加,比如考虑岩石节理、水文地质条件和施工过程,则对计算机硬件的依赖性越来越强,所以有限元分析方法目前还不能直接应用到桥梁的设计工作中来。

### 10.4.7　5 号墩 T 构的整体稳定性分析

#### 10.4.7.1　稳定性分析过程简介

连续刚构之所以是目前各地广泛修建的桥形之一,就是因为其突出的特点是顺桥向墩的抗推刚度小,故能有效地减少上部结构的内力,减小温度、徐变和地震的影响,由此要求墩的截

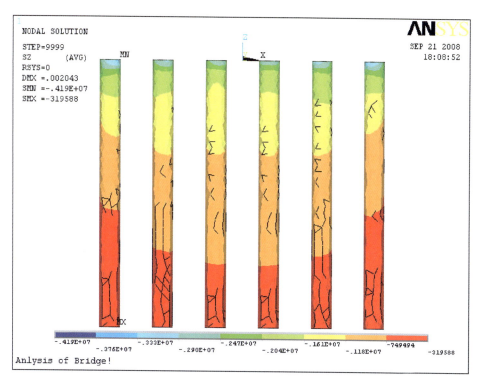

图 10-68 综合荷载下 5 号墩群桩竖向应力分布图(横向)

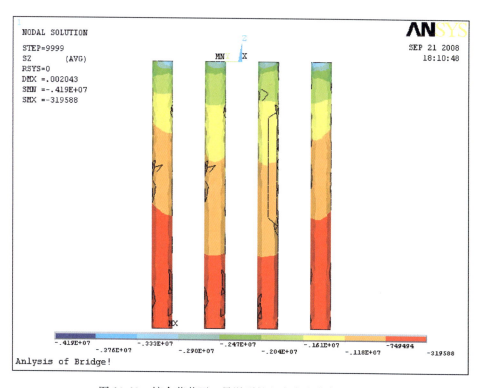

图 10-69 综合荷载下 5 号墩群桩竖向应力分布图(纵向)

面尺寸小而高度大,那么稳定性分析就必不可少。连续刚构桥常用的桥墩断面形式有两种:一种是双薄壁空心墩,另一种是单薄壁空心墩。本节监测的特大桥5号墩是单薄壁空心墩,横截面尺寸随墩高而逐渐减小。一般分析这种桥梁的稳定性时,把墩的下部视为固结,也就是没有考虑下部结构的影响。本节建立5号墩T构整体有限元模型,试图从以下两个方面进行分析:(1)以往的有限元稳定性分析模型都是把T构简化为杆件系统进行分析,本节初次采用实体模型进行稳定性分析,考虑到了结构的几何形状对稳定性的影响;(2)由于河流侵蚀使地基局部软化,所以墩的下部并不是完全固结的,所以本节建立了5号墩T构的整体模型,试图分析局部地基软化对整个T构稳定性的影响。

因为承台下的地基一部分是开挖出来的新鲜岩石,另一部分是被河水侵蚀的岩石,根据现场观察,侵蚀的水平距离达到了承台纵向长度的约一半,但是侵蚀的深度由于受桩基开挖和水文地质等因素的影响无法确定。所以直观的来看,靠近河边的地基强度应该低于靠近山体的地基强度,所以当承台受力后靠近河岸的地基沉降大于靠近山体的地基沉降,这也使得靠近河岸的桩基受力大于靠近山体的桩基受力,甚至使得靠近山体的桩基在某一施工阶段受拉。

根据前面的假设,在建模前还要考虑以下因素:1)受侵蚀和施工扰动地基的具体范围,以及在这个范围内岩石的物理力学特性随空间的分布;2)各桩侧岩石受爆破开挖和水浸泡的影响程度;3)桩顶和承台的接触状况;4)承台裂缝对其刚度的影响。

考虑地基不对称的情况,复合桩基必须建立整体模型,而且必须采用实体单元,这就需要大量的节点。研究问题的复杂程度与所需要的计算代价是成正比的,考虑到近河岸岩石的侵蚀深度一般大于远离河岸的,所以在模型中假设受侵蚀的地基是一个楔形体,靠近河岸的地方深,楔形体沿桥纵向延伸到承台中间,楔形体的走向与河流方向大致一致,如图10-54所示。如果以承台底面几何中心为坐标原点,$x$轴沿桥横向指向河的下游,$y$轴沿桥纵向指向山体,$z$轴竖直向上;则表示受侵蚀地基深度界限楔形体底面Ⅱ的方程为:

$$-\sin\alpha\sin\beta \cdot x - \sin\alpha\cos\beta \cdot y + \cos\alpha(z-h_1) = 0 \tag{10-62}$$

式中　$\alpha$——平面Ⅱ的法线与$z$轴的夹角,假设平面Ⅱ的法线方向向上;

$\beta$——平面Ⅱ的法线与$x$轴的夹角,即表示受侵蚀地基地表界限的走向;

$h_1$——平面Ⅱ与$z$轴的截距的$z$轴坐标。

本节中,取$\alpha=\beta=15°$,$h_1=0.1$ m,则在承台近河的两个角点[平面坐标分别为$(-18.35,-11.85)$和$(18.35,-11.85)$]地基侵蚀深度分别为4.44 m和1.89 m。

考虑地基不均匀的5号墩T构整体有限元模型的几何参数、物理参数与图10-54模型一致,只是受侵蚀地基的弹性模量为原地基的0.5倍。

#### 10.4.7.2　稳定性分析结果

高墩大跨连续刚构桥悬臂浇筑施工中,当最末块段施工时,在风载和恒载误差作用下最不安全,特别是如果有一端的挂篮跌落出现的情况将更不安全,所以本节选取这一最不利阶段进行有限元稳定性分析,也就是当T构上作用重力荷载、悬臂和墩身风载,一个中跨挂篮荷载时。

因为只有低特征值下的稳定性分析结果有意义,所以本节只列出了前四阶稳定性分析的结果。图 10-70 是第一阶屈曲模态,失稳模态是沿纵桥向整体失稳,倾倒方向是顺纵向墩身风荷载方向。图 10-71 是第二阶屈曲模态,失稳模态是沿桥横向整体失稳,倾倒方向是顺横向悬臂风荷载方向。图 10-72 是第三阶屈曲模态,失稳模态为墩身扭转失稳。图 10-73 是第四阶屈曲模态,失稳模态是悬臂梁局部失稳。

表 10-8 是不同地基状况下各阶屈曲模态稳定特征值的比较,可见地基局部软化会降低桥梁的稳定性,但由于地基弱化部分不多,且桩基础把荷载传递到下层地基中,所以影响程度不大。

表 10-8　不同地基状况的 5 号墩 T 构稳定特征值比较

| 地基状况 | 各阶稳定特征值 λ | | | |
|---|---|---|---|---|
| | 第一阶 | 第二阶 | 第三阶 | 第四阶 |
| 地基均匀 | 39.17 | 113.22 | 228.46 | 240.62 |
| 地基不均匀软化 | 39.12 | 113.11 | 228.00 | 240.62 |

总的来说,由于一阶屈曲模态的稳定特征值很高,5 号墩 T 构的整体稳定性还是可靠的。

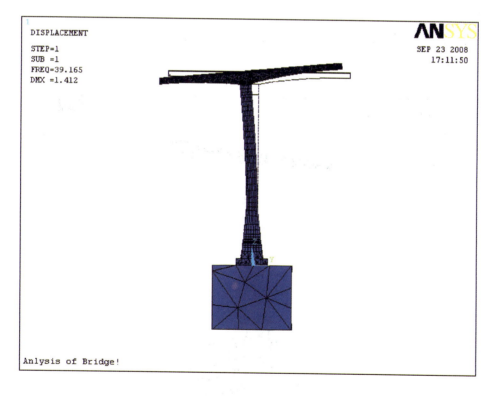

图 10-70　5 号墩 T 构第一阶屈曲模态

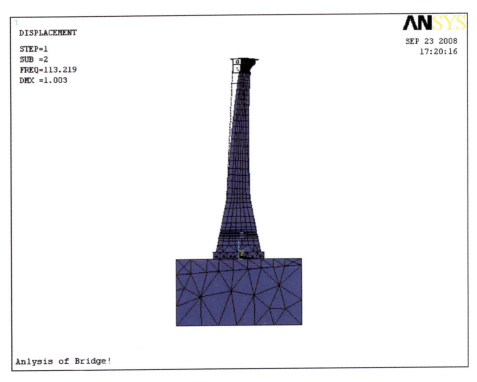

图 10-71　5 号墩 T 构第二阶屈曲模态

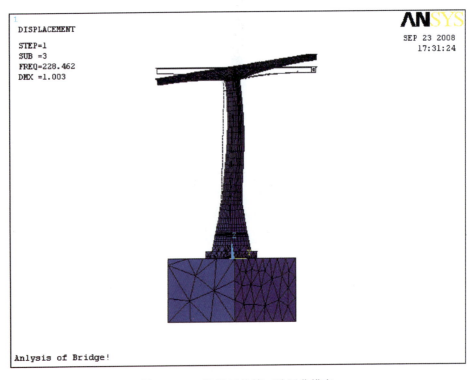

图 10-72　5 号墩 T 构第三阶屈曲模态

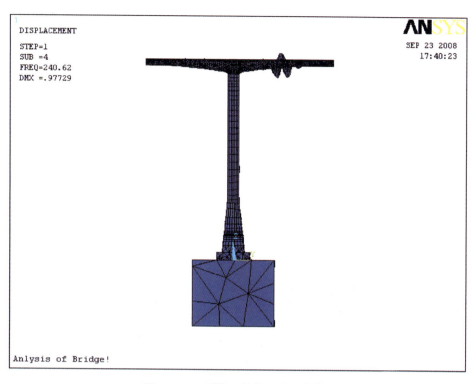

图 10-73　5 号墩 T 构第四阶屈曲模态

### 10.4.8 小　　结

综上前面的有限元分析结果,本节得到如下结论:

(1)根据 5 号墩 T 构整体有限元分析,可知桥身自重荷载是群桩基础力学响应的主要影响因素;在施工阶段,桥梁的风荷载在桥墩和悬臂梁上引起的混凝土拉应力不容忽视,特别是桥墩混凝土没有做预应力,容易开裂;群桩基础的受力分布是中间桩承受荷载大,周边桩承受荷载小,这与实际监测结果大体一致。

(2)根据 5 号墩 T 构整体有限元稳定性分析,可知在施工阶段的最不利荷载组合下,桥梁的失稳模态主要是沿纵桥向整体倾覆;地基局部软化降低桥梁整体失稳的特征值。

## 10.5　深厚软土地区群桩基础数值模拟

### 10.5.1　计算模型与参数

根据中交二公局提供的 DK1269+238～DK1270+760 沉降观测资料,本段桥梁基础主要采用钻孔桩基础,桩基础设计全部为摩擦桩。根据地质资料和观测数据选取了全桥段中 DK1269+900、DK1270+391、DK1270+531 处的 285 号、301 号、305 号墩群桩基础进行沉降分析。

285 号墩、301 号墩、305 号墩群桩基础模型深度分别取 72 m、80 m 和 88 m,沿线路走向取 9 倍承台宽度,垂直线路方向取 9 倍承台长度。桩用 Pile 单元模拟,承台采用 Shell 单元模拟,两者采用刚性连接,即约束 link 的六个自由度。其中,285 号墩桩长 51 m,301 号墩桩长 59 m,306 号墩桩长 67 m,桩数都为 12,桩径 1.0 m,桩弹性模量 28 GPa,承台厚 2.5 m。坐标原点位于群桩顶面(地表)的形心位置,计算模型区域为 $-49.95 \text{ m} \leqslant x \leqslant 49.95 \text{ m}$、$-33.75 \text{ m} \leqslant y \leqslant 33.75 \text{ m}$、$-72 \text{ m} \sim -88 \text{ m} \leqslant z \leqslant 0$,模型底面固定,左右边界约束横向水平位移,地表取自由边界。

### 10.5.2　285 号墩下群桩基础数值模拟

#### 10.5.2.1　285 号墩计算模型

图 10-74 为 285 号墩的数值计算模型,模型网格划分为 11 532 个单元,13 205 个节点。

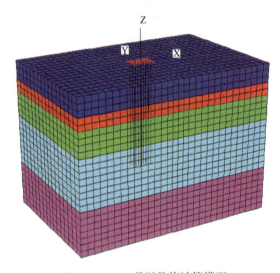

图 10-74　285 号墩数值计算模型

#### 10.5.2.2　土体计算参数

285 号墩的桩侧土主要以粉质黏土和黏土为主。计算中,土层的应力—应变关系近似采用 Mohr-Coulomb 模型描述(MC)。各土层的物理力学参数见表 10-9。Pile 单元设置中,基桩切向和法向刚度取 10 倍左右的土层压缩模量,接触面上的黏聚力和内摩擦角均采用与土体相同的参数。

表 10-9　土层计算参数

| 土层名称 | 土石代号 | 层厚 (m) | 容重 (kN/m³) | 黏聚力 (kPa) | 内摩擦角 (°) | 压缩模量 (MPa) | 泊松比 |
| --- | --- | --- | --- | --- | --- | --- | --- |
| 淤泥质粉土 | (3)1 | 9 | 18.6 | 13.81 | 13.19 | 5.076 | 0.3 |
| 粉质黏土 | (4)1 | 6 | 18.4 | 16.9 | 12.44 | 12.87 | 0.3 |
| 粉土 | (4)3 | 12 | 19.0 | 14.22 | 11.03 | 10.94 | 0.3 |
| 粉质黏土 | (5)3 | 24 | 18.6 | 23.82 | 15.85 | 19.17 | 0.3 |
| 粉土 | (7)1 | 21 | 19.4 | 26.5 | 18.83 | 25.83 | 0.3 |

#### 10.5.2.3 流固耦合过程

本节进行固结分析时将采用以 Biot 固结理论为基础的有效应力法。其土层参数采用与表 10-9 相同的土层参数。群桩基础未施工前,可认为基础所处区域土体为全部饱水地层,饱和度为 1。渗流边界条件为:顶部地表为自由边界,固定孔隙水压力为 0,而左右两边以及底部边界为不透水边界。基础施工前土体孔隙水压力为静水压力,水压力场与深度成正比。基础施作完成后,承台及基桩为不考虑渗流区域(model fl_null),地下水在孔隙水压力作用下沿地表渗出。在模拟过程中,当承台单元施加完成后,将两侧面土体边界设置成不透水(free pp),使其孔压可随渗流过程而变化。

由于本程序采用的黏聚力 $c$ 和内摩擦角 $\varphi$ 是通过室内直剪试验得到的,故在接触面的抗剪强度计算中,不使用有效应力进行分析,模拟中按 interface ieffe off 进行处理。

另外,考虑到不同施工阶段,在模拟步骤中,先进行承台基坑开挖,然后进行墩身的施工,施加墩身荷载即墩自重,由墩身体积计算得到,这个阶段分别历时 200 天左右完成(每个墩超孔隙水压消散的时间不一样,根据现场沉降数据 excel 表确定)。最后在承台顶面施加面荷载(荷载即长度为 32 m 箱梁的自重),本节对架梁完成后群桩基础历时 3 年的固结过程进行了分析。

#### 10.5.2.4 计算结果分析

由图 10-75、图 10-76 可以看出,在固结了 720 d 后,竖向位移的最大值为 9.85 mm,最大位移集中在桩体周围,方向竖直向下。水平位移的最大值为 1.54 mm,从云图可以看到,左侧位移为负,右侧位移为正($x$ 正方向默认为向右),表明水平位移趋势从两侧向桩身靠拢。

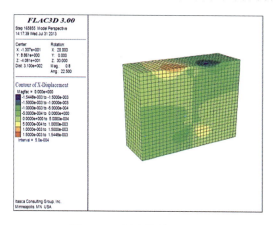
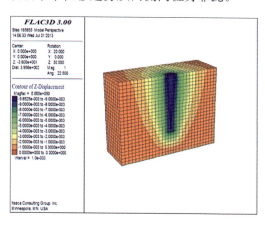

图 10-75　竖向位移(720 d)　　　　　　图 10-76　水平位移(720 d)

由图 10-77 可知,在固结了 100 d 后,超孔隙水压力消散至 0.89 kPa,在固结完成(720 d)后,超孔隙水压消散至 0.23 kPa,超孔压随时间的增加而逐渐消散。此外,还可以看出加载后超孔隙水压力主要集中在桩端下卧层,随着时间的延长,孔隙水压力逐渐发生消散,孔压逐渐降低。由于加载过程中,土体中的孔隙水即发生渗流,固结就已开始,所以超孔隙水压力并不大,使得后期沉降随时间的变化并不显著。同时可看出,有效应力也集中于桩端下卧层,且加载后期,承台中心区域下卧层和各桩端部竖直附加应力具有优势。这与前述超孔压消散分布和有效应力变化率分布一致。

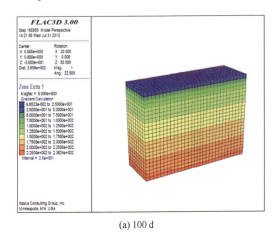
(a) 100 d

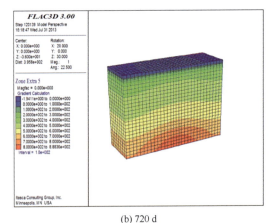
(b) 720 d

图 10-77  超孔隙水压力的分布

由图 10-78、图 10-79 可见,在固结 720 d 后,有效应力的最大值为 -657.34 kPa,有效应力从土层底面向上逐渐减小至 1.17 kPa;附加有效应力的最大值为 -33.10 kPa,出现在桩底处,其他位置的附加应力值较小。图中负值均表示为压应力。

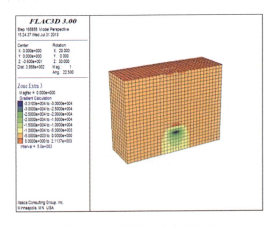

图 10-78  有效应力分布(720 d)

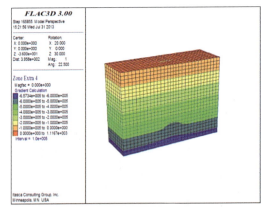

图 10-79  附加应力的分布(720 d)

图 10-80 为各因素下数值计算得到的沉降与实测值的对比图。可以看出,除加载阶段,由于现场实际荷载并非理想的线性施加,而是分阶段加载,故实测沉降与计算值存在一定的偏差,但荷载稳定后,计算值与实测值吻合较好,规律基本一致,表明本节采用的数值计算方法能较好地反映群桩基础沉降随时间的变化规律。同时,从图 10-80 中还可看出,由于考虑了土体的蠕变效应,预测值能更好地与实测值相吻合,更为真实地反映了实际沉降的变化。

图 10-81 为不同深处超孔隙水压随时间变化曲线,由图可知,在建完墩之后即前 214 d 内,超孔压随时间逐渐消散;架梁完成后,由于施加面荷载,超孔压在此处突然增加至 3 000 kPa,随后超孔压随时间增加逐渐消散至零。且超孔压的大小随深度的增大而逐渐增加。桩端处有明显的孔压黏性效应和 Mandel-Cryer 效应,孔压的黏性效应是由于土层内部的黏性蠕变变形和孔隙水压力的缓慢消散共同引起的;在接近排水面的表面土层中,孔隙水首先排出,随着蠕变变形的发展,土层内部的孔隙水来不及排出,从而孔隙水压力上升,而后者是因为体积应变协

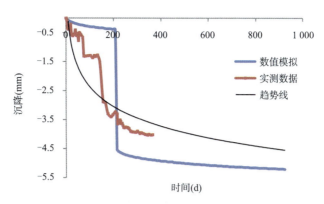

图 10-80 沉降随时间的变化规律

调性而造成的总应力增长引起的。当孔压的黏性效应和 Mandel-Cryer 效应的综合作用与孔隙水排出所引起的孔压变化相平衡时,孔隙水压力达到临界最大值,继而孔压逐渐减小。

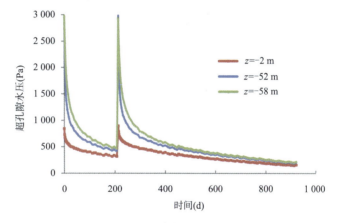

图 10-81 超孔隙水压随时间的变化

图 10-82 表示桩端竖向有效应力随时间的变化规律。从图中可以看出,在 $z=-52$ m 处,在 $t=214$ d 即架梁完成后,桩端中心处的有效应力值从 520 kPa 增至 540 kPa($z$ 坐标默认向上为正,故其中负值代表压应力),且随着时间的推移,竖向有效应力逐渐趋于稳定。$z=-58$ m 处的规律与 $z=-52$ m 处类似。

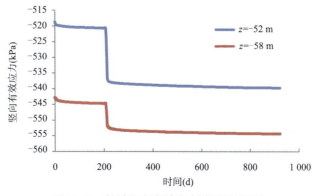

图 10-82 桩端竖向有效应力随时间的变化

### 10.5.3　301号墩下群桩基础数值模拟

#### 10.5.3.1　301号墩的概况

301号墩桩长59 m,桩数为12,桩径1.0 m,桩弹性模量28 GPa,承台厚2.5 m。坐标原点位于群桩顶面(地表)的形心位置,计算模型区域及边界条件与285号墩模型一致,不再赘述。图10-83为301号墩的数值计算模型,模型网格划分为10 092个单元,11 624个节点。

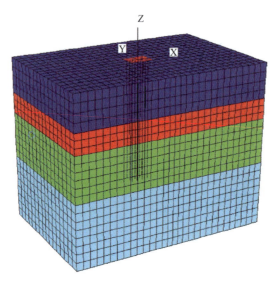

图10-83　301号墩的数值计算模型

#### 10.5.3.2　土体计算参数

301号墩的桩侧土主要以粉质黏土和黏土为主,下伏基岩为灰岩。计算中,土层的应力—应变关系近似采用Mohr-Coulomb模型描述(MC)。各土层的物理力学参数见表10-10。Pile单元设置中,基桩切向和法向刚度取10倍左右的土层压缩模量,接触面上的黏聚力和内摩擦角均采用与土体相同的参数。

表10-10　土层计算参数

| 土层名称 | 土石代号 | 层厚(m) | 容重(kN/m³) | 黏聚力(kPa) | 内摩擦角(°) | 压缩模量(MPa) | 泊松比 |
|---|---|---|---|---|---|---|---|
| 粉土 | (3)1 | 17 | 19.3 | 13.81 | 11.03 | 8.31 | 0.3 |
| 粉质黏土 | (4)2 | 10 | 18.7 | 16.9 | 13.4 | 10.944 | 0.3 |
| 黏土 | (5)2 | 22 | 19.9 | 23.2 | 16.42 | 19.17 | 0.3 |
| 粉砂土 | (5)1 | 31 | 20.3 | 17.99 | 18.07 | 18.83 | 0.3 |

#### 10.5.3.3　流固耦合过程

此过程已在前文10.5.2.3中有详细的叙述,故此处不再赘述。

#### 10.5.3.4　计算结果分析

由图10-84、图10-85可以看出,在固结了720 d后,竖向位移的最大值为1.07 cm,最大位移集中在桩体周围,方向竖直向下。水平位移的最大值为 1.507 mm,从云图可以看到,左侧位移为负,右侧位移为正($x$ 正方向默认为向右),表明水平位移趋势从两侧向桩身靠拢。

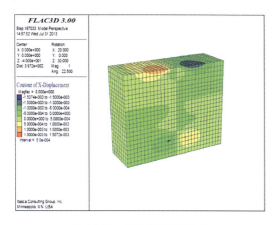
图 10-84　竖向位移(720 d)

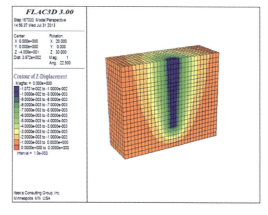
图 10-85　水平位移(720 d)

由图 10-86 可见,在固结了 100 d 后,超孔隙水压力消散至 0.94 kPa,在固结完成(720 d)后,超孔隙水压消散至 0.46 kPa,超孔压值随时间的增加而逐渐减小。加载后超孔隙水压力主要集中在桩端下卧层,随着时间的延长,孔隙水压力逐渐发生消散,孔压逐渐降低。在加载过程中,土体中的孔隙水即发生渗流,固结就已开始,所以超孔隙水压力并不大,使得后期沉降随时间的变化并不显著。同时可看出,有效应力也集中于桩端下卧层,且加载后期,承台中心区域下卧层和各桩端部竖直附加应力具有优势。这与前节 10.5.3 中叙述的超孔压消散分布和有效应力变化率分布保持一致。

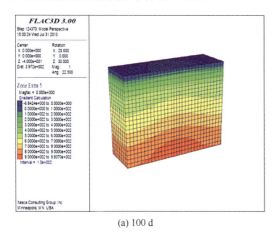
(a) 100 d

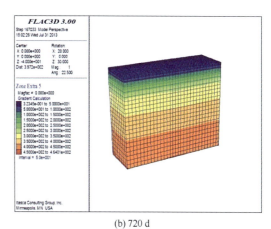
(b) 720 d

图 10-86　超孔隙水压力的分布

由图 10-87、图 10-88 可见,在固结 720 d 后,最大有效应力出现在土层底部,最大值为 −729.99 kPa,有效应力从土层底面向上逐渐减小至 0.085 kPa;附加有效应力的最大值为 −23.55 kPa,出现在桩底处,其他位置的附加应力值较小。图中负值均表示为压应力。

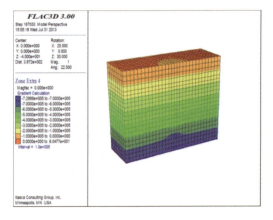
图 10-87　有效应力分布(720 d)

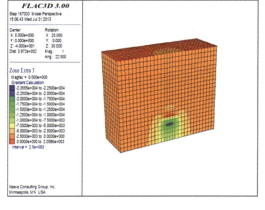
图 10-88　附加应力的分布(720 d)

图 10-89 为各因素下数值计算得到的沉降与实测值的对比图。可以看出,数值模拟的计算值与实测值之间的变化趋势基本一致,两者之间存在一定的偏差,在开始加载阶段比较明显。这是由于现场实际荷载并非理想的线性施加,而是分阶段加载,故实测沉降与计算值存在一定的偏差,但荷载稳定后,计算值与实测值吻合较好,表明本节采用的数值计算方法能较好地反映群桩基础沉降随时间的变化规律。由于实测数据只到 440 天,而数值模拟则计算至 971 天,故在实测数据的基础上加了沉降未来发展的趋势线以方便比较。

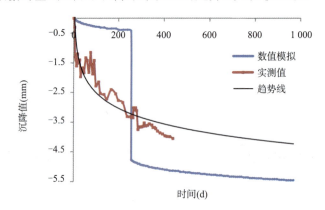
图 10-89　沉降随时间的变化规律

图 10-90 为不同深处超孔隙水压随时间变化曲线,由图可知,在建完墩之后即前 257 d 内,超孔压随时间从 2 800 kPa 逐渐消散至 500 kPa;架梁完成后,由于施加面荷载,超孔压在此处陡增至 2 500 kPa,随后超孔压随时间增加逐渐消散至零。且超孔压的大小随深度的增大而逐渐增加,变化趋势亦越加明显。桩端处有明显的孔压黏性效应和 Mandel-Cryer 效应,孔压的黏性效应是由于土层内部的黏性蠕变变形和孔隙水压力的缓慢消散共同引起的,其变化规律与前节 10.5.2.4 中所讨论的相似。

### 10.5.4　305 号墩下群桩基础数值模拟

#### 10.5.4.1　305 号墩的概况

305 号墩桩长 67 m,桩数为 12,桩径 1.0 m,桩弹性模量 28 GPa,承台厚 2.5 m。坐标原点位于群桩顶面（地表）的形心位置，计算模型区域及边界条件与 285 号墩模型一致，不再赘述。

图 10-91 为 301 号墩的数值计算模型，模型网格划分为 10 572 个单元，12 151 个节点。

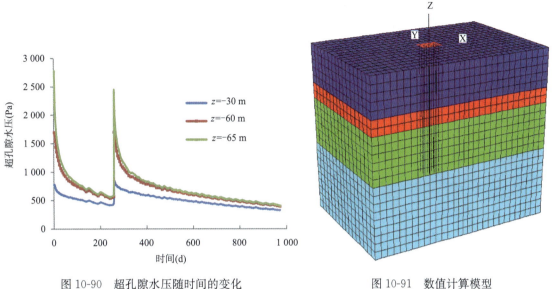

图 10-90　超孔隙水压随时间的变化　　　　图 10-91　数值计算模型

#### 10.5.4.2　土体计算参数

305 号墩的桩侧土主要以粉质黏土和黏土为主，下伏基岩为灰岩。计算中，土层的应力—应变关系近似采用 Mohr-Coulomb 模型描述（MC）。各土层的物理力学参数见表 10-11。Pile 单元设置中，基桩切向和法向刚度取 10 倍左右的土层压缩模量，接触面上的黏聚力和内摩擦角均采用与土体相同的参数。

表 10-11　土层计算参数

| 土层名称 | 土石代号 | 层厚(m) | 容重(kN/m³) | 黏聚力(kPa) | 内摩擦角(°) | 压缩模量(MPa) | 泊松比 |
| --- | --- | --- | --- | --- | --- | --- | --- |
| 淤泥质粉土 | (2)1 | 20 | 18.6 | 17.2 | 18.9 | 5.076 | 0.3 |
| 粉质黏土 | (3)2 | 8 | 19.0 | 23.2 | 25.2 | 10.944 | 0.3 |
| 粉土 | (4)2 | 24 | 18.4 | 27.41 | 21.9 | 12.87 | 0.3 |
| 粉质黏土 | (6)0 | 36 | 20.3 | 32.8 | 24.1 | 12.92 | 0.3 |

#### 10.5.4.3　流固耦合过程

此过程已在前文 10.5.2.3 中有详细的叙述，故此处不再赘述。

#### 10.5.4.4　计算结果分析

由图 10-92、图 10-93 可以看出，在固结了 720 d 后，竖向位移的最大值为 1.17 cm，最大位移集中在桩体周围，方向竖直向下。水平位移的最大值为 1.62 mm，从云图可以看到，左侧位移为负，右侧位移为正（$x$ 正方向默认为向右），表明水平位移趋势从两侧向桩身靠拢。

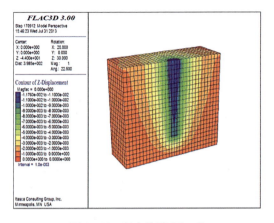
图 10-92　竖向位移(720 d)

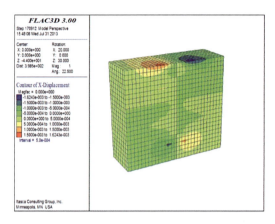
图 10-93　水平位移(720 d)

由图 10-94 可见，在固结了 100 d 后，超孔隙水压力消散至 1.25 kPa，在固结完成(720 d)后，超孔隙水压消散至 0.63 kPa。加载后超孔隙水压力主要集中在桩端下卧层，随着时间的推移，孔隙水压力逐渐发生消散，孔压逐渐降低。由于加载过程中，土体中的孔隙水即发生渗流，固结就已开始，所以超孔隙水压力并不大，使得后期沉降随时间的变化并不显著。同时可看出，有效应力也集中于桩端下卧层，且加载后期，承台中心区域下卧层和各桩端部竖直附加应力具有优势。这与前述超孔压消散分布和有效应力变化率分布一致。

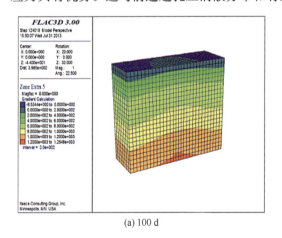

(a) 100 d

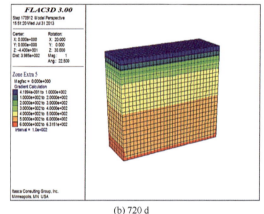

(b) 720 d

图 10-94　超孔隙水压力的分布

由图 10-95、图 10-96 可见，在固结 720 d 后，最大有效应力出现在土层底部，最大值为 $-801.49$ kPa，有效应力从土层底面向上逐渐减小；附加有效应力的最大值为 $-24.64$ kPa，出现在桩底处，其他位置的附加应力值较小。图中负值均表示为压应力。

图 10-97 为各因素下数值计算得到的沉降与实测值的对比图。可以看出，实测沉降与计算值的变化趋势基本一致，但数值上仍存在一定偏差，在加载阶段，计算值与实测值吻合较好，规律基本一致。同时由于考虑了土体的蠕变效应，预测值能更好地与实测值相吻合，更为真实地反映了实际沉降的变化，故随着时间的推移，实测值与计算值有一定的出入，但变化趋势仍保持一致。

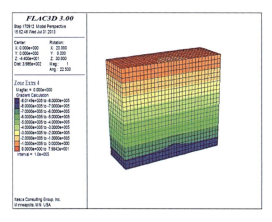
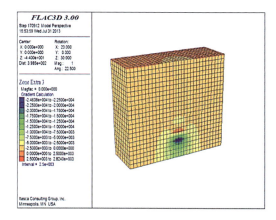

图 10-95　有效应力分布(720 d)　　　　图 10-96　附加应力的分布(720 d)

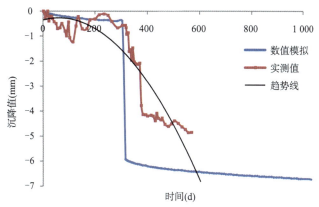

图 10-97　沉降随时间的变化规律

图 10-98 为不同深处超孔隙水压随时间变化曲线,由图可知,在建完墩之后即前 315 d 内,超孔压随时间从 2 500 kPa 逐渐消散至 500 kPa;架梁完成后,由于施加面荷载,超孔压在此处陡增至 2 500 kPa,随后超孔压随时间增加逐渐消散至零。且超孔压的大小随深度的增大逐渐增加,变化趋势亦越加明显。超孔压的变化规律与前文 10.5.2.4 中所讨论的一致。变化趋势与 10.5.2.4 及 10.5.3.4 中的类似。

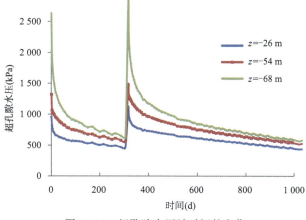

图 10-98　超孔隙水压随时间的变化

### 10.5.5 深厚软土地区摩擦单桩加载过程模拟

根据无锡东桥段的设计图纸及静载试验报告,本段桥梁基础主要采用钻孔桩基础,桩基础设计全部为摩擦桩。根据相关地质资料和观测数据选取了全桥段中 K1220+232.86 处的 208 号墩群桩基础中的单桩进行沉降分析。

#### 10.5.5.1 静载实验模型

桩用 Pile 单元模拟,其中,208 号墩桩长 55.5 m,桩径 1.0 m,桩间距 280 cm×350 cm,坐标原点位于群桩顶面(地表)的形心位置,计算模型区域为 $-15\ \text{m}\leqslant x\leqslant 15\ \text{m}$、$0\ \text{m}\leqslant y\leqslant 15\ \text{m}$、$-64\ \text{m}\leqslant z\leqslant 0$,模型底面固定,左右边界约束横向水平位移,地表取自由边界。模型网格划分为 6 732 个单元,7 951 个节点。图 10-99 为静载试验的数值计算模型。

#### 10.5.5.2 土体计算参数

208 号墩的桩侧土主要以粉质黏土和黏土为主。计算中,土层的应力—应变关系近似采用 Mohr-Coulomb 模型描述(MC)。各土层的物理力学参数见表 10-12。Pile 单元设置中,基桩切向和法向刚度取 10 倍左右的土层压缩模量,接触面上的黏聚力和内摩擦角均采用与土体相同的参数。桩土之间的接触面采用的是无厚度接触面单元,接触面的本构模型采用的是库伦剪切模型。

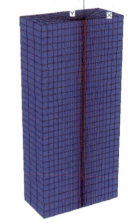

图 10-99　数值计算模型

表 10-12　土层计算参数

| 土层名称 | 土石代号 | 层厚(m) | 容重(kN/m³) | 黏聚力(kPa) | 内摩擦角(°) | 压缩模量(MPa) | 泊松比 |
|---|---|---|---|---|---|---|---|
| 粉砂 | (3)2 | 16 | 18.8 | 14.46 | 12.38 | 5.87 | 0.3 |
| 粉质黏土 | (4)2 | 10 | 19.0 | 44.7 | 13.19 | 6.32 | 0.3 |
| 粉砂 | (5)0 | 12 | 19.0 | 20.58 | 14.22 | 5.53 | 0.3 |
| 黏土 | (5)1-2 | 10 | 18.6 | 45.76 | 16.42 | 6.21 | 0.3 |
| 粉砂土 | (7)1 | 6 | 19.4 | 17.99 | 18.07 | 7.02 | 0.3 |
| 黏土 | (6)2 | 10 | 19.4 | 70.25 | 8.23 | 7.36 | 0.3 |

#### 10.5.5.3 施加荷载

采用速度加载的方法,即在桩顶加一固定的速度,然后算出一定时步下的沉降位移,然后输出这个沉降位移情况下桩顶所承受的荷载,进而可以得到单桩静载荷试验曲线。加载按 11 级荷载施加,分别是 400、800、1 056、1 584、2 112、2 640、3 168、3 696、4 224、4 572、5 280 kN,卸载按 5 级荷载,分别是 4 220、3 170、2 110、1 060 kN 直至 0。

#### 10.5.5.4 计算结果分析

图 10-100、图 10-101 分别表示荷载最大及卸载完成时的竖向位移图。可以看出,当桩在荷载最大时,整体的竖向位移值最大为 -3.33 mm,最大位移集中在桩体周围。当卸载完成后,土体的位移量有所反弹,最终残余位移值为 -2.17 mm。图中的负值均表示竖直位移方向为向下。

图 10-102 为静载试验的数值计算得到的沉降与实测值的对比图,单桩的竖向承载力为 4 061.28 kN,最终的控制荷载为 5 280 kN。可以看出,数值模拟与实测值的变化趋势基本一

致,但两者之间存在一定的偏差,尤其是在加载阶段,较为明显。在卸载回填阶段,计算值与实测值吻合的较好,规律基本一致。

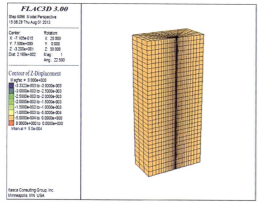
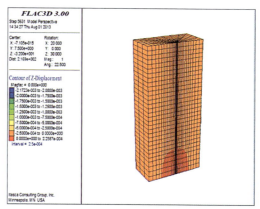

图 10-100  荷载最大时的竖向位移图　　　图 10-101  卸载完成时的竖向位移

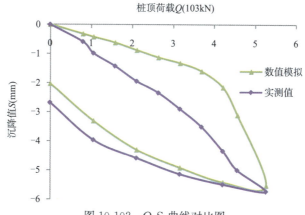

图 10-102  Q-S 曲线对比图

图 10-103 表示在 $P=3\,570$ kN 情况下,静载试验数值计算得到的沉降与实测值的对比图。可以看出,在整个加载过程中数值模拟与实测值的变化趋势基本一致。但在加载阶段,两者之间存在一定的偏差,最大偏差约为 0.05 mm。随着时间增加偏差值逐渐较小,最终两条曲线基本重合,表明采用的数值计算方法能较好地反映静载试验沉降与荷载之间的变化规律。

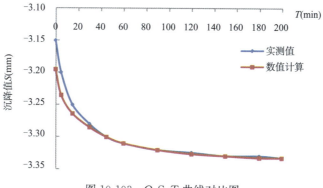

图 10-103  Q-S-T 曲线对比图

# 11 软弱地基铁路桥涵桩基础工后沉降施工控制措施研究

## 11.1 概　述

高速铁路运输的关键在于其安全、高速和平稳性,某种意义上主要是依靠线路的高平顺性。随着行车速度的不断大幅提高,要在强度、刚度、稳定性、耐久性等方面有更高技术要求,从而使得控制路基沉降和变形成为高速铁道路基设计和施工的最大特点。《高速铁路设计规范》(TB 10621—2014)中对基础工后沉降做出了严格的要求:无砟轨道路基工后沉降不宜超过15 mm,沉降比较均匀并且调整轨面高程后的竖曲线半径符合相关公式的要求时,允许的工后沉降为 30 mm;路基与桥梁、隧道或横向结构物交界处的工后差异沉降不应大于 5 mm。有砟轨道路基工后沉降:设计速度为 250 km/h 时,一般地段工后沉降≤10 cm,桥台台尾过渡段工后沉降≤5 cm;设计速度为 300、350 km/h 时,一般地段工后沉降≤5 cm,桥台台尾过渡段工后沉降≤3 cm。静定结构墩台基础工后沉降限值:有砟轨道 30 mm,无砟轨道 20 mm;相邻墩台沉降差限值:有砟轨道 15 mm,无砟轨道 5 mm。此次监测工点分别位于京沪高速铁路苏州、无锡、常州及上海段深厚软土区域和宜万铁路软岩地区,该区域主要的地质灾害为:由于超采地下水引起的区域地面沉降,地基土大部分为深厚软土或显著塑性变形的软岩。因此,区域地面沉降以及深厚软土、软岩区轨下基础沉降的控制就成为设计、施工中的主要问题。工后沉降控制是一项系统工作,涉及地质勘察、设计、施工、预测、沉降观测分析、补救等,必须重视每一个环节,进行全过程控制。

## 11.2　监测区域存在的地质灾害

1. 深厚软土

从广义上说,软土就是强度低、压缩性高的软弱土层。软土是在静水或缓慢流水环境下沉积而成的。一般是指堆积在冲积平原、湖泊沼泽地、山谷等处的冲积层,沉积年代近,属于第四纪沉积物。基本上未经受过地形及地质变动,未受过荷载及地震力等物理作用或颗粒间的化学作用。我国软土的形成,绝大部分在全新世的中、晚期。一部分软土层埋藏在密实的硬土层之下,如上海的软土层在暗绿色硬黏土之下,广东肇庆在红色硬黏土层之下仍有软弱黏土层。我国软土的沉积类型基本上可分为两大类型,第一类属于海洋沿岸的淤积,例如长江口和珠江口地区的三角洲相,天津塘沽、连云港等地区的滨海相,温州、宁波地区的泻湖相,闽江口地区的溺谷相等;第二类属于内陆和山区河湖盆地及山前谷地淤积,主要分布于洞庭湖、洪泽湖、太湖流域、昆明滇池等湖泽地区,各大河流古河道以及冲沟口和山间坡积、洪积扇边缘、山间盆地等低洼地带。

虽然我国各地软土成因各不同，但都具有近于相同的特性：

(1) 天然含水量高，孔隙比大。含水量在 20%～72% 之间，其值一般大于液限，属于流动状态，天然孔隙比在 1.0～1.9 之间，饱和度一般大于 90%，液限变化在 30%～60% 之间，塑性指数变化在 13～30 之间，天然容重在 15～19 kN/m³ 之间。

(2) 渗透性小。渗透系数大部分为 $10^{-8}$～$10^{-7}$ cm/s 之间，所以在荷载作用下固结很慢，强度不易提高。当土中有机质含量较大时，甚至会产生气泡，堵塞排水通道，降低其渗透性。

(3) 压缩性大。压缩系数一般在 0.005～0.02 cm²/N 之间，属于高压缩性土，其压缩性往往随液限的增大而增大。由于软土大多为第四纪后期的沉积物，通常属于正常固结土。但一些近期沉积的软土，则为未完全固结土，即为欠固结土。

(4) 抗剪强度低。一般在快剪情况下，黏聚力在 10 kPa 左右，内摩擦角在 0°～5° 之间。

(5) 具有触变性。软土的触变性表现为一旦受到扰动（振动、搅拌或搓动等），其絮凝结构受到破坏，土的强度明显下降，甚至产生流动状态。

(6) 流变性显著。在剪应力作用下，土体产生缓慢的剪切变形，剪应力愈大，剪切变形愈明显，当剪应力达到一定值后，长期作用下土体可能会剪坏，此时的剪应力值称为长期抗剪强度，它一般为常规试验方法抗剪强度的 40%～80%。

2. 工程软岩

工程软岩是指在工程力作用下能产生显著塑性变形的工程岩体。其中工程岩体是软岩工程研究的主要对象，包含岩块结构面及其空间组合特征。工程力是指作用在工程岩体上力的总和，它可以是重力、构造残余应力、水的作用力和工程扰动力以及膨胀应力等。显著的塑性变形是指以塑性变形为主体的变形量超过工程设计允许的变形，并影响了工程的正常使用，它包含显著的弹塑性变形、黏弹塑性变形、连续性变形和非连续性变形等。软岩之所以能够产生显著塑性变形的原因，是因为软岩中的泥质成分和结构面控制了软岩的工程力学特性。一般来说，软岩具有可塑性、膨胀性、崩解性、分散性、流变性、触变性和离子交换性。

3. 区域沉降

地面区域沉降是指地面标高损失的工程地质现象，多年研究证实，监测区域的地面沉降主要由超采地下水引起。这是因为地下水开采往往导致含水层的释水压密和隔水层（黏土层）的排水固结。释水压密的土层变形机理可以采用 Terzaghi 有效应力原理解释。在开采地下水之前，含水层上覆荷载由含水层骨架及水体共同承担达到平衡，随着地下水开采的增加，孔隙水压力减小，而上覆荷载总应力并未改变或因为水位下降而增加，含水层中有效应力必然会增加，即原来由孔隙水体承担的一部分荷载转向由土体骨架承担。骨架由于附加应力作用而受到压缩，由于土颗粒的压缩量与孔隙压缩量相比可以忽略，所以骨架压缩实际上是土体孔隙的压缩，土体孔隙压缩传至地面则表现为地面沉降。这个过程可概括为：地下水位下降→孔隙水压力降低→有效应力增加→土体压缩变形。

4. 地裂缝

经研究表明，监测区域地裂缝地质灾害的形成，主要原因是长期过量开采地下水而产生不均匀地面沉降所致，与其特定地质环境背景条件密切相关。地裂缝灾害发生地区的水文地质条件存在较大差异，主要体现在含水砂层的空间分布不均一，砂层岩性岩相不对称，且多处于潜伏基岩山体的侵位空间上，使得含水砂层厚度及富水性存在很大差异，在长期超量开采地下水条件下，存在着含水砂层释水压密产生差异性沉降的可能性。

## 11.3 工后沉降控制的前期措施

1. 重视不良地质情况核查

加强现场勘察和室内土工试验,掌握沿线地区地基的基本物理力学特性、水理特性、应力—应变特性,以及根据现场监测的沉降变形进行参数反分析,以获得接近实际的计算参数,使采取的技术措施达到沉降预测与实际相符的目的。

2. 加强基础沉降分析与预测

工后沉降计算涉及桩周土的固结问题,不仅要考虑土体的变形性质,考虑桩与周围土体的共同作用,还要考虑土与孔隙水相互关联的固结变形。到目前为止,公路、铁路以及工业与民用建筑等部门的桩基规范均按照承载力的要求进行桩基设计,然后采用经验公式对桩基沉降进行校核。但对于修建在软弱地层的桥梁群桩基础,沉降成为基础设计的一个控制因素,仅采用经验公式进行沉降校核是无法满足设计和施工要求的,这就要求提出从合理的理论依据出发的沉降计算方法,计算出群桩基础沉降随时间推移如何发展,求出沉降时间关系曲线,找出影响桩基沉降的主要因素,进而提出减少工后沉降所能采取的工程措施。

群桩沉降包括桩身弹性压缩引起的桩顶沉降,桩间土的压缩变形和桩端平面以下地基土的整体压缩变形。在沉降分析过程中,按固结理论计算得到瞬时加载的沉降—时间曲线,按加载过程采用实际结构荷载—时间关系进行修正,由修正后的曲线预估工后沉降及其完成所需的时间。沉降分析、预测采用理论分析与数值模拟相结合模式,根据实测资料不断调整计算参数、模型,使预测与实测尽量吻合,确保实际工后沉降满足要求。同时积极开展地质核查、沉降预测等专题研究,以科研成果指导沉降分析、预测。

3. 合理控制地下水的开采

区域性地面沉降一般表现为大面积整体下沉,但由于地层分布差异及基底构造的影响,特别是在一些新增井点附近,由于开采浅层地下水造成局部的水位快速下降会引起局部的地面下沉。初步的研究结果表明,浅层地下水的开采引起的局部不均匀沉降比深层地下水开采更严重一些,可能对高速铁路工程的桥梁、路基及轨道等产生较大的影响。对桥梁及轨道结构影响主要表现在以下两方面:

(1)若考虑抽取浅层地下水引起的地面沉降对桥梁工程的影响,就应针对不同的结构类型来分析。对于简支梁结构的桥梁而言,因为桥墩的沉降差对简支梁结构受力没有影响,只需满足轨道变形要求即可。对于大跨度连续梁,若在连续梁范围内有浅层井长期抽取浅层地下水,就会在连续梁上出现沉降拐点,将导致结构破坏;因此必须限制在连续梁影响范围内抽取浅层地下水。

(2)抽取地下水引起的地面沉降对桥梁、路基的工后沉降会产生一定影响,但在不破坏桥梁、路基结构破坏的条件下,均可以满足铺设无砟轨道对桥梁、路基的技术要求,即使出现小范围的不均匀沉降,也可采取研制调高量较大的扣件系统、选择可修复性较强的轨道结构等措施进行解决。

但是长期降水引起的最终沉降将使线路坡度发生变化,导致线路坡度超限,影响线路平顺性的要求。即使可以采取调高量较大的扣件系统、选择可修复性较强的轨道结构等措施解决小范围的不均匀沉降,但是为保证结构安全和线路的平顺性要求,必须限制在线路两侧一定范围内长期抽取浅层地下水。具体可考虑采用以下措施：

（1）工程沿线应限制地下水开采，严格遵守合理布井、取水，有计划地关闭线路附近的原有机井。在铁路沿线地下水比较集中开采的村镇，加强地下水资源的管理，大力提倡节约用水，尽量减少地下水的开采量，禁止在线路两侧集中抽取地下水。

（2）对于靠近抽水井附近区域，从较浅含水层抽水可能导致地基不均匀沉降程度较大，在抽水初期的地面沉降发展迅速，对铁路影响很大。因此，严格禁止在铁路附近增加新的水源地和新的开采井，严格禁止在影响范围内抽取浅层地下水。

（3）由于浅层地下水容易恢复，所以可采取回灌等措施增加地下水补给量，涵养和恢复地下水。加强水源转换，采取集中调水措施，结合引黄入津、南水北调等引水工程合理调配铁路沿线的农业及工业用水。

（4）在沉降速率相对较大的地段，桥梁结构宜采用 32 m 梁的简支结构。对于大跨度连续梁和刚性结构桥梁，为了增加结构对沉降的适应能力，支座采用可调高支座。研制调高量较大的扣件系统。在沉降大及不均匀沉降明显的地段，采用有砟轨道。

（5）建设地下水位、地面沉降及高速铁路工程变形的地面沉降灾害综合监测网，加强施工和运营中的沉降观测，实时监控地下水位变化、地面高程变化、地表变形情况、铁路工程不均匀变形、纵横向轨道平整度、变形等指标，以便及时采取有效的处理措施。

（6）应以可持续利用战略确定合理的控制开采量，各开采区域及层位优化配置，保证地下水位不持续下降，有条件时恢复至临界水位之上。同时要对工程沿线一定范围内地下水开采现状与规划调查核实，确定深、浅层地下水开采的控制范围，建立铁路工程监测和地面沉降监测一体化的监测预警系统。

4. 合理选线

在铁路选线设计中，尽可能绕避地面沉降变形较大的区域，包括沉降严重的沉降漏斗中心区域、沉降速率大及沉降差异较大的区域，使线位总体走行在沉降相对均匀的区域内。使线路在未施工前将可能产生的沉降隐患降低到最低程度。

5. 建立灾害预警预报和地面沉降监测网络

在铁路建设和运营后结合桥梁及线路的精密测量，系统地开展铁路沿线的地面沉降监测。尤其对连续梁要进行长期的沉降观测，一方面检查沉降是否有突变，另一方面检查相邻桥墩的沉降差是否满足轨道平顺要求和结构受力要求。

同时在已有区域地面沉降监测网络基础上，以京沪高铁沿线为重点，根据地面沉降灾害分布特征，将全线划分为地面沉降一般监测区段、地面沉降重点监测区段和不均匀沉降（地裂缝）重点监测区段，分别规划不同控制精度的控制线路，结合苏锡常及上海地面沉降网进行宏观分析研究，指导针对性的工程修补措施，避免行车安全事故。同时反馈到区域性地面沉降防控管理部门，帮助修改调整防控目标。

6. 优化施工设计

在选线时尽量避开地面沉降最为严重的城市中心区，受地面沉降影响也相应减小，对于不可避绕的堰桥地裂缝带，首先应采取必要的地面沉降控制和监测措施。京沪高速铁路沿线的地质条件不同，地面沉降等地质灾害影响程度有所不同，为达到工后沉降量高标准的要求，在设计时应根据具体条件选用不同工程类型和轨道类型。

总的说来，对于有砟或是无砟轨道的选择应综合区内地面沉降实际情况，为保持轨道平顺度,沉降严重区段宜采用有砟轨道,方便以后调整,沉降轻微区可采用无砟轨道。在工程上无砟轨道地段,区域地面沉降可通过调整纵坡,局部不均匀沉降用调高支座和扣件解决。原则上选择以桥梁形式通过,由于地面沉降在今后一段时期内将长期存在,必须为桥梁净空 $V=V'$ 预留沉降空间,桥墩应采用深桩基础。当路基与桥台的沉降出现差异会引起轨道的不平顺,必须设置一定长度的过渡段,控制轨道刚度的逐渐变化,并最大限度地减少路基与桥涵沉降不均匀而引起轨面的变形,以保证列车高速、安全、平稳通行。

## 11.4 工程适应性措施

由于高速铁路对线下基础的沉降特性及承载力要求很高,桩基础沉降比较小,而且较为均匀,可以满足对沉降要求特别高的上部结构的安全需要和使用要求,同时承载力亦较高,可以满足高速铁路对线下基础沉降小及承载力高的要求,因此线下大量采用钻孔灌注钢筋混凝土桩基形式。对于监测区内的软弱地层,桩基设计为摩擦桩,桩长往往达到 60～70 m,甚至更长。为了控制承台桩基沉降量、保证桩基承载力,具体施工过程中可考虑采用下列措施控制基础沉降。

### 11.4.1 采取合理的线路坡度

为预防工程运行年限内地面沉降的危害,设计时应根据地面沉降发展趋势的预测,预留地面高程损失量。铁路沿线水准点高程应从基岩标引测,对工程所利用的水准点进行实际高程修正,并对自然地面高程也作相应的复核,以消除累计地面沉降既高程损失对工程设计的影响。

### 11.4.2 加强软土地基处理

根据设计,对软弱路基地段按照要求进行加固处理,注意在加固过程中必须严格按照设计施工,加固范围必须满足设计要求,地基加固完成后,必须找有资质的部门进行检验,检验基底承载力满足设计要求后方准进行下一阶段施工。

目前,常用的软弱地基处理方法主要有:碾压及夯实、排水固结法、换土垫层法、挤密法和振冲法、高压喷射注浆法与深层搅拌法、铺设土工聚合物及其他方法。在具体选择处理方式时要在保证承载力、降低其压缩性、确保基础稳定、减少基础的不均匀沉降的前提下,结合工程地质、水文条件、各地的施工机械、技术水平、建材品种及价格差异等实情,因地制宜选用地基处理方案。

### 11.4.3 控制施工质量

在钻孔灌注桩施工过程中,应注意选择合理的成孔工艺和泥浆类型,增加孔壁粗糙度、保证清孔质量,使孔底沉渣厚度不超过规范要求,同时保证混凝土、钢筋及其焊接质量,以及在灌注混凝土时,应注意对混凝土的坍落度、配合比、用料、导管深度、初凝时间和灌注时间等进行控制。从施工环节上避免出现桩身质量缺陷,保证桩的完整性和桩基础的承载性能。

### 11.4.4 减少负摩阻力的影响

由于线路经过沿线分布着深厚软土层,部分地区属于欠固结土,在软土固结变形中将对桩身表面产生负摩擦力,使桩侧土的一部分重量传递给桩,因此,负摩擦力不但不能成为桩竖向承载力的一部分,反而变成施加在桩上的外荷载,造成桩基沉降加剧,从而影响上部结构的安全。群桩负摩擦力的存在对桩基产生的影响更大。群桩负摩擦力增加了桩身的竖向荷载,减小了桩端标高处土的覆盖压力,常会增加桩的沉降或不均匀沉降,而导致桥梁结构的损害或破坏。对于钻孔灌注桩可考虑在施工工程中采用以下措施减少负摩阻力效应:

(1)尽量避免在基础承台周围进行堆载,如施工需要而进行临时性堆土,应尽量控制堆载土体的高度,避免局部堆载。

(2)对于桩间存在填土和欠固结土的情况,施工时应保证其密实度符合要求,施工可事先进行压实或进行深层搅拌桩加固,尽量在填土沉降基本稳定后成桩。

(3)对于出现负摩阻力的情况,可对中性点以上桩身表面进行处理(如涂刷沥青等),降低桩身的摩擦系数,从而减少桩侧土沉降时对桩身的下拽力。

(4)对场地地下水下降较大的桩基础,除停止抽用地下水外,亦可采用帷幕注浆,从而减少负摩阻力。

(5)对于穿越淤泥的灌注桩,可采用薄膜隔离层工艺降低负摩阻力。

(6)对于群桩基础,可以根据是否存在群桩效应,分别采取在边桩外围或群桩内插打护桩的方法,使护桩分担主要的负摩阻力。

总之,在有可能产生桩周负摩阻力的桩基础中,只有在设计、施工时从措施上均考虑周到,才能变被动为主动,从而保证工程安全。

### 11.4.5 调整支座高度

为了增加结构对沉降的适应能力,支座采用可调高支座。目前,可调高支座的设计坡度最大可达20%。通过采用可调高支座,在发生问题时,可以减小不均匀沉降对线路造成的影响。为最大限度地减小不均匀沉降对线路造成的影响,应研制调高量更大的扣件系统,选择可修复性较强的轨道结构,如在铺设无砟轨道地段宜采用Ⅰ型板式无砟轨道。我国研制的无砟轨道扣件最大调高量为30 mm,而德国、日本无砟轨道扣件通过更换铁垫板等措施,最大调高能力可达50 mm。在沉降大及不均匀沉降明显的地段,以及车站范围内,采用有砟轨道。

### 11.4.6 进行桩后压浆

对于桩侧土体抗剪强度较低,变形难于控制的区段,可考虑采用桩侧压浆技术,增大桩侧土体与桩的黏结度,一方面可以有效减少基础沉降,另一方面通过提高桩侧土体的压缩模量,改善基础的抗震效果。值得说明的是,桩后压浆技术是一种能有效提高桩基承载力、降低工后沉降的施工工艺,是一种值得推荐的施工技术。

桩后压浆技术是在成桩过程中,在桩底或桩侧预置压浆管路,待桩身混凝土达到一定强度后(一般是3~10 d的凝固期),通过压浆管路,注入纯水泥浆或特殊配方的水泥浆液,通过浆液的渗扩、挤密和劈裂等方式加固桩底沉渣和桩侧土,同时对桩侧和桩底一定范围内土体进行加固,补偿非挤土桩钻孔施工引起的桩周土的松弛效应,使桩底沉渣和桩周土间的泥皮隐患、小孔洞隐患得到根除,桩身缺陷得到补强,桩底、桩侧周围土体得到挤密,桩与桩周土的黏结力得到提高的一种方法。在接下来的 11.5 节将对其进行进一步的介绍。

### 11.4.7　减小列车对结构的冲击作用

(1) 车辆作为振动最直接的来源,针对车辆采取措施是最有效的。应研究轻量化车体,减小轴重,减轻簧下质量,改善转向架性能,改良轮对踏面耐磨性能,使用车体固定检测装置等。

(2) 轨道直接承受车辆冲击,并将冲击力传递到结构物上,起到承上启下的作用。采用无缝线路长钢轨;增大作为振源对象的轨道各部件振动体的质量或抗弯刚度;同时增加轨道各组成部件之间支承材料的弹性,以期降低轨道支承刚度,如在钢轨下铺设防振橡胶垫;增加钢轨的平顺度,保持轨头表面的平滑,能够有效降低施加于结构物的冲击作用。此次之外,应研究减振型轨道结构,采用能够更好地吸收能量的弹性扣件、轨道弹性垫层。要保持钢轨的高平顺度,还需要先进的检测设备和良好的维护。

(3) 为保持桥梁上无砟轨道的高平顺性,除严格控制软弱地基上墩台基础的不均匀沉降,对于上部结构的设计,可适当增加梁高,以提高梁的刚度,减小桥梁徐变上拱造成的影响,在具体施工中,尽可能采用较低的水泥用量和水灰比;在混凝土骨料上,应强调选用弹性模量较高的岩石和适宜的级配;同时在满足技术条件要求的前提下,尽量延长梁体张拉完毕至无砟轨道铺设的时间间隔。

### 11.4.8　其他控制措施

(1) 在相同荷载作用下,增加桩径和桩长可以有效地减小基础的沉降量,同时增加桩径比可有效减少共振对桩基的危害。但当桩长超过有效桩长(桩身轴力趋于 0 的桩截面深度)或桩径过大,将造成不必要的浪费以及加剧基础群桩效应,反而使沉降加大。

(2) 为减小初期残余应变对后期沉降的影响,可适当提高水泥标号;控制好混凝土的水灰比,避免水泥、水、粗骨料等比例不合理导致的塑性收缩表面开裂;同时保证混凝土浇筑的连续性,使二次浇筑时间间隔不超过混凝土的初凝时间以并振捣充分,确保桩身的完整性。

(3) 对于邻近群桩基础,宜同时进行施工,避免先后施工中后续基础的施工对已建基础产生附加变形。

## 11.5　桩后压浆技术在沉降控制中的应用

### 11.5.1　压浆技术分类及其作用机理

通常后注浆桩的注浆压力比较低,注浆压力随着浆液遇到的阻力增大而增大,浆液注入后为流动状态。根据地质条件、注浆压力、浆液对土体的作用机理、浆液的运动形式和替代方式,后注浆技术可以分为三种:渗透注浆(Penetration Grouting)、压密注浆(Compaction Grouting)和劈裂注浆(Hydrofracture Grouting)。

1. 渗透注浆

在不破坏地层颗粒排列的条件下,浆液充填于颗粒间隙中,将颗粒胶结成整体。渗透注浆的必要条件是浆液的粒径远小于土颗粒的粒径。

(1)渗透注浆的理论前提条件

渗透压浆的理论前提条件,即可灌性条件为:

$$R=\frac{D_p}{d}>1 \tag{11-1}$$

式中　$R$——净空比;

$D_p$——土体的孔隙尺寸(cm);

$d$——浆液的颗粒尺寸(cm)。

即认为浆液颗粒可以从土体的孔隙间穿过。由于在压浆的过程中,特别是浆液的水灰比较小的情况下,浆液颗粒往往多粒同时进入土体孔隙,从而导致渗透通道的阻塞,当土体被阻塞的孔隙过多时就会导致渗透的结束。因此,一般认为当净空比 $R>3$ 时,由浆液颗粒形成的阻塞结构是不稳定的,在注浆压力的作用下不容易形成渗透通道的阻塞,保证压浆的顺利进行。

土体的孔隙尺寸可按下式推导:

$$D_p = D e_E \tag{11-2}$$

式中　$e_E$——有效孔隙比;

$D$——土层的颗粒直径(cm)。

通常 $e_E$ 可以取 0.2,则可灌性条件为可简化为:

$$\frac{D}{d} \geqslant 15 \tag{11-3}$$

浆液与土层都是由大小不等的颗粒组成的,在实际的应用中,对于 $D$ 和 $d$ 的取值应该慎重。如果 $D$ 值取土粒的最大值,$d$ 值取浆液的最小值,可能会导致土体的孔隙过多的被阻塞,使压浆不能顺利地进行。而相反的情况下,又会导致理论上的不可灌性,而采用颗粒尺寸更小的浆液材料,或磨细大量的水泥,会导致工程造价的提高。

参考相关文献通过计算给出了从效果和经济上都比较符合要求的粒径选取方法,以 $D_{15}$——土层中小于某粒径质量占总质量的 15% 所对应的颗粒直径代替 $D$,$d_{85}$——浆液中小于某粒径质量占总质量的 85% 所对应的颗粒直径代替 $d$,代入得到:

$$\frac{D_{15}}{d_{85}} \geqslant 15 \tag{11-4}$$

该公式可以适用于所有的水泥和砂砾石。在水泥颗粒和土体颗粒的粒径满足上式时,渗透压浆可以顺利地进行,这是渗透压浆的理论前提条件。

(2)渗透注浆理论

①球形扩散

Maag(1938)首先推导出浆液在砂层中的渗透公式,他假设被灌砂土为均质的和各向同性的,浆液为牛顿流体,采用填压法灌浆,浆液从注浆管底端注入地层,浆液在地层中呈球形扩散,其扩散半径为:

$$r = \sqrt[3]{\frac{3k \cdot h_1 \cdot r_0 \cdot t}{\beta \cdot n}} \tag{11-5}$$

式中　$r$——浆液的扩散半径(cm);

$k$——砂土的渗透系数(m/s);

$h_1$——注浆压力水头(cm);

$r_0$——注浆管半径(m);

$t$——注浆时间(s);

$\beta$——浆液黏度与水黏度之比;

$n$——砂土孔隙比(%)。

②柱形扩散

若注浆源为柱源,浆液在地层中呈柱状扩散,其扩散半径表达式为:

$$r=\sqrt{\frac{2k \cdot h_1 \cdot t}{n \cdot \beta \ln(r/r_0)}} \tag{11-6}$$

2. 压密注浆

压密注浆是注入极稠的浆液,形成球形或圆柱体浆泡,压密周围土体,使土体产生塑性变形,但不使土体产生劈裂破坏。

压密注浆常用于中细砂以下地基和黏土地基中。当浆泡的直径较小时,灌浆压力基本上沿钻孔的径向扩展。随着浆泡尺寸的逐步增大,便产生较大的上抬力而使地面抬动。

经研究证明,向外扩张的浆泡将在土体中引起复杂的径向和切向应力体系。紧靠浆泡处土体遭到严重破坏和剪切,并形成塑性变形区,在此区土体的密度可能因扰动而减小;离浆泡较远的土则基本上发生弹性变形,因而土的密度有明显的增加。浆泡的形成一般为球形或圆柱形。在均匀土中的浆泡形状相当规则,而在非均质土中则很不规则。浆泡的最后尺寸取决于很多因素,如土的密度、湿度、力学性质、地表约束条件、灌浆压力和注浆速率等。有时浆泡的横截面直径可达 1 m 或更大,实践证明,离浆泡界面 0.3~2.0 m 内的土体都能受到明显的加密。

为建立后压浆压密模型,先做以下基本假设:

(1)浆液为高黏不可压缩流体;

(2)土体为各向同性;

(3)浆液匀速注入;

(4)不计能量损失和温度变化。

当浆液注入地层时,由于浆液不能渗流,只能不断贮积成浆泡。当浆液以一定的压力和流量压入时,在均匀土体中,浆泡为一个由小变大匀速增长的圆柱体。不考虑浆泡内浆液重量的作用,浆液在土体中各个方向的应力大小均相等。根据广义伯努利方程和流体稳定流动量方程,可推导出:

$$V=V'-\frac{aV_s(P^2-P_c^2)}{2H\beta\rho Q} \tag{11-7}$$

式中 $V$——浆泡增大速度(m/s);

$V'$——浆液进入浆泡流速(m/s);

$a$——土体压缩系数;

$V_s$——土颗粒体积(m³);

$P$——浆泡对土体压力(Pa);

$P_c$——注浆孔内压力(Pa);

$H$——注浆孔段高(m);

$\beta$——动量修正系数,它的大小决定于流速分布的均匀程度,$\beta=1.1\sim1.5$;

$\rho$——浆液密度($kN/m^3$);

$Q$——浆液流量($m^3/s$)。

由此可得,土体压缩系数越大,浆泡内压力越小;浆液密度越低流量越小,压密压力越小。当压浆点越深,泵压值越高,浆泡内压力值越大。在压浆开始时 $P=P_c$, $V=V'$,即压密注浆开始瞬间,浆泡扩展最快,因为 $P$ 总是大于或等于 $P_c$,故浆泡扩展速度在开始一段时期扩展较快,随着地层压力增大,扩展速度下降较快,在最后阶段,近似为零。

压密注浆常用于中砂地基,黏土地基中若有适宜的排水条件也可采用。如遇排水困难可能在土体中引起高孔隙水压力时,这就必须采取很低的注浆速率。

3. 劈裂注浆

劈裂注浆是浆液在孔内随着注浆压力的增加,先压密周围土体,当压力大到一定程度时,浆液流动使地层产生劈裂,形成脉状或条带状胶结体。

在压浆压力作用下,浆液克服地层的初始应力和抗拉强度,引起岩石或土体结构的破坏和扰动,使地层中原有的孔隙或裂隙扩张,或形成新的裂缝或孔隙,从而使低透水性地层的可灌性和浆液扩散距离增大。这种灌浆法所用的灌浆压力相对较高。

在压浆压力作用下,向钻孔泵送不同类型的流体,以克服地层的初始应力和抗拉强度,使其沿垂直于小主应力的平面上发生劈裂,从而使低透水性地基的可压性大大提高。

(1)基岩

在基岩中,水力劈裂的开始颇大程度取决于岩石的抗拉强度、泊松比、侧压力系数以及孔隙率、透水性和浆液的黏度等。

钻孔井壁处开始发生垂直劈裂的条件为:

$$\frac{P_0}{\gamma h} = \left(\frac{1-\mu}{1-N\mu}\right)\left(2K_0 + \frac{S_T}{\gamma h}\right) \tag{11-8}$$

水平劈裂的开始条件为:

$$\frac{P_0}{\gamma h} = \left(\frac{1-\mu}{(1-n)\mu}\right)\left(1 + \frac{S_T}{\gamma h}\right) \tag{11-9}$$

式中 $P_0$——注浆压力($10^5 Pa$);

$\gamma$——岩石的重度($kN/m^3$);

$h$——注浆段深度(m);

$S_T$——岩石抗拉强度($10^5 Pa$);

$\mu$——泊松比;

$K_0$——侧压力系数;

$n$——孔隙率。

(2)砂、砂砾石

对于砂及砂砾石层,可按照有效应力的库伦—莫尔破坏标准进行计算。地层中由于压浆压力作用,将使砂砾石土的有效应力减小,当压浆压力达到下式时,就会导致地层的破坏:

$$P_c = \frac{(\gamma h - \gamma_w h_w)(1+K)}{2} - \frac{(\gamma h - \gamma_w h_w)(1-K)}{2\sin\varphi'} + c'\cos\varphi' \tag{11-10}$$

式中 $\gamma$——砂或砂砾石的重度($kN/m^3$);

$\gamma_w$——水的重度($kN/m^3$);

$h_w$——地下水位高度(m);

$K$——主应力比。

(3)黏性土

在黏性土中,水力劈裂将引起土体固结及挤出等现象,从化学角度出发还包括水泥微粒对黏土的钙化作用。

在仅有固结作用的条件下,注浆体积及单位土体所需的浆液量 $Q$ 可用下式计算:

$$V = \int_0^a (P_0 - u) m_v \cdot 4\pi r^2 dr \quad (11-11)$$

$$Q = P m_v \quad (11-12)$$

式中　$a$——浆液的扩散半径(m);

　　　$u$——孔隙水压力($10^5$Pa);

　　　$m_v$——土的压缩系数;

　　　$P$——有效注浆压力。

压密注浆浆泡中浆体的压力远远大于劈裂注浆浆脉中浆体的压力,压密注浆浆泡挤压土体产生的应力增量 $\Delta P$ 也远远大于劈裂注浆浆脉挤压土体产生的应力增量。对同一压浆点,在压浆量相同的条件下,压密注浆对土体的加固范围较劈裂注浆范围小,但效果好。因此,压密注浆适合于小范围土体加固,而劈裂注浆则适合于大范围注浆。

在实际压浆施工工程中,浆液的作用并非是以上三种作用的一种,而是以上三种压浆方式相互结合地综和作用。压浆浆液在渗透的同时存在对土体的劈裂和压密;即渗透压浆、劈裂压浆、压密压浆三种压浆方式同时存在,相互影响,只是其中的某一种为主要方式而已。

### 11.5.2　桩后压浆对周围土体的加固效应

高压注入的水泥浆液与其影响范围内的土体会发生物理与化学作用,提高了桩周土体强度,从而提高了桩基承载力,减小桩基沉降。其作用机理可以概括为固化效应、充填胶结效应、加筋效应、压密效应。

(1)固化效应

桩底沉渣和桩侧泥皮与压入的水泥浆发生化学反应而固化,凝结成强度高、性能稳定的结石体,使单位端阻力和侧阻力显著提高。普通硅酸盐水泥的矿物成分主要有硅酸三钙、硅酸二钙、铝酸三钙、铁铝酸四钙等。这些矿物与水发生水解和水化反应,生成氧化钙、水化硅酸钙、水化铝酸钙、水化铁酸钙等,减少了被加固土中的含水量,增加了土颗粒间的黏结,提高了强度。这些化学反应速度随着环境温度、水的含量和状态等因素的变化而变化,因此后压浆的加固效果有时间效应。根据研究,加固效果与时间大致为双曲线关系。一般20天以后提高的趋势已变缓。因此后压浆桩承载力载荷试验应在压浆20天以后进行。

(2)充填胶结效应

在粗粒土中,如砂砾石层,压入的水泥浆能渗透到桩端和桩侧一定范围的土层中,形成水泥与土颗粒的团粒结构,并封闭了土颗粒之间的空隙,形成坚固的联结。这种充填胶结效应形成的类似于混凝土的结石体在桩底形成一个扩大头,增加桩底承压面积,在桩侧形成竹节状的浆泡,增加了桩侧面积。这种充填胶结效应在粗粒土中表现明显,其加固效果要好于细粒土。根据工程经验,压浆后侧阻增强系数粉土为1.3～1.5,中砂为1.4～1.8,而卵石则可达到

2.0~2.4。

(3)加筋效应

通过水泥浆液的劈裂作用,单一土体被加筋成复合土体。复合土体的强度、变形性状由于加筋作用而大为改善,能更有效地传递和分担荷载。

(4)压密效应

灌注桩成孔过程由于孔侧壁的减压卸载,导致桩周土体强度的降低,会由于高压注浆的压密效应得到部分恢复甚至增长。桩端的高压作用预先消除了一部分土体的压缩变形,使得桩基沉降量不但显著减少而且沉降均匀,并且沉降稳定地较快。

### 11.5.3 桩后压浆施工

压浆时间宜在混凝土灌注后 3~7 d 进行。注浆过早,会导致因桩身混凝土强度过低而破坏桩本身;注浆过晚,可能难以使桩底已硬化的混凝土形成注浆通道,从而使桩中心形成低强度区,使浆液流向远处砂砾石层处。

(1)压水试验

压水试验(开塞)是注浆施工前必不可少的重要工序。成桩后至实施桩底注浆前,通过压水试验来判断桩底的可灌性。压水试验情况是选择注浆工艺参数的重要依据之一。此外,压水试验还担负探明并疏通注浆通道、提高桩底可灌性的特殊作用。

压水试验不会影响注浆固结体的质量,这是因为受注体是开放空间,无论是压水试验注入的水,还是注浆浆液所含的水,都将在注浆压力或地层应力下逐渐从受注区向外渗透消散其多余的部分。

一般情况下,压水宜按 2~3 级压力顺次逐级进行,并要求有一定的压水时间与压水量。压水量一般控制在 0.6 m³ 左右,开塞压力一般小于 6 MPa。如一管压水,另一管冒水,则表示通路连通了。

(2)初注

在压水试验之后,就要将配制好的水泥浆通过高压泵和预埋管注入到桩底砾石层中去。

初注时一般压力较小,浆液亦由稀到稠。初注要密切注意注浆压力、注浆量和注浆皮管的变化,并注意注浆节奏。同时,用百分表监测桩的上抬量。

(3)注浆量

合理的注浆量应由桩端、桩侧土层类别、渗透性能、桩径、桩长、承载力增幅要求、沉渣量等诸因素确定。水泥浆用搅拌机搅拌,水泥标号应不低于桩身混凝土所用的水泥,水灰比为 0.6~1。压浆量按下列经验公式确定:

$$Q_{理论} = \frac{4}{3}\pi D^3 n \tag{11-13}$$

$$Q_{实践} = Q_{理论}/0.6 \tag{11-14}$$

式中 $Q_{理论}$——理论上桩底扩大头孔隙体积;

$Q_{实践}$——实际需要的压浆量;

$D$——设计扩大头直径;

$n$——孔隙率。

在实施注浆时,还需根据压水试验情况及注浆过程中的反应适当调整注入量,并通过对注浆压力、浆液浓度、注浆方法诸因素的调控,将所需注浆量灌注到设计要求范围内。浆液浓度和灌浆量大,灌浆压力高,加固效果将会更好。

(4)注浆压力

在注浆过程中,桩底可注性的变化直接表现为注浆压力的变化。可灌性好,注浆压力则较低,一般在 4 MPa 以下;反之,若可灌性较差,注浆压力势必较高,可达 4~8 MPa,有的用 8 MPa 仍不可注。一般第 1、2 根桩注浆压力低,以后随注浆桩数增加注浆压力增大。

浆液的扩散半径与灌浆压力的大小密切相关,因此,人们往往倾向于采用较高的注浆压力。

较高的注浆压力能使一些微细孔隙张开,有助于提高可灌性。当孔隙被某些软弱材料充填时,较高的注浆压力能在充填物中造成劈裂注浆,使软弱材料的密度、强度以及不透水性得到改善。此外,较高的注浆压力还有助于挤出浆液中的多余水分,使浆液结合体的强度得到提高。但是,一旦灌浆压力超过灌注桩的自重和摩阻力时,就有可能使桩上抬导致桩悬空(注浆压力过高也会使注浆管爆破)。因此,这里有一个容许注浆压力的问题。

容许注浆压力与地层的密度、渗透性、初始应力、钻孔深度和位置以及注浆次序等都有密切的关系,但这些因素是难以准确预知的,故通常只能根据现场试验确定。如桩顶侧面冒浆,则暂停。

压浆部位土体渗透性较强时,注浆泵压按下式计算:

$$p = C(0.75H + K\lambda h) \tag{11-15}$$

式中 $p$——容许注浆压力;
$C$——与地层有关的系数,0.5~1.5;
$H$——地基覆盖层厚度(m);
$K$——与注浆方式有关的系数,自上而下注浆时取 0.8,自下而上注浆时取 0.6;
$\lambda$——与地层性质有关的系数,结构疏松、渗透性强取低值 0.1;
$h$——注浆段至地表的深度(m)。

注浆压力控制:花管压浆压力按 1~2 MPa 控制,压力腔压浆压力按 3~6 MPa 控制。

工程实践中,也可以压水试验疏通注浆管时的压力作为注浆的初压力,初压力的 2~3 倍为注浆的终压力。可从开始阶段逐步增加注浆压力,绘制注浆量和注浆压力之间的关系曲线。当注浆压力升至一个数值而注浆量突然增加时,表明地层结构发生破坏。此时的压力值可作为注浆压力的控制标准。

(5)浆液浓度

不同浓度的浆体其行为特性有所不同:稀浆(水灰比约为 0.8:1)便于输送,渗透能力强,用于加固预定范围的周边地带;中等浓度浆体(水灰比约为 0.6:1)主要加固预定范围的核心部分,在这里中等浓度浆体起充填、压实、挤密作用;而浓浆(水灰比约为 0.4:1)的灌注则对已注入的浆体起脱水作用。

在桩底可灌注的不同阶段,调配不同浓度的注浆浆液,并采用相应的注浆压力,才能做到将有限浆量送达并驻留在桩底有效空间范围内。

浆液浓度的控制原则一般为:依据压水试验情况选择初注浓度,通常先用稀浆、随后渐浓,最后注浓浆。在可灌的条件下,尽量多用中等浓度以上浆液,以防浆液作无效扩散。在实际工程应用中,施工单位往往多只使用水灰比为(0.4~0.6):1 的浓浆。通常在浆液中可加入

2.5‰水泥重量的木钙作减水剂,并加入1%～2%水泥重量的UEA微膨胀剂。

(6)注浆节奏

为了使有限浆液尽可能充填并滞留在桩底有效空间范围内,在注浆过程中还需掌握注浆节奏,实行间歇注浆。间歇时间的长短需依据压水试验结果确定,并在施注过程中依据注浆压力变化,判断桩底可灌性现状加以调节。间歇注浆的节奏需掌握得恰到好处,既要使注浆效果明显,又要防止因间歇停注时间过长堵塞通道而使注浆半途而废。对于短桩,桩底注浆时往往会出现浆液沿桩周上冒现象,此时应在注入一定浆液后暂时停止1～2 d,待桩周浆液凝固后,再施行注浆,这样可以达到设计要求的注浆量。

压浆顺序:灌注桩上侧壁压浆首先实施。在上侧壁压浆完毕0.5 d以后,灌注桩下侧壁实施压浆。在下侧壁压浆完毕0.5 d以后,桩端实施压浆。整个工程的注浆顺序宜采用先压周边桩后压中间桩的压浆顺序。

压浆以注浆量和注浆压力双项控制。灌注桩上、下侧压浆量,应根据受注体计算控制的每根管注浆量分别达到的水泥量或注浆压力达到3 MPa;灌注桩桩端压浆量应根据每根管分别达到受注体计算控制的水泥量或注浆压力达到3 MPa,如上述指标达到其中一项,可结束此桩部位的压浆工作。也可按工地的地质条件、地层的可灌性及设计要求的控制指标进行控制。

注浆完毕应立即关闭安装在压浆管口的球阀,并稳压一段时间,防止管内浆液压力过高造成返浆现象。

(7)停止注浆的条件

当桩底注浆达到如下条件之一时便可终止注浆,否则应在桩边另设注浆孔进行补浆:

① 注入的水泥量已达到设计要求;

② 注入的水泥量已达到设计要求的65%以上,且入口压力已达到试验确定的最大压力;

③ 注入的水泥量已达到设计要求的65%以上,且地面已冒浆。

在桩基后压浆设计和施工中,根据工程的实际情况,正确处理好以上压浆量和压浆终止压力等的关系,掌握以下原则:

① 当桩端为松散的粗粒土(卵石或砂)时,主要控制指标为注浆量,注浆压力作为参考指标,注浆压力不宜过大,控制在4 MPa以下,一般为0.4～1.2 MPa,稳定时间不少于5 min。

② 当桩端为密实的砂卵石或黏性土时,注浆压力为主要控制指标,一般为0.5～2.0 MPa,最大压力控制在8.0 MPa以下,注浆量为重要指标。

(8)压浆施工工艺流程

压浆工艺流程如图11-1所示。

## 11.5.4 桩后压浆工艺特点

(1)通过桩侧、桩底后压浆,使桩侧泥皮、孔底沉渣和桩周一定范围内土体得到加固。

(2)缩短桩长,优化桩数,节省桩基耗材和造价,从而大大降低工程造价。

(3)后压浆各工序都可在施工现场完成,工艺简单、实用、易操作并且质量可靠。

(4)使用本工艺对孔底沉渣、泥浆比重、泥皮厚度等质量指标可放宽要求,在一定程度上减少了废浆排放和清孔时间并相应提高了成孔效率。

(5)针对以摩擦桩为主的桩形来说,桩端持力层为砂层的桩可以采用桩端注浆的方式使其成为端承摩擦桩。

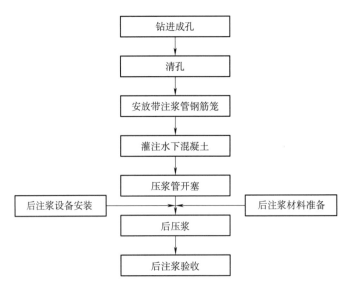

图 11-1 钻孔灌注桩后压浆施工工艺流程

### 11.5.5 桩后压浆的几个关键问题

(1) 后压浆材料与压浆压力

后压浆浆液以稠浆、可灌性好为宜,一般采用普通硅酸盐水泥掺入适量外加剂,水泥标号不低于 P·O42.5 号,当有防腐蚀要求时采用抗腐蚀水泥,外加剂可为膨润土。浆液水灰比采用 0.45~0.60,对于粗粒土水灰比取较小值,对于细粒土取较大值,密实度较大取较大值,非饱和土可提高至 0.70~0.90。

(2) 注浆装置

注浆装置包括注浆导管和压浆阀。注浆导管一般采用钢管,与钢筋笼加劲筋绑扎固定或焊接。压浆阀应能承受一定的静水压力且具有逆止功能。在开发后压浆技术的同时,中国建筑科学研究院地基基础研究院研发了桩底和桩侧注浆阀。桩底注浆采用管式单向注浆阀,有别于构造复杂的注浆预载箱、注浆囊、V 形注浆管,实施开敞式注浆;桩侧注浆采用外置于桩土界面的弹性注浆管阀,不同于设置于桩身内的袖阀式注浆管,可实现桩身无损注浆。开发的这一套注浆装置安装简便、成本较低、可靠性高,适用于不同钻具成孔的锥形和平底孔型。桩底后注浆管阀的设置数量应根据桩径大小确定,最少不少于 2 根,对于桩径大于 1.2 m 的桩应增至 3 根,目的在于确保后压浆浆液扩散的均匀对称性及后注浆的可靠性。对于桩长超过 15 m 且承载力增幅要求较高者,宜采用桩端桩侧复式压浆。桩侧注浆断面间距视土层性质、桩长、承载力增幅要求而定,宜为 6~12 m。

(3) 压浆量

压浆量在一定范围内与承载力的提高幅度成正比,但当压浆量超过一定量后,增加压浆量,承载力将很难提高。即使继续提高其增量也极小,因此确定合理的压浆量,对于后压浆施工是相当重要的。压浆施工过程中的压浆量受诸多因素的影响,准确估算是比较困难的。应根据压浆者的经验和现场试压浆确定。

(4) 压浆参数的确定

不同的工程地质条件有很大的差异,不可能有相同的压浆参数,压浆参数主要包括压浆水灰比、压浆量以及闭盘压力,由于地质条件的不同,不同工程应采用不同的参数。在工程桩施工前,应该参考相似工程的经验预先设定压浆参数,然后根据设定参数,进行试桩的施工,试桩完成后达到设计的强度,进行桩的静载试验,最终以试验确定压浆参数。

影响后压浆质量的关键注浆参数包括浆液水灰比、注浆终止压力、注浆流量和注浆量。注浆浆液水灰比过大容易造成浆液流失,降低后压浆的有效性,水灰比过小会增大注浆阻力,降低可注性。因此,水灰比的大小应根据土层类别、土的密实度、土是否饱和诸因素确定。对于饱和土宜为 0.45~0.65,对于非饱和土宜为 0.7~0.9,对于松散碎石土、砂砾宜为 0.5~0.6。桩端压浆终止注浆压力应根据土层性质及注浆点深度确定,对于风化岩、非饱和黏性土及粉土,宜为 3~10 MPa;对于饱和土层宜为 1.2~4 MPa,软土取低值,密实黏性土取高值。桩侧压浆的注浆压力约为桩端的 1/2,为利于浆液均匀扩散,保证压浆效果,应控制注浆流量。注浆流量一般不宜超过 75 L/min。实践表明,注浆压力和流量过大容易造成串孔、冒浆,降低压浆的有效性。控制注浆流量还能起到控制注浆压力的连带效应。确保最佳注浆量是确保桩的承载力增幅达到要求的重要因素,过量注浆会增加不必要的消耗,注浆量应通过试注浆确定。初步设计时,主要应考虑桩径、桩长、桩端桩侧土层性质、单桩承载力增幅及是否为复式注浆等因素。

(5)压浆压力

风化岩地层所需的压浆压力最高,软土地层所需的压浆压力最低。压浆压力应根据桩底和桩周土层情况、桩的直径和长度等具体条件经过估算和试压浆确定。每次试压浆和压浆过程中,连续监控压浆压力、压浆量、桩顶反力等数值,通过分析判断确定适当的压浆压力。

(6)桩体强度与最佳注浆时间

因后注浆是通过高压实现的,这就要求桩身有一定的强度。在桩基设计中桩身混凝土强度等级比普通桩高 1~2 个等级,且不低于 20 MPa。桩底后注浆最佳注浆时间宜在成桩后 10~20 d 之间。因注浆过早,将会因为桩体强度、桩侧阻力过低而导致浆液溢出地面造成注浆失败;注浆过晚,会因桩身泥皮硬化而影响浆液向上泛浆挤入桩周土体而导致浆液向远处流失达不到最佳注浆效果。

(7)压浆作业

正式压浆作业之前,应进行试压浆,对浆液水灰比、注浆压力、压浆量等工艺参数进行调整,最终确定施工参数。压浆作业时,流量宜控制在 30~50 L/min,并根据设计压浆量进行调整,压浆量较小时可取较小流量。压浆原则上先稀后稠。被压浆桩离正在成孔成桩作业的桩的距离不宜小于 10 倍桩径。当采用桩底桩侧压浆时,先桩侧后桩底;多断面桩侧压浆时,应先上后下;间隔时间不少于 3 h。桩底压浆时,应对同一根桩的各压浆管依次实施等量压浆。后压浆施工过程中,应经常对后压浆的各项工艺参数进行检查,发现异常应采取相应处理措施。每次压浆结束后,应及时清洗搅拌机、高压压浆管和压浆泵等。

# 参考文献

[1] Arthur P. Boresi, Ken P. Chong, and Sunil Saigal. 工程力学中的近似解方法[M]. 叶志明, 杨骁, 朱怀亮, 译. 北京:高等教育出版社, 2005.

[2] 艾智勇, 杨敏. 广义Mindlin解在多层地基单桩分析中的应用[J]. 土木工程学报, 2001, 34(2):89-95.

[3] 白青侠, 郝宪武. 考虑重力条件下高薄壁桥墩弹性稳定性分析[J]. 西北建筑工程学院学报, 2001, 18(1):37-41.

[4] 边智华, 王复兴, 等. 特大型桥桩基及锚碇工程中的岩石力学性质研究[J]. 岩石力学与工程学报, 2001, 20(增刊1):1906-1909.

[5] 博弈工作室. Ansys9.0经典产品高级分析技术与实例详解[M]. 北京:中国水利水电出版社, 2005.

[6] 鲍勒斯. 桩结构物的计算方法和计算实例[M]. 唐业清, 吴庆荪, 译. 北京:中国铁道出版社, 1984.

[7] 曹汉志. 桩的轴向荷载传递及荷载—沉降曲线的数值计算方法[J]. 岩土工程学报, 1986, 8(6):37-49.

[8] 曹国金, 姜弘道. 无单元法研究和应用现状及动态[J]. 力学进展, 2002, 32(4):526-534.

[9] 蔡江东, 姜振泉. 大直径软岩嵌岩桩侧阻性状实测分析[J]. 工业建筑, 2006, 36(1):40-44.

[10] 陈爱菊, 王幼松, 陈如桂. 嵌岩桩的竖向承载力与沉降双控的设计应用[J]. 土工基础, 2004, 18(4):41-43.

[11] 陈宝林. 最优化理论与算法[M]. 北京:清华大学出版社, 2005.

[12] 陈斌, 卓家寿, 吴天寿. 嵌岩桩承载性状的有限元分析[J]. 岩土工程学报, 2002, 24(1):51-55.

[13] 陈竹昌, 刘利民, 王建华. 承台刚度的研究[J]. 同济大学学报. 1999, 27(1):29-33.

[14] 陈竹昌, 徐和. 土类对轴向循环荷载下桩性状的影响[J]. 同济大学学报, 1989, 17(3):329-336.

[15] 陈志坚, 冯兆祥, 陈松, 等. 江阴大桥摩擦失效嵌岩群桩传力机理的实测研究[J]. 岩石力学与工程学报. 2002, 21(6):883-887.

[16] 陈金锋, 杜文龙, 姚凯, 等. 两种大直径嵌岩桩极限承载力的比较分析[J]. 地下空间, 2004, 24(4):516-519.

[17] 陈龙珠, 梁国钱, 朱金颖, 等. 桩轴向荷载—沉降曲线的一种解析算法[J]. 岩土工程学报, 1994, 16(6):30-38.

[18] 陈如桂, 何继善. 桩土软化作用特性的研究[J]. 中南工业大学学报, 1997, 28(5):

409-413.
- [19] 陈雨孙,周红.纯摩擦桩荷载-沉降曲线的拟合方法及其工作机理[J].岩土工程学报,1987,9(2):49-61.
- [20] 陈国兴,金永彬,宰金珉.高层建筑桩基础沉降分析与优化设计方法研究[J].南京建筑工程学院学报,2000,52(1):1-9.
- [21] 陈云敏.桩基动力学及其工程应用[M]//第六届全国土动力学学术会议论文集.北京:中国建筑工业出版社,2002.
- [22] 陈祥福.沉降计算理论及工程实例[M].北京:科学出版社,2005.
- [23] 陈仲颐,叶书麟.基础工程学[M].北京:中国建筑工业出版社,1996.
- [24] 陈沅江,潘长良,曹平,等.基于内时理论的软岩流变本构模型[J].中国有色金属学报,2003,13(3):735-742.
- [25] 陈强.先简支后连续结构体系桥梁施工过程监测及其仿真分析[J].中国铁道科学.2004,(5):72-77.
- [26] 陈希哲.土力学地基基础工程实例[M].北京:清华大学出版社,1982.
- [27] 陈慧远.摩擦接触单元及其分析方法[J].水利学报,1985(4):44-50.
- [28] 陈福全,龚晓南,马时冬.桩的负摩阻力现场试验及三维有限元分析[J].建筑结构学报,2000,21(3):77-80.
- [29] 陈列,徐公望.高墩大跨预应力混凝土桥桥式方案及合龙顺序选择[J].桥梁建设,2005(1):67-70.
- [30] 池跃君.刚性桩复合地基工作性能及沉降计算方法的研究[D].北京:清华大学,2002.
- [31] 池跃君,沈伟,宋二祥.桩体复合地基桩、土相互作用的解析法[J]。岩土力学,2002,23(5):546-551.
- [32] 程晔.超长大直径钻孔灌注桩承载性能研究[D].南京:东南大学,2005.
- [33] 程晔,龚维明,薛国亚.南京长江第三大桥软岩桩基承载性能试验研究[J].土木工程学报,2005,38(12):94-98.
- [34] 程翔云.高桥墩之间几何非线性效应的相互干扰分析[J].公路,2003(9):7-11.
- [35] 程翔云.桩柱式高墩几何非线性效应分析的迭代法[J].公路,2003(8):58-62.
- [36] 程润伟.遗传算法与工程优化[M].北京:清华大学出版社,2004.
- [37] D R J 欧文,E 辛顿.塑性力学有限元-理论与应用[M].曾国平,刘忠,译.北京:兵器工业出版社,1989.
- [38] DB 32/T291-99,桩承载力自平衡测试技术规程[S].
- [39] 邓聚龙.灰色控制系统[M].武汉:华中理工大学出版社,1993.
- [40] 丁翠红,钱世楷.软岩嵌岩桩承载性状的研究探讨[J].浙江工业大学学报,2002,30(5):441-445.
- [41] 董平,秦然.基于剪胀理论的嵌岩桩嵌岩段荷载传递法分析[J].岩土力学,2003,24(2):215-219.
- [42] 董平,秦然,陈乾,等.大直径人工挖孔嵌岩桩的承载性状[J].岩石力学与工程学报,2003,22(12):2099-2103.
- [43] 戴国亮,翟晋,薛国亚.桩承载力自平衡测试法的理论研究[J].工业建筑,2002,32(1):

37-40.
[44] 戴国亮. 桩承载力自平衡测试法的理论与实践[D],南京:东南大学,2003.
[45] 方开泰,马长兴. 正交与均匀试验设计[M]. 北京:科学出版社,2001.
[46] 范立础. 桥梁工程(上册)[M]. 北京:人民交通出版社,1996.
[47] 范文田. 轴向与横向力同时作用下柔性桩的分析[J]. 西南交通大学学报,1986,23(1):39-44.
[48] 房卫民,赵明华,苏检来. 由沉降量控制桩竖向极限承载力的分析[J]. 中南公路工程,1999,24(2):23-25.
[49] 费鸿庆,王燕. 黄土地基中超长钻孔灌注桩工程性状研究[J]. 岩土工程学报,2000,22(5):576-580.
[50] 封昌玉. 大直径嵌岩桩承载力分析[J]. 铁道建筑,2001(3):2-5.
[51] 傅朝方,朱大同,赵文好. 侧摩阻力对桩稳定性的影响[J]. 华东公路,2002(4):71-74.
[52] 傅景辉,宋二样. 刚性桩复合地基工作性状分析[J]. 岩土力学,2000,21(4):335-339.
[53] 傅鹤林,彭思甜,韩汝才,等. 岩土工程数值分析新方法[M]. 长沙:中南大学出版社,2006.
[54] 付春友,蔡敏,张文斌. 竖向荷载下考虑桩土接触的桩基沉降分析[J]. 路基工程,2008(5):87-89.
[55] 高大钊. 岩土工程标准规范实施手册[M]. 北京:中国建筑工业出版社,1997.
[56] JTG/TF 81-01-2004,公路工程动测技术规程[S].
[57] 龚维明,戴国亮. 桩承载自平衡测试技术及工程应用[M]. 北京:中国建筑工业出版社,2006.
[58] 龚晓南. 土工计算机分析[M]. 北京:中国建筑工业出版社,2000.
[59] 龚晓南. 复合地基理论及工程应用[M]. 北京:中国建筑工业出版社,2002.
[60] 顾培英,王德平,吕惠明. 大直径灌注桩桩侧摩阻力试验研究[J]. 公路交通科技,2004,21(1):62-66.
[61] 顾安邦,常英,乐祥云. 大跨径预应力连续刚构桥施工控制的理论与方法[J]. 重庆交通学院学报,1999,26(12):56-59.
[62] 郭忠贤,耿建峰,杨志红. 刚性桩复合地基的现场试验研究[J]. 勘察科学技术,2001,(1):7-10.
[63] DBJ15-31-2003,建筑地基基础设计规范[S].
[64] H X 阿鲁久涅扬. 蠕变理论中的若干问题[M]. 北京:科学出版社,1959.
[65] 韩理安. 水平承载桩的计算[M]. 长沙:中南大学出版社,2004。
[66] 横山幸满[日]. 桩结构物的计算方法和计算实例[M]. 唐业清,吴庆荪,译. 北京:中国铁道出版社,1984.
[67] 何满潮,景海河,孙晓明. 软岩工程力学[M]. 北京:科学出版社,2002.
[68] 何玉佩,姜前. 软岩的旁压试验[J]. 岩土工程学报,1994(2):58-63.
[69] 洪南福. 硬土层、软质岩石灌注桩改进承载性状的试验研究[D]. 上海:同济大学,1999.
[70] 冯鹏程,吴游宇,罗玉科. 龙潭河特大桥高墩系梁局部应力分析[J]. 桥梁建设,2005,(2):26-28.

[71] 冯忠居,谢永利,上官兴.桥梁桩基新技术——大直径钻埋预应力混凝土空心桩[M].北京:人民交通出版社,2005.

[72] 冯忠居,任文峰,等.后压浆技术对桩基承载力的影响[J].长安大学学报:自然科学版,2006,(3):35-38.

[73] 黄强.大直径扩底桩承载力及变形计算[J].建筑结构学报.1994,15(1):67-78.

[74] 黄金荣,林胜天,戴一鸣.大口径钻孔灌注桩荷载传递性状[J].岩土工程学报.1994,16(6):123-131.

[75] 黄兴怀,全其波.自平衡试桩法在大直径嵌岩桩承载力测试中的应用[J].电力勘测设计,2004(4):16-20.

[76] 黄生根.薄层褥垫层刚性复合地基的研究[J].岩土力学,2003,24(增2):509-513.

[77] 侯龙清,徐红梅,罗嗣海.红层嵌岩桩的承载性状研究[J].工程勘察,2005(6):13-16.

[78] 胡庆立,张克绪.大直径桩的竖向承载性能研究[J].岩土工程学报.2002,24(4):491-495.

[79] 胡人礼.桥梁桩基础分析与设计[M].北京:中国铁道出版社,1987.

[80] 胡德贵.轴向荷载作用下群桩基础的沉降研究[D].成都:西南交通大学,2001.

[81] DB32/T 291—1999 桩承载力自平衡测试技术规程[S].

[82] 蒋治和,申利剑.嵌岩桩软岩侧阻与端阻的修正[J].工程勘察,2002(2):46-49.

[83] 蒋建平.大直径桩基础竖向承载性状研究[D].上海:同济大学,2004.

[84] 蒋建平,章杨松,高广运,等.大直径超长灌注桩弹塑性有限元分析[J].力学季刊,2006,27(2):354-358.

[85] 巨玉文,梁仁旺,赵明伟,等.竖向荷载作用下挤扩支盘桩的研究及设计分析[J].岩土力学,20041,25(2):3-9.

[86] 孔凡林,周海鹰,徐健,等.桩底加载法静载试验在大直径嵌岩桩工程中的应用研究[J].岩土工程技术.2004,18(3):154-157.

[87] 律文田.静动荷载作用下铁路桥梁桩基的动力特性研究[D].长沙:中南大学,2005.

[88] 律文田,冷伍明,王永和.软土地区桥台桩基负摩阻力试验研究[J].岩土工程学报,2005,27(6):642-645.

[89] 李婉,陈正汉,林育樑.南宁地区软岩嵌岩桩的有限元计算机模拟[J].工业建筑,2005,36(s1):492-496.

[90] 李凤奇,吴震,谭燕秋.嵌岩桩室内模型试验的设计[J].煤炭工程,2004,(5):54-55.

[91] 李微哲.倾斜及偏心荷载下基桩受力分析及室内模型试验研究[D].长沙:湖南大学,2005.

[92] 李镜培,王勇刚.嵌岩桩桩端承载力探讨[J].力学季刊,2006,27(1):118-123.

[93] 李卧东,王元汉,陈晓波.无网格法在断裂力学中的应用[J].岩石力学与工程学报,2001,20(4):462-464.

[94] 李广信.关于Osterberg试桩法的若干问题[J],岩土工程界,1999,(5):30-34.

[95] 李广信,黄锋,帅志杰.不同加载方式下桩的摩阻力的实验研究[J].工业建筑,1999,29(12):19-20.

[96] 刘春,白世伟.岩体风化程度两级模糊综合判别研究[J],岩石力学与工程学报,2005,24

(2):2525-256.
- [97] 刘金砺. 高层建筑桩基础工程[M]. 北京:中国建筑工业出版社,1999.
- [98] 刘兴远,郑颖人,林文修. 关于嵌岩桩理论研究的几点认识[J]. 岩土工程学报,1998,20(5):118-119.
- [99] 刘兴远,郑颖人. 影响嵌岩桩嵌岩段特性的特征参数分析[J]. 岩石力学与工程学报,2000,19(3):383-386.
- [100] 刘树亚,刘祖德. 嵌岩桩理论研究和设计中的几个问题[J]. 岩土力学,1999,20(4):86-92.
- [101] 刘树亚. 嵌岩桩桩-土-岩共同作用分析方法[J]. 土工基础,2000,14(2):14-19.
- [102] 刘建刚,王建平. 嵌岩桩的嵌固效应及载荷试验 P-s 曲线特征分析[J]. 工业建筑. 1995,25(5):41-48.
- [103] 刘松玉,季鹏,韦杰. 大直径泥质软岩嵌岩灌注桩的荷载传递性状[J]. 岩土工程学报,1998,20(4):58-60.
- [104] 刘叔灼,杨位洸. 嵌岩(软岩)桩轴向荷载传递机理的弹粘塑性分析[J]. 华南理工大学学报,1995,23(3):66-74.
- [105] 刘利民. 孔壁粗糙度对嵌岩桩承载力的影响[J]. 建筑结构,2000,30(11):10-12.
- [106] 刘利民,李增选. 残余应力及其对桩承载性状的影响[J]. 特种结构,2000,17(4):16-18.
- [107] 刘利民,舒翔,熊直华. 桩基工程理论进展与工程实践[M]. 北京:中国建材工业出版社,2002.
- [108] 刘特洪,林天健. 软岩工程设计理论与施工实践[M]. 北京:中国建筑工业出版社,2001.
- [109] 刘杰,张可能. 桩侧土软化对单桩承载力及沉降的影响[J]. 中南工业大学学报,2002,33(2):121-124.
- [110] 刘杰,张可能,肖宏彬. 考虑桩侧土软化时单桩荷载—沉降关系的解析算法[J]. 中国公路学报,2003,16(2):61-64.
- [111] 刘春玲. 单桩负摩阻力形成机理及其实践效应研究[D],西安:长安大学,2003.
- [112] 刘特洪,林天健. 软岩工程设计理论与施工实践[M]. 北京:中国建筑工业出版社,2001.
- [113] 凌治平,易经武. 基础工程[M]. 北京:人民交通出版社,2003.
- [114] 林育梁,韦立德. 软岩嵌岩桩承载有限元模拟方法研究[J]. 岩石力学与工程学报,2002,21(12):1854-1857.
- [115] 林天健,熊厚金,王利群. 桩基设计指南[M]. 北京:中国建筑工业出版社,1999.
- [116] 龙述尧,许敬晓. 弹性力学问题的局部边界积分方程方法[J]. 力学学报,2000,32(5):566-57.
- [117] 罗骐先. 桩基工程检测手册[M]. 第2版. 北京:人民交通出版社,2004.
- [118] 娄奕红,刘喜元. 桩土相互作用的有限元-界元分析[J]. 城市道桥与防洪,2004(2):33-38.
- [119] 卢世深. 软岩中嵌岩桩承载力计算参数的确定//中国土木工程学会第三届土力学及基础工程会议论文集. 北京:中国建筑工业出版社,1981:363-368.
- [120] 栾茂田,田荣,杨庆,等. 有限覆盖无单元法在岩土类弱拉型材料摩擦接触问题中的应用[J]. 岩土工程学报,2002,24(2):137-141.

[121] 吕福庆,吴文,姬晓辉.嵌岩桩静载试验结果的研究与讨论[J].岩土力学.1996,17(1):84-96.

[122] 吕军.广州地区软岩承载力的讨论[J].岩土工程技术,2002(1):P4-7.

[123] 廖红建,宁春明,俞茂宏,等.软岩应变软化特性的数值解析探讨[J].西安交通大学学报.1998,32(3):92-96.

[124] 鲁良辉.桩承载力自平衡测试转换方法研究[D].南京:东南大学,2004.

[125] M.J.汤姆林森(M.J.Tomlinson).桩的设计和施工[M].朱世杰,译.北京:人民交通出版社,1984.

[126] 马莲丛.铁路桥梁桩基工后沉降分析与计算[D].成都:西南交通大学,2004.

[127] 马海龙.O-cell试桩法的理论分析及应用研究[D].杭州:浙江大学,2005.

[128] 马远刚、童梅.桩侧负摩阻力有限元模拟[J].水利水电快报,2004,25(24):20-22

[129] 毛前,龚晓南.刚性桩复合地基柔性垫层的效用研究[J].岩土力学,1998(6):67-73.

[130] 梅松华,盛谦,冯夏庭.均匀设计在岩土工程中的应用[J].岩石力学与工程学报,2004,23(16):2694-2697.

[131] 明可前.嵌岩桩受力机理分析[J].岩土力学,1998,19(1):65-69.

[132] 潘时声.振动法与传递函数法结合的试桩技术[J].岩土工程学报,1990,12(6):63-69.

[133] 潘时声.用分层积分法分析桩的荷载传递[J].建筑结构学报,1991,12(5):68-79.

[134] 潘志炎,史方华.高桥墩稳定性分析[J].公路,2004,(9):60-62.

[135] 彭柏兴,王星华.湘浏盆地红层软岩的几个岩土工程问题[J].地下空间与工程学报,2006,2(1):141-145.

[136] 彭柏兴,王星华.白垩系泥质粉砂岩岩基强度试验研究[J].岩石力学与工程学报,2005,24(15):2678-2683.

[137] 彭柏兴,王星华.软岩旁压试验与单轴抗压试验对比研究[J].岩土力学,2006(3):451-455.

[138] 彭柏兴,王星华.红层软岩嵌岩桩端阻力研究[J].城市勘测,2007,(1):79-84.

[139] 彭雄志,赵善锐,罗书学,等.高速铁路桥梁基础单桩动力模型试验研究[J].岩土工程学报,2002,24(2):218-221.

[140] 彭锡鼎.考虑桩侧土壤弹性抗力时桩的临界荷载计算[J].土木工程学报,1996,29(5):43-48.

[141] 邱钰,胡雪辉,刘松玉.用荷载传递法计算深长大直径嵌岩桩单桩沉降[J].土木工程学报,2001,34(5):72-75.

[142] 邱钰,周琳,刘松玉.深长大直径嵌岩桩单桩承载性状的有限元分析[J].土木工程学报,2003,36(10):95-101.

[143] 钱锐,茅卫兵,葛崇勋.超长大直径钻孔灌注桩静载试验研究[J].江苏建筑,2004,96(3):49-52.

[144] 袁聚云,等.基础工程设计原理[M].上海:同济大学出版社,2001.

[145] 袁海庆,周强新,白应华.钢管混凝土拱桥施工仿真计算可视化[J].桥梁建设,2003(5):15-18.

[146] 施建勇,赵维炳,周春儿.钢桩负摩阻力分析[J].岩土工程学报,1995,17(2):54-59.

[147] 史佩栋. 桩的静载荷试验新技术-Osterberg 试桩法[J]. 建筑施工,1996,18(4):48.
[148] 史佩栋. 实用桩基工程手册[M]. 北京:中国建筑工业出版社,1999.
[149] 石名磊,邓学钧,刘松玉. 大直径钻孔灌注桩桩侧极限摩阻力研究[J]. 建筑结构,2003, 33(11):13-16.
[150] 盛兴旺,裘伯永. 空间桩基的拓扑优化[J]. 长沙铁道学院学报,1995,13(4):25-32.
[151] 盛俊,陈竹昌. 嵌岩桩侧摩阻力性状及其与施工关系的研究[D]. 上海:同济大学,2003.
[152] 宋建波,严春风. 韩润生,等. 利用岩体经验强度准则确定嵌岩桩桩端阻力的探讨[J]. 昆明理工大学学报,1999,24(1):191-196.
[153] 苏兴钜. 挖孔桩孔壁岩土动力参数探测和评价[J]. 公路交通科技,2001,18(6):55-58.
[154] 沈保汉. 贝诺特灌注桩[J]. 施工技术,2000,29(8):47-49.
[155] 沈明荣. 岩体力学[M]. 上海:同济大学出版社,1999.
[156] TB 10002.5-2005,铁路桥涵设计规范[S].
[157] 天津大学,同济大学,东南大学. 混凝土结构[M]. 北京:中国建筑工业出版社,1998.
[158] Ted Belytschko,Wing Kam Liu,Brian Moran. 连续体和结构的非线性有限元[M]. 庄茁,译. 北京:清华大学出版社,2002.
[159] 屠姗,黄茂松. 层状土中单桩竖向振动分析[J]. 岩土工程师,2003,15(1):7-9.
[160] 屠毓敏. 承受超载作用的桩基性状研究[J]. 土木工程学报,2002,35(1):79-82.
[161] 汪优,赵明华,黄靓. 桥梁基桩屈曲机理及其分析方法[J]. 中南公路工程,2005,30(4):22-26.
[162] 王国民. 软岩钻孔灌注桩的荷载传递性状[J]. 岩土工程学报,1996,18(2):99-103.
[163] 王雁然,潘家军. 嵌岩桩竖向荷载—沉降特性的有限元分析[J]. 武汉大学学报,2006,39(5):46-52.
[164] 王赫,顾建生. 泥浆护壁灌注桩嵌岩深度控制值的分析与探讨[J]. 建筑技术,1998,29(3):187-189.
[165] 王勇强. 软岩嵌岩桩嵌岩段的侧阻力研究[J]. 东华理工学院学报,2004,27(3):260-264.
[166] 王林,龙冈文夫. 关于沉积软岩固有各向异性特性的研究[J]. 岩石力学与工程学报,2003,22(6):894-898.
[167] 王永刚,任伟中,陈浩. 施工因素对钻孔灌注桩受力性状的影响[J]. 工业建筑,2005,35(s1):822-826.
[168] 王志达,龚晓南,王士川. 单桩荷载—沉降计算的一种方法[J]. 科技通报,2008,24(2):213-218.
[169] 王旭东,魏道垛,宰金珉. 群桩—土—承台结构共同作用有限层—有限元分析[J]. 南京建筑工程学院院报,1994,30(3):1-8.
[170] 王振阳,赵煜,徐兴. 高墩大跨径桥梁稳定性[J]. 长安大学学报:自然科学版,2003,23(4):38-40.
[171] 王勖成. 有限单元法[M]. 北京:清华大学出版社,2003.
[172] 吴鹏,龚维明,薛国亚,等. 桩基承载力测试 O-Cell 法与自平衡法对比研究[J]. 建筑科学,2005,21(6):64-69.

[173] 吴鹏.超大群桩基础竖向承载性能及设计理论研究[D].南京:东南大学,2006.

[174] 吴斌,吴恒立,杨祖敦.虎门大桥嵌岩压桩试验的分析和建议[J].岩土工程学报,2002,24(1):56-60.

[175] 吴春秋,刘宏毅,张伟.大直径嵌岩灌注桩承载性状的试验研究[J].建筑结构,2004,34(9):37-39.

[176] 韦立德,徐卫亚,林育梁.软岩嵌岩桩承载有限元模拟[J].河海大学学报,2003,31(2):175-179.

[177] 辛公锋.大直径超长桩侧阻软化试验与理论研究[D].杭州:浙江大学,2006.

[178] 校红波.洛河特大桥施工仿真分析[D].西安:西安理工大学,2005.

[179] 徐松林,吴文,吴玉山.软岩中混凝土灌注桩荷载传递初步分析[J].岩土力学,1998,19(1):75-80.

[180] 徐次达.固体力学加权残值法[M].上海:同济大学出版社,1987.

[181] 徐至钧,张国栋.新型桩挤扩支盘灌注桩设计与工程应用[M].北京:机械工业出版社,2003.

[182] 舒翔,刘利民.施工因素对钻孔灌注桩承载力的影响[J].施工技术,2003,32(1):25-27.

[183] 许宏发,吴华杰,等.桩土接触面单元参数分析[J].探矿工程,2002(5):10-12.

[184] 肖宏彬.竖向荷载作用下大直径桩的荷载传递理论及应用研究[D].长沙:中南大学,2005.

[185] 肖宏彬,钟辉虹,王永和.大直径桩荷载—沉降关系的计算方法[J].中外公路,2002,22(3):52-55.

[186] 肖宏彬,王永和,王星华.人工挖孔嵌岩桩扩底对承载力的影响[J].中外公路,2002,22(1):22-25.

[187] 夏力农,王星华.负摩阻力桩基的设计与检测[J].岩土力学,2003,24(增2):491-494.

[188] 夏力农,王星华.承受竖向荷载桩基的负摩阻力特性研究[J].矿冶工程,2005,25(4):1-4.

[189] 夏力农,王星华,雷金山.加载次序引起的负摩阻力桩摩阻力分布的变化[J].岩土力学,2006,27(1),784-787.

[190] 夏力农,王星华.桩体材料弹性模量对桩基负摩阻力特性的影响[J].防灾减灾工程学报,2006,26(4):143-146.

[191] 向木生,刘志雄,张开银.大跨度预应力混凝土桥梁检测控制技术研究[J].公路交通科技,2002,(4):52-56.

[192] 向中富.桥梁施工控制技术[M].北京:人民交通出版社,2001.

[193] 项海帆.高等桥梁理论[M].北京:人民交通出版社,2001.

[194] 杨嵘昌,宰金珉.广义剪切位移法分析桩—土—承台非线性共同作用原理[J].岩土工程学报,1994,16(6):177-121.

[195] 杨龙才,郭庆海.高速铁路桥桩在轴向循环荷载长期作用下的承载和变形特性试验研究[J].岩石力学与工程学报,2005,24(13):2362-2368.

[196] 杨维好,王衍森.顶部弹性嵌固、底部嵌固桩的稳定性分析[J].中国矿业大学学报,1999,28(6):545-546.

[197] 杨维好,黄家会.负摩阻力作用下端部嵌固桩的竖向稳定性分析[J].土木工程学报,1999,32(2):59-61.

[198] 杨克己,等.实用桩基工程[M].北京:人民交通出版社,2004.

[199] 阳吉宝,钟正雄.超长桩的荷载传递机理[J].岩土工程学报,1998,20(6):108-112.

[200] 叶玲玲,朱小林.传递函数法计算嵌岩桩承能力[J].同济大学学报,1995,23(2):315-320.

[201] 叶琼瑶.软岩嵌岩桩嵌岩段的荷载传递及破坏模式的试验研究[D].南宁:广西大学,2000.

[202] 姚海波,陈征宙,王梦恕,等.软岩嵌岩长桩嵌土段工作机理研究[J].北方交通大学学报.2004,28(4):37-40.

[203] 姚笑青.桩基沉降的实践与负摩擦阻力的理论分析[D].上海:同济大学,1999.

[204] 俞亚南,肖海波,王欣.人工挖孔嵌岩桩的受力机理试验研究[J].中南公路工程,2004,29(3):19-25.

[205] 约瑟夫.E.波勒斯.深基础设计与施工[M].童小东,译.北京:中国建筑工业出版社,2004.

[206] GB/T 50266—2013,工程岩体试验方法标准[S].

[207] GB 50021—2001,岩土工程勘察规范[S].

[208] GB 50007—2011,建筑地基基础设计规范[S].

[209] JGJ 79—2012,建筑地基处理技术规范[S].

[210] JGJ 106—2003,建筑基桩检测技术规范[S].

[211] JTJ 285—2000,港口工程嵌岩桩设计与施工规程[S].

[212] JTG D63—2007,公路桥涵地基与基础设计规范[S].

[213] TB 10115—98,铁路工程岩石试验规程[S].

[214] TB 10002.1—20,铁路桥涵设计基本规范[S].

[215] 宰金珉,宰金璋.高层建筑基础分析与设计[M].北京:中国建筑工业出版社.1994.

[216] 翟晋.自平衡测桩法的应用研究[D].南京:东南大学,2000.

[217] 张爱军,谢定义.复合地基三维数值分析[M].北京:科学出版社,2004.

[218] 张建新,叶洪东,杜海金,等.嵌岩桩设计中几个问题的探讨[J].岩石力学与工程学报,2003,22(7):1222-1225.

[219] 张建新,吴云东,杜海金.嵌岩桩承载性状和破坏模式的试验研究[J].岩石力学与工程学报,2004,23(2):320-323.

[220] 张忠苗.软土地基超长嵌岩桩的受力性状[J].岩土工程学报.2001,23(5):552-556.

[221] 张忠苗,辛公锋,吴庆勇,等,考虑泥皮效应的大直径超长桩离心模型试验研究[J].岩土工程学报.2006,28(12):2066-2071.

[222] 张雄,刘岩.无网格法[M].北京:清华大学出版社,2004.

[223] 张向东,李永靖,张树光,等.软岩蠕变理论及其工程应用[J].岩石力学与工程学报,2004,23(10):1635-1639.

[224] 张雁,黄强.半刚性桩复合地基性状分析[J].岩土工程学报,1993,15(2):86-93.

[225] 曾维作,李亮.软岩地基中嵌岩桩承载力的机理研究[J].长沙铁道学院学报,2003,21

(2):24-28.
- [226] 朱大同,傅朝方.桩的计算长度[J].中国公路学报,2001,14(4):67-69.
- [227] 朱合甫,李光煜.确定桩侧阻力曲线的约束样条拟合方法[J].岩土力学,1994,15(3):1-8.
- [228] 朱珍德,张爱军,邢福东,等.岩石抗压强度与试件尺寸相关性试验研究[J].河海大学学报:自然科学版,2004,32(1):42-45.
- [229] 朱百里,沈珠江.计算土力学[M].上海:上海科学技术出版社,1990.
- [230] 赵明华.桥梁桩基计算与检测[M].北京:人民交通出版社,2000.
- [231] 赵明华.基础工程[M].北京:高等教育出版社,2003.
- [232] 赵明华,曹文贵,刘齐建,等.按桩顶沉降控制嵌岩桩竖向承载力的方法[J].岩土工程学报,2004,26(1):67-71.
- [233] 赵明华,杨明辉,曹文贵,等.确定嵌岩灌注桩竖向承载力的荷载传递法[J].岩石力学与工程学报,2004,23(8):1398-1402.
- [234] 赵明华,汪优,黄靓.基桩屈曲的几何非线性有限元分析[J].岩土力学,2005,26(增2):184-188
- [235] 赵明华,贺炜,曹文贵.基桩负摩阻力计算方法初探[J].岩土力学,2004,25(9):142-1447.
- [236] 庄宁,周小刚,赵法锁.单桩负摩阻力的双折线模型理论解[J].地球科学与环境学报,2006,28(1):62-64.
- [237] 周翠英,邓毅梅,谭祥韶,等.软岩在饱水过程中微观结构变化规律研究[J].中山大学学报:自然科学版,2003,42(4):98-102.
- [238] 周国林,单桩负摩阻力随时间发展的传递函数法[J].岩土力学,1992,13(2):99-104.
- [239] 邹新军.基桩屈曲稳定分析的理论与试验研究[D],长沙:湖南大学,2005.
- [240] 《桩基工程手册》编写委员会.桩基工程手册[M].北京:中国建筑工业出版社,1995.
- [241] A. Serrano, C. Olalla. , Shaft resistance of a pile embedded in rock[J], Int. J Rock Mech. Min Sci. 1999;41:21-35.
- [242] B. Indraratnal A H. Experimental Study of Shear Behavior of Rock Joints Under Constant Normal Stiffness Conditions[J]. International Journal of Rock Mechanics and Mining Sciences,1997,34(4):141-154.
- [243] Bengt H. Fellenius, Richard Kulesza, Jack Hayes. O-Cell testing and FE anslysis of 28-m-deep Barrette in Manila, Philippines[J]. Journal of Geotechnical and Geoenvironmental Engineering, ASCE,1999,125(7):566-575.
- [244] Bruck D. Enhancing the performance of large diameter piles by grouting(1)[J]. Grounding Engineering,1986,No. 5:9-15.
- [245] Bruck D. Enhancing the performance of large diameter piles by grouting(2)[J]. Grounding Engineering,1986,No. 6:11-19.
- [246] Butterfield R, Banerjee P K. The elastic analysis of compressible piles and pile groups[J]. Geotechnique,1971,21(1):43-60.
- [247] Chandler, R. J. , Martins, J. P. An Experimental Study of Skin Friction around Pile in

[248] Chang M, Zhu H. Construction effect on load transfer along bored piles[J]. J. Geotech. and Geoenvir. Engrg, 2004, 130(4): 426-437.

[249] Comodromosa E M, Anagnostopoulosb C T, Georgiadisb M K. Numerical assessment of axial pile group response based on load test[J]. Computers and Geotechnics, 2003, 30(6): 505-515.

[250] Gaber M A, Wang J J, Zhao M. Buckling of piles with general power distribution of lateral subgrade reaction [J]. Journal of Geotechnical and Geoenvironmental Engineering, ASCE, 1997, 123(2): 123-130.

[251] Gu X F, Seidel J P, Haberfield C M. Direct Shear Test of Sandstone-Concrete Joints [J]. International Journal of Geomechanics, 2003, 3(1): 21-33.

[252] Guo W D, Randolph M F. Rationality of load transfer approach for pile analysis[J]. Computers and Geotechnics, 1998, 23(1-2): 85-112.

[253] Hegen D. Element-free Galerkin methods in combination with finite element approaches[J]. Journal of Computer methods in Applied Mechanics and Engineering, 1996, No.135: 143-166.

[254] Hoek E. Reliability of Hoek-Brown estimates of rock mass properties and their impact on design[J]. Int. J. Rock Mech. Min. Sci., 1998, 35(1): 63-68.

[255] Horvath R G, Kenny T C. Method of improving the performance of drilled pilers in weak rock[J]. Canada Geotechnical Journal, 1983, 20(4): 758-772.

[256] J. R. Omer, R. B. Robinson, R. Delpak and J. K. C. Shih. Large-scale pile tests in Mercia mudstone: Data analysis and evaluation of current design methods[J]. Geotechnical and Geological Engineering, 2003, No.21: 167-200.

[257] Kettil. P, N. -E. Wiberg. Application of 3D Solid Modeling and Simulation Programs-to-a-Bridge-Structure[J]. Engineering-with computers, 2002, No.18: 160-169.

[258] Krysl P and Belytschko T. Element free Galerkin method: convergence of the continuous and discontinuous shape function[J]. Journal of Computer Methods in Applied Mechanics and Engineering, 1997, 148(3): 257-277.

[259] Lee K M, Lee H K, Lee S H, et al. Autogenous shrinkage of concrete containing granulated blast-furnace slag[J]. Cement and Concrete Research, 2006, No.36: 1279-1285.

[260] Li S, Hao W, Liu W K. Numerical simulations of large deformation of thin shell structures using meshfree methods[J]. Journal of Computational Mechanics, 2000, 25: 102-116.

[261] Liu G R, Gu Y T. A point interpolation method for two-dimensional solids[J]. International Journal for Numerical Methods in Engineering, 2001, No.50: 937-951.

[262] Meyerhof G G, Ghosh D P. Ultimate capacity of flexible piles under eccentric and inclined loads[J]. Canadian Geotechnical Journal, 1989, 26(3): 34-42.

[263] Ming-Fang Chang, Hong Zhu. Construction Effect on Load Transfer along Bored Piles

[J]. J Geotech. And Geoenvir. Engrg. ASCE 2004,No. 130:426-438.

[264] Mylonakis G., Gazetas G. Lateral vibration and internal forces of grouped piles in layered soils[J]. Journal of Geotechnical and Geoenvironmental Engineering,1999,125(1):16-25.

[265] Nayroles B, Touzot G, Villon P. Generalizing the finite element method: diffuse approximation and diffuse elements[J]. Journal of Computational Mechanics, 1992, No. 10:307-318.

[266] Omer J R, Robinson R B, Delpak R, et al. Large scale pile tests in Mercia mudstone Data analysis and evaluation of current design methods [J]. Geotechnical and Geological Engineering,2003,21:167-200.

[267] Onate E, Idelsohn S, Zienkiewicz O C et al. A stabilized finite point method for analysis of fluid mechanics problems[J]. Journal of Computer methods in Applied Mechanics and Engineering,1996,139:315-346.

[268] O'neill W. Side resistance in piles and drilled shafts[J]. Journal of Geotechnical and Geoenvironmental Engineering,2001(1):3-16.

[269] Poorooshasb, H. B., Alamgi, M. and Miura, N. Negative Skin Friction on Rigid and Deformable Piles[J]. Computers and Geotechnics,1996,18(2):109-126.

[270] Poulos H G, Davis E H. Pile foundation analysis and design[M]. New York: John Willey & Sons,Inc,1980.

[271] Poulos H G. Cyclic loading analysis of piles in sand[J]. Journal of the Geotechnical Engineering,ASCE,1989,115(6):836-852.

[272] Rowe R K, Armitage H H. Theoretical solutions for axial deformation of drilled shafts in rock[J]. Can. Geotech. J.,1987,24(4):114-125.

[273] Seidel J P, Haberfield C M., A theoretical model for rock joints subjected to constant normal stiffness direct shear[J]. International Journal of Rock Mechanics and Mining Sciences,2002,39(5):539-553.

[274] Serrano A, Olalla C. Ultimate bearing capacity at the tip of a pile in rock-part 1: theory [J]. International Journal of Rock Mechanics and Mining Sciences, 2002, 39(7): 833-846.

[275] Serrano A, Olalla C. Ultimate bearing capacity at the tip of a pile in rock-part 2: application[J]. International Journal of Rock Mechanics and Mining Sciences,2002,39(7):847-866.

[276] Serrano A, Olalla C. Shaft resistance of a pile embedded in rock[J]. International Journal of Rock Mechanics and Mining Sciences,2004,41(1):21-35.

[277] Serrano A, Olalla C. Shaft resistance of piles in rock Comparison between in situ test data and theory using the Hoek and Brown failure criterion[J]. International Journal of Rock Mechanics & Mining Sciences,2006,43(7):826-830.

[278] Sooil K S. Shear Load Transfer Characteristics of Drilled Shafts in Weathered Rocks [J]. Journal of Geotechnical and Geoenvironmental Engineering, 1999, 125 (11):

999-1010.

[279] Tatsunori M,Pastsakorn K,Hiromasa M,et al. Monitoring of load distribution of the piles of a bridge during and after construction[J]. Soils and foundations,2004,44(4): 109-117.

[280] Terzaghi K. Theoretical soil mechanics[M]. New York:John Wiley & Sons,1943.

[281] Zhang X,Liu X,Lu X W,Chen Y. Imposition of essential boundary conditions in a meshless method[J]. Communications in Numerical Methods in Engineering,2001,17: 165-178.

[282] Zhong W H,Zhang K G,Liu S Y. Case analysis of piled raft socketed in weak rock[J]. Journal of Southeast University(English Edition),2003,19(4):373-377.